智能系统与技术丛书

Computer Vision with OpenCV 3 and Qt5

OpenCV 3 和 Qt5 计算机视觉应用开发

[伊朗] 阿敏·艾哈迈迪·泰兹坎迪（Amin Ahmadi Tazehkandi）著
刘冰 郭坦 译

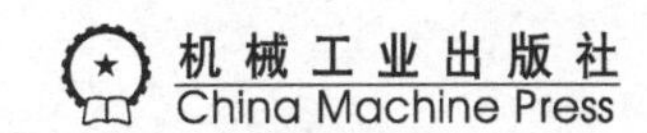

图书在版编目（CIP）数据

OpenCV 3和Qt5计算机视觉应用开发 /（伊朗）阿敏·艾哈迈迪·泰兹坎迪（Amin Ahmadi Tazehkandi）著；刘冰，郭坦译．—北京：机械工业出版社，2019.1（2022.6重印）

（智能系统与技术丛书）

书名原文：Computer Vision with OpenCV 3 and Qt5

ISBN 978-7-111-61470-8

I. O… II. ① 阿… ② 刘… ③ 郭… III. 图象处理软件－程序设计 IV. TP391.413

中国版本图书馆CIP数据核字（2018）第271697号

北京市版权局著作权合同登记 图字：01-2018-2520号。

OpenCV 3和Qt5计算机视觉应用开发

出版发行：机械工业出版社（北京市西城区百万庄大街22号 邮政编码：100037）

责任编辑：张梦玲　　责任校对：殷　虹

印　刷：北京捷迅佳彩印刷有限公司　　版　次：2022年6月第1版第5次印刷

开　本：186mm×240mm 1/16　　印　张：21.25

书　号：ISBN 978-7-111-61470-8　　定　价：89.00元

凡购本书，如有缺页、倒页、脱页，由本社发行部调换

客服热线：（010）88379426 88361066　　投稿热线：（010）88379604

购书热线：（010）68326294 88379649 68995259　　读者信箱：hzjsj@hzbook.com

THE TRANSLATOR'S WORDS

译者序

OpenCV（Open Source Computer Vision Library）是一个完全免费的开源跨平台计算机视觉库，它实现了从最基本的滤波到更高级的目标检测等图像处理和计算机视觉方面的很多通用算法，可以在现有的 Windows、Linux、Android 和 macOS 等各种不同操作系统平台上运行。OpenCV 是用 C++ 语言编写的，虽然主要接口也是用 C++ 语言编写的，但是依然保留了大量 C 语言接口。除此之外还有大量的 Python、Java、C# 和 MATLAB/OCTAVE 等语言接口，这些语言的应用程序接口函数可以通过在线文档获取。因此，OpenCV 是计算机视觉领域的学者和开发者首选的工具，并成为计算机视觉领域最有力的研究工具之一。

Qt 同样也是一款面向对象的跨平台 C++ 图形用户界面应用程序开发框架，既可用于开发 GUI 程序，也可用于开发控制台工具和服务器之类的非 GUI 程序，易于扩展并允许真正的组件编程。它全面支持 iOS、Android、Windows、Linux 等操作系统，可以为应用程序开发者建立艺术级的图形用户界面提供所需的所有功能。同时，Qt Creator 是一个用于 Qt 开发的轻量级跨平台集成开发环境，它简单易用且功能强大，包含了一套用于创建和测试基于 Qt 应用程序的高效工具。利用 Qt Creator 可以更加快速、轻松地完成 Qt 开发任务。

本书基于 Qt 和 OpenCV 搭建图像处理框架，用于计算机视觉、图像处理、模式识别和视频目标跟踪等领域。本书以常用类和函数的代码示例为主线，详细介绍了学习新版 OpenCV 和 Qt 中会遇到的各种问题及其相关解决方案。书中深入浅出地介绍了 OpenCV 3 和 Qt5 的强大功能、性能以及最新特性。根据书中提供的大量实用案例代码，读者可以快速熟悉和使用这两个开发框架。

全书共分为 12 章，全面系统地讲述了 OpenCV 3 和 Qt5 的核心内容，包括 OpenCV 和 Qt 介绍、创建 OpenCV 和 Qt 项目、Mat 和 QImage、图形视图框架、OpenCV 中的图像处理、特征及其描述符、多线程、视频分析、调试与测试、链接与部署、Qt Quick 应用程序等。为了便于学习与实践，本书提供了示例算法的编码实现，也向读者全面详尽地介绍了基于 OpenCV 和 Qt 进行图像处理、计算机视觉等编程的技术和方法。

本书结构紧凑，内容深入浅出，讲解以及编程实例图文并茂，易于读者理解、掌握。本书所针对的读者是从事计算机视觉和相关领域研究的科技人员、研发人员以及在工程实践中以 OpenCV 和 Qt 框架作为工具的工程师，还包括计算机、通信和自动化等相关专业的本科生、研究生，以及图像处理和计算机视觉领域的业余爱好者、开源项目爱好者。但是，对于初次接触 OpenCV 的人员来说，在学习本书内容之前，需要具备一定的 C/C++ 编程基础。

本书的翻译工作是重庆邮电大学的刘冰老师在重庆大学攻读博士学位期间与重庆邮电大学教师郭坦共同合作完成的。为了能够更准确地翻译本书，译者查阅了很多中外文有关 OpenCV 和 Qt 框架、图像处理以及计算机视觉等内容的图书资料。本书从翻译到校对直至最终成稿历时 4 个多月的时间，限于译校者水平所限，译文中不当之处，恳请读者批评指正。

感谢机械工业出版社华章分社各位认真审校的编辑，是他们的严格要求，才使本书以较高质量出版。

刘冰、郭坦

liubing@cqupt.edu.cn

FOREWORD

序

大约在 20 年前，我刚从大学毕业时，包含一个图形用户界面的大型复杂应用程序的开发是一项耗时且艰巨的任务。当时已有的用于创建这些应用程序的 API 和工具难以使用和理解，为多个平台创建应用程序需要多次重复编写应用程序的大部分内容。

就在那时，我发现了 Qt，一个可解决上述两个问题的框架。Qt 提供了一个易用且直观的 API，并能在所有主流的桌面操作系统上工作。突然间，编写这些应用程序一下子就从繁重的劳动变成了一项令我真正喜欢的工作。不再局限于一个操作系统，只需简单地重新编译，就可以让应用程序在多个操作系统上运行。从那时起，对于应用程序开发人员来说，很多内容都得到了改进。框架为提供易用的 API 创造了条件，操作系统环境已经发生了变化，拥有可跨平台使用的 API 比以往任何时候都更重要。

在过去的几年里，OpenCV 已经发展成为计算机视觉的主要 API，其中包含了大量可用于人脸识别、相机或眼球运动跟踪以及增强现实中航迹标记等方面的功能和算法集。

在同一时期，Qt 发展成为应用程序开发的主要跨平台框架之一，Qt 的综合特征集包含开发复杂图形应用程序所需的大部分功能。

让 Qt 成为创建跨平台应用程序的最佳技术，是我过去 17 年的使命。其中一个目标始终是使 Qt 与其他技术的结合变得更加容易，本书正是为实现这一目标所做的尝试。

Qt 和 OpenCV 都有跨平台的 C++ API，从而使得同时使用这两个框架变得更加容易。通过将 Qt 和 OpenCV 相结合，你将拥有一组强大的工具，从而更容易创建将计算机视觉与图形用户界面相结合的应用程序。希望这本书能帮助你同时成为 Qt 和 OpenCV 领域的专家。

Lars Knoll

Qt 公司首席维护人员和技术总监

PREFACE

前 言

对软件开发人员而言，这是一个最好的时代。环顾四周，你很可能看到两三个运行着应用程序的不同设备，如电脑、智能手机、智能手表或者平板电脑。这些智能终端可帮助你完成各种日常任务，也方便你进行一些娱乐活动，如听音乐、看电影、玩电子游戏等。每年都有数以百计的新设备进入市场，这就需要新版本的操作系统跟上它们的步伐，为应用开发人员提供更好的接口，使他们能够更好地利用诸如高分辨率显示器、传感器等基础资源。因此，软件开发框架必须能够适应和支持不断涌现的新平台。考虑到这一点，Qt 可能是最成功的跨平台软件开发框架之一，它在功能、运行速度、灵活性以及易用性等方面表现出色。在需要创建外观精致并且能够保持跨平台一致性的软件时，Qt 往往是首选。

近年来，特别是随着功能更强大、成本更低的处理器的崛起，台式电脑及手持设备已转向执行要求更高、更复杂的任务，如计算机视觉任务。无论是电影或照片的智能编辑，还是确保一个敏感建筑的安全、生产线目标的计数，或者是交通标志及车道的检测、自动驾驶汽车的行人检测，如此等等，计算机视觉都已经逐步用于解决这些以往需要人工介入才能解决的实时问题，这些都是 OpenCV 框架的应用场景。在过去的几年里，OpenCV 已经逐步发展成为一个成熟、跨平台、专注于速度和性能的计算机视觉框架，世界各地的开发人员和研究人员都在使用 OpenCV 实现他们的计算机视觉应用的思想和算法。

本书的目的是帮助你掌握 Qt 和 OpenCV 框架，了解它们的基本概念，以便能够跨越各种平台轻松地继续独立开发和交付计算机视觉应用程序。为了能够更深入地理解本书所涉及的主题，需要你熟悉 C++ 编程概念，例如类、模板、继承等。尽管全书介绍的教程、屏幕截图和示例都是基于 Windows 操作系统的，但在必要的时候也会提到在 macOS 以及 Linux 操作系统上的不同之处。

本书是作者努力数月的成果。如果没有 Lawrence Veigas 的完美编辑和 Karl Phillip Buhr 诚实而有见地的评论，没有 Parth kothari，这一切都不可能完成；还要感谢 Zainab Bootwala、Prajakta Naik、Aaron Lazar、Supriya Thabe、Tiksha Sarang、Rekha Nair、Jason Monteiro、Nilesh Mohite 以及 Packt 出版公司所有人的帮助，使得这本书能够顺利完成，并

能够送达世界各地的读者手中。

本书适合的读者

本书是为那些对创建计算机视觉应用程序感兴趣的读者准备的。如果你具备 C++ 编程的中级知识，即使没有 Qt5 和 OpenCV 3 的知识，只要熟悉这些框架，也会获益匪浅。

本书包含的内容

第 1 章将介绍所有必需的初始工作。首先介绍从何处以及如何获得 Qt 和 OpenCV 框架，然后介绍如何安装、配置并确保在开发环境中对所有内容进行正确设置。

第 2 章将介绍 Qt Creator IDE，我们将使用它开发所有应用程序。在该章中，你将学习如何创建并运行应用程序项目。

第 3 章将介绍创建一个完整应用程序所需的最常见功能，包括样式、国际化以及对各种语言、插件的支持等。通过该过程，我们将独立创建一个完整的计算机视觉应用程序。

第 4 章列出了编写计算机视觉应用程序所需的基本概念。你将了解 OpenCV Mat 类和 Qt QImage 类的所有内容，以及如何在两个框架之间转换和传递这些类等内容。

第 5 章将介绍如何使用 Qt 图形视图框架及其底层类，以便在应用程序中方便、有效地显示和操作图形。

第 6 章将介绍 OpenCV 框架提供的图像处理功能。你将学习图像变换、滤波、颜色空间、模板匹配等方面的知识。

第 7 章将介绍从图像中检测关键点和从关键点中提取描述符，以及使它们相互匹配。在该章中，你将学习各种关键点及描述符提取算法，以及如何使用这些内容来检测和定位图像中的已知对象。

第 8 章将介绍 Qt 框架提供的多线程功能，介绍互斥、读写锁、信号量和各种线程同步工具，还将介绍 Qt 中的低级（QThread）和高级（QtConcurrent）多线程技术。

第 9 章将介绍如何使用 Qt 和 OpenCV 框架处理视频。你将了解如何使用 MeanShift 和 CAMShift 算法以及其他视频处理功能实现目标跟踪。该章还将对视频处理的所有基本概念（如直方图和反投影图像）进行完整概述。

第 10 章将介绍 Qt Creator IDE 的调试功能及其相关配置和设置。你还可以通过编写单元测试示例来了解 Qt 框架的单元测试能力，这些单元测试示例可在每次构建项目时手动或自动运行。

第 11 章将介绍如何动态或静态地构建 OpenCV 和 Qt 框架。你将学习如何在各种平台上部署 Qt 和 OpenCV 应用程序。在该章的末尾，我们将使用 Qt Installer 框架创建一个安装程序。

第 12 章将介绍 Qt Quick 应用程序和 QML 语言。你将学习 QML 语言语法，以及如何结合 Qt Quick Designer 创建美观的用于桌面和移动平台的 Qt Quick 应用程序。在该章中，还将学习如何集成 QML 和 C++。

最佳配置

尽管在本书前几章介绍了所有必需的工具和软件、正确的版本及其安装与配置方法，但还是有必要提供一个快速参考列表：

- 安装了最新版本的 Windows、macOS 或 Linux（如 Ubuntu）操作系统的普通电脑
- Microsoft Visual Studio（Windows）
- Xcode（macOS）
- CMake
- Qt 框架
- OpenCV 框架

通过上网搜索或者咨询当地的商店，可以了解目前电脑的通行配置与功能。然而，一台普通电脑已经足够开始你的学习之旅。

下载示例代码及彩色图像

本书的示例代码及所有截图和样图，可以从 http://www.packtpub.com 通过个人账号下载，也可以访问华章图书官网 http://www.hzbook.com，通过注册并登录个人账号下载。

ABOUT THE REVIEWERS

评阅者简介

Karl Phillip Buhr　本科毕业于计算机科学专业（2006年），硕士毕业于应用计算专业（2010年），是数据科学和机器学习的爱好者。他为私营部门开发了很多跨平台的计算机视觉系统，并乐于回答Stack Overflow上的问题。他花了数年时间在巴西圣卡塔琳娜州讲授计算机工程课程并从事相关项目研究。如今，他经营着一家软件公司，专注于开发行业内具有挑战性的解决方案。

Vinícius Godoy　波多黎各天主教大学（PUCPR）的教授，他引以为荣的是拥有一家游戏开发网站Ponto V!。他拥有波多黎各天主教大学计算机视觉和图像处理的硕士学位、游戏开发的专业学位，毕业于信息技术互联网专业（UFPR）。他在软件开发领域工作了20多年，是Packt出版社出版的《*OpenCV by Example*》一书的作者。

CONTENTS

目 录

CHAPTER 1

第 1 章

OpenCV 和 Qt 简介

“计算机视觉”这一术语的最基本含义是指所有用来增强数字设备视觉效果的方法和算法。理想情况下，计算机应该能够通过一台标准相机（或其他类型的相机）的摄像头看见这个世界，并能通过各种计算机视觉算法来检测人脸，甚至对人脸进行识别，还能统计一个图像中的对象、检测视频信号中的动作，以及诸如此类的很多工作。乍一看，这只能是对人类才有的期望。了解计算机视觉的目标是理解计算机视觉的最好方式。计算机视觉的目标是开发出能完成上述工作的方法，让数字设备具有观察和理解周围环境的能力。值得注意的是，大多数情况下，计算机视觉和图像处理这两个术语是可以互换的（尽管对这一课题的历史研究表明，计算机视觉可能研究的是其他内容）。但是不管怎样，在这本书中，我们将继续使用“计算机视觉”这一术语，因为这是当今计算机科学领域中更受欢迎和广泛使用的术语；另外一个原因是，我们将在本章后面看到，图像处理是 OpenCV 库的一个模块，在本书中我们将用一章来介绍图像处理的知识。

目前，计算机视觉是计算机科学中最受欢迎的学科之一，被广泛应用于各个领域：从检测癌组织的医疗工具，到帮助制作精彩音乐视频和电影的视频编辑软件；从帮助在地图上定位一个特定位置的目标探测器，到帮助无人驾驶汽车寻找路线的交通信号探测器。很明显，我们不可能罗列出计算机视觉的所有应用场景，但可以肯定的是，在很长一段时间内，计算机视觉都将是一门有趣的学科。计算机视觉领域的职业需求正在快速增长，前景光明。

在计算机视觉开发人员和专家使用的最流行的工具中，有两个优秀的开源社区框架，你手中拿的这本书就是以它们的名字命名的——OpenCV 和 Qt。每天，世界各地成千上万的开发人员，从成熟的老牌公司到新兴的创业公司，都在使用这两个开发框架，为不同行业构建应用程序，你将要在本书中学习这些知识。

本章将介绍以下主题：

- 开源以及跨平台的应用程序开发框架 Qt 的介绍
- 开源以及跨平台的计算机视觉框架 OpenCV 的介绍
- 如何在 Windows、macOS 和 Linux 操作系统上安装 Qt
- 如何在 Windows、macOS 和 Linux 操作系统上构建 OpenCV
- 配置开发环境，使用 Qt 和 OpenCV 框架的组合来构建应用程序
- 使用 Qt 和 OpenCV 构建第一个应用程序

1.1　需要什么

这是在读完本章引言之后遇到的一个最显而易见的问题，但是这个问题的答案也是我们学习计算机视觉之旅的第一步。本书是为那些熟悉 C++ 编程语言的开发人员准备的，这些程序开发人员希望可以毫不费力地开发出在不同的操作系统上都运行良好的强大而漂亮的计算机视觉应用程序。本书的目的是让你在一个令人兴奋的学习之路上，通过不同的计算机视觉主题，专注于动手练习并一步一步地开发出你学到的所有内容。

任何有足够 C++ 编程经验的开发人员都知道，如果要使用原始 C++ 代码并依赖于 OS 特定的 API 来编写具有丰富视觉效果的应用程序，将不是一件容易的事情。所以，几乎每个 C++ 开发人员（或者至少是那些有一定 C++ 经验的开发人员）都使用一个或另一个框架来简化这个过程。最广为人知的 C++ 框架就是 Qt。实际上，这即使不是最好的选择，也是最好选择之一。另一方面，如果目标是开发一个图像处理或可视化数据集的应用程序，那么 OpenCV 框架可能是首选，并且可能是最流行的选择。这就是本书关注 Qt 和 OpenCV 组合的一个原因。如果不使用 Qt 和 OpenCV 等强大框架的组合，为不同桌面和移动平台开发高性能计算机视觉应用程序是不太可能实现的。

总之，在读本书之前，请一定保证你至少达到了 C++ 编程语言知识的中级水平。如果对于类、抽象类、继承、模板或指针之类的术语还不熟悉的话，那么建议先读一本 C++ 的书。对于其他所有主题，尤其是所有涉及实践的内容，这本书中包含的所有示例和教程都提供了清晰的解释（或具体的文档参考页面）。当然，要想非常详细而深入地掌握如何在 Qt 和 OpenCV 上实现模块和类，则需要熟悉更多的资源、研究成果，有时甚至是核心的数学计算，或者是对计算机或操作系统如何在现实世界中执行的底层理解，这完全超出了本书的范围。但是，我们将对本书所涵盖的所有算法和方法做一个简短的描述，说明这些算法和方法是什么，如何使用，以及在何时、何处使用，如果愿意继续深入研究的话，我们还将提供足够的指导。

1.2 Qt 介绍

读者可能已经听说过 Qt，甚至可能不知不觉使用过 Qt。Qt 是许多世界闻名的商业和开源应用程序的基础，例如 VLC Player、Calibre 等等。大多数财富 500 强公司都在使用 Qt 框架，我们甚至无法知道在世界上许多应用程序开发团队和公司中，Qt 框架是如何广泛使用和流行起来的。因此，我们就从一个介绍开始，然后一步一步深入。

首先，让我们从头开始简单地介绍一下 Qt 框架。目前，Qt 框架是由 Qt 公司建立和管理的，它是一个广泛用于创建丰富视觉效果的开源的应用程序开发框架，并且很少或者根本就不需要任何修改就可以创建可在不同操作系统或设备上运行的跨平台应用程序。继续将 Qt 框架细分，开源是最显而易见的一部分，这就意味着可以访问 Qt 的所有源代码。对我们而言，所谓丰富的视觉效果，是指在 Qt 框架中有足够的资源和能力来编写非常漂亮的应用程序。至于最后一部分——跨平台，这基本上意味着，如果使用 Qt 框架的模块和类为微软 Windows 操作系统开发一个应用程序，那么在 macOS 或 Linux 上都可以像在 Windows 上一样编译和构建这个应用程序，而几乎不需要改变任何一行代码，前提是在应用程序中不使用任何非 Qt 的或特定平台的库。

在编写本书的时候，Qt 框架（或者简称 Qt）在 5.9.× 版本中包括许多通用的开发应用程序模块。Qt 将这些模块划分为 4 个主要类别：

- Qt 基本模块
- Qt 扩展
- 附加值模块
- 技术预览模块

让我们来看看这些模块是什么以及包括了什么，我们将在整本书中涉及这些内容。

1.2.1 Qt 基本模块

Qt 保证这些模块在所有受支持平台上都可以使用。这些模块是 Qt 的基础，包含了几乎所有 Qt 应用程序所使用的大部分类。Qt 基本模块包括了所有的通用模块和类。要注意“通用”这两个字，因为它们就是用于通用目的的模块。表 1-1 是对现有模块进行快速学习的简要列表，供以后参考。

表 1-1　Qt 模块列表

模　块	描　述
Qt Core	其他模块使用的核心非图形类
Qt GUI	用于图形用户界面（GUI）组件的基本类，包括 OpenGL
Qt Multimedia	用于音频、视频、收音机和摄像机功能的类

（续）

模　块	描　述
Qt Multimedia Widgets	基于控件（widget）的类，用于实现多媒体功能
Qt Network	使得网络编程更容易、更易于移植的类
Qt QML	用于 QML 和 JavaScript 语言的类
Qt Quick	这是一个声明式框架，用于建立高度动态的具有自定义用户界面的应用程序
Qt Quick Controls	这些是基于 UI 控件的可重用 Qt Quick，用于创建经典桌面风格的用户界面
Qt Quick Dialogs	这些类型用于 Qt Quick 应用系统对话框的创建与交互
Qt Quick Layouts	这些布局组件用于在用户界面中排列基于 Qt Quick2 的组件
Qt SQL	这些类使用 SQL 进行数据库集成
Qt Test	这些类用于 Qt 应用程序和库的单元测试
Qt Widgets	这些类扩展带 C++ 控件的 Qt GUI

更多详细内容，请参考 http://doc.qt.io/qt-5/qtmodules.html。

请注意，在本书中涵盖所有模块和类是不可能的，也是不明智的，大多数情况下，我们围绕那些需要的模块和类进行介绍。但是，在本书的最后，读者可以自己轻松自如地研究 Qt 内部所有众多而强大的模块和类。在接下来的章节中，将学习如何在项目中包含一个模块和类。到现在为止，我们不会过多地讨论细节内容，而主要关注让读者对 Qt 到底是什么以及包含了哪些内容形成一个清晰的认识。

1.2.2　Qt 扩展

这些模块可能或不可能在所有平台上都可用。这就意味着，与 Qt 基本模块的通用特性相反，这些模块是用于开发特定功能的。这类模块的例子是：三维 Qt、Qt 打印支持、Qt 网络引擎、Qt 蓝牙等等。你随时可以参阅 Qt 文档获得这些模块的完整列表，实际上，Qt 包含了很多的扩展模块，因此不能一一在这里列出。多数情况下，可以通过查看该列表来了解这些模块的使用。

若想了解更多有关 Qt 扩展模块的详细信息，可以参考 http://doc.qt.io/qt-5/qtmodules.html。

1.2.3　附加值模块

这些模块提供了附加功能，并提供了来自 Qt 的商业认证。是的，你猜对了，这些模块在 Qt 的付费版本中才有，而在 Qt 的开源和免费版本中没有提供这些模块。这些附加值模块主要是为了帮助我们完成一些对于本书来说根本就不需要的非常具体的任务。使用 Qt 的文档页面可以得到这类模块的列表。

若想了解这方面的更多详细信息，可以参考 http://doc.qt.io/qt-5/qtmodules.html。

1.2.4 技术预览模块

正如这些模块名字所暗示的那样，通常，所提供的这些模块不保证在所有情况下都能正常工作，它们也许会也许不会包含一些错误或其他问题。由于仍处在开发中，因此仅作为测试和反馈的预览版提供。一个模块一旦被开发出来并变得足够成熟，并且在之前提到的其他类别的模块中也可以使用，那么就会将这个模块从技术预览类别中去掉。在编写本书时，Qt 语音就是这种模块的一个例子，Qt 语音模块旨在对 Qt 应用程序增加从文本到语音的支持。如果想要成为一个成熟的 Qt 开发人员，那么关注这些模块总是有意义的。

若想了解这方面的更多详细信息，可以参考 http://doc.qt.io/qt-5/qtmodules.html。

1.2.5 Qt 支持的平台

当我们讨论开发应用程序时，平台可能有很多不同的含义，包括操作系统类型、操作系统版本、编译器类型、编译器版本以及处理器架构（32 位、64 位、ARM 等等）。Qt 支持很多（但不是所有）广为人知的平台，并能在发布时很快赶上新平台的需求。表 1-2 列出了在编写本书时 Qt 支持的平台列表（Qt 5.9）。要注意的是，读者可能不会使用这里所提到的所有平台，但是这可以让读者了解 Qt 多么强大以及跨平台的实际意义。

表 1-2　Qt 支持的平台

平　台	编　译　器	说　明
Windows		
Windows 10（64 位）	MSVC 2017, MSVC 2015, MSVC 2013, MinGW 5.3	
Windows 10（32 位）	MSVC 2017, MSVC 2015, MSVC 2013, MinGW 5.3	
Windows 8.1（64 位）	MSVC 2017, MSVC 2015, MSVC 2013, MinGW 5.3	
Windows 8.1（32 位）	MSVC 2017, MSVC 2015, MSVC 2013, MinGW 5.3	
Windows 7（64 位）	MSVC 2017, MSVC 2015, MSVC 2013, MinGW 5.3	
Windows 7（32 位）	MSVC 2017, MSVC 2015, MSVC 2013, MinGW 5.3	MinGW-builds gcc 5.3.0（32 位）
Linux/X11		
openSUSE 42.1（64 位）	GCC 4.8.5	
Red Hat Enterprise Linux 6.6（64 位）	GCC 4.9.1	devtoolset-3
Red Hat Enterprise Linux 7.2（64 位）	GCC 5.3.1	devtoolset-4
Ubuntu 16.04（64 位）	由 Canonical 提供的 GCC	

（续）

平　　台	编 译 器	说　　明
（Linux 32/64 位）	GCC 4.8, GCC 4.9, GCC 5.3	
macOS		
macOS 10.10, 10.11, 10.12	Apple 提供的 Clang	
嵌入式平台：Embedded Linux, QNX, INTEGRITY		
Embedded Linux	GCC	ARM Cortex-A, Intel 主板和基于 GCC 的工具链
QNX 6.6.0, 7.0（armv7le 和 x86）	QNX 提供的 GCC	主机：RHEL 6.6（64 位），RHEL 7.2（64 位），Windows 10（64 位），Windows 7（32 位）
INTEGRITY 11.4.x	Green Hills INTEGRITY 提供	主机：64 位 Linux
移动平台：Android, iOS, Universal Windows Platform (UWP)		
通用 Windows 平台（UWP）（x86, x86_64, armv7）	MSVC 2017, MSVC 2015	主机：Windows 10
iOS 8, 9, 10（armv7, arm64）	Apple 提供的 Clang	macOS 10.10 主机
Android（API Level: 16）	Google、MinGW 5.3 提供的 GCC	主机：RHEL 7.2（64 位），macOS 10.12，Windows 7（64 位）

请参考 http://doc.qt.io/qt-5/supported-platforms.html。

正如将在下一节中看到的，我们将在 Windows 上使用 Microsoft Visual C++ 2015（简称 MSVC 2015）编译器，因为 Qt 和 OpenCV 都非常支持该编译器。我们还将在 Linux 操作系统上使用 GCC 和在 macOS 操作系统上使用 Clang。所有这些都是免费和开源的工具，或者由操作系统供应商提供。尽管我们的主要开发系统是 Windows，但是只要 Windows 和其他版本有区别，我们就会对 Linux 和 macOS 操作系统进行介绍。所以，本书中默认的截图都是 Windows 的，当这些操作系统之间有重要区别时，我们也提供 Linux 和 macOS 的截图，如果仅仅是路径、按钮的颜色等有细微差别，则不提供。

1.2.6　Qt Creator

Qt Creator 是一个集成开发环境（简称 IDE），用于开发 Qt 应用程序，也是我们将在本书中用来创建和构建项目的集成开发环境。值得一提的是，可以使用其他任何集成开发环境（例如，Visual Studio 或 Xcode）来创建 Qt 应用程序，Qt Creator 不是创建 Qt 应用程序的必要条件，但它是一个轻量级的、功能强大的集成开发环境，默认情况下它随 Qt 框架安装程序一起安装。因此 Qt Creator 的最大优势就是与 Qt 框架相结合。

图 1-1 是 Qt Creator 截图，它显示了在代码编辑模式下的集成开发环境。下一章将详细介

绍如何使用 Qt Creator，尽管还将在本章后续部分用它尝试进行几个测试，但是不会涉及太多的细节。

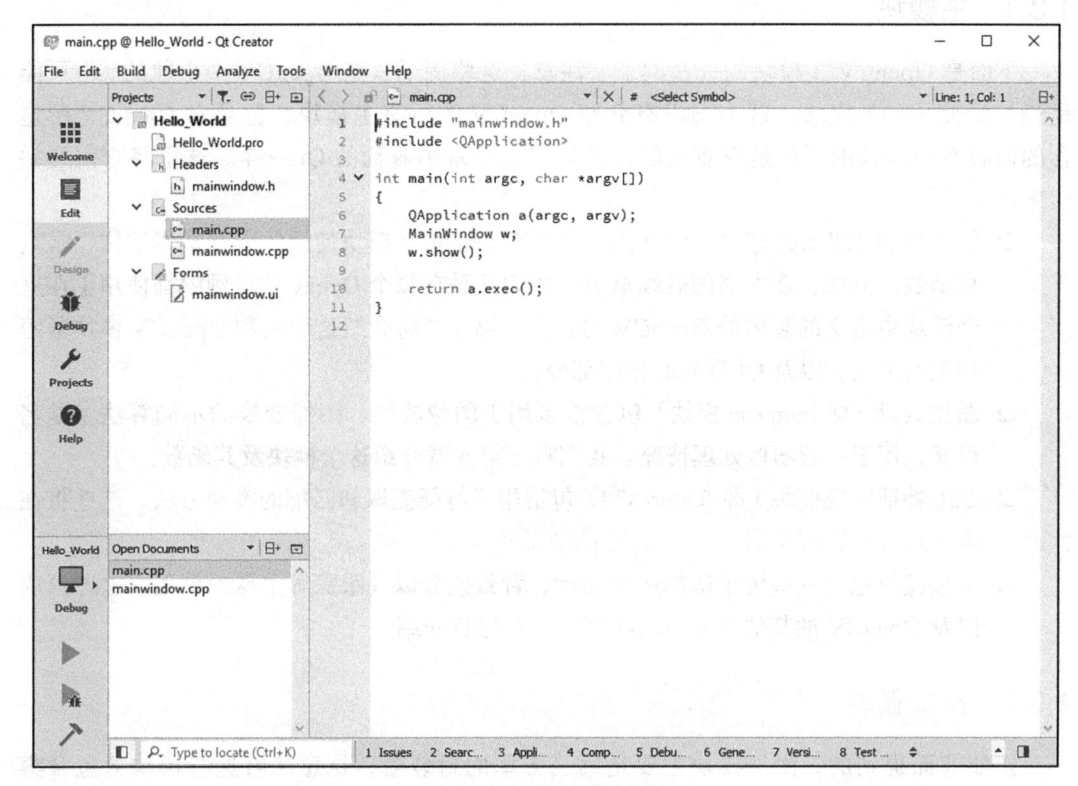

图 1-1 Qt Creator 截图

1.3 OpenCV 介绍

现在介绍 OpenCV，即开源计算机视觉库，如果愿意也可以看作框架，因为 OpenCV 本身是可以互换使用这些名称的，这也可能贯穿全书。但是，大多数情况下，我们会称其为 OpenCV。让我们先来看看 OpenCV 到底是什么，然后在必要的地方再进行详细介绍。

OpenCV 是一个开源、跨平台的库，用于开发计算机视觉应用程序。由于它关注速度和性能，因此在其各种模块中包含了数百个算法。这些模块也可以分为两类：主模块和附加模块。OpenCV 主模块是在 OpenCV 社区中构建并维护的所有模块，是由 OpenCV 提供的默认包的一部分。

这与 OpenCV 的附加模块不同，后者是将第三方库和接口集成到 OpenCV 构建中时所需要的或多或少的封装器。下面是不同模块类型的一些示例，每个模块都有一个简短的描述。值得注意的是，OpenCV 中的模块数量有时候甚至在不同时期有所不同，因此需要记住的是，只要有什么内容看起来不合适，或者如果某些内容不在原来的位置，就去看看

OpenCV 的文档页面。

1.3.1　主模块

下面是 OpenCV 主模块的一些例子。注意，这些例子只是 OpenCV 中少数的（但可能是最广泛使用的）模块，这本书没有介绍 OpenCV 的所有主模块，但是对 OpenCV 所包含的内容有个大致的了解是有意义的，就像在这一章中看到的 Qt 一样。这里将它们列举出来：

- 核心功能（即 core 模块）包含由其他所有 OpenCV 模块使用的所有基本结构、常量和函数。例如，在本书的后续章节，我们几乎在每个 OpenCV 示例中都使用了在这个模块中定义的著名的 OpenCV Mat 类。第 4 章将介绍这个类和 OpenCV 模块紧密相关的模块，以及 Qt 框架的相应部分。
- 图像处理（即 imgproc 模块）包含很多用于图像滤波、图像变换的不同算法，顾名思义，用于一般图像处理情况。我们将在第 6 章介绍这个模块及其函数。
- 二维特征框架模块（即 features2d）包括用于特征提取和匹配的类和方法。这些将在第 7 章进行详细介绍。
- 视频模块包含一些用于诸如运动估计、背景差分以及跟踪等主题的算法，这些模块以及 OpenCV 的其他类似模块将在第 9 章进行介绍。

1.3.2　附加模块

正如前面提到的，附加模块主要是第三方库的封装器，这意味着这些模块只包含集成第三方模块所需要的接口或方法。附加模块的一个例子是文本模块，这个模块包含的接口可以使用图像或光学字符识别（OCR）中的文本检测技术，还会需要这些第三方模块来完成这项工作，这些内容没有在本书中介绍，但是你总是可以查阅 OpenCV 文档，以获得附加模块的一个更新列表以及如何使用这些附加模块的知识。

若想了解更多详细信息，可以参考 http://docs.opencv.org/master/index.html。

OpenCV 支持的平台：如前所述，在开发应用程序的情况下，平台不仅仅是操作系统。因此，我们需要知道 OpenCV 支持哪些操作系统、处理器架构以及编译器。OpenCV 几乎和 Qt 一样是高度跨平台的，可以为所有主流操作系统开发 OpenCV 应用程序，这些操作系统包括 Windows、Linux、macOS、Android 以及 iOS。稍后将看到，我们将在 Windows 上使用 MSVC 2015（32 位）编译器、在 Linux 上使用 GCC 编译器、在 macOS 上使用 Clang 编译器。同样值得注意的是，我们需要自己使用其源码来构建 OpenCV，因为目前为止还没有为上述编译器提供预构建的二进制文件。但是，稍后将看到，如果有正确的工具和使用说明，那么对于任何操作系统来说，构建 OpenCV 都将是相当容易的。

1.4 安装 Qt

本节将详细讲解在计算机上建立完整的软件开发工具包 Qt SDK 所需的各个步骤。我们将首先在 Windows 操作系统上配置 Qt，并针对 Linux（在我们的例子中是 Ubuntu，但是对于所有的 Linux 发布版来说几乎是一样的）以及 macOS 操作系统在必要的地方给出注释。现在让我们开始吧。

1.4.1 Qt 安装准备

为了能够安装和使用 Qt，首先需要创建一个 Qt 账号。尽管这不是强制性的，但仍然是高度推荐的，因为用这个独立、统一并免费的账号可以访问与 Qt 相关的所有内容。对于想要安装的所有 Qt 的最新版本，都需要 Qt 账号凭证，只有创建 Qt 账号，才能有 Qt 账号凭证。要这样做，首先需要使用浏览器访问 Qt 网站。这是链接：https://login.qt.io/login。

图 1-2 是 Qt Account 界面的截图。

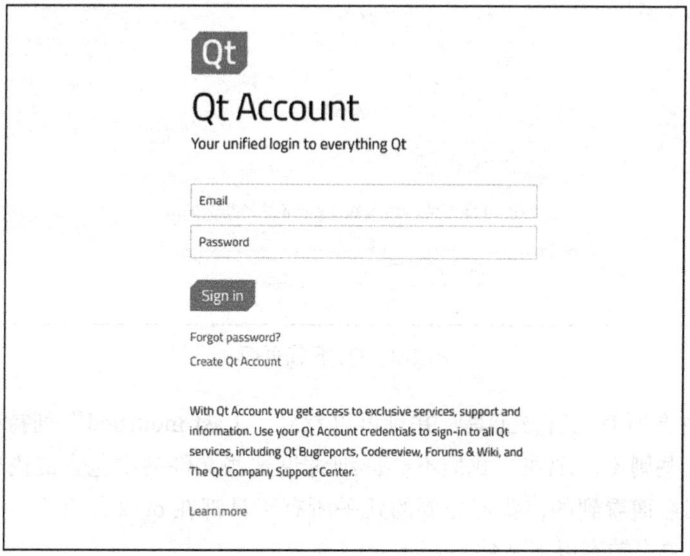

图 1-2 “Qt Account”界面的截图

在这里，必须先通过“sign in”按钮下面的“Create Qt Account”链接进入新建账号页面，并提供你的电子邮件地址。这个过程与在网上创建任何类似账号几乎相同。可能会需要输入验证码图像来证明你不是机器人或者在电子邮件中单击激活链接。在完成所需过程之后，你将拥有自己的 Qt 账号（即你的电子邮件地址）和密码。请记住账号和密码，因为以后将会用到它们。从这里开始，我们将把它们称为你的 Qt 账号凭证。

1.4.2　在哪里获得 Qt

现在是开始下载 Qt 开发工具的时候了。但是，从哪里开始？ Qt 通过如图 1-3 所示的 Qt 下载网页维护所有官方发布的版本。这是链接：https://download.qt.io/official_releases/。

如果打开浏览器并导航到这个网页，将看到一个非常简单的网页（类似于文件资源管理器），在此处，需要自己选择正确的文件。

图 1-3　Qt 下载页面

Qt 在这里发布所有的官方工具，并且可以看到“Last modified”列持续变化。有些条目变化频繁，有些则不。现在，我们不会详细讨论这些文件夹中包含的内容及其用途，但是正如将在本书后面看到的，我们需要的几乎所有工具都在 qt 文件夹下一个单独的安装文件中。因此，请单击转到以下文件夹：qt/5.9/5.9.1/。

你会注意到，在浏览器的 Web 地址中添加了该内容：https://download.qt.io/official_releases/qt/5.9/5.9.1/。

应当注意到，访问这个页面时，可能会有更新的版本，或者这个版本可能已经不存在了，如果是这样则需要从前面提到的 Qt 下载页面开始，然后进入最新的 Qt 版本文件夹。另外，可以使用 Qt 下载主页中的存档链接（https://download.qt.io/archive/）来访问 Qt 之前的版本。

下面是需要从上述文件夹下载的文件：

Windows：qt-opensource-windows-x86-5.9.1.exe

macOS：qt-opensource-mac-x64-5.9.1.dmg

Linux：qt-opensource-linux-x64-5.9.1.run

这些都是预先构建的 Qt 库，包含用于上述操作系统的完整的 Qt SDK。这意味着不需要自己构建 Qt 库即可使用它们。以下是这些安装文件所包含的一般内容以及我们将使用的工具：

- Qt Creator（4.3.1 版本）
- 所有编译器的预构建库和每个操作系统上支持的架构：
  - Windows 上的 Windows 台式机、Windows Mobile
  - Linux 台式机
  - macOS 台式机和 iOS
  - 所有平台上的 Android 系统

Windows 用户：Qt 安装包还包括附带的 MinGW 编译器，但是，因为我们将使用另一个编译器，即 MSVC2015，所以可以不管它，但安装它不会造成任何伤害。

1.4.3 安装方法

需要通过执行下载的安装文件来启动安装。如果是在 Windows 或 macOS 操作系统上，那么只需运行下载的文件即可。但是，如果使用的是 Linux，那么在实际运行之前，可能需要先下载 .run 可执行文件。在 Linux 上执行下面的命令，以使安装文件可执行：

```
chmod +x qt-opensource-linux-x64-5.9.1.run
```

或者，也可以简单地右键单击 .run 文件，并使用属性对话框将它设置为可执行，如图 1-4 所示。

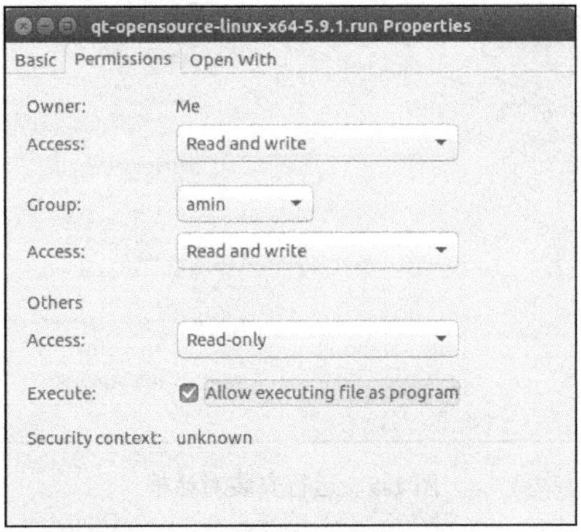

图 1-4　属性对话框

请注意，即使没有任何下载操作，仍然需要有效连接互联网，这只是为了确认 Qt 账号凭证。运行安装程序将展示需要完成的下列一系列对话框。只要确保阅读后并提供所需要的内容，即可单击“ Next ”“ Agree ”或者类似的按钮继续前进。如图 1-5 所示，需要提供 Qt 账号凭证，以便继续安装。这些对话框在所有操作系统上都是相同的。

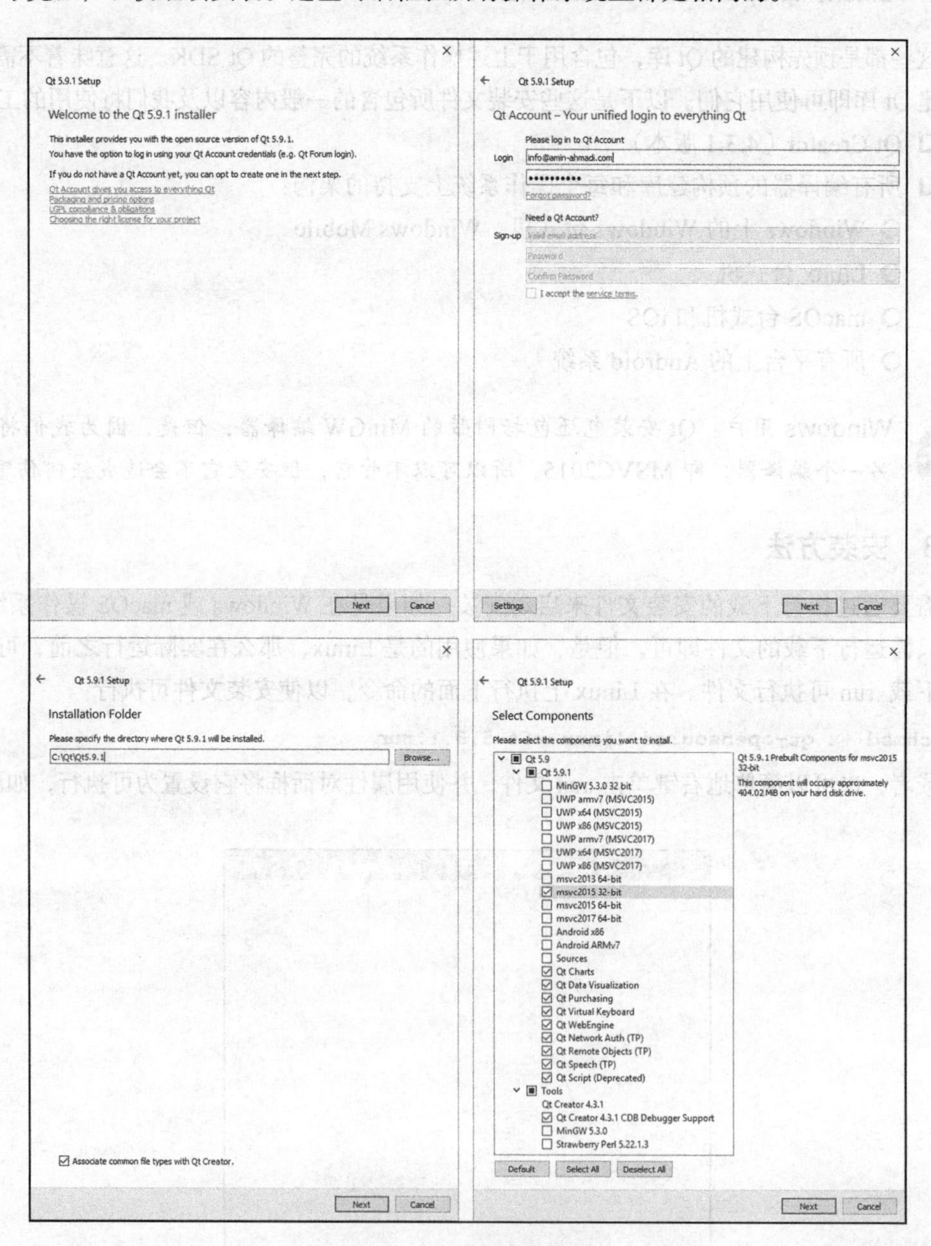

图 1-5　运行安装对话框

在这里没有显示其余的对话框，但它们都是一看就能明白的，如果曾经在任何一台电脑上安装过任何应用程序，那么肯定已经见到过类似的对话框，一般不需要介绍。

1.4.3.1　Windows 用户

在为 Windows 安装 Qt 时，在“Select Components”对话框中，确保你选中了“msvc2015 32-bit”选项。其余项都是可选的，但值得注意的是，通常安装所有平台（即在 Qt 中所谓的套件）需要更多的空间，并且在某些情况下，会影响 Qt Creator 的性能。所以，只要确保选择了真正需要使用的内容即可。在本书中，必须选中“msvc2015 32-bit”选项。

对于 Windows 用户来说，需要注意的是，还需要安装 Visual Studio 2015，其中至少启用了 C++ 桌面开发特性。微软为 Visual Studio 提供了不同类型的许可证。可以下载社区版供学习使用，这对于本书的例子来说绝对够用了，而且它是免费提供的。当然使用企业版、专业版或其他版本的 Visual Studio 也很好，只要它们有 MSVC 2015 32 位编译器就行。

1.4.3.2　macOS 用户

在为 macOS 安装 Qt 时，如果 Mac 上没有安装 Xcode，将会看到图 1-6 所示的对话框（或者是很相似的内容，具体取决于正在使用的 macOS 版本）。

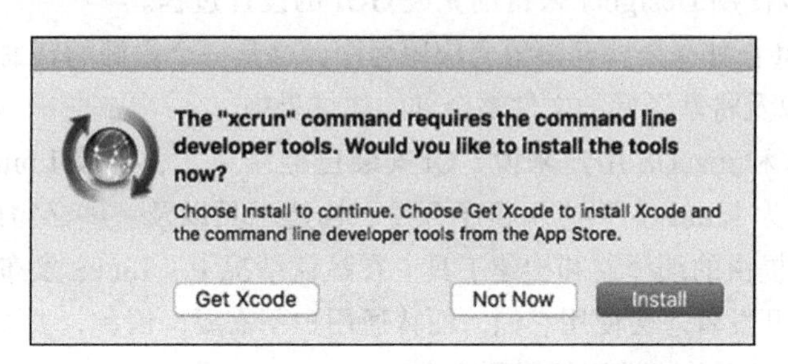

图 1-6　在 Mac 上没有安装 XCode 时出现的对话框

不幸的是，仅仅单击“Install”按钮是不够的，这比安装 Xcode 需要的时间要少，尽管它看起来可能是不二之选。仍然需要确保在 Mac 上安装了 Xcode，或者按下“Get Xcode”按钮并直接从 App Store 下载，否则在安装 Qt 时，会遇到图 1-7 所示的对话框。

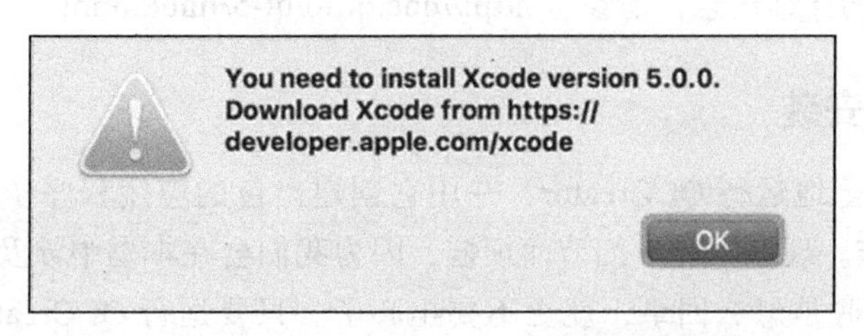

图 1-7　在 Mac 上没有安装了 Xcode 时出现的对话框

使用 App Store 安装 Xcode 的最新版本（在编写本书时，Xcode 的可用版本是 8.3.3），然后继续安装 Qt。

在“选择组件”（Select Components）对话框中，确保至少选择了 macOS 版本。不需要其他组件，但是安装了也不会有什么坏处，只不过它们可能会占用很多电脑空间。

1.4.3.3 Linux 用户

在为 Linux 安装 Qt 时，在选择组件对话框中，确保至少选择了桌面 GCC（32 位或 64 位，具体取决于操作系统）。你会注意到将默认安装 Qt Creator，不需要为此选择任何选项。

Qt 安装完成之后，将在计算机上安装以下应用程序：

- Qt Creator：这是本书中用来构建应用程序的主要 IDE。
- Qt Assistant：这个应用程序用于查看 Qt 帮助文件。它提供了查看 Qt 文档的有用功能。尽管如此，Qt Creator 也提供了上下文相关的帮助，而且它也有自己内置的非常方便的帮助查看器。
- Qt Designer：这个应用程序使用 Qt 控件来设计图像用户界面。同样，Qt Creator 也内置了这个设计器，但是如果喜欢使用其他集成开发环境而不是 Qt Creator，那么仍然可以使用 Designer 来帮助完成 GUI 的设计过程。
- Qt Linguist：如果要构建多语言应用程序，这是一个很好的辅助。Qt Linguist 帮助完成翻译以及将翻译后的文件整合到构建结果中。

对于 Windows 和 macOS 用户来说，Qt 安装已经结束了，但是 Linux 用户还需要继续处理一些事情，即为 Linux 安装应用程序开发、构建工具以及一些必需的运行时库。Qt 总是使用由操作系统提供的编译器和构建工具。在默认情况下，Linux 发布版本通常不包括这些工具，因为只有开发者才会使用它们，而普通用户不需要。因此，要安装这些工具（如果还没有安装的话），可以从终端运行以下命令：

```
sudo apt-get install build-essential libgl1-mesa-dev
```

可以参考 Qt 文档页面，获取 Linux 所有发布版本所需的命令，但是，在这本书中，我们假设发布版本是 Ubuntu/Debian。但请注意，通常情况下，这些命令在所有 Linux 发布版本的模式中都非常相似。

若要了解更多的详细信息，请参考 http://doc.qt.io/qt-5/linux.html。

1.4.4 测试 Qt 安装

现在，可以安全地运行 Qt Creator，并用它创建出色的应用程序了。让我们先确保安装的 Qt 能正常工作。现在不要为细节而烦恼，因为我们会在本书中涉及所有细节，如果认为还不了解后台到底是怎么回事，就更不要担心了。只要运行 Qt Creator，并单击“New Project”按钮，如图 1-8 所示。

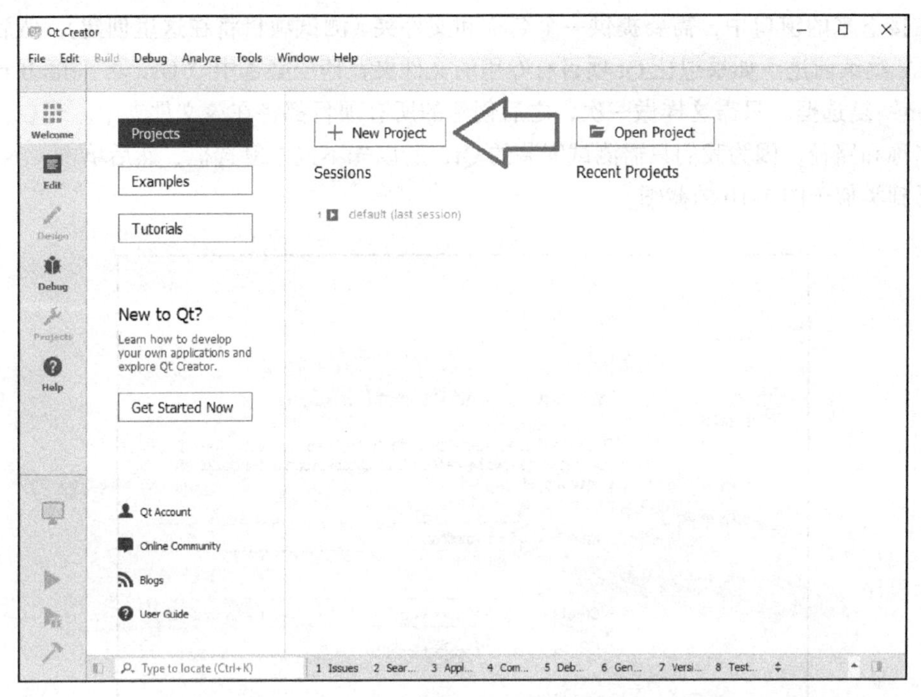

图 1-8　运行 Qt Creator，单击“New Project”按钮

在接下来出现的窗口中，选择“Application”“Qt Widgets Application”，然后单击“Choose”按钮，如图 1-9 所示。

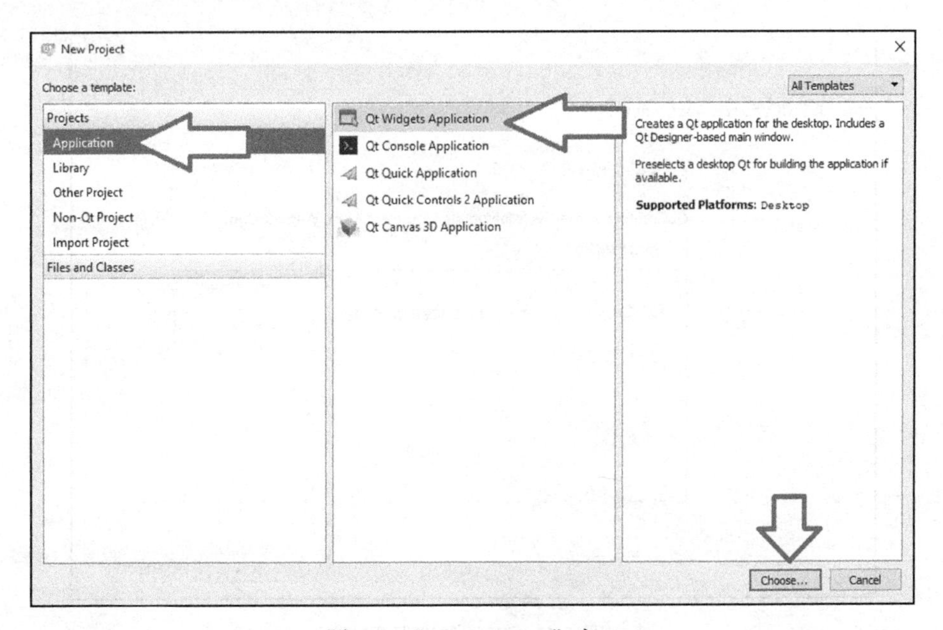

图 1-9　“New Project”窗口

在接下来的窗口中，需要提供一个名称和文件夹（测试项目将在这里创建），然后单击“Next”继续前进。如果想让 Qt 项目有专用的文件夹，请务必选中“Use as default project location”复选框。只需这样做一次，之后创建的所有项目都将在该文件夹中。现在，输入一个名称和路径，因为我们只需测试安装的 Qt，所以先不选中复选框，然后单击“Next”。将会看到类似于图 1-10 的截图。

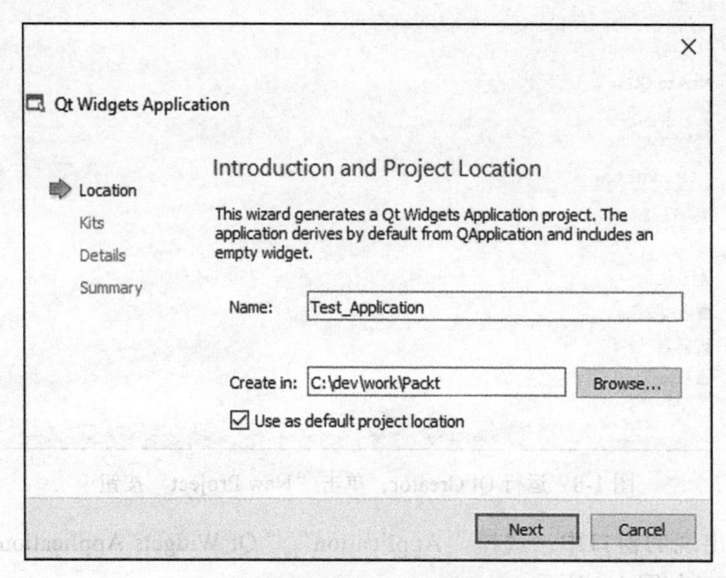

图 1-10　单击“Next”之后看到的界面

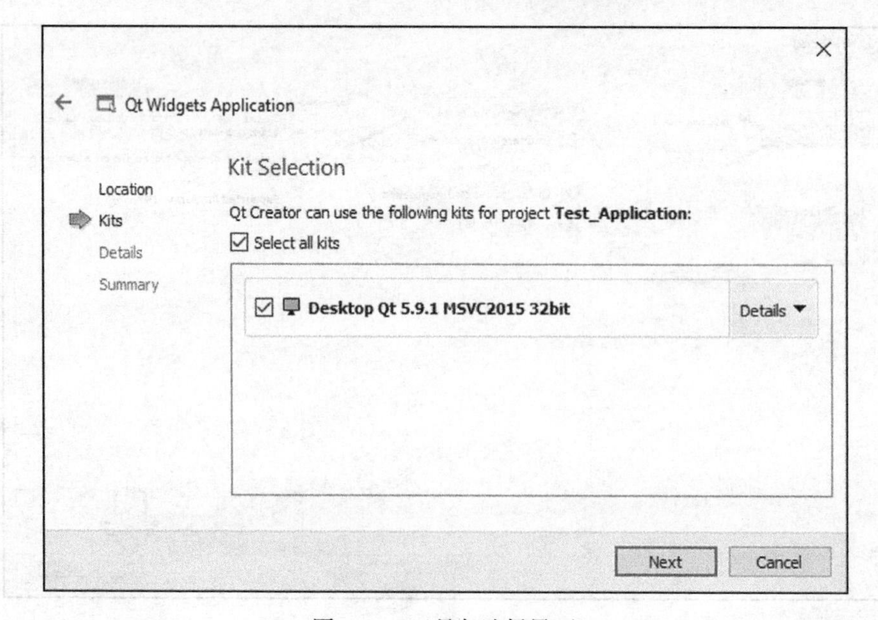

图 1-11　工具包选择界面

在接下来的窗口中（如图 1-11 所示），需要选择一个工具包（kit）来建立应用程序。请选择一个其名称以 Desktop Qt 5.9.1 开头的工具包，然后单击“Next”。取决于 Qt 安装过程中选择的组件，在这里可能有多个选择，也取决于操作系统和系统上安装的编译器，可能有不止一个名称以 Desktop 开头的工具包，所以一定要选择本书中将使用的编译器，包括：

- Windows 上的 msvc2015 32 位编译器
- macOS 上的 Clang 编译器
- Linux 上的 GCC 编译器

在根据前面的介绍选择正确的工具包之后，可以单击“Next”继续前进。

在接下来的两个窗口中，实际上不需要做任何事情，只需要单击“Next”应该就足够进行 Qt 安装的测试了。第一个窗口让一个新类的创建变得更加容易，第二个窗口允许选择一个版本控制工具并跟踪代码的变化，如图 1-12 所示。

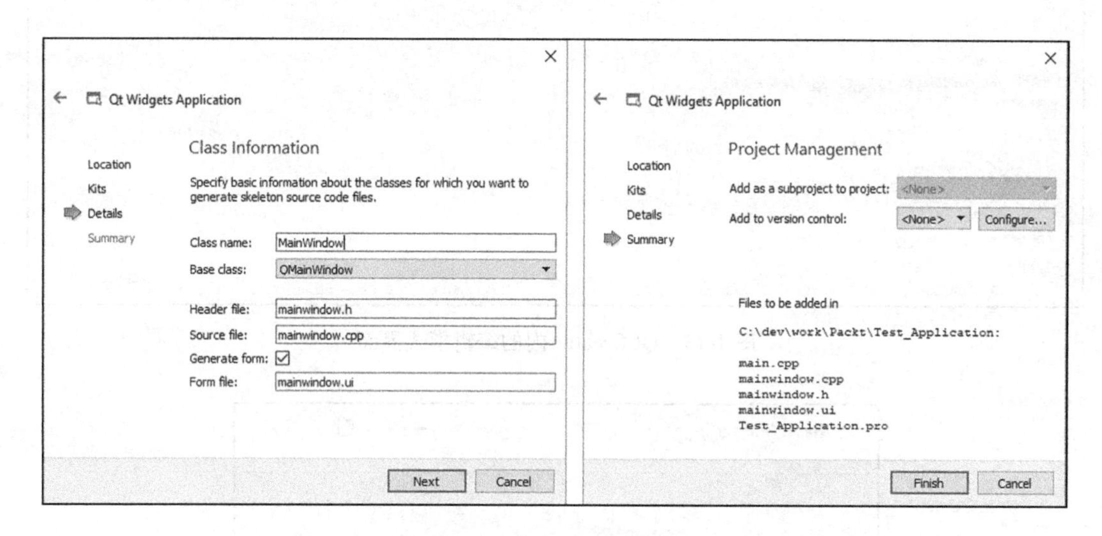

图 1-12　类信息和工程管理窗口

在最后一个窗口单击“Finish”按钮之后，将进入 Qt Creator 的编辑模式。在下一章中，我们将讨论 Qt Creator 的不同方面，现在，只需单击“Run”按钮（或按 Ctrl+R）开始编译测试（还是空的）应用程序，如图 1-13 所示。

取决于计算机速度，构建过程需要一些时间才能完成。稍后，应该看到运行中的你的第一个测试 Qt 应用程序。它只是一个空的应用程序，类似于在图 1-14 中所看到的内容，这样做的目的是确保我们安装的 Qt 能够如我们所希望的那样工作。显然，空 Qt 应用程序在不同的操作系统上看起来可能有些不同，不同的视觉选项可能会影响整个外观或显示窗口的方式。然而，新构建的应用程序应该与在图 1-14 中看到的窗口完全相同（或非常相似）。

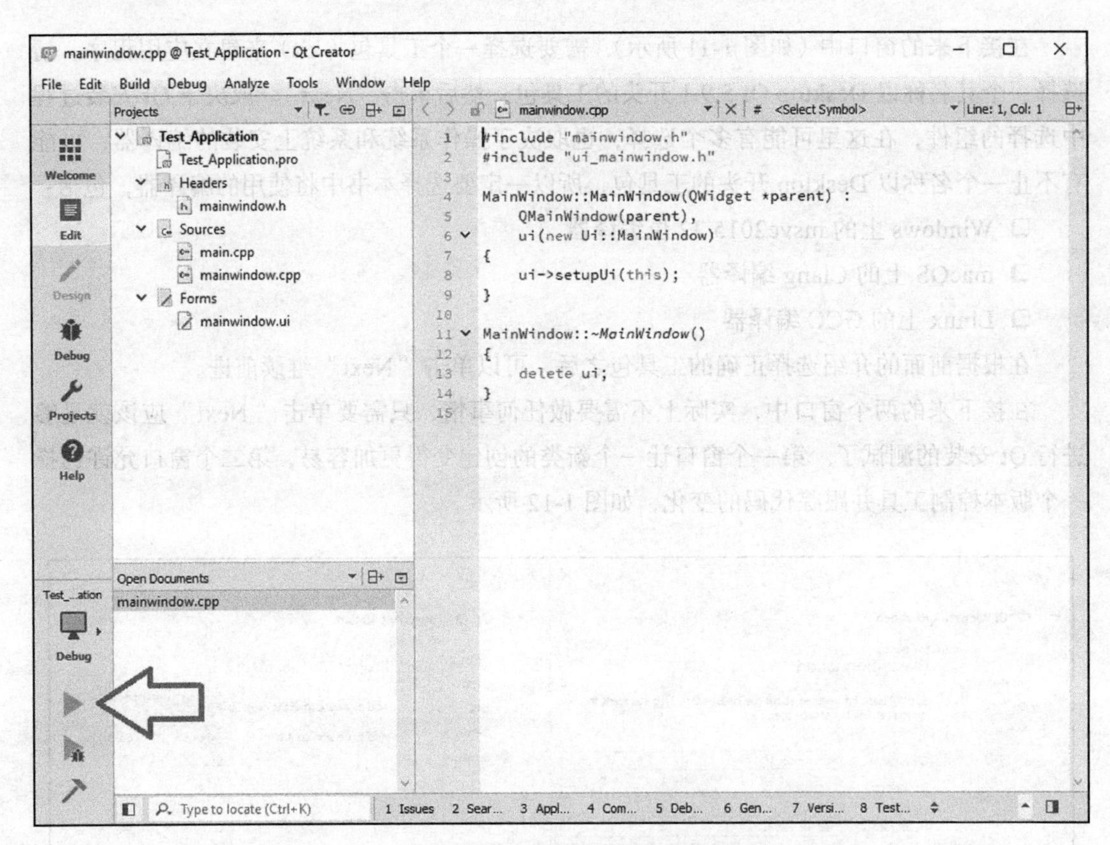

图 1-13　Qt Creator 内的编辑模式界面

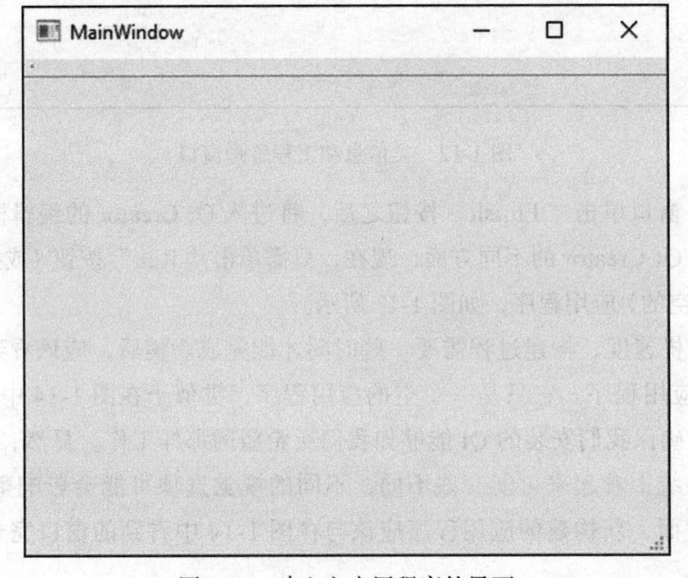

图 1-14　建立空应用程序的界面

如果应用程序没有显示出来，请一定要重新按说明操作一次。另外，确保没有任何 Qt 安装上的冲突或者其他可能干扰 Qt 安装的设置。对于 Qt Creator 或其他 Qt 工具的意外行为，总是可以通过文档页面以及 Qt 社区来寻找答案。作为长时间存在的一个开源项目，Qt 已经拥有了一大批忠实的用户，他们渴望在互联网上分享他们的知识，并回答 Qt 用户所面临的问题。因此，最好一直关注 Qt 社区，你已经有了一个统一的 Qt 账号，可以用这个账号来访问 Qt 论坛。其用户名和密码与之前在 Qt 安装过程中创建的用户名和密码是一样的。

1.5 安装 OpenCV

这一节将学习如何使用其源码构建 OpenCV。稍后将看到，与本节的标题不同，我们没有像在安装 Qt 时所体验的那样真正去安装 OpenCV。这是因为 OpenCV 通常不会为所有编译器和平台提供预构建的二进制文件，事实上，OpenCV 并没有为 macOS 和 Linux 提供预构建的二进制文件。在 OpenCV 最新的 Win Pack 中，只包含了 MSVC 2015 64 位编译器的预构建二进制文件，这与我们将要使用的 32 位版本不兼容，所以不妨考虑学习一下如何自己来构建 OpenCV。这对建立一个满足需要的 OpenCV 框架库也是有好处的。你可能想要去除一些选项，使 OpenCV 安装更轻便，或者你可能想要针对另一个编译器进行构建，比如 MSVC 2013。因此，有很多理由让你从源码亲自构建 OpenCV。

1.5.1 为构建 OpenCV 做准备

互联网上大多数开源框架和库，或者至少是那些想要保持 IDE 中性的开源框架和库（这意味着，使用任意一个集成开发环境配置并建立不依赖特定的集成开发环境就能够工作的一个项目），都使用 CMake 或类似的 make 系统。我猜想这也回答了某些问题，例如，我为什么需要 CMake？为什么不能只给出库以及用它来做什么呢？或者其他类似的问题。这里，我们需要 CMake 以便能够使用源代码来配置和构建 OpenCV。CMake 是一个开源并跨平台的应用程序，可用于配置和构建开源项目（或者应用程序、库等等），可以下载并在前几节中介绍到的所有操作系统上使用 CMake。在写这本书的时候，从 CMake 网站下载页面可以下载 CMake 的 3.1.1 版本 (https://cmake.org/download/)。

请一定在继续下一步之前，将其下载并安装在电脑上。安装 CMake 时除了应该确保安装 GUI 版本之外，没有其他需要特别注意的地方，因为我们在下一节中将要用到 GUI 版本，在前面提供的链接中这是默认选项。

1.5.2 在哪里获得 OpenCV

OpenCV 在其网站的发布页面（http://opencv.org/releases.html）维护其官方的稳定版本，如图 1-15 所示。

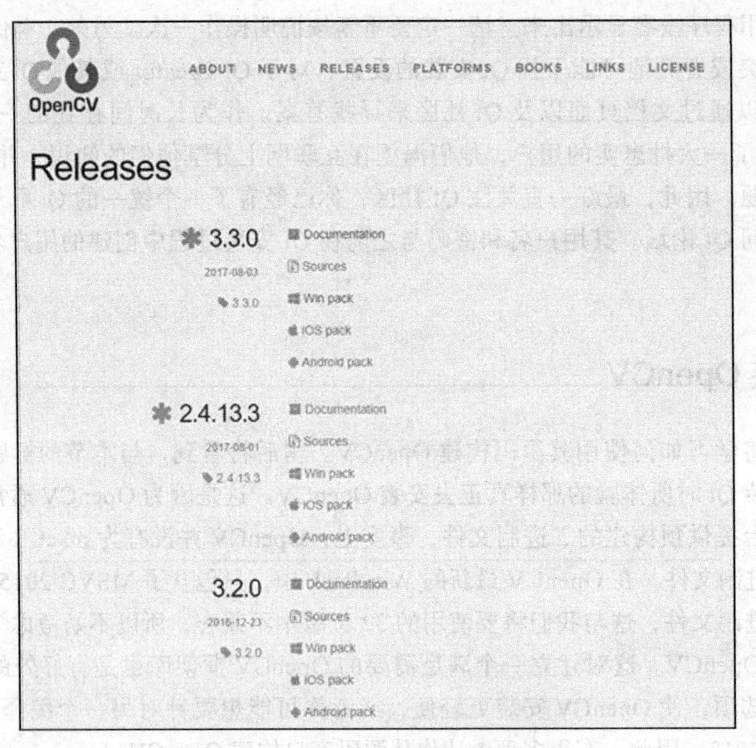

图 1-15 OpenCV 网站的发布页面

在这个网站上，总是可以找到 OpenCV 为 Windows、Android 和 iOS 操作系统最新发布的源代码、文档和预构建的二进制文件。当新版本发布时，会将其添加到页面的最顶部。在写这本书的时候，OpenCV 的最新版本是 3.3.0，我们将使用这个版本。那么现在让我们开始吧，读者应该单击 3.3.0 版本的 Sources 链接下载源代码。下载源代码压缩文件后，将其提取到选好的文件夹中，并记下提取路径，因为一会儿会用到这个提取路径。

1.5.3 如何构建

既然已经有了构建 OpenCV 的所有必需的工具和文件，现在可以通过运行 CMake GUI 应用程序开始这个过程。如果已经正确地安装了 CMake，那么应该能够从“桌面”“开始菜单”或“dock”（取决于操作系统）运行 CMake。

在继续 OpenCV 构建之前，Linux 用户应该在终端运行下列命令。它们基本上是 OpenCV 自身的依赖项，在配置和构建之前需要准备就绪：

```
sudp apt-get install libgtk2.0-dev and pkg-config
```

在运行 CMake GUI 应用程序之后，需要设置以下两个文件夹：

- ❑ 将“Where is the source code folder”设置为下载和提取 OpenCV 源代码的文件夹。

- 将“Where to build the binaries folder”设置为任意一个文件夹，但是通常在源代码文件夹下创建一个名为“build”的子文件夹，并将其选为二进制文件夹。

在设置了这两个文件夹之后，可以单击“Configure”按钮继续前进，如图 1-16 所示。

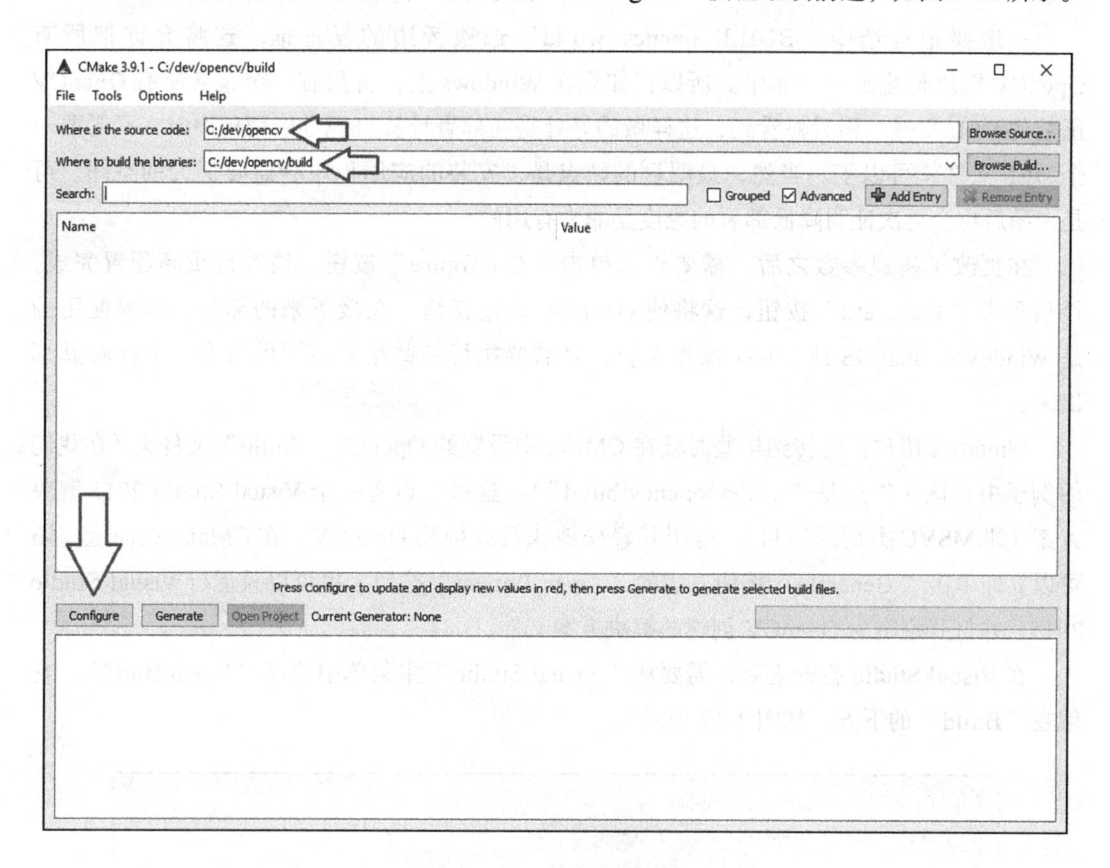

图 1-16 文件夹设置页面

单击“Configure”按钮将启动配置过程。如果文件夹还不存在的话，可能会要求创建构建文件夹，需要通过单击“Yes”按钮来完成文件夹的创建。如果仍然觉得只是在重复书里的内容，不必担心。当继续按这本书和说明操作时，这些重复不会再现。现在，让我们专注于在计算机上构建并安装 OpenCV。考虑到这个安装过程并不仅仅是单击几个“Next”按钮那样简单，一旦开始使用 OpenCV，一切都会有答案。因此，在接下来将要出现的窗口中，请选择正确的生成器并单击“Finish”。关于每个操作系统上的正确生成器类型，请参考以下说明：

Windows 用户：需要选择 Visual Studio 14 2015。请确保没有选择 ARM 或 Win64 版本或其他 Visual Studio 版本。

macOS 和 Linux 用户：需要选择 Unix Makefiles。

将在 CMake 中看到一个简短的过程，当它完成时，就能够设置各种参数来配置 OpenCV 构建。这里有许多参数需要配置，所以只需要处理那些对我们有直接影响的参数。

一定要记得选中“BUILD_opencv_world”选项旁边的复选框，这将允许把所有 OpenCV 模块构建到一个库中。所以，如果在 Windows 上，将只有一个包含所有 OpenCV 函数的 DLL 文件。稍后将看到，这样做的好处是在部署计算机视觉应用程序时，只需要一个 DLL 文件就可以了。当然，最明显的缺点是，安装的应用程序会需要更大的空间。可是，稍后将会再次证明降低部署的难度是非常有用的。

在更改了构建参数之后，需要再次单击“Configure”按钮。请等待重新配置完成，最后单击“Generate”按钮，这将使 OpenCV 构建就绪。在接下来的部分，如果使用的是 Windows、macOS 或 Linux 操作系统，将需要执行一些稍有不同的命令，下面将其列出来：

Windows 用户：跳转到早些时候在 CMake 中设置的 OpenCV“build”文件夹（在我们的例子中，该文件夹是“c:\dev\opencv\build”）。这里应该有一个 Visual Studio 2015 解决方案（即 MSVC 类型的项目），可用其轻松地执行并构建 OpenCV。在 CMake 页面上，还可以立即单击“Generate”按钮右边的“Open Project”按钮。也可以只运行 Visual Studio 2015，并打开刚刚为 OpenCV 创建的解决方案文件。

在 Visual Studio 打开之后，需要从“Visual Studio”主菜单中选择“Batch Build”。它就在“Build”的下方，如图 1-17 所示。

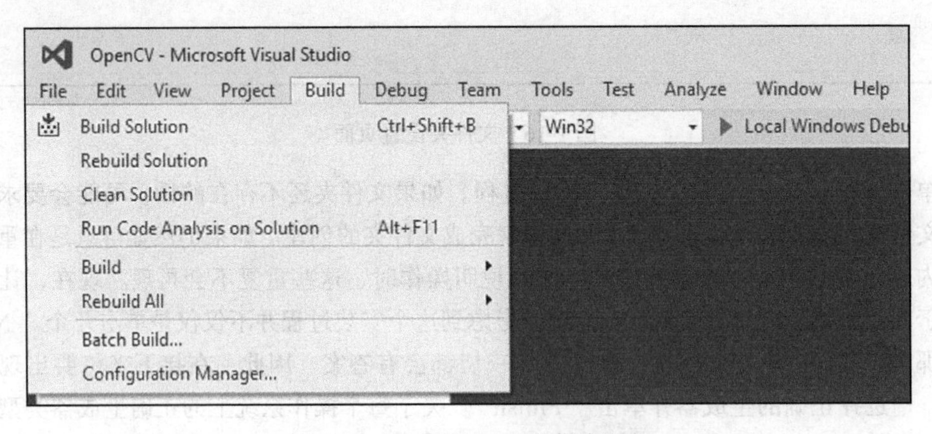

图 1-17　Visual Studio 主菜单界面

确保在“Build”这一列中“ALL_BUILD”和“INSTALL”的复选框都已选中，如图 1-18 所示。

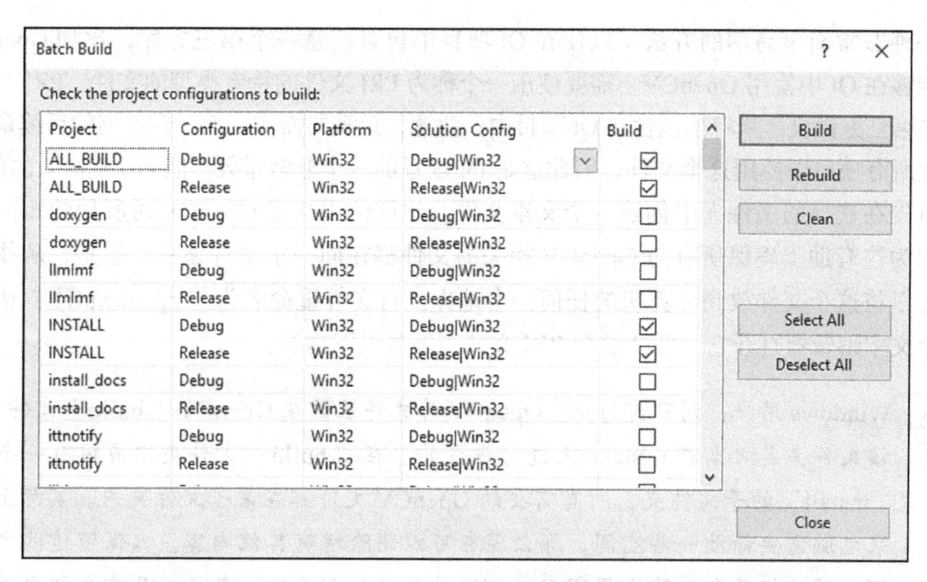

图 1-18 “Batch Build”界面

macOS 和 Linux 用户：在 CMake 中，在切换到所选择的二进制文件夹之后，运行一个终端实例并执行下列命令。要切换到一个指定的文件夹，需要使用“cd”命令。在进入 OpenCV“build”文件夹之后（“build”文件夹应该在打开 CMake 时所选择的主页中），需要执行以下命令。界面会要求提供管理密码，只需提供密码并按 Enter 键继续构建 OpenCV：

```
sudo make
```

这将触发构建过程，所需的构建时间取决于计算机速度，这可能需要一段时间。当所有的库都构建完成时，将看到进度条达到 100%。

在漫长的等待之后，对于 macOS 和 Linux 用户来说，就只剩下一条命令了。如果在 Windows 上，可以选择关闭“Visual Studio IDE”，然后继续下一步。

macOS 和 Linux 用户：在构建完成之后，在关闭终端实例之前，当还在 OpenCV“build”文件夹时，执行以下命令：

```
sudo make install
```

对于非 Windows 用户来说，最后一条命令将确保在计算机上已安装 OpenCV，并且已经准备就绪。如果没有错过本节中的任何一条命令，那么就可以继续往下。最后将得到一个 OpenCV 框架，可以用它来构建计算机视觉应用程序。

1.5.4 配置 OpenCV 安装

记得我们前面提到过 OpenCV 是一个框架，你将会学习如何通过 Qt 来使用它。Qt 提供了一种非常简单易用的方法，以便在 Qt 项目中包含任意一个第三方库，比如 OpenCV。为了能够在 Qt 中使用 OpenCV，需要使用一个称为 PRI 文件的特定类型的文件。PRI 文件用来添加第三方模块，并将其包含在 Qt 项目中。注意，只需要操作一次，在本书的后续章节中将会在所有项目中使用这个文件，因此这是 Qt 配置的一个非常重要（但非常简单）的部分。

首先在选择的文件夹中创建一个文本文件。建议使用构建 OpenCV 时所用的相同文件夹，因为这有助于确保所有与 OpenCV 相关的文件都在同一个文件夹中。但是，从技术上讲，可以将这个文件放到计算机的任何一个地方。将文件重命名为“opencv.pri”。使用任意一个文本编辑器打开它，并在这个 PRI 文件中编写以下内容：

Windows 用户：到目前为止，OpenCV 库文件应该在 OpenCV“build”文件夹中，该文件夹是之前在 CMake 上进行设置的。在“build”文件夹中应该有一个名为“install”的子文件夹，所有需要的 OpenCV 文件都在该子文件夹内。实际上，如果电脑需要释放一些空间，那么现在可以删除所有其他内容，只保留这些文件就可以了，但是在电脑上保留 OpenCV 资源总是有益的，在最后几章介绍更高级的 OpenCV 主题时，我们将会用到这些 OpenCV 资源。下面是 PRI 文件中需要的内容（注意路径分隔符，不管操作系统是什么，请始终在 PRI 的文件中使用“/”）：

```
INCLUDEPATH += c:/dev/opencv/build/install/include
Debug: {
LIBS += -lc:/dev/opencv/build/install/x86/vc14/lib/opencv_world330d
}
Release: {
LIBS += -lc:/dev/opencv/build/install/x86/vc14/lib/opencv_world330
}
```

注意，在上面的代码中，如果在 CMake 配置期间使用了其他文件夹，那么需要替换路径。

macOS 和 Linux 用户：只需要在“opencv.pri”文件中加入以下内容：

```
INCLUDEPATH += /usr/local/include
LIBS += -L/usr/local/lib \
    -lopencv_world
```

Windows 用户还有一件事情要做，那就是将 OpenCV DLL 文件夹添加到 PATH 环境变量中去。只要打开系统属性窗口并在“PATH”中添加一个新的对象元素就可以了。它们通常是用“;”隔开的，因此请在“;”后添加一个新项。注意，这个路径只与 Windows 操作系统相关，并且可以在这里找到 OpenCV 的 DLL 文件，以便使构建过程更加容易。Linux 和 macOS 用户不需要对此做任何事情。

1.5.5 测试 OpenCV 安装

对于我们来说最棘手的情况已经过去了，现在已经准备好深入了解计算机视觉世界，并开始使用 Qt 和 OpenCV 来构建令人兴奋的应用程序了。尽管这是最后一步，将其称为 OpenCV 测试，但是这实际上是你将要编写的第一个 Qt+OpenCV 应用程序，这看起来很简单。这一节中，我们的主要目标不是要费心地详细了解事情是如何工作的，以及后台发生了什么，只需要确保我们已经正确配置了所有的设置，并避免在本书后面的章节中因配置相关的问题而浪费时间。如果已经按照所描述的去做了，并按照正确的顺序执行了所有指令，那么现在就不需要担心任何事情，但是最好还是去验证一下，这就是我们现在要做的。

因此，我们将用一个非常简单的应用程序（从硬盘读取一个图像文件并显示这个图像）去验证 OpenCV 的安装。同样，不必关心任何代码细节，因为我们将在接下来的章节中进行介绍，这里我们只专注于测试 OpenCV 安装。首先运行 Qt Creator 并创建一个新的控制台应用程序。之前在进行 Qt 安装测试时，就已经完成了一项非常类似的任务了。需要遵循完全相同的指令，并且必须确保选择 Qt，而不是 Qt 控件程序。像前面那样重复所有类似的步骤，直到最终进入 Qt Creator 编辑模式。如果界面要求你构建系统，只需要选择 qmake，这应该在默认情况下选择，所以只需要继续执行下一步。请确保为项目起了类似“QtCvTest”这样的名字。这次，不要单击“Run”按钮，而应双击项目 PRO 文件，可以在浏览器 Qt Creator 屏幕左侧找到这个文件，并在项目 PRO 文件的末尾添加以下代码行：

```
include(c:/dev/opencv/opencv.pri)
```

请注意，这实际上是一种应该避免的硬编码类型，正如将在后面章节中看到的那样，我们将编写更复杂的 PRO 文件，这些文件可以在所有操作系统上工作，而不需要更改任何一行代码。但是，因为我们只是在测试 OpenCV 安装，所以现在可以继续使用一些硬编码来简化一些事情，以便不会被更多的配置细节淹没。

那么，回到我们正在做的事情上，此时按 Ctrl + S 保存 PRO 文件，注意，在项目浏览器中将有一个快速过程和更新，并且 opencv.pri 文件会出现在浏览器中。从这里开始，可以随时改变 opencv.pri 的内容，但是可能永远都不需要这样做。请忽略注释行，并确保 PRO 文件与如下内容类似：

```
QT += core
QT -= gui
CONFIG += c++11
TARGET = QtCvTest
CONFIG += console
CONFIG -= app_bundle
TEMPLATE = app
SOURCES += main.cpp
DEFINES += QT_DEPRECATED_WARNINGS
include(c:/dev/opencv/opencv.pri)
```

项目的 PRO 文件中的这些简单的代码行基本上就是这一章中我们所有努力的结果。现在，我们可以将 OpenCV 添加到 Qt 项目中了，要这样做，只需在我们想用 Qt 和 OpenCV 构建的每个计算机视觉项目中包含这段简单的代码即可。

在接下来的章节中，将学习 Qt 中的 PRO 文件以及关于上述代码的所有内容，但是，现在让我们继续了解一下这个负责我们项目配置的文件。显然，最后一行表示我们想要在 Qt 项目中添加 OpenCV include 头文件和库文件。

现在，可以实际编写一些 OpenCV 的代码。打开 main.cpp 文件，将其内容变成与下面类似的代码：

```
#include <QCoreApplication>
#include "opencv2/opencv.hpp"
int main(int argc, char *argv[])
{
    QCoreApplication a(argc, argv);
    using namespace cv;
    Mat image = imread("c:/dev/test.jpg");
    imshow("Output", image);
    return a.exec();
}
```

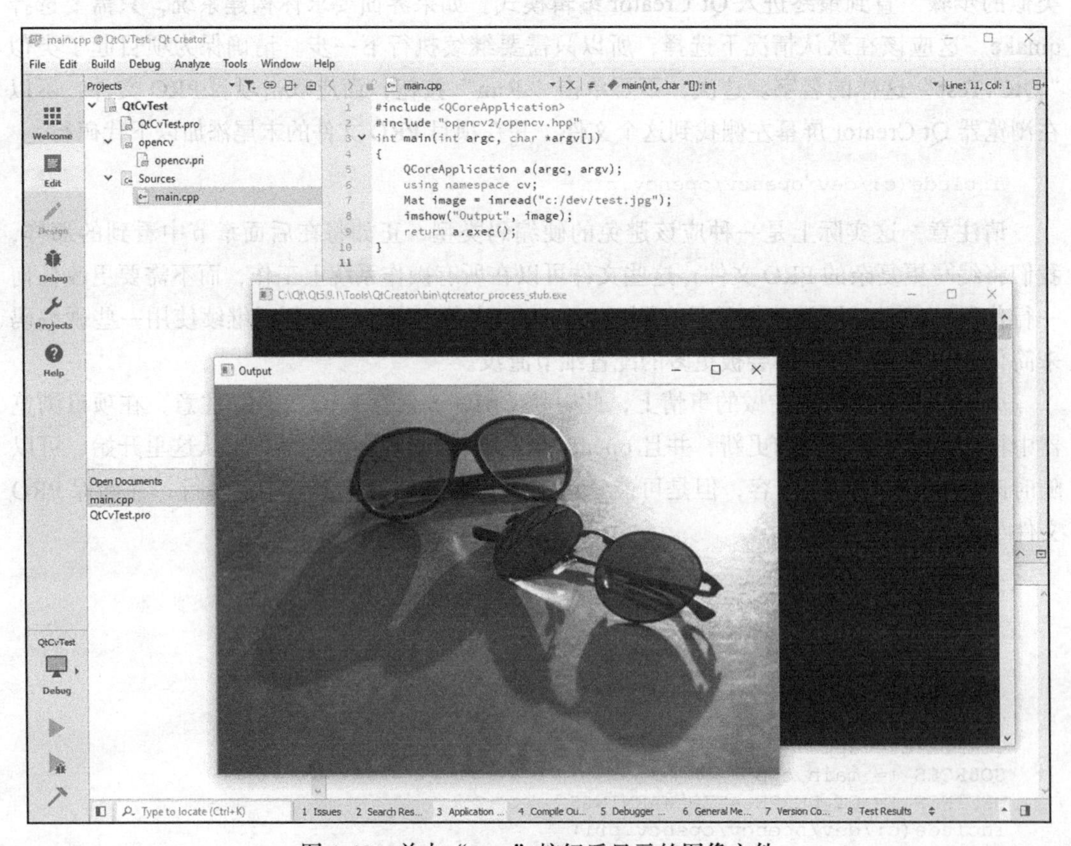

图 1-19 单击“Run”按钮后显示的图像文件

在默认情况下，main.cpp 文件应该已经包含了上面代码中的大部分内容，可以注意到顶部的 include 行，以及负责从计算机读取和显示测试图像的 3 行代码。可以将路径替换成其他任意的图像（只要确保是到现在为止一直使用的 JPG 或 PNG 文件就可以），请确保图像文件已经存在并且可以访问，这非常重要，否则，即使安装正确，测试也可能会失败。整个代码几乎是自解释的，现在不必修改代码，因为只是在测试所构建的 OpenCV，只要单击“Run”按钮，就可以显示图像文件了。在你的计算机上，会看到与图 1-19 类似的界面。

1.6 小结

本章介绍了计算机视觉的一般概念以及 Qt 和 OpenCV 框架，学习了总体模块结构，还简要介绍了这些模块在所有平台上的跨平台程度。接着学习了如何在计算机上安装 Qt 以及如何使用其源代码构建 OpenCV。到目前为止，你应该有足够的信心，除了本章提到的标准构建，甚至还可以尝试一些不同的配置来构建 OpenCV。通过简单地查看它们所包含的文件夹和文件，探索这些大型框架的一些未知和深层的部分总是有益的。最后，学习了如何配置计算机开发环境，使用 Qt 和 OpenCV 构建应用程序，甚至构建了第一个应用程序。在下一章，将首先构建一个控制台应用程序，之后继续构建一个 Qt 控件应用程序，从而了解更多关于 Qt Creator 的知识。你还将学习 Qt 项目的结构以及如何在 Qt 和 OpenCV 框架之间创建一个跨平台的集成。下一章是实际的计算机视觉开发和编程范例的开始，这将在整本书中为我们的实践范例奠定基础。

CHAPTER 2

第2章

创建第一个 Qt + OpenCV 项目

虽然 Qt 和 OpenCV 框架问世并被引入开源社区已经有很长一段时间了，但直到最近人们才开始意识到将这两者结合使用的优势，而且这种结合在计算机视觉专家中越来越流行。我们很幸运，正处于几乎不需要花费多大力气，就可以很轻松地将这两个框架组合在一起的历史阶段。

这两个框架的稳定性也没有问题，利用这两个框架创建的应用程序可以在较为敏感的硬件上运行。在互联网上简单搜索一下，就能说明这一点。本章将用到的 Qt Creator 已发展成为相当成熟的集成开发环境（简称 IDE），它可以提供非常简单的机制来利用 OpenCV 集成和构建计算机视觉应用程序。现在，我们略过第 1 章中的安装和配置问题，只关注如何利用 OpenCV 和 Qt 构建应用程序。

在这一章中，我们将细致地学习 Qt Creator IDE 以及如何利用它来创建工程项目，在本书的余下部分以及所有创建的应用程序中都将用到 Qt Creator。你将体验到 Qt Creator 的所有优势，并从其易用性、外观等方面体会到它为什么是一个非常强大的 IDE。你将了解 Qt Creator 的设置和细节，以及如何更改它们以满足你的需要。你同时将学习 Qt 项目文件、源代码、用户界面等等诸多内容。我们将详尽地展示利用 Qt Creator 创建工程项目应用的细节，为第三章打下坚实的基础。但我们也会在本章中介绍一些有用的细节，使你对真实项目的结构有一个清晰的理解。这些主题都将在创建应用程序的上下文中讨论，这样就可以通过重复本章中的学习任务来更好地理解这些内容。

注意，在本章中学习到的知识将在未来为你节约大量的时间。当然，这需要真正地在电脑上全部重复这些学习内容，并且利用 Qt Creator 编写 C++ 程序，即使是进行非 Qt 应用程序开发时，也可以尽力去运用这些知识。

最后，我们将以创建一个实际的计算机视觉应用程序并将某些基本图像处理算法应用于图像来结束这一章。本章的目的是帮助你了解本书将用到的一些主要概念，如信号、槽、控件等，为学习本书的其余内容做准备。

本章将介绍以下主题：

- ❑ Qt Creator IDE 的配置与使用
- ❑ 创建 Qt 项目
- ❑ Qt Creator 控件
- ❑ 创建跨平台的 Qt+OpenCV 工程项目文件
- ❑ 使用 Qt Creator 设计用户界面
- ❑ 使用 Qt Creator 编写用户界面代码

2.1 什么是 Qt Creator

Qt Creator 与 Qt 框架是不一样的。是的，这个说法是对的。Qt Creator 只是由 Qt 框架创建并为其服务的 IDE。对于刚接触这些术语的人来说，可能会感到迷惑。那么，这到底是什么意思呢？在一个非常基本的定义中，其含义是可以利用 Qt Creator 或者其他 IDE 创建 Qt 应用程序。在某些时候，当 Qt 框架具有丰富的类和函数时，Qt 的开发维护者们尝试利用 Qt 框架本身来创建 IDE。一个摆脱了操作系统与 C++ 编译器类型的 IDE 就此诞生了。Qt Creator 是一个能够更好地支持与 Qt 框架集成的 IDE，Qt Creator 开源（这意味着开发者可以免费使用它）、跨平台，并且包括了 IDE 所需的几乎所有工具。图 2-1 是一个“Qt Creator Welcome”界面的截屏。

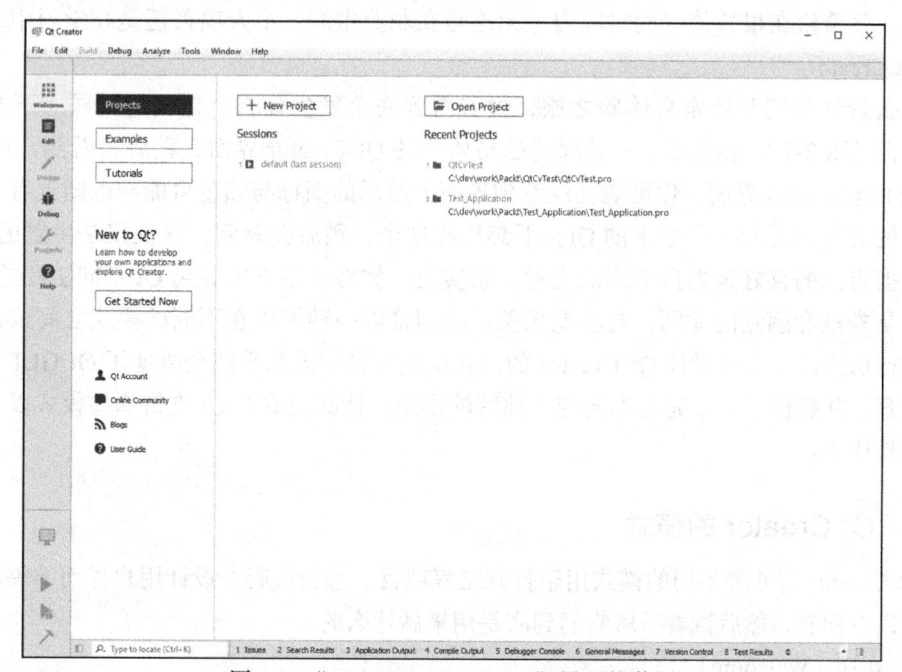

图 2-1　“Qt Creator Welcome”界面的截屏

注意，我们将使用 Qt Creator 的所有特性，但在深入学习之前，可以先了解一下它的功能。下面是 Qt Creator 的一些最重要特性：

- ❑ 使用会话管理多个 IDE 状态
- ❑ 多个 Qt 项目管理
- ❑ 用户界面设计
- ❑ 代码编辑
- ❑ 在所有 Qt 支持的平台上构建和运行应用程序
- ❑ 应用程序调试
- ❑ 上下文相关帮助

根据你自身的需求，可以用更多内容来扩展这个列表，但是在上述列表中提到的内容本质上就是一个 IDE 的定义，这应该是一个应用程序，它提供所有必需以及必不可少的应用程序开发工具。而且，总是可以查阅 Qt 文档获取 Qt Creator 附加功能的说明。

2.2 IDE 一览

在这一部分，将简要介绍一下 Qt Creator 的组成部分。这就像当来到一个新的地方时，首先需要了解一下周围的环境一样。起初，可能没有注意到其中的差别，但是慢慢地，你会意识到这两者实际上是非常类似的。你会发现在阅读这本书时，一直会用到 Qt Creator 开发环境，并希望在很长的一段时间内，无论是在职业生涯、个人项目还是在学习中，也会用到 Qt Creator。

那么就让我们开始亲身体验之旅，去看看到底会发生什么。让我们回顾一下本章的第一个图（图 2-1），在图 2-1 中看到的是初始化的 Qt Creator 界面，稍后将看到，这是 Qt Creator 的欢迎模式界面。你可能会注意到界面上显示的图标与颜色可能与电脑上有一些不同，即使安装的是同一个版本的 Qt。不必担心这个，稍后会看到，这仅仅是主题的不同，可以根据自己的喜好来选择不同的主题。事实上，你将在本书中看到 Qt 不同主题的界面，这仅仅是外观和感觉的差别，与功能无关。我们是以一种可以在不同的模式之间快速、方便地进行切换的方式来设计 Qt Creator 的。切换到每种模式几乎完全改变了 Qt GUI 主界面中的内容，并提供了一个完全不同的、独特的作用。让我们看看 Qt 支持哪些模式以及它们的功能是什么。

2.2.1 Qt Creator 的模式

Qt Creator 有 6 种不同的模式用于打开工程项目、编辑代码、设计用户界面等等。让我们看看以下列表，然后试着了解它们到底是用来做什么的：

- ❑ 欢迎（Welcome）

- 编辑（Edit）
- 设计（Design）
- 调试（Debug）
- 工程项目（Projects）
- 帮助（Help）

在对这些内容进行详细讲解之前，相信你已经注意到了，可以使用 Qt Creator 界面左侧的按钮来切换不同的模式，如图 2-2 所示。

对于 Qt Creator 所有的功能项，都有一个专用的键盘快捷键，而不同模式之间的切换也与此类似。只需将鼠标箭头停留在快捷键上片刻，不需要单击，就会弹出一个提示框，提供有关屏幕上的这个快捷键的更多信息。利用刚刚介绍的方法，可以很容易地找到热键对应的功能，因此，我们不再一一介绍整个快捷键列表。正如在图 2-3 中看到的，把鼠标光标放在“ Design”模式按钮上，弹出的内容说明该按钮的用途是“切换到设计模式”，并且键盘快捷键是“Ctrl + 3”。

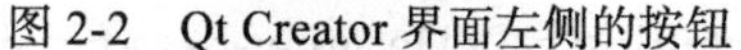

图 2-2　Qt Creator 界面左侧的按钮

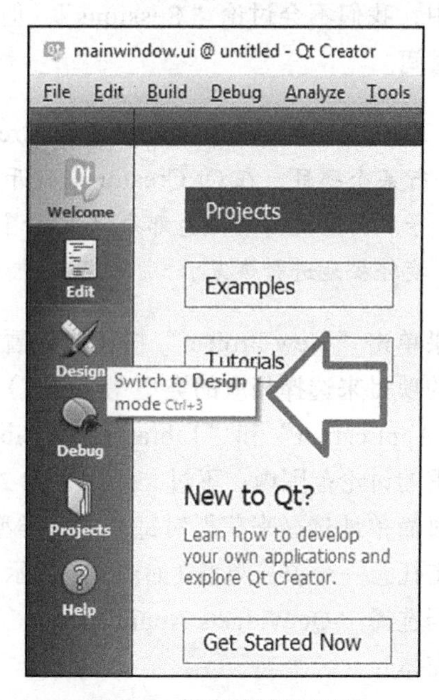

图 2-3　键盘快捷键界面

我们将学习 Qt Creator 中更多有关不同模式的知识及其用途，你应该注意到，列出并介绍 Qt Creator 中的所有功能细节不在本书的范围之内。但是，对于在本书中将会用到的有关 Qt Creator 的所有内容，我们都将予以详尽介绍。Qt Creator 以及有关 Qt 的所有内容都在迅速发展，读者最好持续关注文档页面，并尝试自己去使用文档页面上最新或更改的功能。

2.2.1.1　欢迎模式

这是打开 Qt Creator 时的初始模式，使用左边的“ Welcome”按钮（如图 2-4 所示）随时可以切换到该模式。

图 2-4　“Welcome”按钮

关于这种模式最重要的一点是，实际上它有三个子模式，即：

- 项目（Projects）
- 示例（Examples）
- 教程（Tutorials）

1. 项目

该屏幕（即欢迎模式的子模式）可用于使用“ New Project”按钮创建新的 Qt 项目。这个创建过程已在第 1 章中简单地介绍过了。如果单击“ Open Project”按钮，也可以打开保存在计算机上的任何项目。还有一个“ Recent Projects”列表，这个列表很有用，可以提醒你正在进行的工作并提供访问它们的快捷方式。该模式下，“ Sessions”部分也会出现，这是 Qt Creator 最有趣的特性。需要时，“Sessions”可用于存储和恢复 IDE 状态。在本书中，我们不会讨论“ Sessions”，但如果正确使用该功能，在开发过程中就可以节省大量时间。

用一个例子可以很容易理解 Qt Creator 中“ Sessions”的功能。比如说，你正在进行某个项目，在 Qt Creator 中打开了一些项目，或者在代码中设置了一些断点，等等。所有类似的信息都存储在所谓的“ Sessions”中，并且可以通过会话之间的切换轻松地进行恢复。

如果单击“ New Project”按钮，将看到一个新建工程项目窗口，该窗口允许根据想要开发的项目来选择相应的类型（或模板）。稍后会看到，我们只用到了“ Applications/Qt Widgets Application”和“ Library/C++ Library”选项，浏览所有可能的 Qt 工程项目模板不在本书的讨论范围内。不过，正如在图 2-5 中看到的，新建工程项目窗口由三部分组成，可以通过简单地选择来获得对每个项目类型的非常有用的描述。一旦在第一个和第二个列表中单击任意一个项目类型（如图 2-5 所示），它们所对应的描述就将出现在第三个窗体中。下面是当选择“ Qt Widgets Application”工程项目类型时出现的描述（请参阅图 2-5，特别是 3 号窗体）：

- Creates a Qt application for the Desktop, including a Qt Designer-based main window
- Preselects a desktop Qt for building the application if available
- Supported platforms: Desktop

可以看到，不同类型的模板对应于不同的项目。通过浏览各种选项可以了解项目类型，即使是那些暂时不会用到的项目类型，去了解一下也是有益的，图 2-5 是新建工程项目的屏幕截图。

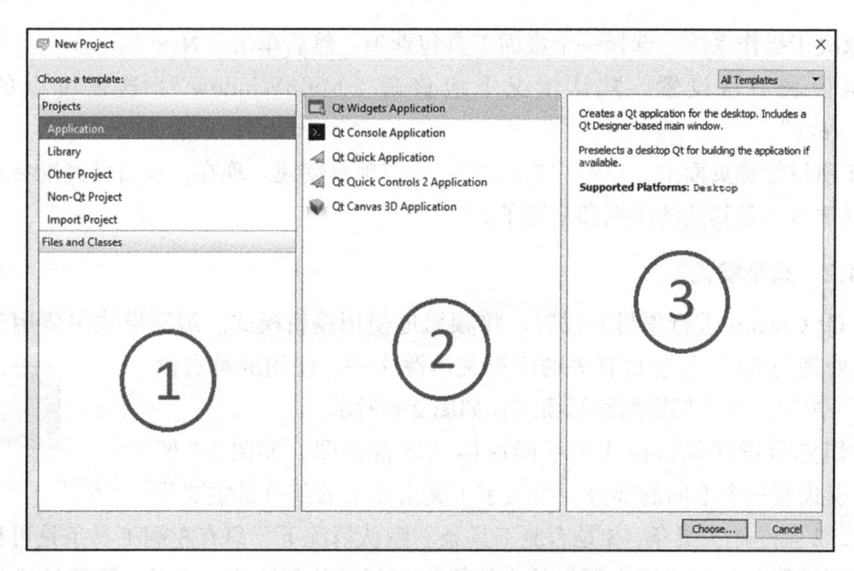

图 2-5　新建工程项目的屏幕截图

2. 示例

这部分是 Qt Creator 中我最喜欢的部分，并且毫无疑问，了解这部分内容并且能够熟练地使用，也是 Qt 学习的最重要的内容之一。这里有很多带注释的例子，只要点击一下就可以构建。在示例中还有一个“Search”栏，使用关键字可以搜索不同的示例。

3. 教程

这部分内容与示例非常相似，从某种意义上说，教程可用来培训 Qt 开发人员，两者之间主要的区别在于教程包含了视频演示与示例。一定要定期浏览教程内容，这样可以及时了解最新特性及其使用方法。

在跳转到下一个 Qt Creator 模式（即编辑模式）之前，我们需要创建一个新的工程项目。本章的其余部分我们将会用到该示例，通过该项目可以学习其余模式。现在你已经熟悉了欢迎模式，可以继续创建新的 Qt 控件应用程序 (QT Widgets Application)。在第一章中，在进行 Qt 与 OpenCV 安装测试时，就已经创建了一个项目。本章，只需要重复同样的步骤就可以了。这次将项目命名为“Hello_Qt_OpenCV”，下面是需要执行的步骤：

- 在“Welcome”模式下，单击“New Project”按钮，或者按 Ctrl + N 组合键。
- 在“New Project”窗口中，先选择“Application”，然后选择“Qt Widgets Application”。
- 将项目名称设置为“Hello_Qt_OpenCV”，然后选择一个文件夹，用于存放将创建的项目。如果以前就这样做过，并选中过“Use as default project location”复选框，则不需要更改关于创建项目所在文件夹的相关内容。然后单击“Next”。

- 取决于操作系统，选择一个桌面工具包选项。然后单击“Next”。
- 类信息不做设置，默认情况下应该是“MainWindow”，这是可以的，单击“Next”。
- 在项目管理页面上，单击“Finish”，完成项目创建。现在，项目已经准备就绪，可以学习本章其他的示例和主题了。

2.2.1.2　编辑模式

利用 Qt Creator 进行项目开发时，将频繁地使用编辑模式。编辑模式主要用于代码编辑，以及处理与 Qt 工程项目有关的所有文本源文件。使用屏幕右侧的“Edit”按钮，可以切换到编辑模式，如图 2-6 所示。

Edit

图 2-6　“Edit”按钮

让我们先看看在编辑模式中不同窗体的屏幕截图。如图 2-7 所示，编辑模式有三个不同的部分。用数字 1 突出显示的部分是主要代码编写区，2 是左侧工具条，3 是右侧工具条。默认情况下，只有左侧工具条是可见的，但是可以使用屏幕两侧底部箭头所指的小按钮来打开或关闭这些工具条。需要注意的最重要的一点是，左右两边的工具条以及代码编写区域所在的窗体都可以拆分和复制，并且可以通过两侧顶部箭头所指的按钮来改变它们的模式。

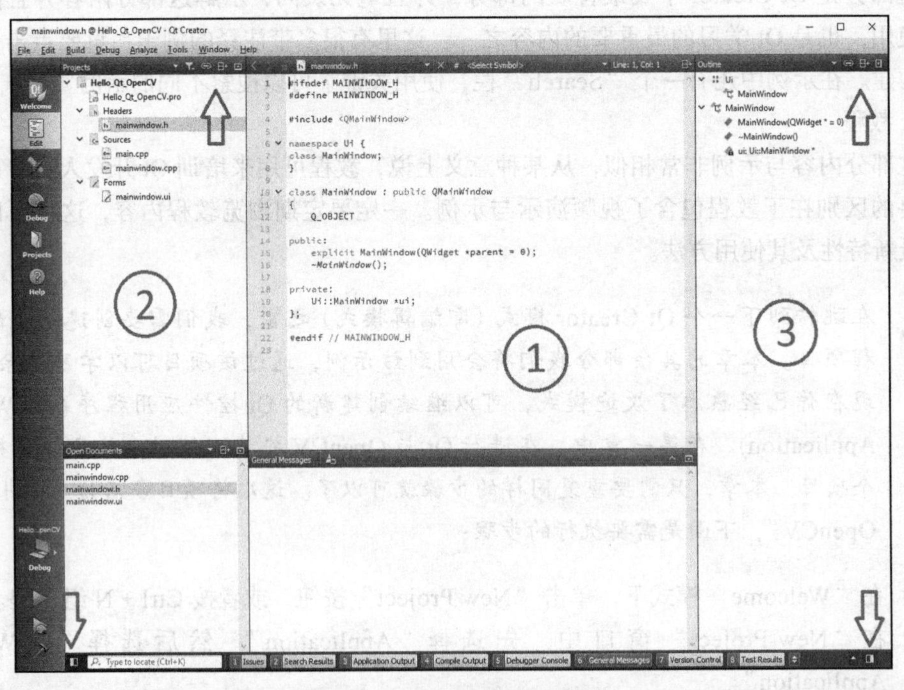

图 2-7　编辑模式的窗口截图

主代码编辑区是一个轻量级代码编辑器，具备代码完成、代码高亮和上下文相关帮助等功能，这些基本上都是你将使用到的最重要的功能。稍后将看到，可以使用喜欢的颜色、字体等对代码编辑区进行设置。也可以使用顶部的“split”按钮拆分代码编辑器区，以同时处理多个文件。试着键入一些代码、类或一些 C++ 代码，可以了解和体验一下“代码完成”功能，当鼠标光标位于代码编辑器中的 Qt 类上时，可以按下“F1”键来查看上下文有关的帮助信息。这些工具很有用，在以后的开发工作中，将经常用到这些工具。

下面是在不同模式下，可以选择的左右两侧工具条：

- Projects：包含已打开项目及其包含文件的列表。
- Open：这些文档只显示已经打开的文件，通过点击这些文件旁边的“X”按钮可以关闭每个文件。
- Bookmarks：这部分显示了在代码中所建的所有书签。灵活地使用这些窗体和特性可以大大节省编程、测试以及代码调试等环节所需的时间。
- File System：这基本上是一个文件浏览器。请注意，此窗体显示工程项目文件夹中的所有文件（在窗体中，如果选中相关的复选框，那么隐藏的文件也可以显示出来），除了可以浏览当前的工程项目文件夹，还可浏览计算机上的其他文件夹。
- Class View：可以用来查看当前项目中的类层次结构。
- Outline：与类视图不同，提纲显示当前已打开文件（而非整个工程项目）中的所有方法与符号的层次结构。在图 2-7 中可以看到，这个窗体是在右侧工具条内激活的。
- Tests：显示项目中所有可用测试。
- Type and Include Hierarchy：从标题中不难看出，这个工具条用于查看类层次结构以及所包含头文件的层次结构。

值得注意的是，可以根据编程习惯、风格与需求，对这些工具条进行设置，以便在编程时节省很多时间。

2.2.1.3 设计模式

设计模式用于完成用户界面的设计，使用 Qt Creator 屏幕左侧的“Design”按钮（如图 2-8 所示）可切换到设计模式。注意，如果这个按钮是灰色的，就意味着它未激活，那么就需要首先选择一个用户界面文件（*.ui），因为只有使用 Designer 才能打开“ui”文件。要这样做，可以双击左窗体（“Projects”窗体）中的“mainwindow.ui”文件。

图 2-8 “Design”按钮

设计模式包含一个强大的图形用户界面 GUI 设计器所需的所有工具。它有一个所见即所得类型的图形用户界面 GUI 编辑器，该编辑器可用于对 Qt 控件实施添加、删除、编辑或编写代码等操作，而 Qt 控件可根据需要从用户界面中添加或删除。

Qt 控件是 Qt 用户界面上最基本的组件类型。从根本上说，用户界面上的所有内容（包括整个窗口本身），如按钮、标签、文本框，都是 Qt 控件。Qt 控件都是 QWidget

类的子类，因此Qt控件可以接收用户的输入事件，如鼠标和键盘事件，并且可以在用户界面上绘制（或描绘）自身。因此，只要是具有可视内容的所有Qt类，如果要添加至用户界面，则必须是QWidget类的子类。你将在本书中学到很多Qt控件类，比如QPushButton、QProgressBar、QLineEdit等等，看名字几乎就能知道功能。注意，如无意外，所有Qt类都以大写字母Q开始。

图2-9为设计模式下Qt Creator的截图。如图所示，它与我们在编辑模式中看到的外观非常相似，界面分为三个主要部分。中间主要区域可以任意拖放、调整大小、删除或可视化编辑用户界面区域。在界面的左边，有一个可以添加到用户界面的控件列表。可以试着拖放一些或任意一个，只是为了适应一下设计器并更好地理解它是如何工作的。本书的后续章节中，我们将设计很多不同的用户界面，同时会逐步向你介绍其特性。你可自己尝试一些设计，让自己至少熟悉一下这一切的感觉。在屏幕的右侧，可以查看用户界面上的控件分层视图，并且可以修改每个控件的属性。因此，如果继续将一些控件添加到用户界面上，就会注意到，无论何时选择不同的控件，其属性与相应的值都会随着特定的控件变化。可以在这里编辑可用于设计器的控件的所有属性：

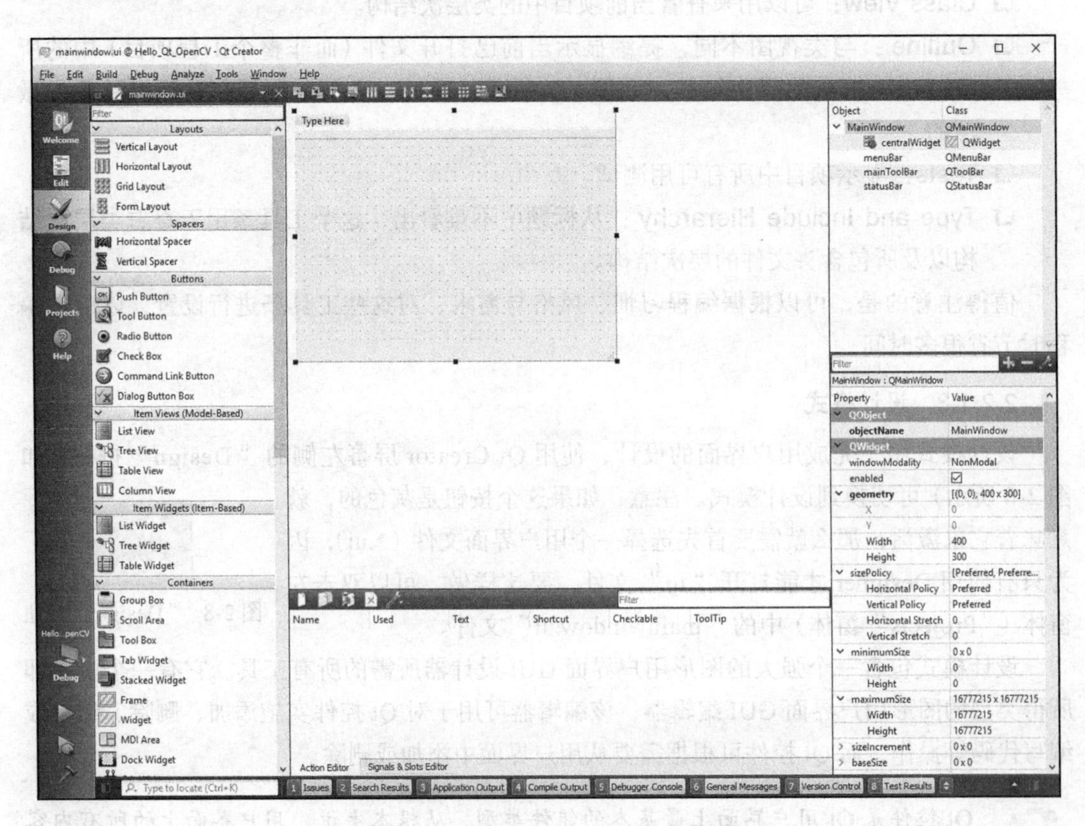

图2-9　设计模式下的Qt Creator界面截图

与其他IDE一样，大多数情况下，可以通过很多不同的路径实现相同的目标。例如，可以通过编辑器代码设置一个控件的尺寸，甚至可以在一个文本编辑器里修改用户界面UI文件，当然，这种方式是不推荐使用的。不存在最优的方法，不同的方法适用于不同的情况，因此应该根据自身的需求进行选择。通常，最好是在用户界面编辑器中设置初始属性。在代码编写过程中，再根据需要更新这些属性的值。在本章后面，将会学习这个内容。

在用户界面设计器中间主体部分的底部，可以看到“Action Editor”和“Signals & Slots Editor”。为了理解它们是如何工作的，并进一步地理解Qt是如何工作的，我们需要首先了解Qt中“信号”和“槽”的概念。因此最好的办法就是，我们先定义“信号”和“槽”的概念，之后用一个实际的例子来体验一下这两个内容。

相比于标准C++编程，Qt框架最重要的一点是增加了信号与槽机制，这也是Qt如此简单易学且功能强大的原因，同时这也是Qt框架与其他框架之间最重要的区别。可以把该机制理解为Qt对象和类之间的消息传递方法（或根据含义将其命名为“信号”）。每个Qt对象都可以发出信号，该信号可以连接到另一个（或相同的）对象中的一个槽。让我们用一个简单的例子进一步对此进行说明，很容易就会想到，QPushButton是一个Qt Widget类，可将其添加至Qt用户界面中，创建一个按钮。QPushButton包含很多信号，包括一个明显的按键信号。另一方面，当创建“hello_qt_opencv”工程项目时，会自动创建MainWindow(以及所有Qt窗口)。MainWindow包含一个称为close的槽，而close槽可用于关闭工程项目的主窗口。可以想象，如果把一个按下按钮的按键信号与一个窗口的close槽连接起来，将会发生什么。可以用很多办法把一个信号连接到一个槽上，从现在开始，在本书接下来的内容中，我们将在示例中需要时逐一学习这些办法。

1. 设计用户界面

从这里，将开始学习如何将Qt控件添加到用户界面，使之能够对用户输入或其他事件做出反应。Qt Creator提供了非常简易的工具来设计用户界面，并为其编写代码。你已经看到在设计模块中有不同的窗体和可用的工具，我们可以开始利用这些窗体和工具开发我们的示例。在未切换至设计模式时，一定要通过选择mainwindow.ui文件（该文件是编辑模式下用于主窗口的用户界面文件），先切换到设计模式。

在设计模式中，可以在用户界面上看到一个可供用户使用的Qt控件列表。通过图标与名称，可以很快了解到这些控件的大多数用途与功能，还有一些控件是专属于Qt的。下图2-10显示了Qt Creator中默认时所有可用的布局与控件。

如图2-10所示，下面是Qt Creator设计模式（或从现在开始简称为设计器）中可用的控件的简要描述。在设计器模式中，根据行为的相似性对控件进行分组。在继续用列表工作之前，可以自己尝试着，逐一将这些设计器中的控件放到一个用户界面上，以形成对其功能的直观感受。具体操作是使用鼠标将每个控件拖放到设计器模式窗口中。

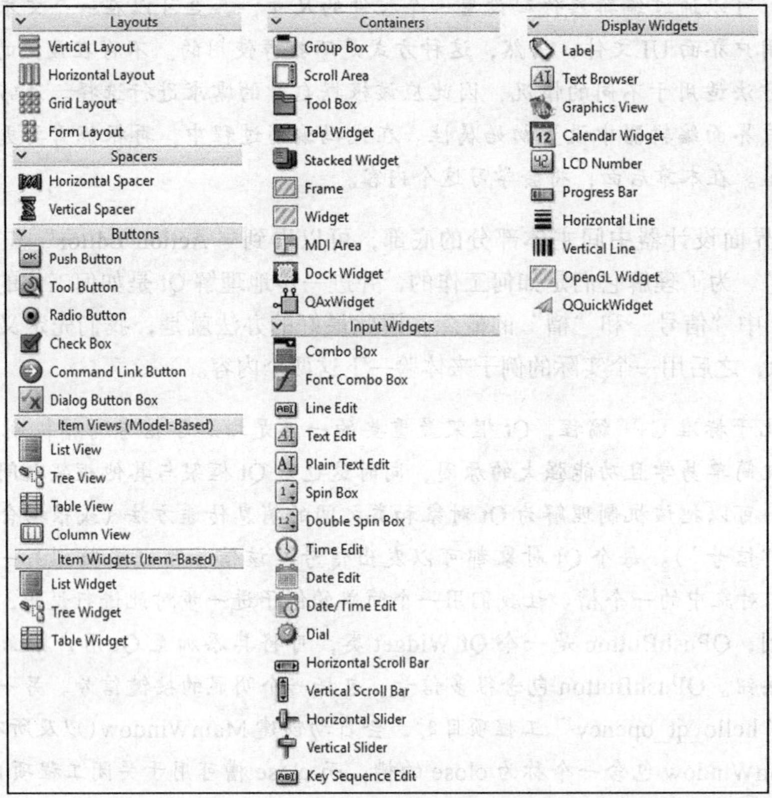

图 2-10　Qt Creator 中默认时所有可用的布局与控件

- **布局**：布局用于管理控件的显示方式。因为不是 QWidget 的子类，所以是不可见的，并且只对添加到布局中的控件有影响。值得注意的是，布局不是简单的控件，它们是用来管理控件如何显示的逻辑类。请尝试把任意一个布局控件放到用户界面上，然后在其中添加一些按钮或显示控件，了解一下控件的布局是如何根据布局类型变化的。通过查看示例图像，可以了解其行为方式。

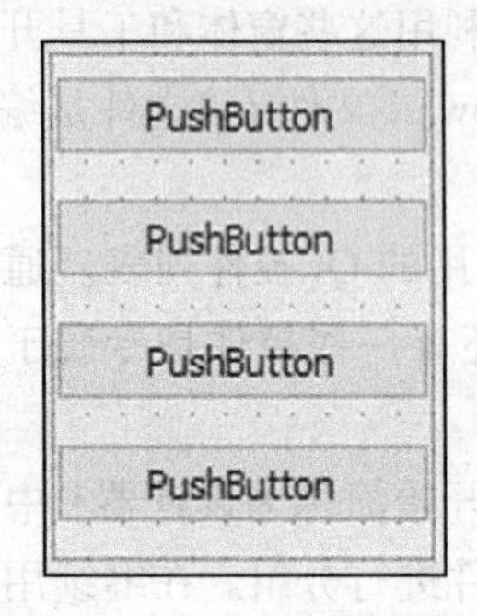

图 2-11　垂直布局截图

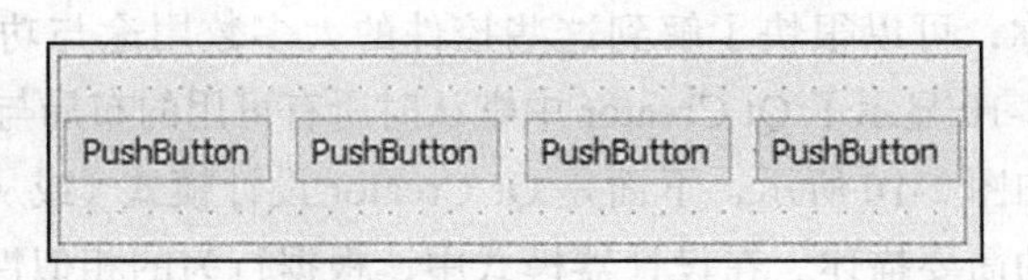

图 2-12　水平布局截图

- ❍ **垂直布局**：用于建立垂直布局，也就是一列控件（此布局的等价 Qt 类称为 QVBoxLayout），图 2-11 是垂直布局的截图。
- ❍ **水平布局**：用于建立水平布局，也就是一行控件（此布局的等价 Qt 类称为 QHBoxLayout），图 2-12 是水平布局的截图。
- ❍ **网格布局**：用于建立具有任意数量的行和列的控件网格（此布局的等价 Qt 类称为 QGridLayout），图 2-13 是网格布局的截图。
- ❍ **表单布局**：顾名思义，这类布局用于建立包含一些标签及其对应的输入控件的表单状外观。想象一下填写表格，就明白了（此布局的等价 Qt 类称为 QFormLayout），图 2-14 是表单布局的截图。

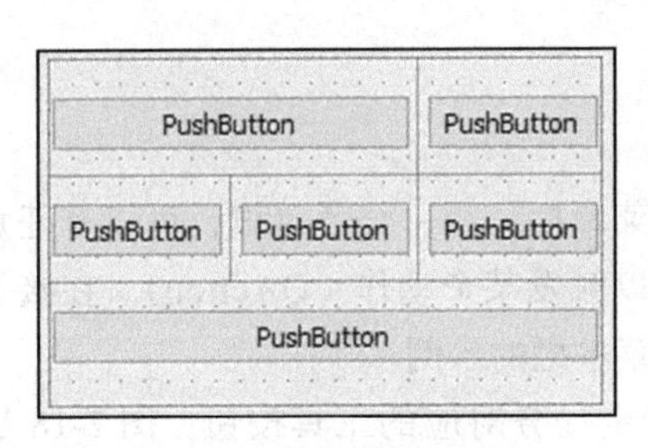

图 2-13　网格布局截图

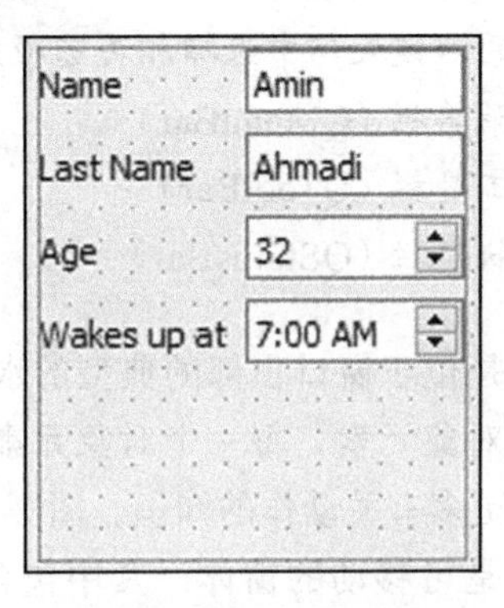

图 2-14　表单布局截图

- ❑ **间隔符**：与布局类似，这些间隔符在视觉上是不可见的，但是，将其添加到布局中时，会影响其他控件的显示方式。浏览一下示例图像，也可以自己尝试一下在两个控件之间使用间隔符。间隔符是 QSpacerItem 类型的，但是，一般情况下，一定别在代码中直接使用间隔符。
  - ❍ **水平间隔符**：用于在同处一行的两个控件之间插入空白，如图 2-15 所示。
  - ❍ **垂直间隔符**：用于在同处一列的两个控件之间插入空白，如图 2-16 所示。

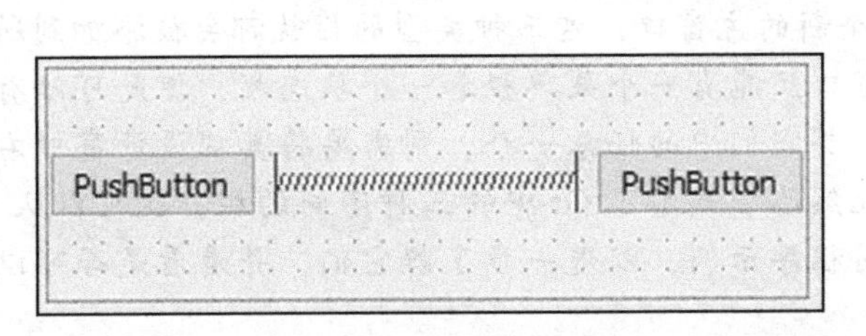

图 2-15　水平间隔符截图

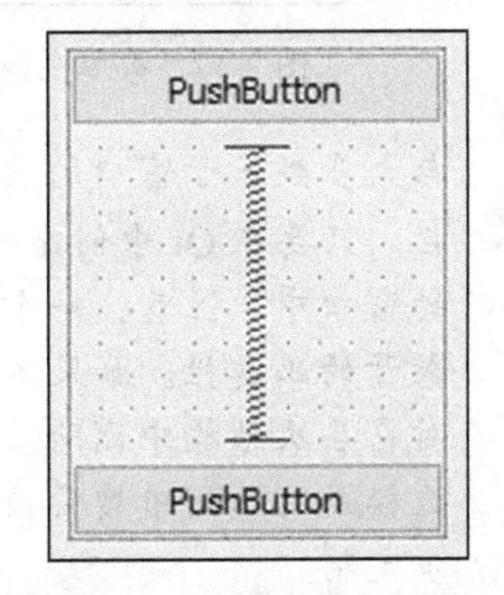

图 2-16　垂直间隔符截图

- **按钮**：这是简单按钮，用于触发动作。你可能注意到，单选按钮和复选框也在其中，这是因为它们都继承自 QAbstractButton 类，这是一个抽象类，它提供按钮状控件所需的所有接口。
- **按键按钮**：用于在含有文本或图标的用户界面上添加简单的按钮（这个控件的等价 Qt 类称为 QPushButton）。
- **工具按钮**：工具按钮与按键按钮非常相似，但是，工具按钮通常要添加到工具栏中。

Qt 窗口共有三种不同类型的常见栏（实际上，一般是在 Windows 系统上），这些栏在控件工具箱中是不可用的，但是，可以在设计模式的窗口中，单击右键，从弹出的右键菜单中选择相关选项来创建、添加或移除栏，这三种类型的栏是：

1. 菜单栏（QMenuBar）
2. 工具栏（QToolBar）
3. 状态栏（QStatusBar）

菜单栏是位于窗口顶部的典型的水平主菜单栏。在一个菜单里，可以有任意数量的对象元素与子对象元素，每一个对象元素都可以触发某个动作（QAction）。在接下来的章节中，将学习更多有关动作的知识，图 2-17 是菜单栏的示例。

工具栏是可移动的窗体，其中包含与特定任务对应的工具按钮，图 2-18 是工具栏示例。注意，可以在 Qt 窗口中将它们移入、移出。

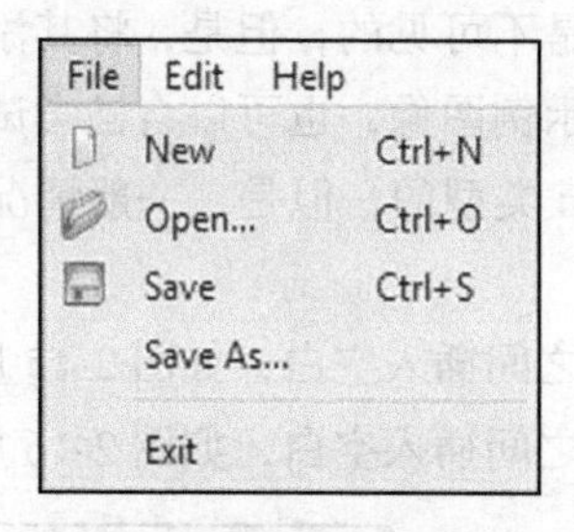

图 2-17　菜单栏截图

图 2-18　工具栏截图

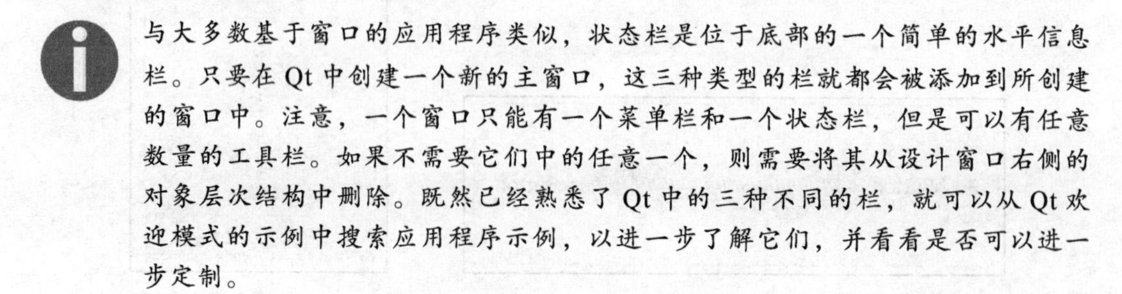

与大多数基于窗口的应用程序类似，状态栏是位于底部的一个简单的水平信息栏。只要在 Qt 中创建一个新的主窗口，这三种类型的栏就都会被添加到所创建的窗口中。注意，一个窗口只能有一个菜单栏和一个状态栏，但是可以有任意数量的工具栏。如果不需要它们中的任意一个，则需要将其从设计窗口右侧的对象层次结构中删除。既然已经熟悉了 Qt 中的三种不同的栏，就可以从 Qt 欢迎模式的示例中搜索应用程序示例，以进一步了解它们，并看看是否可以进一步定制。

- **单选按钮（Radio Button）**：用于从众多由其定义的选项中选中或取消某个选项（这个控件的等价 Qt 类称为 QRadioButton）。
- **复选框（Check Box）**：用于启用 / 禁用选项（这个控件的等价 Qt 类称为 QRadioButton）。
- **命令链接按钮（Command Link Button）**：这是 Windows Vista 样式的命令链接按钮。它们基本上都是按键按钮，这些按键按钮可用来代替向导中的单选按钮。因此，当按下命令链接按钮时，其作用类似于使用一个单选框选择了一个选项，然后在向导对话框上点击“Next”（这个控件的等价 Qt 类称为 QCommandLinkButton）。
- **对话框按钮（Dialog Button Box）**：如果想让按钮能够在对话框中适应操作系统样式，那么对话框按钮非常有用，这有助于以一种更适合系统的当前样式在对话框上显示按钮（这个控件的等价 Qt 类称为 QDialogButtonBox）。
- **对象元素视图（Item Views，基于模型）**：它基于模型 - 视图 - 控制器（MVC）设计模式；可以用于在不同类型的容器中呈现来自模型的数据。

如果对 MVC 设计模式根本就不熟悉，那么建议应该暂停对本书的学习，然后通过 Qt Creator 的帮助模式仔细阅读模型 / 视图编程 Qt 文档，去了解什么是 MVC 设计模式以及如何使用它，尤其是在 Qt 框架下。就本书的目的而言，并不需要非常详尽地理解 MVC 模式。但是，由于 MVC 是非常重要的体系架构，在将来的项目中会经常遇到它，因此有必要花一些时间去学习。在第 3 章中，我们将介绍 Qt 和 OpenCV 中用到的不同设计模式，但我们将主要介绍在学习这本书时所需的那部分内容。这是因为该主题涵盖的内容很广，在本书中介绍所有可能的设计模式完全没用。

  - **列表视图（List View）**：用于以简单列表的形式显示来自模型的对象元素，没有任何层次结构（这个控件的等价 Qt 类称为 QListView）。
  - **树状视图（Tree View）**：用于以层次结构的形式显示来自模型的项目（这个控件的等价 Qt 类称为 QTreeView）。
  - **表格视图（Table View）**：用于以具有任意数量的行和列的表格显示来自模型的数据，这在从 SQL 数据库或查询中显示表格时特别有用（这个控件的等价 Qt 类称为 QTableView）。
  - **列视图（Column View）**：与列表视图类似，不同的是列视图还显示模型中存储的层次数据（这个控件的等价 Qt 类称为 QColumnView）。
- **对象元素控件（Item Widgets）**：类似于基于模型的对象元素视图，不同的是，对象元素控件并非基于 MVC 设计模式，并且提供了一些简单的 API，可用于添加、移除或修改对象元素。
  - **列表控件（List Widget）**：类似于列表视图，但有基于对象元素的 API，可用来增加、移除修改其对象元素（这个控件的等价 Qt 类称为 QListWidget）。

- 树状控件（Tree Widget）：类似于树状视图，但有基于对象元素的 API，可用来增加、移除、修改其对象元素（这个控件的等价 Qt 类称为 QTreeWidget）
- 表格控件（Table Widget）：类似于表格视图，但有基于对象元素的 API，可用来增加、移除、修改其对象元素（这个控件的等价 Qt 类称为 QTableWidget）

❑ 容器（Containers）：用于将用户界面上的控件分组。由标题可见，容器可以包含许多控件。

- 组框（Group Box）：简单的带标题和边框的分组框（这个控件的等价 Qt 类称为 QGroupBox）。
- 滚动区（Scroll Area）：提供可滚动的区域，可用于滚动显示因小尺寸的屏幕或大量可视数据而无法完整显示的内容（这个控件的等价 Qt 类称为 QScrollArea）。
- 工具箱（Tool Box）：用于在不同选项卡组或列中对控件分组。选择每个选项卡可显示（展开）其包含的组件，同时隐藏（折叠）其他选项卡的内容（这个控件的等价 Qt 类称为 QToolBox）。
- 选项卡控件（Tab Widget）：用于在选项卡页面中显示不同组的控件。可以通过单击对应的选项卡来切换每个页面或一组控件（这个控件的等价 Qt 类称为 QTabWidget）。
- 堆叠控件（Stacked Widget）：类似于选项卡控件，但只有一页（即一组控件）是一直可见的。如果希望把不同的用户界面设计到一页中，并根据用户的操作切换成不同界面，这个控件就特别有用（这个控件的等价 Qt 类称为 QStackedWidget）。

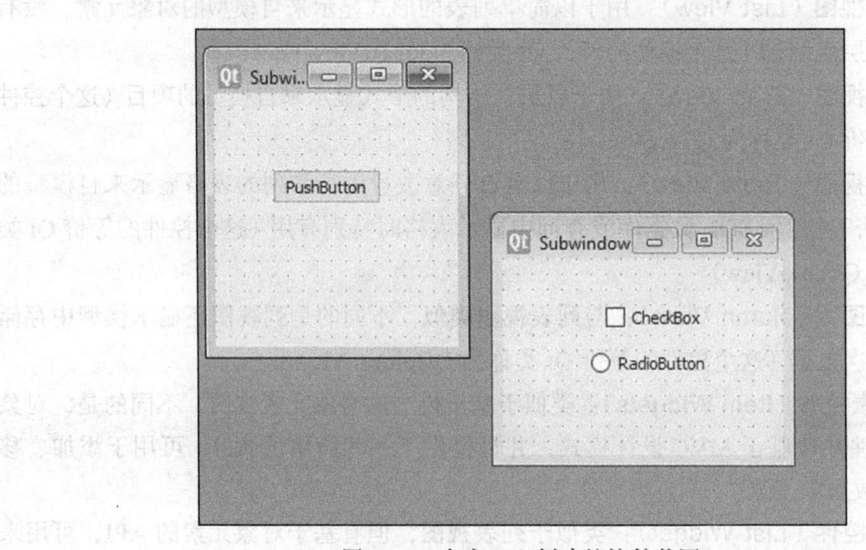

图 2-19　在窗口上创建的控件截图

- ❍ **框架（Frame）**：用作带框架的控件的占位符，同时也是所有带框架控件的基类（这个控件的等价 Qt 类称为 qframe）。
- ❍ **控件（Widget）**：该控件与 QWidget 类相同，是所有 Qt 控件的基本类型。此控件本身实际不包含任何内容，如果想创建自己的控件类型（除现有的 Qt 控件外），则使用它。
- ❍ **MDI 区域（MDI Area）**：可用于在一个窗口或 Qt 控件内创建所谓的多文档界面（这个控件的等价 Qt 类称为 QMdiArea）。

> 若要使用设计器在 MDI 区域内创建新窗口，可以在空白区域单击右键，再从弹出的菜单中选择“Add Subwindow”。类似地，仅当在 MDI 区域控件上单击右键时，“Next Subwindow”“Previous Subwindow”“Cascade”“Tile”和“Subwindow / Delete”所有这些选项也才有效的。

- ❑ **停靠控件（Dock Widget）**：可用作特定控件的占位符，这些控件可以停靠在一个窗口内部或者移到其外面作为一个独立的顶部窗口（这个控件的等价 Qt 类称为 QDockWidget）。
- ❑ **QAx 控件（QAxWidget）**：可用作 Active-X 控件的封装器（这个控件的等价 Qt 类称为 QAxWidget）。

> QAxWidget 只适用于 Windows 操作系统的用户。但是，甚至在 Windows 上，只是将 QAxWidget 添加到窗口上也不足以使其正常工作，因为这个控件依赖于一个名为 axcontainer 的 Qt 模块。现在，可以跳过将控件添加到窗口这一步，但可以稍后再尝试添加控件，也就是在本章介绍了如何将不同 Qt 模块添加到 Qt 工程项目中之后再做尝试。

- ❑ **输入控件**：顾名思义，可以使用这些控件获取用户的输入数据。
  - ❍ **组合框（Combo Box）**：有时也称为下拉列表框，可用于在一个列表中选择一个选项，在屏幕上占用的空间非常小。在任何时候都只有选中的选项才是可见的，根据其配置情况，用户甚至可以输入自己的值（这个控件的等价 Qt 类称为 QComboBox）。
  - ❍ **字体下拉列表框（Font Combo Box）**：与下拉列表框类似，但是它可以用来选择字体，系统将使用计算机上的可用字体创建字体列表。
  - ❍ **行编辑器（Line Edit）**：可用于输入和显示一行文本（这个控件的等价 Qt 类称为 QLineEdit）。
  - ❍ **文本编辑（Text Edit）**：可用于输入和显示多行格式文本。需要注意的是，这个控件实际上是一个成熟的所见即所得格式文本编辑器（这个控件的等价 Qt 类称为

QTextEdit)。

- ○ **纯文本编辑(Plain Text Edit)**:可用于查看和编辑多行文本,可以将其看成是一个简单的记事本式的控件(这个控件的等价 Qt 类称为 QPlainTextEdit)。
- ○ **选值框(Spin Box)**:可用于输入一个整数或离散值集合,如月份名称(这个控件的等价 Qt 类称为 QSpinBox)。
- ○ **双精度选值框(Double Spin Box)**:与选值框类似,但可接受双精度值(这个控件的等价 Qt 类称为 QDoubleSpinBox)。
- ○ **时间编辑(Time Edit)**:可用于输入时间值(这个控件的等价 Qt 类称为 QTimeEdit)。
- ○ **日期编辑(Date Edit)**:可用于输入日期值(这个控件的等价 Qt 类称为 QDateEdit)。
- ○ **日期 / 时间编辑框(Date/Time Edit)**:可用于输入日期和时间值(这个控件的等价 Qt 类称为 QDateTimeEdit)。
- ○ **表盘(Dial)**:与滚动条类似,但形状为圆形的表盘,可用来输入指定范围内的整数值(这个控件的等价 Qt 类称为 QDial)。
- ○ **水平 / 垂直栏(Horizontal/Vertical Bar)**:用于添加水平和垂直方向的滚动功能(这个控件的等价 Qt 类称为 QScrollBar)。
- ○ **水平 / 垂直滑块(Horizontal/Vertical Slider)**:用于输入指定范围内的整数值(这个控件的等价 Qt 类称为 QSlider)。
- ○ **键盘序列编辑(Key Sequence Edit)**:可用于输入一个键盘快捷键(这个控件的等价 Qt 类称为 QKeySequenceEdit)。

> *请不要将它与 QKeySequence 类混淆,后者根本不是控件。QKeySequenceEdit 用于从用户得到 QKeySequence。有 QKeySequence 之后,可以将其与 QShortcut 类和 QAction 类结合使用,以触发不同的函数 / 槽。信号 / 槽将在本章后面进行介绍。*

- ❑ **显示控件(Display Widgets)**:可用于显示诸如数字、文本、图像、日期等输出数据:
  - ○ **标签(Label)**:可用于显示数字、文本、图像或影片(这个控件的等价 Qt 类称为 QLabel)。
  - ○ **文本浏览器(Text Browser)**:除了增加了在链接之间导航功能之外,其余功能与文本编辑框控件几乎是一样的(这个控件的等价 Qt 类称为 QTextBrowser)。
  - ○ **图形视图(Graphics View)**:可用于显示图形场景的内容(这个控件的等价 Qt 类称为 QGraphicsView)。

> *这本书中,将用到的有可能最重要的控件是图形场景控件(即 QGraphicsScene),详细内容将在第 5 章中进行介绍。*

  - ○ **日历控件(Calendar Widget)**:用于在按月显示的日历中查看和选择日期(这个

控件的等价 Qt 类称为 QCalendarWidget）。

- **LCD 数字**（**LCD Number**）：用于在类似液晶屏的显示器中显示数字（这个控件的等价 Qt 类称为 QLCDNumber）。
- **进度条**（**Progress Bar**）：用于显示垂直的或水平的进度指示器（这个控件的等价 Qt 类称为 QProgressBar）。
- **水平线 / 垂直线**（**Horizontal/Vertical Line**）：用于绘制简单的垂直线或水平线，将其作为不同控件组之间的分隔符时，水平线 / 垂直线特别有用。
- **OpenGL 控件**（**OpenGL Widget**）：这个类可用作渲染 OpenGL 输出的一个表面（这个控件的等价 Qt 类称为 QOpenGLWidget）。

注意：OpenGL 是计算机图形技术中一个完全独立的高级主题，其内容已超出本书的范围；然而，如前所述，知道 Qt 内的工具和控件对将来的开发工作是有益的。

- **QQuickWidget**：这个控件用于显示 Qt Quick 用户界面。Qt Quick 界面使用 QML 语言来设计用户界面（这个控件的等价 Qt 类称为 QQuickWidget）。

QML 的具体内容将在第 12 章中进行介绍。目前，在我们的用户界面中不会添加任何 QQuickWidget 控件，因为需要进一步在项目中添加额外的模块才能使之工作。本章将介绍如何在 Qt 项目中添加模块。

2. 你好，Qt 和 OpenCV

现在，可以开始为“Hello_Qt_OpenCV”工程项目设计用户界面了。最好为待开发的工程项目制定一个明确的需求说明列表，然后根据需求设计一个用户友好的 UI，然后再在一张纸上绘制出用户界面（如果这个工程项目不大，也可以在头脑设想一下），最后使用设计器创建该用户界面。当然，这个过程需要熟悉现有 Qt 控件，并且还要有足够的构建自己控件的经验，但是只要坚持不断地练习，最终会掌握这个过程。

因此，首先让我们看一下待开发应用程序的需求说明。举例来说：

- 这个应用程序必须能够将图像（可接受的图像类型必须至少包括 *.jpg, *.png 以及 *.bmp 文件格式）作为输入。
- 这个应用程序必须能够应用模糊滤波器。用户必须能够选择中值模糊或高斯模糊类型对输入图像进行滤波处理（使用一组默认参数）。
- 这个应用程序必须能够保存输出图像以及输出图像的文件类型（即扩展名），文件类型必须可由用户选择（如 *.jpg, *.png 或者 *.bmp）。
- 在保存图像时，用户应该可以选择查看输出图像。
- 用户界面上设置的所有选项，包括模糊滤波器类型以及最后打开和保存的图像文件，都应当被保存，并在重启应用程序时被重新加载。

- 当用户想要关闭该应用程序时，应有提示信息。

作为本书例子，这些功能已经够了。通常，不应该不按交付要求进行功能增减，这是在进行用户界面设计时的一条重要原则。这意味着应该保证所有需求都能得到满足，同时，没有添加任何不需要或者需求列表中没有的功能。

一份这样的需求列表（或规格说明）可能有无数个用户界面的设计方案，但是，我们只需要创建一个。请注意，这就是我们的程序在执行时的样子。显然，标题栏和样式可能会有所不同，这取决于操作系统，但基本形式如图 2-20 所示。

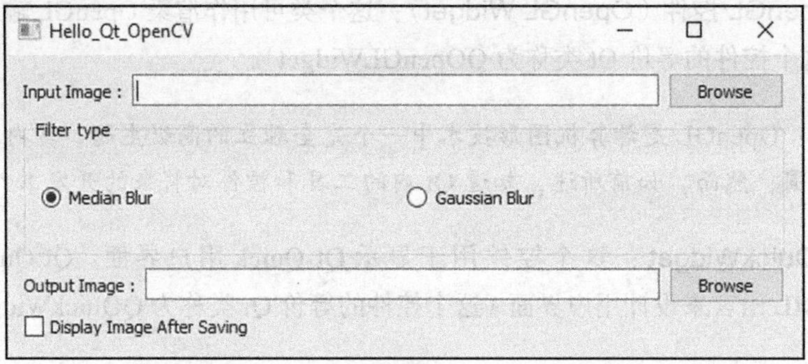

图 2-20 “Hello_Qt_OpenCV”用户界面

尽管界面很简单，但它包含了这个任务需要的所有组件，而且界面也几乎是直白的。因此，使用这个程序的用户并不需要一份用户手册，就可以简单地猜出所有输入框、单选按钮、复选框等控件的功能。

图 2-21 是在设计器上看到的相同 UI。

图 2-21 设计器上的用户界面截图

下面开始为这个的项目创建用户界面：

1. 因为不需要菜单栏、状态栏和工具栏，因此要创建这个用户界面，需要首先从主窗口删除这些栏。右键单击顶部的菜单栏，选择“Remove Menu Bar”。接下来，右键单击窗口上的任何位置，选择“Remove Status Bar”。最后，右键单击顶部的工具栏并单击“Remove Toolbar”。

2. 现在，在窗口中添加一个水平布局。这是在图 2-21 顶部出现的布局。然后，在上面依次添加一个标签、行编辑和按键按钮，如图 2-21 所示。
3. 通过双击并键入“Input Image :”来更改标签的文本。也可以先选择标签，然后用屏幕右侧的属性编辑器将文本属性设为此文字。

几乎所有拥有文本属性的 Qt 控件都允许对文本进行这种类型的编辑。因此，从现在开始，出现“将控件的 X 文本更改为 Y”时，就意味着要么双击并设置文本，要么就使用设计器中的属性编辑器。可以很容易将这个规则扩展到属性编辑器中可见的控件的所有属性，比如说“将 X 的 W 更改为 Y”，其中，W 是设计器的属性编辑器中的属性名称，X 是控件的名称，而 Y 则是需要设置的值。在进行 UI 设计时，上述方式可以为我们节省大量的时间。

4. 与在图 2-21 中看到的类似，添加一个组框，再添加两个单选按钮。
5. 接下来，再添加另一个水平布局，然后在其中添加一个标签、行编辑器和按键按钮。该布局位于底部，复选框的上面。
6. 最后，在窗口最下面添加一个复选框。
7. 现在，按照图 2-21，更改窗口所有控件的文本。至此，UI 已基本完成。此时，可以单击屏幕左下角的“Run”按钮来运行它，如有错误，请不要按“Run”按钮。“Run”按钮如图 2-22 所示。

图 2-22 “Run”按钮

这将生成与之前所见一样的用户界面。现在，如果尝试调整窗口大小，就会注意到，在对窗口大小进行调整或者最大化窗口时，所有内容都没有变化，对应用程序大小的变化没有作任何响应。此时，为了让应用程序窗口响应大小变化，需要为 centralWidget 设置布局。对屏幕上的组框，也需要完成这个操作。

所有 Qt 控件都有 centralWidget 属性，这尤其适用于窗口以及 Qt 设计器中的容器控件。使用这个属性，可以在容器或窗口中设置布局，而不需要在中央控件上拖放布局控件，只需简单使用设计器顶部的工具栏即可，如图 2-23 所示。

可能已注意到，工具栏上有四个小按钮，这与左边控件工具箱中的布局看起来完全一样（如图 2-24 所示）。

图 2-23 顶部工具栏

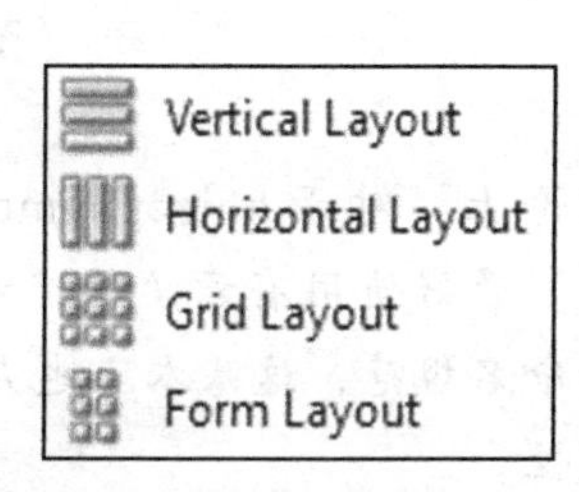

图 2-24 控件工具箱上的布局

这里，需要提出将在全书用到的另一条简捷规则，即只要文中出现“将X的布局设置为Y”，指的就是首先选择控件（实际上就是容器控件或窗口），然后使用顶部工具栏上的布局按钮，来选择正确的布局类型。

8. 按照上面信息框中的描述，选择窗口（即在窗口空白区而不是在窗口控件上单击），并将其布局设置为垂直。
9. 对组框执行相同的操作，但是，这一次是将布局设置为水平。现在，可以尝试再次运行程序，现在可以看到，当窗口大小发生变化时，其中的控件也跟着变化移动，窗口内的组框也一样。
10. 接下来需要改变控件的objectName属性。因为C++代码通过这些属性访问窗口控件并与之交互，所以这些名称非常重要。每个控件均使用图2-25中显示的名称。注意，图2-25显示了对象的层次结构，还可以双击对象层次结构窗体上的控件来改变objectName属性。

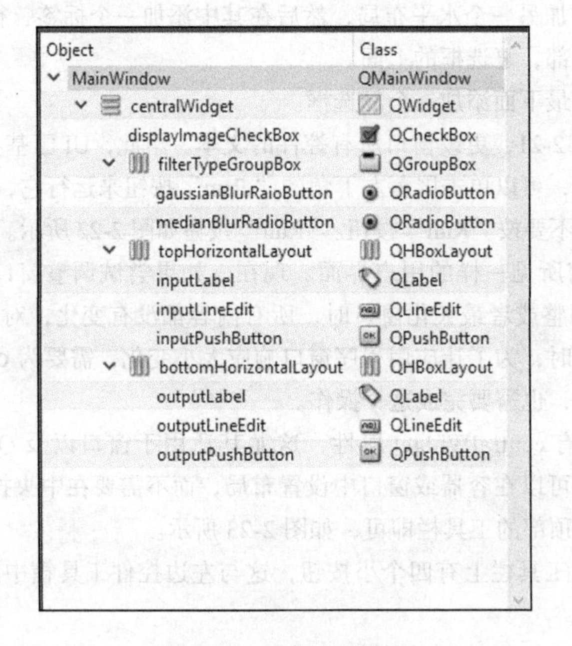

图2-25　对象层次结构

理论上，对于objectName属性，可以使用任何C++有效变量名，但在实践中，最好使用有意义的名称。对于变量或控件名称，请遵循与本书相同或类似的命名规范，这基本上也是Qt开发人员遵循的命名规范，有助于提高代码的可读性。

3. 为 Qt 项目编写代码

既然用户界面已经完全设计好，现在可以开始为应用程序编写代码了。当前，应用程序除了用户界面外，还没有任何其他功能。首先，需要向项目中添加 OpenCV。第 1 章已经简要介绍了如何将 OpenCV 添加到 Qt 工程项目。现在，将继续往前操作，并确保工程项目在不改变任何内容的情况下能够在所有三个主要操作系统上编译和构建，前提是已按第 1 章的说明正确安装和配置了 OpenCV。

首先，在 Qt Creator 编辑模式下，打开代码编辑器中的项目 PRO 文件。可能已注意到，这个项目命名为“hello_qt_opencv.pro”。需要在这个文件的末尾添加下面这段代码：

```
win32: {
   include("c:/dev/opencv/opencv.pri")
}

unix: !macx {
   CONFIG += link_pkgconfig
   PKGCONFIG += opencv
}
unix: macx {
  INCLUDEPATH += "/usr/local/include"
  LIBS += -L"/usr/local/lib" \
   -lopencv_world
}
```

注意，在左花括号之前的代码中，“win32”是指 Windows 操作系统（这只适用于桌面应用程序，不包括针对 Windows 8、8.1 或 10 的特定应用程序），“unix:!macx”是指 Linux 操作系统，“unix:macx”是指 macOS 操作系统。

PRO 文件中的这段代码允许在 Qt 工程项目中包含并使用 OpenCV。还记得在第 1 章中曾经创建过一个 PRI 文件吗？只有 Windows 用户可能保留这个 PRI 文件，Linux 和 maxOS 可以删除它，因为这些操作系统不再需要这个文件。

请注意，在 Windows 操作系统中，可以将前面的 include 代码行替换为 PRI 文件中的内容，但是这在实践中并不常见。此外，需要提醒的是，在 PATH 中需要有 OpenCV DLL 文件夹，否则即使应用程序仍然可以正确编译和构建，但试图运行它时，它将会崩溃。为了更加熟悉了解 PRO 文件内容，可以在 Qt 文档中搜索 QMAKE 并阅读。尽管如此，还将在第 3 章中进行简要介绍。

这里不讨论每个操作系统下这些代码行的具体含义，这不在本书的范围内。但是值得注意和深入了解的是，构建（也就是编译和链接）应用程序时，这些代码行会翻译成所有的 OpenCV 头文件、库文件以及二进制文件，并包含在项目中，这样就可以在代码中轻松地使用 OpenCV 函数了。

现在，我们已经完成了配置，让我们开始为每一个需求以及用户界面上的相关控件编写代码，让我们从 inputPushButton 开始。

从现在开始，我们将使用其唯一的 objectName 属性值来引用用户界面上的任何控件。请将它们看成可以在代码中用来访问这些控件的变量名。

下面是工程项目编码部分所需的步骤：

1. 再次切换到设计器，在“inputPushButton”上单击右键。然后，从出现的菜单中，选择“Go to slot…”。随后出现的窗口内将包含这个控件发出的所有信号，选择“pressed()”，并单击“OK”，参见图 2-26。

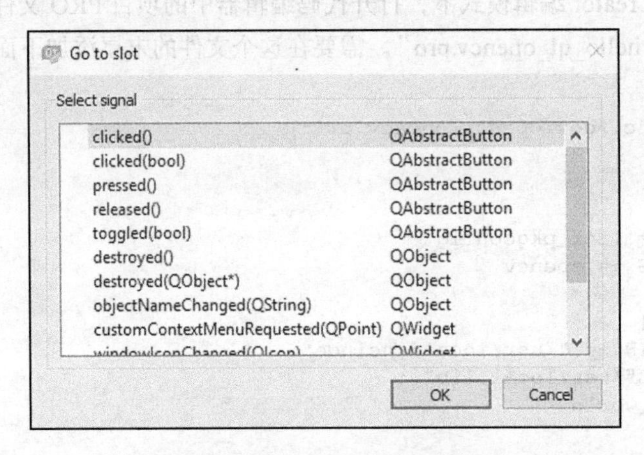

图 2-26 “Go to slot”界面的截图

2. 随后，页面从 Designer 自动跳转至 Code Editor。此时，系统会自动向“mainwindow.h”文件和“mainwindow.cpp”文件中添加一个新函数。
3. 在 mainwindow.h 文件中添加了下面的代码：

```
private slots:
  void on_inputPushButton_pressed();
```

下面的代码自动添加到 mainwindow.cpp:

```
void MainWindow::on_inputPushButton_pressed()
{

}
```

显然，需要在刚刚创建的 on_inputPushButton_pressed() 函数内写入负责 inputPushButton 的代码。正如本章前面介绍的那样，这是将信号从控件连接到另一个控件上的槽的方法之一。让我们回退一步，看看刚刚发生了什么，在此期间，请留意一下刚刚创建的函数名称。inputPushButton 控件有一个名为 pressed 的信号（因为这是按钮），只有按下这个按钮时才会有信号发出。在一个窗口控件（主窗口）内创建了一个新的名为 on_inputPushButton_pressed 的槽。上述操作很方便，可以想到的第一个问题是：如果在“mainwindow.h”和“mainwindow.cpp”文件中手动编写了这些代码行，而不是在控件上单击右键并选择“Go to slot”这一操作时，将会发生什么？答案是，这两种方法完全是一样的。总之，不管 inputPushButton 控件何时发送按下信号，Qt 都可以自动理解为它需要执行在 on_inputPushButton_pressed() 内的代码。在 Qt 开发中，将这称为“按名称连接槽”，并简单地遵循下面的约定自动地将信号连接到槽：on_objectName_signal(parameters)。此处，需要将 objectName 替换为发送信号的控件的 objectName 属性值，signal 替换为信号名称，parameters 替换为信号参数的确切数量和类型。

既然知道如何将窗口控件的信号连接到窗口自身的槽上，也就是说，既然知道必须为控件的信号添加函数并编写代码，那么可以使用类似“控件 Y 的信号 X 的代码”这样的句子节省一些时间，避免重复，这样的句子就表示用我们刚刚学过的方法添加负责信号的槽。因此，在我们的例子中，作为第一个例子，让我们编写 inputPushButton 控件的 pressed 信号的代码。

按照应用程序的需求，需要确保用户能够打开图像文件。成功打开图像文件之后，应将路径写入 inputLineEdit 控件的文本属性，以便用户能够看到他们已经选择的完整文件名及其路径。让我们先来看看代码，然后逐步进行分析：

```
void MainWindow::on_inputPushButton_pressed()
{
  QString fileName = QFileDialog::getOpenFileName(this,
    "Open Input Image",
    QDir::currentPath(),
    "Images (*.jpg *.png *.bmp)");
   if(QFile::exists(fileName))
   {
     ui->inputLineEdit->setText(fileName);
   }
}
```

要访问用户界面上的控件或其他元素，只需使用 ui 对象。例如，来自用户界面的 inputLineEdit 控件可以直接通过 ui 类以及编写下面的代码行进行访问：

```
ui-> inputLineEdit
```

第一行实际上是一段长代码的缩短版。随后会在本书中学习到，Qt 提供了许多便利的函数和类以满足日常编程需求，比如那些封装成非常短的函数。让我们先来看一下刚刚使用过的那些 Qt 类：

- QString：这可能是 Qt 最重要并被广泛使用的类之一。这个类表示 Unicode 字符串，可以用来对字符串执行存储、转换、修改或无数其他操作。在这个例子里，我们只是用 QString 类来存储由 QFileDialog 类读取的文件名。
- QFileDialog：用于选择计算机上的文件或文件夹。它使用底层操作系统的 API，因此，操作系统不同，该对话框看起来也会不同。

- ❑ QDir：用于访问计算机上的文件夹，并获得有关文件夹的各种类型的信息。
- ❑ QFile：用于访问文件，并读取或写入文件。

上面是对这些类的简要描述，从前面的代码中可以看到，这些类所能提供的功能远不止于此。例如，我们在 QFile 中只使用了一个静态函数来检查文件是否存在。我们还使用 QDir 类来获取当前路径（通常，这可能是应用程序正在运行的路径）。代码中唯一需要更多解释的可能就是 getOpenFileName 函数。第一个参数应该是父控件。这在 Qt 中是非常重要的，可以用来自动清理内存，同时可确定对话框和窗口的父窗口。这意味着销毁每个对象时，这些对象也负责清理它的子对象，并且在窗口情况下，这些子窗口由其父窗口打开。因此，通过将 this 设置为第一个参数，是在告诉编译器（当然，还包括 Qt），该类负责处理 QFileDialog 类实例。getOpenFileName 函数的第二个参数显然是文件选择对话框窗口的标题，下一个参数是当前路径，最后一个参数确保应用程序只显示三种文件类型，即 *.jpg，*.png 以及 *.bmp 文件。

只有先将 Qt 模块加入工程项目中，然后在源文件中包含其头文件，才能使用 Qt 类。要在 Qt 项目中添加 Qt 模块，需要在项目的 PRO 文件中添加一段类似下面的代码行：

```
QT += module_name1 module_name2 module_name3 ...
```

代码中的 module_name1 等可以用每个 Qt 类实际的 Qt 模块名称来代替，可以在 Qt 文档中找到这些 Qt 类。或许已经注意到，在工程项目 PRO 文件中已经存在下面这段代码：

```
QT += core gui
greaterThan(QT_MAJOR_VERSION, 4): QT += widgets
```

这意味着在工程项目中应该包含 core 模块和 gui 模块。这是两个最基本的 Qt 模块，包含了 Qt 的很多基础类。第二行的含义是，如果正在使用的 Qt 框架的主版本号大于 4，那么还应该包含 widgets 模块。这是因为在 Qt 5 之前，widgets 模块是 gui 模块的一部分，所以没有必要将其包含在 PRO 文件中。至于 include 文件，它总是与类名本身相同。因此，在例子中，为了让前面的代码正常工作，需要将下面这些类添加到源代码中。最好的地方通常是头文件的顶部，在这里就是 mainwindow.h 文件。请确保在顶部包含下面这些类：

```
#include <QMainWindow>
#include <QFileDialog>
#include <QDir>
#include <QFile>
```

至此，请尝试运行该程序，并查看结果，然后关闭该程序并再次返回设计器。现在，我们需要将代码添加到 outputPushButton 控件。简单重复对 inputPushButton 控件所做的相同过程，但是，这次是对 outputPushButton 控件完成这个过程，并为其编写下面这段代码：

```
void MainWindow::on_outputPushButton_pressed()
```

```
{
  QString fileName = QFileDialog::getSaveFileName(this,
  "Select Output Image",
  QDir::currentPath(),
  "*.jpg;;*.png;;*.bmp");
  if(!fileName.isEmpty())
  {
    ui->outputLineEdit->setText(fileName);
    using namespace cv;
    Mat inpImg, outImg;
    inpImg = imread(ui->inputLineEdit->text().toStdString());
    if(ui->medianBlurRadioButton->isChecked())
       cv::medianBlur(inpImg, outImg, 5);
    else if(ui->gaussianBlurRadioButton->isChecked())
       cv::GaussianBlur(inpImg, outImg, Size(5, 5), 1.25);
    imwrite(fileName.toStdString(), outImg);
    if(ui->displayImageCheckBox->isChecked())
       imshow("Output Image", outImg);
  }
}
```

还需要将 OpenCV 头文件加入工程项目中。请在添加 Qt 类头文件的地方添加 OpenCV 头文件，即 mainwindow.h 文件的顶部，如下所示：

```
#include "opencv2/opencv.hpp"
```

现在，让我们来回顾一下刚刚编写的代码，看看这些代码究竟做了什么。正如所看到的，这一次，在 QFileDialog 类及其标题中使用了 getSaveFileName 函数，而且所使用的滤波器也是不同的。这是为了让用户在想要保存输出图像时，可以单独选择每个图像类型，这与打开图像时看到所有图像类型不同。这次，我们也没有检查文件是否存在，因为 QFileDialog 可以自动完成这一功能，如果我们只检查用户是否真的选择了文件，这就足够了。在下面的几行代码中，已经编写了一些 OpenCV 的特定代码，在接下来的章节中，将会学习更多有关这些函数的信息。第 1 章中，也少量地使用了这些函数，所以这些内容并不是完全陌生的。但我们将再次简单介绍一下这些内容，然后就继续 IDE 和 Hello_Qt_OpenCV 应用程序之旅。

所有 OpenCV 函数都包含在 cv 名称空间中，因此要确保正在使用 OpenCV 的名称空间 cv。然后，使用 imread 函数读取输入图像。这里需要重点注意的是，OpenCV 使用 C++ std::string 类，并且应该将 Qt 的 QString 转换成这种格式，否则，当尝试运行程序时，可能会出错，可以简单地使用 QString 的 toStdString 函数来完成。需要注意的是，在本例中，QString 是由 inputLineEdit 控件的 text() 函数返回的值。

下一步，根据选定的滤波器类型，利用 medianBlur 或者 gaussianBlur 函数完成一个简单的 OpenCV 滤波。

注意：在本例中，已经使用这些 OpenCV 函数的一些默认参数，但或许通过一个 Spin 控件、Slider 控件或一个漂亮的 Dial 控件，从用户那里获取相应的参数，可

以取得更好的效果？完成这一章后，可以自己试试看。这个想法非常简单，其目的是帮助你学会如何在这些框架中发现新的可能。尽管如此，在第3章中，将学习如何使用许多控件，甚至创建自己的控件。随着学习的深入，这将变得很简单。

最后，outImg 是滤波后的输出图像，该图像将写入选定的文件，还会根据 displayImage CheckBox 控件设定的条件进行显示。

至此，我们还需要满足两个要求。首先，在程序关闭时，保存窗口上所有控件的状态，并在程序重新打开时把它们加载回来。其次，在用户想要关闭程序时提示用户。另一个要求，也是最后一个要求，当用户想要关闭程序时，给用户提示信息。让我们从最后一个要求开始，因为这意味着我们需要知道如何编写在关闭一个窗口时需要执行的代码。这是非常简单的，因为 Qt 的 QMainWindow 类（这里的窗口也基于该类）是 QWidget，它已经有一个 C++ 的虚拟函数，可以覆盖并使用这个虚拟函数。只需将下面的代码行添加到 MainWindow 类中：

```
protected:
  void closeEvent(QCloseEvent *event);
```

这段代码应该放入 mainwindow.h 文件的类定义部分，放在私有槽函数前面那一行。现在，切换到 mainwindow.cpp 文件，并将下面的代码添加到文件末尾处：

```
void MainWindow::closeEvent(QCloseEvent *event)
{
  int result = QMessageBox::warning(this,
    "Exit",
    "Are you sure you want to close this program?",
    QMessageBox::Yes,
    QMessageBox::No);
    if(result == QMessageBox::Yes)
    {
      event->accept();
    }
    else
    {
     event->ignore();
    }
}
```

你也许已注意到，上述代码中引入了另外两个 Qt 类，这意味着需要将它们的 include 头文件也加入 mainwindow.h 文件中，请看下面的内容：

- QMessageBox：可以用来显示简单的图标、文本或消息，具体取决于消息的用途。
- QCloseEvent：这是众多 Qt 的事件类（QEvent）中的一个，用于传递有关窗口关闭事件的参数。

因为已经知道警告函数的第一个参数是什么了，所以代码的含义不言自明，是用来通知 Qt：MainWindow 类负责这个消息框。记录下用户选择的结果，并根据该选择来决定是接受还是忽略关闭事件，是非常简单的。此外，仍然需要保存这些设置（控件上的文本以及复选框和单选框的状态）并加载这些设置。刚才已经学到，保存设置的最佳位置是 closeEvent 函数。放在“event->accept();”代码行之前会怎么样？让我们把两个私有函数添加到 MainWindow 类中，一个用来加载设置，名为 loadSettings，另一个用来保存设置，名为 saveSettings。将要学习本章的最后一个 Qt 类，名为 QSettings。先将其 include 行添加到 mainwindow.h 中，然后将下面的两个函数定义以私有成员的形式添加到 mainwindow.h 文件的 MainWindow 类中，在“Ui::MainWindow *ui;”代码行的下面。

```
void loadSettings();
void saveSettings();
```

下面是 loadSettings 函数所需的代码：

```
void MainWindow::loadSettings()
{
  QSettings settings("Packt",
    "Hello_OpenCV_Qt",
     this);
  ui->inputLineEdit->setText(settings.value("inputLineEdit",
    "").toString());
  ui->outputLineEdit->setText(settings.value("outputLineEdit",
    "").toString());
  ui->medianBlurRadioButton
    ->setChecked(settings.value("medianBlurRadioButton",
    true).toBool());
  ui->gaussianBlurRadioButton
    ->setChecked(settings.value("gaussianBlurRadioButton",
    false).toBool());
  ui->displayImageCheckBox
    ->setChecked(settings.value("displayImageCheckBox",
    false).toBool());
}
```

下面是 saveSettings 函数所需的代码：

```
void MainWindow::saveSettings()
{
  QSettings settings("Packt",
    "Hello_OpenCV_Qt",
    this);
  settings.setValue("inputLineEdit",
    ui->inputLineEdit->text());
  settings.setValue("outputLineEdit",
    ui->outputLineEdit->text());
  settings.setValue("medianBlurRadioButton",
    ui->medianBlurRadioButton->isChecked());
  settings.setValue("gaussianBlurRadioButton",
    ui->gaussianBlurRadioButton->isChecked());
  settings.setValue("displayImageCheckBox",
```

```
    ui->displayImageCheckBox->isChecked());
}
```

构造 QSettings 类时，需要为其提供组织名称（例如，使用“Packt”）以及应用程序名称（在这里是“Hello_Qt_OpenCV”）。然后，它记录下传递给 setValue 函数的所有内容并用 value 函数返回它。这里做的就是把想要保存的信息（如行编辑器控件的文本）传递给 setValue 函数，然后在需要的时候加载该信息。注意，这样使用时，QSettings 会自己处理存储位置，并使用每个操作系统的默认位置来保存特定于应用程序的配置。

现在，只需将 loadSettings 函数添加到 MainWindow 类的构造函数中即可，构造函数应当类似这样：

```
ui->setupUi(this);
loadSettings();
```

现在，将 saveSettings 函数添加到 closeEvent，放在“event->accept()”之前。至此，可以尝试一下第一个应用程序了。让我们试着运行并过滤一个图像，分别利用两个滤波器对图像进行滤波运算，并比较两者的差别。试着运行一下应用程序并找到它的问题，试着添加更多的参数对其进行改进，等等。图 2-27 是程序运行时的屏幕截图。

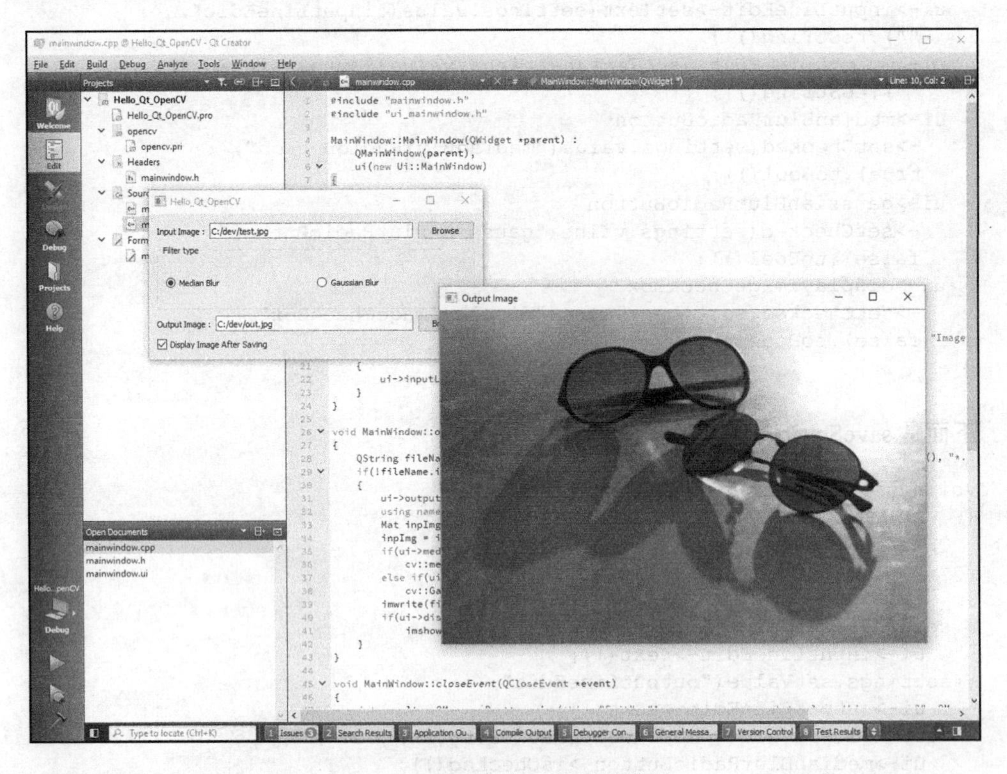

图 2-27　程序运行时的屏幕截图

试着关闭应用程序，检查程序的退出确认代码是否一切正常，如图 2-28 所示。

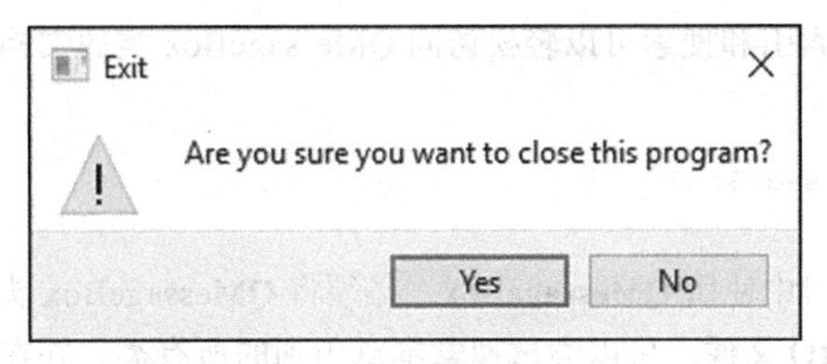

图 2-28　程序的退出确认界面

很显然，所编写的程序并不完美，但是它涉及了需要了解的几乎所有内容，包括 Qt Creator IDE 的入门知识以及本书后面的学习方向。Qt Creator 还有三种模式还没有看到，我们将把 Debug 模式和 Projects 模式放到第 12 章进行介绍，那时将深入讨论在计算机视觉应用程序中涉及的构建、测试以及调试等概念。下面，再简要介绍一下 Qt Creator 非常重要的帮助模式，最后介绍它的选项。

2.2.1.4　帮助模式

使用左边的“Help”按钮可切换至 Qt Creator 的帮助模式，如图 2-29 所示。

图 2-29　“Help”按钮

Qt Creator 的帮助模式不仅可以按文字搜索与 Qt 相关的所有信息，并查看每一个类和模块的大量应用示例，而且你必须用它查找每个类所需的正确模块。要这样做，只需切换到索引模式并搜索想要在应用程序中使用的 Qt 类，如图 2-30 所示。

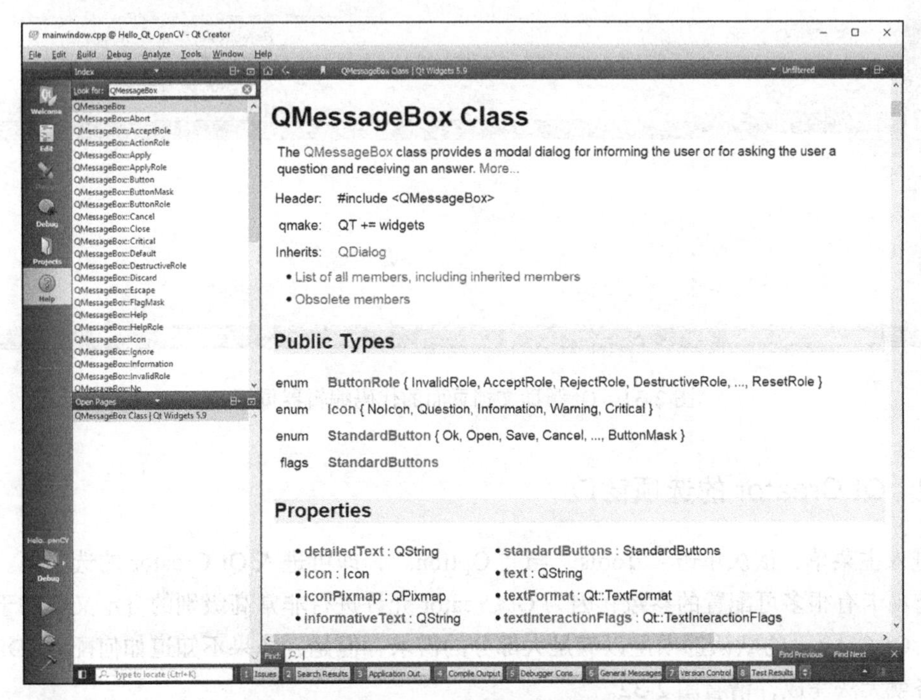

图 2-30　Qt 帮助模式中的 QMessageBox 类文档页面

如图所示，使用索引和搜索可以轻松访问 QMessageBox 类的文档页面。请注意描述内容之后的前两行：

```
#include <QMessageBox>
QT += widgets
```

这说明为了在项目中使用 QMessageBox，必须将 QMessageBox 头包含在源文件里，并将控件模块添加至 PRO 文件。可以尝试搜索本章用到的所有类，并在文档中查看它们的示例。此外，Qt Creator 还提供了非常强大的上下文帮助功能。在编辑模式下，把鼠标置于任何 Qt 类上，按 F1，将在代码编辑器内显示该类的文档页面，如图 2-31 所示。

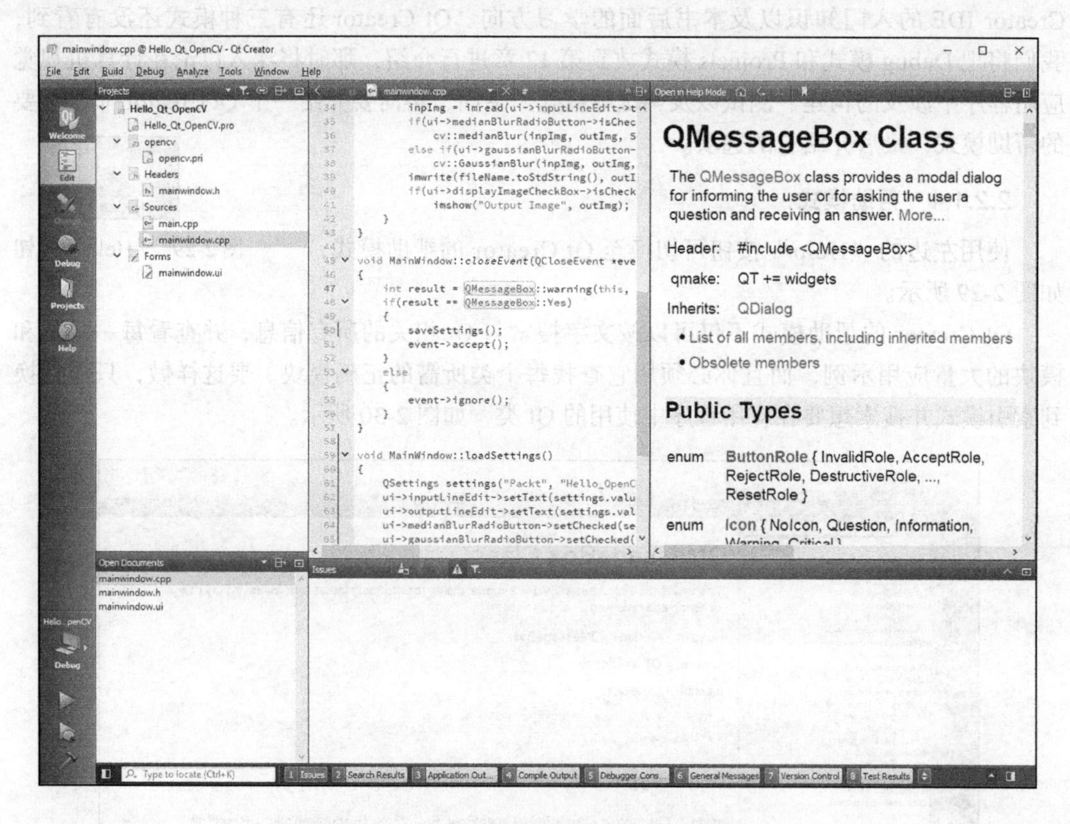

图 2-31 Qt 帮助文档页面的代码编辑器页面

2.2.2 Qt Creator 的选项窗口

进入主菜单，依次单击“Tools”与“Options”，即可进入 Qt Creator 的选项页。选项页和选项卡有很多可配置的参数，因为 Qt Creator 允许进行非常高级别的自定义。对于大多数人，Qt Creator 的默认选项足以满足大部分的需求，但是，如果不知道如何配置 IDE，有些任务就无法完成，请看图 2-32。

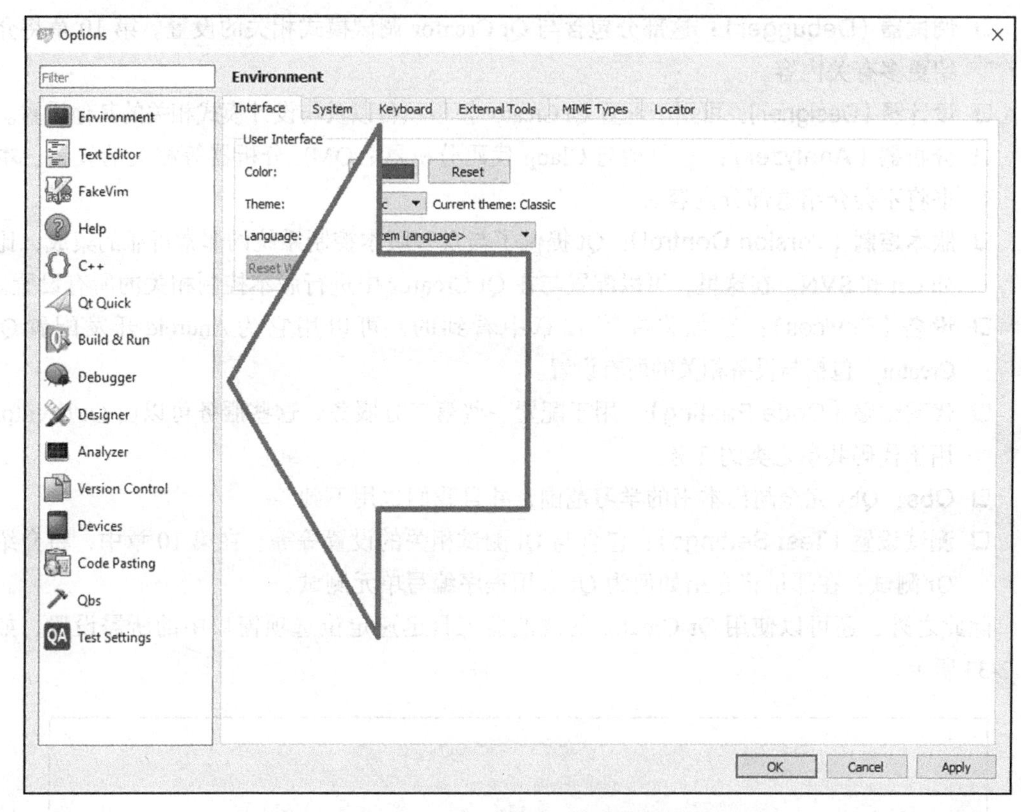

图 2-32　选项窗口页面截图

可以使用左边的按钮切换页面，每页都包含许多因相关而同组的选项卡。下面是每组选项的主要功能：

- **环境（Environment）**：它主要包括与 Qt Creator 外观相关的设置，可以在这里更改主题（在本章开头提到过）、字体、文本大小、语言及其所有设置。
- **文本编辑器（Text Editor）**：这组设置包括与代码编辑器相关的所有内容。在这里，可以更改代码高亮显示、代码完成等设置。
- **FakeVim**：这是为熟悉 Vim 编辑器的人准备的，在这里，可以在 Qt Creator 中启用并配置 Vim 样式的代码编辑。
- **帮助（Help）**：包含与 Qt Creator 帮助模式以及上下文帮助功能相关的所有选项。
- **C++**：这里可以找到与 C++ 编码和代码编辑相关的设置。
- **Qt Quick**：可以在这里找到影响 Qt Quick 设计器以及 QML 代码编辑的选项。我们将在 12 章学习更多有关 QML 的内容。
- **构建和运行（Build & Run）**：这可能是 Qt Creator 中最重要的选项页。这里的设置会直接影响应用程序的构建和运行体验。我们将在 11 章中配置相关设置，并学习关于静态链接方面的内容。

- **调试器（Debugger）**：这部分包含与 Qt Creator 调试模式相关的设置。第 10 章将介绍更多有关内容。
- **设计器（Designer）**：可用于配置 Qt Creator 模板项目以及与设计模式相关的其他设置。
- **分析器（Analyzer）**：它包括与 Clang 代码分析器、QML 分析器等相关的设置，本书将不会介绍这部分内容。
- **版本控制（Version Control）**：Qt 提供了与众多版本控制系统的非常可靠的集成，比如 Git 和 SVN。在这里，可以配置与在 Qt Creator 中进行版本控制相关的所有设置。
- **设备（Devices）**：正如将在第 12 章中看到的，可以用它为 Android 开发配置 Qt Creator，包括与设备相关的所有设置。
- **代码粘贴（Code Pasting）**：用于配置一些第三方服务，这些服务可以由 Qt Creator 用于代码共享之类的任务。
- **Qbs**：Qbs 完全超出本书的学习范围，并且我们也用不到。
- **测试设置（Test Settings）**：包含与 Qt 测试相关的设置等等。在第 10 章中，将介绍 Qt 测试，在那里将介绍如何为 Qt 应用程序编写单元测试。

除此之外，还可以使用 Qt Creator 的滤波器工具迅速定位选项窗口中的所需设置，如图 2-33 所示。

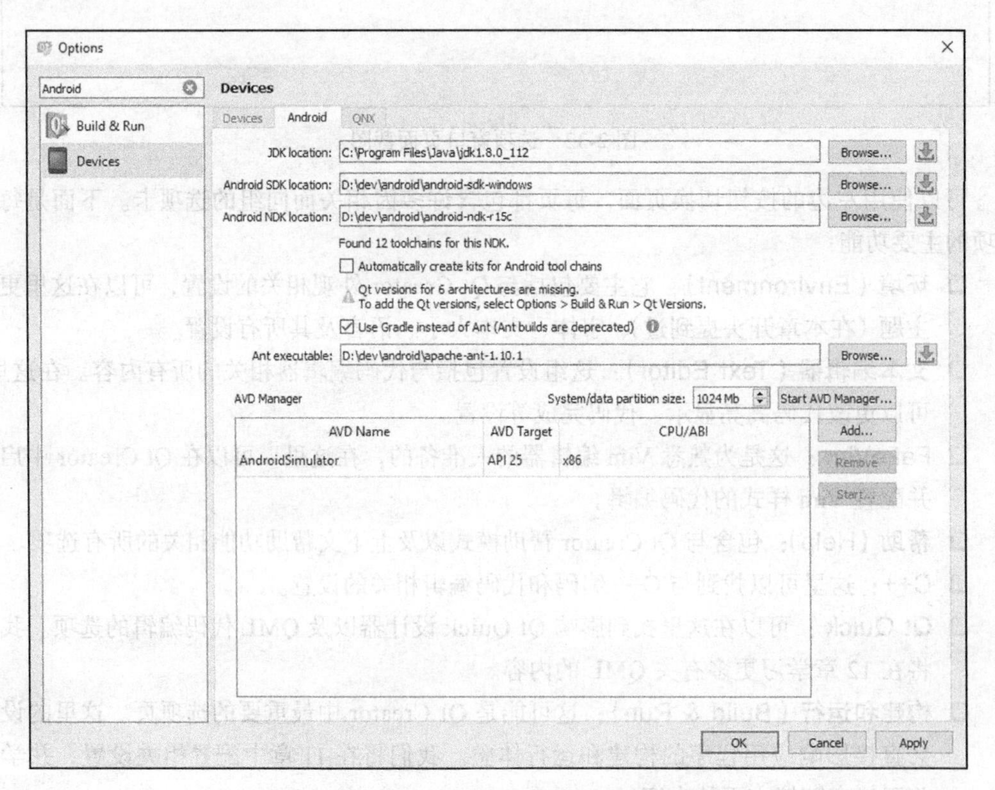

图 2-33　Qt Creator 的选项窗口中的滤波器

2.3 小结

这一章介绍了 Qt Creator，这部分内容将奠定后续章节学习的基础，使得后面可以专注于创建工程项目，而不是重复的操作说明、配置技巧和提示。本章介绍了如何使用 Qt Creator 来设计用户界面，并为用户界面编写代码。还介绍了一些常用的 Qt 类，以及它们是如何在不同的模块中封装的。通过学习 Qt Creator 的不同模式，并构建一个应用程序，我们现在自己可以多做练习，甚至还可以改进编写的应用程序。从下一章开始到最后一章，我们将构建一个可扩展的基于插件的计算机视觉应用程序的框架。同时，下一章中，我们将学习 Qt 和 OpenCV 中的不同设计模式，以及如何使用类似的模式来构建易于维护和可扩展的应用程序。

CHAPTER 3

第3章

创建完整的 Qt + OpenCV 项目

由于环境的随机性，专业的应用程序到头来永远会变得不专业，它们从一开始就是这样设计的。当然，说起来容易做起来难，但如果知道一条黄金法则，它可以帮助你创建能够轻松扩展、维护、缩放和定制的应用程序，这就变得相当容易了。这里的黄金法则只是一个简单的概念，幸运的是，Qt 框架已经有了实现的方法，即以模块化的方式构建应用程序。请注意，从这个意义上来说，模块化不仅仅是指库或不同源代码模块，而是指应用程序的每个功能都是独立于其他程序创建和构建的。事实上，这正是 Qt 与 OpenCV 自身创建的方式。你可以很容易地对一个模块化应用程序进行扩展，甚至还可以由不同背景的开发人员对其进行扩展。可以将一个模块化的应用程序扩展到支持很多不同的语言、主题（样式或外观)，还可以扩展到支持很多不同的功能。

在本章中，我们将完成一个非常重要和关键的任务，即为使用 Qt 和 OpenCV 框架的计算机视觉应用程序构建一个完整的基础结构（或体系结构)。你将学习如何创建即使在部署（交付给用户）之后也可以扩展的 Qt 应用程序。这个过程包含很多内容，包括如何向应用程序添加新的语言，如何向应用程序添加新的样式，以及最重要的，如何构建基于插件的 Qt 应用程序，并且可以通过添加新插件对其进行扩展。

首先，将通过完成一个 Qt 项目的结构以及包含的文件，学习在构建 Qt 应用程序时后台通常会发生什么。然后，我们将学习 Qt 和 OpenCV 中一些最广泛使用的设计模式，以及这两个框架使用这些设计模式的好处。接着，将学习如何创建可以用插件扩展的应用程序。还将学习如何在应用程序中添加新样式和新语言。在本章的最后，你将能够创建一个完整、跨平台、多语言、基于插件并具有可定制外观的基础计算机视觉应用程序。在接下来的两章（第 4 章和第 5 章）以及在本书其他章节用到插件时，特别是在第 6 章之后，当我们真正开始深入研究计算机视觉主题和 OpenCV 库时，再对这个基础应用程序进行扩展。

本章将介绍以下主题：

- Qt 项目结构与 Qt 构建过程
- Qt 和 OpenCV 中的设计模式
- Qt 应用程序样式
- Qt 应用程序语言
- 如何使用 Qt 语言工具
- 如何在 Qt 中创建和使用插件

3.1 后台

在第 2 章中，你学习了如何创建简单的名为“Hello_Qt_OpenCV”的 Qt + OpenCV 应用程序。尽管没有详细说明项目是如何构建到一个具有用户界面和（几乎可以接受的）行为的应用程序中的，但是这个项目包括 Qt 提供的几乎所有的基本特性。在本节中，将学习单击“Run”按钮时，程序内部所发生的事情。这将帮助你更好地理解 Qt 工程项目的结构，以及项目文件夹中每一个文件的用途。让我们先打开项目文件夹，逐个浏览这些文件。“Hello_Qt_OpenCV”文件夹中，有下面这些文件：

```
Hello_Qt_OpenCV.pro
Hello_Qt_OpenCV.pro.user
main.cpp
mainwindow.cpp
mainwindow.h
mainwindow.ui
```

在列表中的第一个文件“hello_qt_opencv.pro”基本上是构建工程项目时由 Qt 处理的第一个文件，这个文件称为 Qt 项目文件，一个名为“qmake”的内部 Qt 程序负责处理该文件。

3.1.1 qmake 工具

qmake 工具是使用 *.pro 文件的内部信息帮助生成 makefiles 的一个程序。这意味着，使用非常简单的语法（与其他 make 系统中更复杂的语法相反），qmake 可以为正确编译和构建应用程序生成所有必需的命令，并将生成的文件放入构建文件夹中。

当构建 Qt 工程项目时，首先创建新的构建文件夹，在默认情况下，新创建的这个构建文件夹与工程项目文件夹处于同一级别。在这里，这个文件夹应该有一个类似于“build-Hello_Qt_OpenCV Desktop_Qt_5_9_1_*-Debug”的名字，根据平台的不同，* 可以不同，且可以在工程项目文件夹所在的位置找到该文件夹。Qt 生成的所有文件（使用 qmake 或者将在本章学习的一些其他工具）以及 C++ 编译器都位于这个文件夹及其子文件夹内。这个文件夹称为工程项目的 Build 文件夹，这也是创建和执行应用程序的地方。例如，如果在Windows上，就可以在Build文件夹中的“debug”或“release”子文件夹内找到“Hello_Qt_OpenCV.exe”文件。因此，从现在开始，我们将把这个文件夹（及其子文件夹）称为构建文件夹。

例如，我们已经知道，Qt工程项目文件中包含下面的代码行，将会使得Qt的core模块和gui模块添加到应用程序中：

```
QT += core gui
```

再来看一看“Hello_Qt_OpenCV.pro”文件，下面的代码行是简单明了的：

```
TARGET = Hello_Qt_OpenCV
TEMPLATE = app
```

这些代码行表明TATGET的名称是Hello_Qt_OpenCV，也是工程项目名称。TEMPLATE类型的app意味着工程项目是一个应用程序。还有下面这些内容：

```
SOURCES += \
    main.cpp \
    mainwindow.cpp
HEADERS += \
    mainwindow.h
FORMS += \
    mainwindow.ui
```

很明显，这是在项目中包含的头文件、源文件和用户界面文件（表单）。甚至在工程项目文件中已添加了我们自己的代码，如下所示：

```
win32: {
  include("c:/dev/opencv/opencv.pri")
}
unix: !macx{
  CONFIG += link_pkgconfig
  PKGCONFIG += opencv
}
unix: macx{
  INCLUDEPATH += "/usr/local/include"
  LIBS += -L"/usr/local/lib" \
-lopencv_world
}
```

前面已经介绍Qt如何连接OpenCV并在Qt工程项目中使用OpenCV。在Qt帮助索引中搜索“qmake manual”，可以获得关于qmake内所有可能的命令和函数的更多信息，以及关于其工作方式的更详细信息。

在qmake处理完Qt工程项目文件之后，它将开始寻找工程项目中提到的源文件。当然，每个C++程序在其某个源文件（不是头文件）中都有一个主函数（唯一的一个主函数），这里也不例外。应用程序的主函数在其main.cpp文件中，是由Qt Creator自动生成的。可以打开main.cpp文件看看里面都包含了什么：

```
#include "mainwindow.h"
```

```
#include <QApplication>
int main(int argc, char *argv[])
{
  QApplication a(argc, argv);
  MainWindow w;
  w.show();
  return a.exec();
}
```

前两行用于包含当前的 mainwindow.h 头和 QApplication 头文件。QApplication 类是负责控制应用程序的控制流、设置等的主要类。在这里的 main 函数内可以看到，Qt 如何创建事件循环，以及它的底层信号 / 槽机制和事件处理系统是如何工作：

```
QApplication a(argc, argv);
MainWindow w;
w.show();
return a.exec();
```

简单来说，创建了 QApplication 类的一个实例，并且将应用程序的参数（通常通过命令行或终端传递）传递给名为 a 的这个新实例。然后，创建并显示 MainWindow 类的一个实例。最后，调用 QApplication 类的 exec() 函数，以便应用程序进入主循环，并一直保持到窗口关闭为止。

为了理解事件循环是如何工作的，试着删除最后一行代码，看看会发生什么。此时当运行应用程序时，可能会注意到窗口实际上只显示了非常短的一段时间，然后立即就关闭了。这是因为应用程序不再有事件循环，会很快地运行至应用程序结尾，所有内容都将从内存中清除，因此窗口就被关闭了。现在，把删除的代码写回去，和所预料的一样，窗口一直保持打开的状态，这是因为在代码中的某些位置（任何地方）调用 exit() 函数时，exec() 函数才会返回，并返回由 exit() 设置的值。

现在，继续看看接下来的三个文件，它们名称相同，但是扩展名不同。它们分别是 mainwindow 头文件、源文件以及用户界面文件。现在，你将知道在第 2 章中创建的负责应用程序代码以及用户界面的实际上是哪些文件了。随后介绍两个称为“元对象编译器”和“用户界面编译器”的 Qt 内部工具。

3.1.2 元对象编译器（moc）

我们已经知道，在标准 C++ 编程中没有信号和槽之类的内容。因此，如何利用 Qt，在 C++ 代码中拥有这些额外的功能呢？这还不是全部，稍后将学习到，甚至可以在 Qt 对象内添加一些新的属性（称为动态属性）并执行很多其他类似的操作，而标准 C++ 编程不具备这些功能。这些都是通过一个名为 moc 的 Qt 内部编译器来实现的。在 Qt 代码被传递给真正的 C++ 编译器之前，moc 工具可以处理类头文件（在这里是 mainwindow.h 文件），生成所需的代码，以支持上面提到的 Qt 特有功能。可以在构建文件夹中找到这些生成的源文件，它们的名字都以 moc_ 开头。

可以在 Qt 文档中查阅 moc 工具的所有相关内容。值得一提的是，moc 会用包含 Q_OBJECT 宏的 Qt 类定义搜索所有头文件。这个宏必须一直包含在需要支持信号、槽和其他 Qt 所支持特性的 Qt 类中。

下面显示了 mainwindow.h 文件中的内容：

```
...
class MainWindow : public QMainWindow
{
  Q_OBJECT
  public:
    explicit MainWindow(QWidget *parent = 0);
 ~MainWindow();
...
```

可以看到，自动生成的类头文件的私有部分内已经包含 Q_OBJECT 宏。所以，这基本上是创建某些类（不只是窗口类，也包括任何 Qt 类）的标准方式，这些类是 QObject（或任何其他类似的 Qt 对象）的子类，支持 Qt 特定的一些功能，如信号和槽。

现在，继续看看如何通过 C++ 代码访问 Qt 用户界面文件中的控件。如果试图在编辑模式或任意一个其他文本编辑器中查看 mainwindow.ui 文件，就会注意到它们实际上是 XML 文件，这些文件只包含与组件显示方式相关的属性和一些其他信息。答案就在本章将要学习的一个最终 Qt 内部编译器中。

3.1.3 用户界面编译器（uic）

构建带有用户界面的 Qt 应用程序时，都会执行名为 uic 的 Qt 内部工具，用以处理 *.ui 文件，并将其转换为 C++ 程序可用的类和源代码。在这里，mainwindow.h 文件被转换为 ui_mainwindow.h，同样，可以在构建文件夹中找到该文件。你可能已经注意到了这一点，但需要提醒是：mainwindow.cpp 文件已被包含在这个头文件中。查看此文件最上面部分，会发现下面两行 include 代码：

```
#include "mainwindow.h"
#include "ui_mainwindow.h"
```

你已经知道 mainwindow.h 文件是什么以及在哪里（在工程项目文件夹内），而且刚刚学习了 ui_mainwindow.h 文件实际上是一个生成的源文件，位于构建文件夹内。

如果查看 ui_mainwindow.h 文件中的内容，就会发现名为 Ui_MainWindow 的类有两个函数：setupUi 和 retranslateUi。setupUi 函数是在 mainwindow.h 函数中自动

添加进 MainWindow 类构造函数的。setupUi 函数负责根据在 mainwindow.ui 文件中的设置信息来设置用户界面上的相关内容。本章稍后将介绍 retranslateUi 函数以及如何在多语言的 Qt 应用程序中使用这个函数。

Qt 的所有生成文件都保存到构建文件夹之后，像所有其他 C++ 程序一样，这些文件会传递给 C++ 编译器，然后被编译，再被链接，最终在构建文件夹中创建应用程序。Windows 用户应该注意到，用 Qt Creator 运行应用程序时，Qt Creator 解析所有的 DLL 文件路径，但是，如果试图从构建文件夹中运行程序，就会出现很多错误信息，你的应用程序将会崩溃，或者根本无法启动。第 10 章将学习如何解决这个问题，还将学习如何正确地将应用程序交付给用户。

3.2 设计模式

尽管假设本书的读者不是设计模式否定者，但是提醒自己为什么设计模式存在，以及为什么一个成功的框架（例如 Qt）会广泛使用不同的设计模式，仍然是一个很不错的想法。首先，设计模式只是软件开发任务中众多解决方案之一，不是唯一的解决方案，事实上，大多数情况下它甚至不是最快的解决方案。然而，设计模式无疑是解决软件开发问题的最结构化的方法，有助于确保为程序添加的所有内容都使用了一些预定义的模板式结构。

设计模式拥有适用于不同类型问题的名称，比如对象创建、如何运行、如何处理数据等等。Eric Gamma、Richard Helm、Ralph E. Johnson 和 John Vlissides（称为“四人组”）在《Design Patterns: Elements of Reusable Object Oriented Software》一书中描述了许多广泛使用的设计模式，该书已经成为计算机科学领域中关于设计模式的经典参考书。如果对设计模式还不了解，那么在继续之前，一定要花一些时间学习一下与之有关的内容。学习软件开发中的反模式也是有意义的。如果第一次接触这个主题，可能会惊讶地发现一些反模式非常普遍，避开这些反模式是至关重要的。

下面是 Qt 和 OpenCV 框架中使用的一些重要的设计模式（按字母顺序排列），以及实现这些设计模式的类或函数的一些简要描述和示例。请仔细查看表 3-1 中的示例案例，了解与每个设计模式相关的一些类或函数。在本书各种各样的例子中，也将会介绍实际操作中用到的类。

OpenCV 框架并不是一个通用的框架，不能用于构建日常应用程序、复杂的用户界面等等。基于这个原因及其自身特性，它没有实现 Qt 使用的所有设计模式，相比之下，在 OpenCV 中只实现了其中很小的一个子集。尤其是因为 OpenCV 关注速度和效率，所以大多数情况首选全局函数以及低层实现。然而，只要速度和效率不再是目标，就会有一些 OpenCV 类实现了设计模式（例如，抽象工厂），参见表 3-1 示例案例。

表 3-1　与每个设计模式相关的类和函数概述

设计模式	描　述	示例案例
抽象工厂	可用来创建所谓的工厂类，这些类能够以各种可能的方式创建对象并控制新对象的创建，例如，防止对象拥有超过定义的实例数	在这本章中，将学习如何使用这个设计模式来编写基于插件的 Qt 应用程序。DescriptorMatcher 抽象类中的 create() 函数是 OpenCV 中这种设计模式的一个例子
命令	利用该设计模式，可以用对象表示操作，从而实现组织操作顺序、记录操作、恢复操作等功能	QAction：这个类允许创建特定的操作，并将它们分配给控件。例如，可以使用 QAction 类创建一个带有图标和文本的打开文件操作，然后可以将其分配给主菜单项以及键盘快捷键（如 Ctrl + O），等等
组合	用于创建由子对象组成的对象。这在创建由许多简单对象组成的复杂对象时特别有用	QObject：这是所有 Qt 类的基类。 QWidget：这是所有 Qt 控件的基类。 任何带有树状设计结构的 Qt 类都是组合模式的一个例子
外观模式	可以通过提供一个简单的接口来封装操作系统（或任何其他系统）的低层功能。封装器和适配器设计模式在定义上是非常相似的	QFile：可以用来读取 / 写入文件。基于操作系统的低层 API 所封装的所有 Qt 类基本上都是外观设计模式的例子
享元模式（或桥、私有实现）	该设计模式的目标是避免数据复制，并在相关对象之间使用共享数据（除非有必要）	QString：可以用来存储和操作 Unicode 字符串。事实上，很多 Qt 类都采用这个设计模式，当需要一个对象的副本时，它可以帮助传递一个指向共享数据空间的指针，从而实现更快的对象复制和更少的内存空间使用。当然，代码也更复杂
备忘录模式	用于保存和（稍后）加载对象的状态	该设计模式相当于编写一个类，可以存储 Qt 对象的所有属性，并通过恢复它们创建一个新的对象
元对象（或反射机制）	在这个设计模式中，用所谓的元对象来描述对象的详细信息，以便更健壮地访问该对象	QMetaObject：只包含关于 Qt 类的元信息。对 Qt 的元对象系统细节的介绍，超出了本书的范围。简单来说，首先 Qt 元对象编译器 (MOC) 编译每个 Qt 程序，生成所需的元对象，然后再由实际的 C++ 编译器编译
单态	允许同一个类的多个实例以相同的方式运行（通常，通过访问相同的数据或执行相同的函数）	QSettings：用于提供应用程序设置的保存 / 加载功能。我们在第 2 章中使用 QSettings 类加载和保存同一个类的两个不同实例
MVC（模型 - 视图 - 控制器）	这是一种广泛使用的设计模式，用于将应用程序或数据存储机制（模型）的实现与用户界面或数据表示（视图）以及数据操作（控制器）分离开来	QTreeView：这是模型视图的树状实现。 QFileSystemModel: 用于根据本地文件系统的内容来获取数据模型。 QTreeView（或任何其他的 QAbstractItemView）和 QFileSystemModel（或任何其他的 QAbstractItem Model）的组合，可以用于实现 MVC 设计模式

（续）

设计模式	描　述	示例案例
观察者（或发布 / 订阅）	该设计模式用于生成能够侦听（或观察）其他对象的更改并相应地做出响应的对象	QEvent：这是所有 Qt 事件类的基础。可以将 QEvent（及其众多子类）看作观察者设计模式的低层实现。另一方面，Qt 支持信号和槽机制，这是一种更方便、更高级的使用观察者设计模式的方法。我们在第 2 章中已经使用了 QCloseEvent (QEvent 的子类)
串行器	在创建类（或对象）时，可以使用该模式来读取或写入其他对象	QTextStream：用于将文本读取和写入文件或其他 IO 设备 QDataStream：用于从 IO 设备和文件读取或写入二进制数据
单例模式	用于将一个类限制为单个实例	QApplication：这可以用于以各种方式处理 Qt 控件应用程序。确切地说，QApplication（或全局 qApp 指针）中的 instance () 函数是单例设计模式的一个例子。在 OpenCV 中的 cv::theRNG() 函数（用于获取默认随机数生成器 (RNG)）是单例实现的一个示例。注意，RNG 类本身并不是单例

参考文献：

- *Design Patterns*: *Elements of Reusable Object-Oriented Software*, by Eric Gamma, Richard Helm, Ralph E. Johnson and John Vlissides
- *An Introduction to Design Patterns in C++ with Qt, second Edition,* by Alan Ezust and Paul Ezust

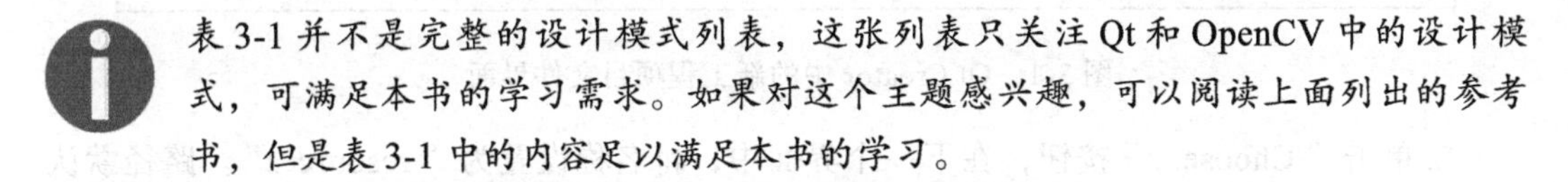

表 3-1 并不是完整的设计模式列表，这张列表只关注 Qt 和 OpenCV 中的设计模式，可满足本书的学习需求。如果对这个主题感兴趣，可以阅读上面列出的参考书，但是表 3-1 中的内容足以满足本书的学习。

此外，可以查看文档页面，进一步了解表 3-1 中提到的每个类的详细内容是非常有益的。可以利用 Qt Creator 帮助模式，在索引中搜索每个类，查看每个类的代码示例，并试着自己使用这些类。这不仅仅是学习 Qt 的最好方法之一，也是理解不同设计模式的实现和行为的最好方法。

3.3　Qt 资源系统

在后面，你将学习如何为应用程序添加样式和多语言支持，但在此之前，必须熟悉 Qt 资源系统。简单地说，这是在 Qt 中将资源文件（例如字体、图标、图像、翻译文件、样式表文件等等）添加至应用程序（和库）的方法。

使用 *.qrc 文件（资源收集文件），Qt 可支持资源管理。这些文件是简单的 XML 文件，包含应用程序需要包含的资源文件的相关信息。请看一个简单的示例，然后在“Hello_Qt_openCV”应用程序中包含一个图标，以便更好地理解Qt资源系统是如何工作的：

1. 确保在Qt Creator中打开“Hello_Qt_OpenCV”工程项目，选择“File”，然后选择“New File or Project”。在新文件窗口中，从左边的第二个列表中选择“Qt”，然后选择“Qt Resource File”，如图3-1所示。

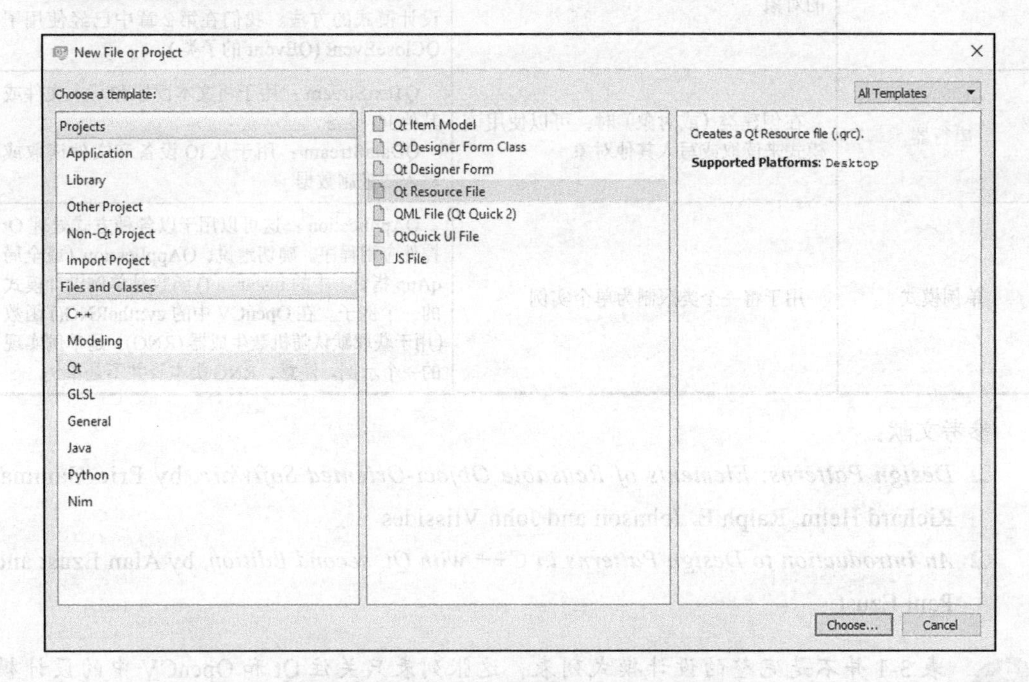

图3-1　Qt Creator中的新工程项目文件界面

2. 单击“Choose...”按钮，在下一个界面中，将名称设置为“resources”。路径默认设置为你的工程项目文件夹。依次单击“Next”和“Finish”。最终将有一个名为“resources.qrc”的新文件添加到项目中。如果在Qt Creator中打开这个文件（通过单击右键，选择“Open in Editor”），将会看到Qt Creator中的资源编辑器。

3. 在这里，可以使用“Add”按钮打开下面两个选项：

   Add Files

   Add Prefix

此处的文件可以是想要添加到工程项目中的任意文件。但是，前缀基本上是一个包含许多文件的虚文件夹（也可以看作容器）。请注意，这并不一定表示在项目文件夹上的文件夹或子文件夹，而仅仅是一种表示方法，是一种对资源文件进行分组的方法。

4. 首先，单击“Add Prefix”，然后在前缀字段中输入“images”。

5. 然后，单击“Add Files”，并选择一个图像文件（在这里，计算机上的任意*.jpg文件都可以），如图3-2所示。

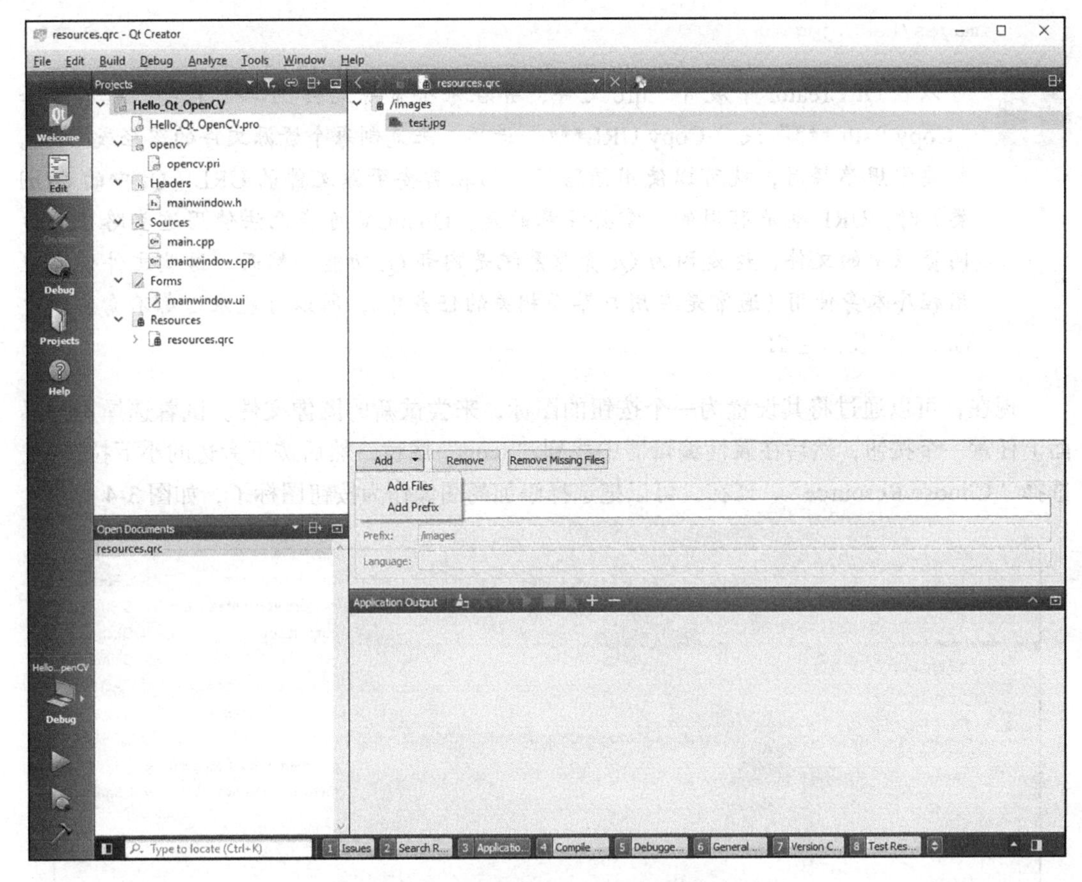

图 3-2　选择图像文件界面的截图

在这个示例中，同样使用了第 1 章以及第 2 章中用到的“test.jpg”示例图像。请注意，资源文件应该在工程项目文件夹或者在其子文件夹中。否则，将会出现如图 3-3 所示的确认提示信息，如果出现这种情况，请单击“Copy”按钮，并保存工程项目文件夹中的资源文件。

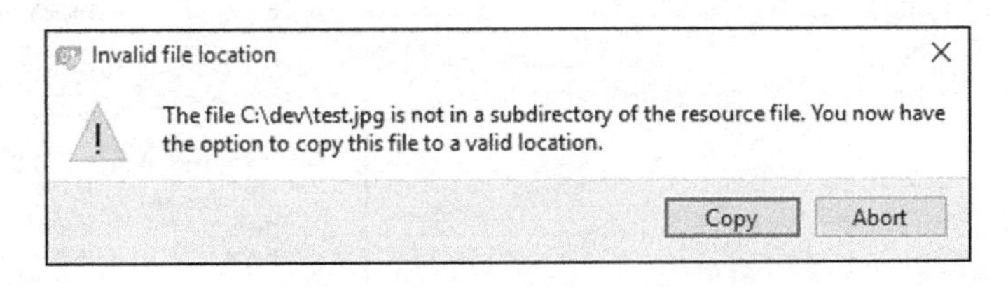

图 3-3　文件位置无效的提示信息

就是这样，现在，在构建并运行“Hello_Qt_OpenCV”应用程序时，应用程序中就会包含该图像文件，并且可以像访问操作系统上的文件一样去访问这个文件，但是路径与普通文件路径略有不同。在我们的示例中，test.jpg 文件的路径为：

```
:/images/test.jpg
```

可以在 Qt Creator 中展开 *.qrc 文件，并在每个资源文件上单击右键，然后选择“Copy Path ***”或“Copy URL***”选项，来复制每个资源文件的路径或 URL。需要常规路径时，就可以使用该路径，而在需要资源文件的 URL（Qt 中的 QUrl 类）时，URL 也是有用的。需要注意的是，OpenCV 可能无法使用这些路径并访问资源中的文件，这是因为 Qt 资源系统是内部 Qt 功能。然而，这些文件仅供应用程序本身使用（通常是在用户界面相关的任务中），所以可能永远都不需要通过 OpenCV 使用它们。

现在，可以通过将其设置为一个按钮的图标，来尝试新的图像文件。试着选择用户界面上任意一个按钮，然后在属性编辑器中找到“icon”属性，然后按下旁边的小下拉按钮，选择“Choose Resource”。现在，可以把选择添加的图像作为按钮图标了，如图 3-4 所示。

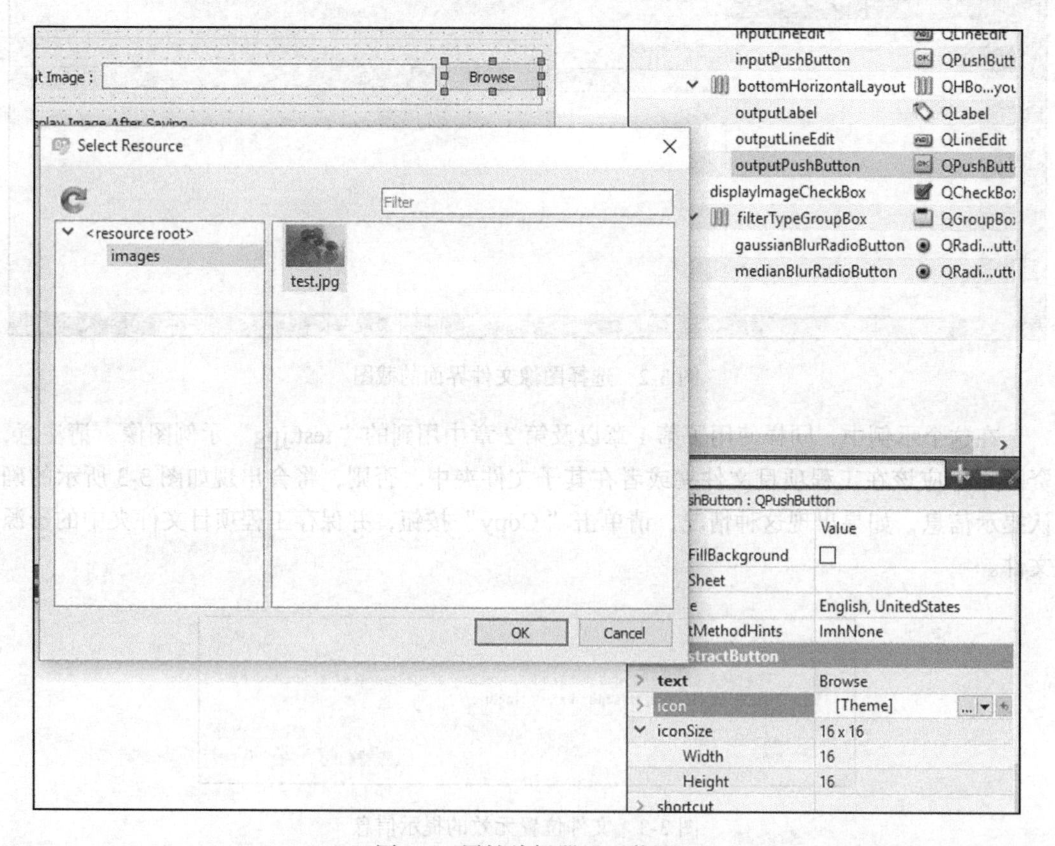

图 3-4 属性编辑器界面截图

这基本上是一个关于如何为支持图标的 Qt 控件设置图标的教程。如果希望在应用程序中包含任意其他类型的资源并在运行时使用，其逻辑是完全相同的。只需假设 Qt 资源系统是某种二级文件系统，并且可以像使用常规文件那样使用其中的文件。

3.4 样式化应用程序

Qt 在应用程序中使用 QStyle 类与 Qt 样式表支持样式化。QStyle 是 Qt 中所有样式的基类，封装了 Qt 用户界面的样式。对 QStyle 类的介绍超出了本书的范围，但是仍然应该注意的是，创建一个 QStyle 的子类，并在其中实现不同的样式功能是改变 Qt 应用程序界面外观的最强大的方法。不过，Qt 还为样式应用程序的样式化提供了样式表。Qt 样式表在语法上与 HTML CSS（层叠样式表）几乎一样，HTML CSS 是 Web 页面样式不可分割的部分。

CSS 是一种样式化语言，可以用来定义用户界面上的对象外观。一般来说，使用 CSS 文件可使 Web 页面的样式与底层实现分离。Qt 在其样式表中使用相似的方法来描述控件的外观，如果熟悉 CSS 文件，那么 Qt 样式表就很简单。即使是第一次接触这个概念，你会发现这个方法很容易、简单，可以很快学会。

先看看什么是样式表，并用一个例子说明如何在 Qt 中使用它。再次回到“Hello_Qt_OpenCV”工程项目，打开工程项目，进入设计器。在窗口上选择任意一个控件，或者在一个空白的地方单击鼠标以选择窗口控件本身，可以发现一个名为“styleSheet”的属性。基本上，每个 Qt 控件（或 QWidget 子类）都包含了一个“styleSheet”属性，可以用来定义每个控件的外观。

单击“inputPushButton”控件，并将其“styleSheet”属性设置为以下内容：

```
border: 2px solid #222222;
border-radius: 10px;
background-color: #9999ff;
min-width: 80px;
min-height: 35px;
```

使用“outputPushButton”执行相同的操作，但是，这一次，请在“styleSheet”属性中使用下列内容：

```
border: 2px solid #222222;
border-radius: 10px;
background-color: #99ff99;
min-width: 80px;
min-height: 35px;
```

在设计器中设置样式表时，将看到这两个按钮的新外观，这就是 Qt 中的简单样式。唯一需要知道的是什么样的样式更改可以应用到任意一个特定的控件类型。在前面的例子中，能够更改边框的外观、背景颜色以及可接受的 QPushButton 最小尺寸。可以查阅 Qt 帮助模式中的“Qt Style Sheets Reference”以了解什么类型的样式可以应用到任意一个控件，相关内容已经存储在电脑上了，可以随时通过帮助索引对其进行离线查询。在那里，可以找到所有可能应用于 Qt 控件的样式，并获得了简明的示例，可以复制和修改这些示例，以满足自己应用程序界面与外观的需要。下面是刚刚使用的两个简单样式表的结果。如图 3-5 所示，现在，“Browse”按钮有了不同的外观。

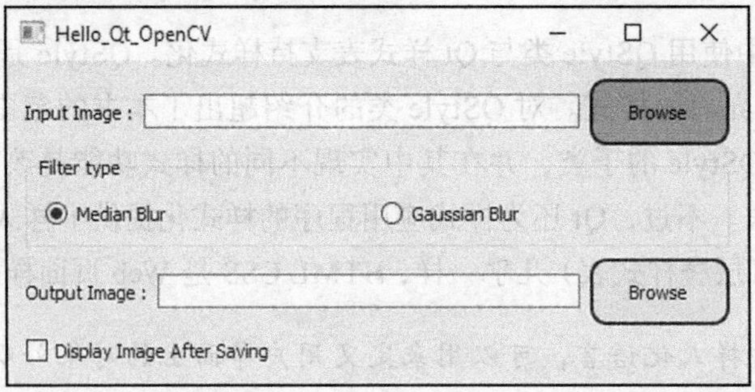

图 3-5 “Browse”按钮的外观

前面的例子回避了样式表中样式规则的设置问题。Qt 样式表中的样式规则由“选择器”和“声明”组成，其中选择器用于指定将使用样式的控件，而声明就是样式本身。在前面的例子中，我们只使用了一个声明，而选择器就是（隐式地）得到样式表的控件，这里给出一个例子：

```
QPushButton
{
  border: 2px solid #222222;
  border-radius: 10px;
  background-color: #99ff99;
  min-width: 80px;
  min-height: 35px;
}
```

此处，QPushButton（或者说，在“{”之前的所有内容）是选择器。在“{”和“}”之间的代码部分是声明。

现在，来看看 Qt 中样式表设置的一些重要概念。

3.4.1 选择器类型

表 3-2 是可以在 Qt 样式表中使用的选择器类型。恰当地使用这些选择器可以极大地减少样式表所需的代码量，改变 Qt 应用程序的外观。

表 3-2　Qt 样式表中使用的选择器类型及其描述

选择器的类型	例　子	描　述
通用选择器	*	所有控件
类型选择器	QPushButton	指定类型的控件及其子类
属性选择器	QPushButton[text='Browse']	其指定属性设置为指定值的控件

（续）

选择器的类型	例　子	描　述
类选择器	.QPushButton	具有指定类型的控件，但不包括其子类
ID 选择器	QPushButton# inputPushButton	具有指定类型和 objectName 的控件
后代选择器	QDialog QPushButton	作为另一个控件的后代（子控件）的控件
子选择器	QDialog > QPushButton	作为另一个控件的直接子控件的控件

3.4.2 子控件

简单地说，子控件是复杂控件内的孩子控件，例如，QPinBox 控件上的向下和向上箭头按钮。可以用“::”操作符来选择子控件，如下例所示：

```
QSpinBox::down-button
```

请始终记住，在 Qt Creator 帮助模式中，为每个控件提供了完整的子控件列表，请在该模式下查阅 Qt 样式表参考文档。Qt 是不断发展的框架，会定期添加新功能，因此 Qt 自己的文档是最好的参考资料。

3.4.3 伪状态

每个控件都可以有一些伪状态，比如鼠标悬停、按键等等。可以使用“:”操作符在样式表中选择这些伪状态，如下面的例子所示：

```
QRadioButton:!hover { color: black }
```

与子控件类似，可通过查阅 Qt Creator 帮助模式中的“Qt Style Sheets Reference”来获取每个控件可应用的伪状态列表。

3.4.4 级联

你可以为整个应用程序、父控件或子控件设置样式表。前面的例子只为两个子控件设置了样式表。每个控件的样式由级联规则决定，这意味着，如果为父控件或应用程序设置了样式表，那么每个控件均可获得这些样式规则。利用这一点，可以避免对整个应用程序或者控件中指定窗口重复设置相同的样式规则。

现在，让我们在 MainWindow 中尝试下面的样式表，这个简单的例子可以将学到的全部知识结合在一起。请确保删除所有先前为两个“Browse”按钮设置的样式表，并在窗口控件的“stylesheet”属性中简单地输入下面这些代码：

```
*
{
  font: 75 11pt;
  background-color: rgb(220, 220, 220);
}
QPushButton, QLineEdit, QGroupBox
```

```
{
  border: 2px solid rgb(0, 0, 0);
  border-radius: 10px;
  min-width: 80px;
  min-height: 35px;
}
QPushButton
{
  background-color: rgb(0, 255, 0);
}
QLineEdit
{
  background-color: rgb(0, 170, 255);
}
  QPushButton:hover, QRadioButton:hover, QCheckBox:hover
{
   color: red;
}
QPushButton:!hover, QRadioButton:!hover, QCheckBox:!hover
{
  color: black;
}
```

如果现在运行应用程序，可以看到外观上的变化。还将注意到，“Close”确认对话框窗口控件的样式也发生了变化，原因很简单，这是因为在其父窗口中设置了样式表，图3-6是截图。

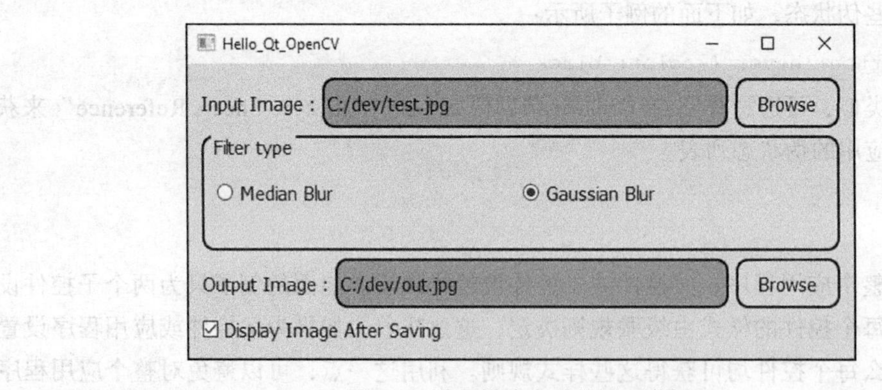

图3-6 设置样式表后的界面截图

不用说，可以在一个文本文件中保存样式表，并在运行时加载设置样式表来完成同样的工作，在本章后面构建完整的计算机视觉应用程序的基础时，将进行这样的操作。除此之外，正如在本章前面学习到的（参阅3.3节），也可以在应用程序中存储一个默认的样式表，并在默认情况下加载该文件，如果在计算机的特定位置存储了自定义的文件，还可以跳过默认加载的文件。甚至可以拆分任务，并请专业设计人员提供一个样式表，以便在应用程序中使用。这说明在Qt应用程序中，样式化是很容易实现的。

通过在 Qt Creator 帮助模式下参考样式表语法文档，可获得更多的样式表语法与帮助信息。这是因为 Qt 样式表基本上仅针对 Qt，在某些情况下与标准的 CSS 有所不同。

3.5 多语言支持

在本节中，将学习如何使用 Qt 框架创建支持多种语言的应用程序。实际上，这一切都归结为一个非常容易使用的类。QTranslator 类是负责处理输出（显示）文本国际化的主要 Qt 类，只需确定以下几点：

1. 在构建工程项目时，使用默认语言（例如，英语）。这意味着，对于要显示的所有内容，只需使用默认语言的句子和单词。
2. 确保代码中的所有文字字符串（或者具体地说，当选择一个不同的语言时需要翻译的所有文字字符串）都包含在 tr() 函数中。

> 例如，在代码中，如果需要编写字符串，如"Open Input Image"（与在"Hello_Qt_OpenCV"例子中所做的一样），只需将其传递给 tr() 函数并编写 tr("Open Input Image") 即可。与设计器不同，这只适用于代码中的文字符串。在设计器中设置属性时，只需使用文字字符串。

3. 确保在项目文件中指定翻译文件。要这样做，需要用 TRANSLATIONS 来指定它们，就像工程项目文件中的 SOURCES 和 HEADERS 一样。

> 例如，如果想在应用程序中使用德语和土耳其语的翻译，需要将以下内容添加到工程项目（*.PRO）文件中：
>
> ```
> TRANSLATIONS = translation_de.ts translation_tr.ts
> ```

> 一定要使用清晰的名称来命名每个翻译文件，尽管可以按喜好来命名，但是最好用所包含的语言代码来命名（tr 为土耳其语，de 为德语等等），如上例所示。这也有助于 Qt 语言工具（稍后将学到）知道翻译的目标语言。

4. 使用 Qt 的 lupdate 工具创建 TS 文件（如果已经存在，则更新它）。lupdate 可以搜索所有的源代码和 UI 文件中的可翻译文本，然后创建或更新上一个步骤中提到的 TS 文件。负责翻译应用程序的人员可以使用 Qt 语言工具打开 TS 文件，只需使用一个简单的用户界面就可以翻译应用程序。

> lupdate 位于 Qt 安装位置的 bin 文件夹内。例如，在 Windows 操作系统上其路径与下面类似：
>
> ```
> C:\Qt\Qt5.9.1\5.9.1\msvc2015\bin
> ```

可以点击主菜单中的“Tools / External / Linguist / Update Translations (lupdate)”来执行 Qt Creator 工程项目中的 lupdate。对于 Windows 用户来说，需要重点注意：如果在运行 lupdate 之后遇到任何问题，都可能是因为没有正确安装 Qt。要规避这个问题，只需通过开发环境的命令提示符来运行 lupdate。如果遵循本书的说明，可以从“start”菜单执行 VS2015 的“Developer Command Prompt”，然后使用 CD 命令切换到工程项目文件夹，再运行 lupdate。如下所示（该例子是之前创建的“Hello_Qt_OpenCV”工程项目）：

```
C:\Qt\Qt5.9.1\5.9.1\msvc2015\bin\lrelease.exe Hello_Qt_OpenCV.pro
```

在运行这个命令之后，进入项目文件夹，可以注意到，先前在项目文件中指定的 TS 文件现在已经创建。随着应用程序变得越来越大，需要提取要翻译的新字符串并进一步扩展多语言支持时，定期运行 lupdate 就显得非常重要。

5. 使用 Qt 语言工具翻译所有需要的字符串。Qt 语言工具是 Qt 默认安装的一部分，已经安装在计算机上。选择“File/Open”并从项目文件夹中选择所有刚刚创建的 TS 文件并打开。如果一直遵循“Hello_Qt_OpenCV”项目的所有指示，那么在 Qt 语言打开 TS 文件之后，应该看到如图 3-7 所示的界面。

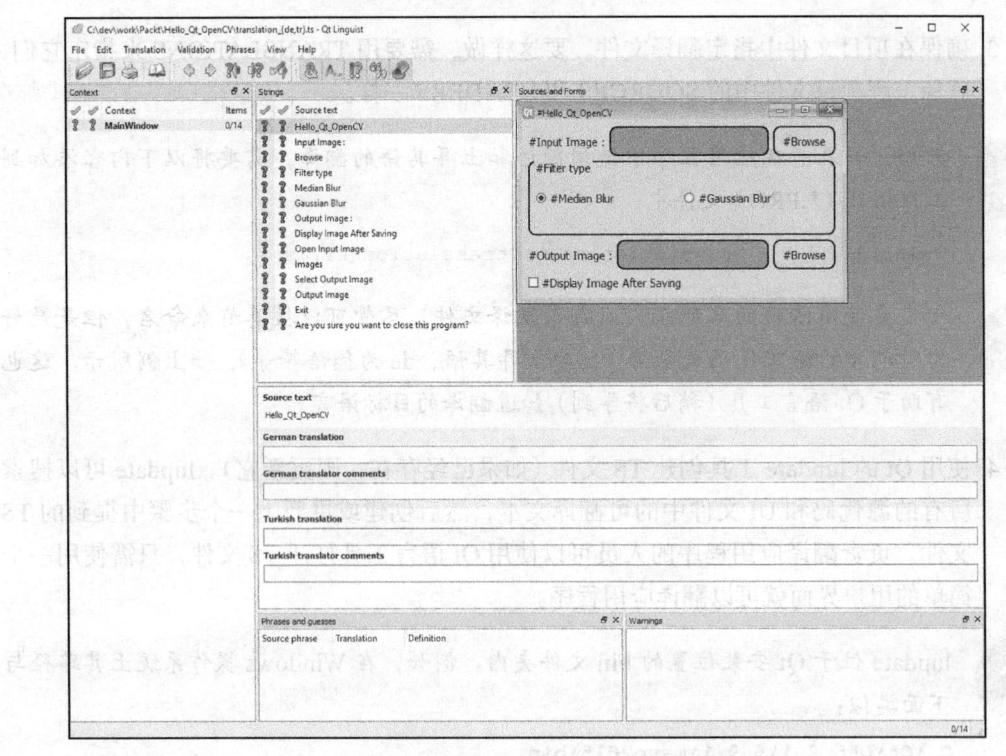

图 3-7　Qt 语言工具打开 TS 文件后看到的图形界面

Qt 语言工具允许对项目中所有可翻译元素进行快速简单的翻译。只需以所有显示的语言逐项完成翻译，并用顶部的工具栏将它们标记为“Done”。在退出 Qt 语言工具之前，一定要保存。

6. 利用翻译的 TS 文件创建 QM 文件，它们是压缩的二进制 Qt 语言文件。要这样做，需使用 Qt lrelease 工具。

lrelease 的用法与前面步骤中学到的 lupdate 相同，只需用 lrelease 替换所有 lupdate 命令即可。

7. 将 QM 文件（二进制语言文件）添加到应用程序资源中。

已经学过如何使用 Qt 资源系统，在这里，只需创建名为“translations”的新前缀，并在该前缀下添加新创建的 QM 文件。如果没有错误，工程项目中将出现图 3-8 中的内容。

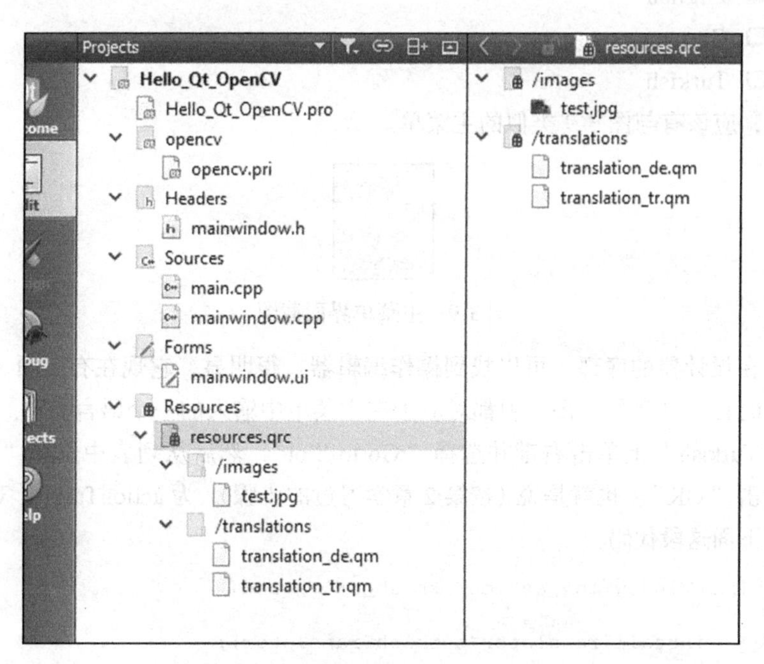

图 3-8 工程项目中显示的内容截图

8. 现在，可以开始使用 QTranslator 类来赋予应用程序多语言功能，并且在运行时可以在不同的语言之间切换。请再次回到示例项目“Hello_Qt_OpenCV”。在应用程序中有不同的翻译方法，但是，现在将从最简单的方法开始。首先，将 QTranslator 添加到 mainwindow.h 文件中，并在 MainWindow 类中定义两个私有 QTranslator 对象：

```
QTranslator *turkishTranslator;
QTranslator *germanTranslator;
```

9. 在调用 loadSettings 函数之后，立即将下面的内容添加到 MainWindow 构造函数代码中：

```
turkishTranslator = new QTranslator(this);
turkishTranslator
  ->load(":/translations/translation_tr.qm");
germanTranslator = new QTranslator(this);
germanTranslator
  ->load(":/translations/translation_de.qm");
```

10. 现在，是时候给"Hello_Qt_OpenCV"项目添加一个主菜单了，并允许用户在不同的语言之间切换。可以在 Qt Creator 设计模式中在窗口上单击右键并选择"Create a Menu Bar"来创建菜单栏。然后，在顶部菜单栏中添加一个名为"Language"的项目。只需双击它并输入以下内容，即可在其中添加三个子项。

- English
- German
- Turkish

现在，应该有与图 3-9 类似的主菜单。

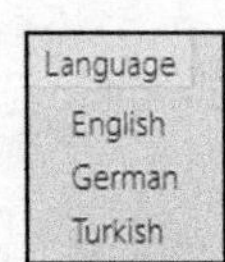

图 3-9　主菜单界面截图

在设计器的底部，可以找到操作编辑器。很明显，它现在有三项，是在创建主菜单时自动创建的，每一项都对应于在主菜单中输入的一个语言名称。

11. 在"Turkish"上单击右键并选择"Go to Slot"，然后从列表中选择"triggered()"，并单击"OK"。也就是说（按第 2 章学习过的步骤），为 actionTurkish 对象的触发槽编写下面这段代码：

```
void MainWindow::on_actionTurkish_triggered()
{
  qApp->installTranslator(turkishTranslator);
}
```

12. 为 actionGerman 对象添加下面的代码行。基本上，重复 actionTurkish 对象的指令，但做适当修改：

```
void MainWindow::on_actionGerman_triggered()
{
  qApp->installTranslator(germanTranslator);
}
```

13. 对 actionEnglish 对象执行相同操作。但是这一次，需要从应用程序中删除翻译器，因为英语是应用程序的默认语言：

```
void MainWindow::on_actionEnglish_triggered()
{
 qApp->removeTranslator(turkishTranslator);
 qApp->removeTranslator(germanTranslator);
}
```

14. 好了，现在 Qt 应用程序已经具备了有关翻译的所有内容，但还需要确保能够重新翻译并重新加载屏幕上的对象元素。要这样做，需要使用 QMainWindow 类的 changeEvent。每当使用前面的 installTranslator 函数和 removeTranslator 函数来安装或删除翻译器时，都会有一个“语言更改”事件发送到应用程序的所有窗口。若要捕获该事件，并确保窗口能够在语言更改时重新加载，需要重写程序中的 changeEvent 函数。只需将下面的代码行添加到 mainwindow.h 文件中 MainWindow 类的受保护成员中，放在前面定义的 closeEvent 之后：

```
void changeEvent(QEvent *event);
```

15. 将下面的代码段添加到 mainwindow.cpp 文件中：

```
void MainWindow::changeEvent(QEvent *event)
{
  if(event->type() == QEvent::LanguageChange)
  {
    ui->retranslateUi(this);
  }
  else
  {
    QMainWindow::changeEvent(event);
  }
}
```

上面的代码仅仅意味着如果更改事件是一个“语言更改”，那么就重新翻译窗口。否则，一切都应该照常。retranslateUi 函数是使用 UIC 生成的（请参阅 3.1.3 节），它只是按照应用程序中最新安装的 QTranslator 对象来设置正确翻译的字符串。

现在可以运行应用程序了，并尝试在两种语言之间进行切换，我们已经实现了第一个真正的多语言应用程序。值得注意的是，在本节中所学到的知识基本上适用于所有 Qt 应用程序，并且是产生多语言应用程序的标准方法。在应用程序中不同语言的更多的自定义方法也遵循几乎相同的指令集，但如果是从磁盘加载这些语言，而不是使用资源文件在应用程序中构建语言文件，那就更好了。这在更新翻译时具有优势，甚至无须重新构建应用程序就可以添加新的语言（只需添加一些代码）。

3.6 创建和使用插件

人们在日常生活中使用的许多应用程序都得益于插件的强大功能，在应用程序中使用插件是扩展应用程序的最强大的方法之一。一个插件就是一个简单的库（在 Windows 上是 *.dll，Linux 上是 *.so，等等），可以在运行时加载和使用插件，以处理特定的任务。但是它不能像一个独立的应用程序那样执行，而是依赖于使用它的应用程序。我们还将在本书中使用插件来扩展计算机视觉应用程序。

在本节中，我们将学习如何创建一个示例应用程序（称为“Image_Filter”），该应用程序只加载和使用计算机上指定的文件夹中的插件。然而，在此之前，将学习如何在 Qt 中创建一个使用 Qt 和 OpenCV 框架的插件，这是因为该插件很可能需要使用 OpenCV 库来实现一些计算机视觉的算法。让我们开始吧！

首先，需要定义一组接口，以实现应用程序与插件之间的对话。在 C++ 中，与接口等价的是具有纯虚函数的类。因此，需要一个包含了期望在插件中出现的所有函数的接口。这就是创建插件的一般方式，也是第三方开发人员为别人开发的应用程序编写插件的方式。是的，他们知道插件的接口，并且只需用执行实际操作的代码填充它。

3.6.1 接口

接口比第一眼看到的样子要重要得多。是的，接口基本上是一个啥也不做的类，但在这里它列出了应用程序所需要的所有插件的草图。因此，我们一定要从一开始就将所有必需的函数都包含在插件接口中，否则，以后再去添加、删除或修改函数就几乎是不可能的。现在只是在处理示例工程项目，这可能看起来还不是那么严重，但在实际的工程项目中，这通常是决定应用程序可扩展性的关键因素。因此，既然已经了解接口的重要性，我们就可以开始为示例工程项目创建接口了。

打开 Qt Creator，确保没有打开任何工程项目。现在，从主菜单中选择“File”/“New File or Project”。在出现的窗口中，从左侧的列表（底部的那个列表）中选择“C++”，然后选择“C++ Header File”。输入“cvplugininterface”作为文件的名称，继续下一步，直到进入代码编辑器模式。将代码更改为下面这样：

```
#ifndef CVPLUGININTERFACE_H
#define CVPLUGININTERFACE_H
#include <QObject>
#include <QString>
#include "opencv2/opencv.hpp"
class CvPluginInterface
{
  public:
  virtual ~CvPluginInterface() {}
  virtual QString description() = 0;
  virtual void processImage(const cv::Mat &inputImage,
       cv::Mat &outputImage) = 0;
 };
#define CVPLUGININTERFACE_IID "com.amin.cvplugininterface"
Q_DECLARE_INTERFACE(CvPluginInterface, CVPLUGININTERFACE_IID)
#endif // CVPLUGININTERFACE_H
```

可能已经注意到，类似下面的代码行被自动添加到使用 QtCreator 创建的所有头文件中。

```
#ifndef CVPLUGININTERFACE_H
#define CVPLUGININTERFACE_H
...
#endif // CVPLUGININTERFACE_H
```

这能够保证在应用程序编译过程中，对每个头文件只包含和处理一次。在 C++ 中有很多其他的方法可以实现相同的目标，但这种方法是最广泛接受和使用的，尤其是利用 Qt 和 OpenCV 框架来实现最高程度的跨平台支持时。通过 Qt Creator，总是可以将这样的代码自动添加到头文件，而且不需其他额外的工作。

前面的代码基本上包含了 Qt 中插件接口所需的所有内容。在示例接口中，只有两种简单类型的函数需要插件支持，但是我们稍后会看到，为了支持参数、语言等，所需要的远不止于此。可是对于示例来说，这些就已经足够了。

通常，对于 C++ 开发人员来说，需要重点注意前面接口中的第一个公有成员，该成员在 C++ 中也称为虚析构函数，它是最重要的方法之一，但是往往会被很多人忽视。了解并牢记其功能可以避免内存泄漏，尤其是在使用 Qt 插件时：

```
virtual ~CvPluginInterface() {}
```

基本上，任何有一个虚拟方法以及打算使用多形态方法的 C++ 基类，都必须包含一个虚析构函数。这有助于确保当利用基类的指针访问子类（多态）时，可以调用子类的析构函数。可是，出现这种常见的 C++ 编程错误时，大多数 C++ 编译器并没有警示信息。

因此，我们的插件接口包含一个名为 description() 的函数，它的目的是返回所有插件的描述及其相关有用信息。插件接口还包含了一个名为 processImage 的函数，该函数以 OpenCV Mat 类作为输入，并返回“1”作为输出。很明显，在这个函数中，我们希望每个插件都可以执行某种图像处理、过滤等操作，并返回处理结果。

在此之后，使用 Q_DECLARE_INTERFACE 宏将类定义为接口。如果不包含这个宏，Qt 将无法把这个类作为插件接口来使用。CVPLUGININTERFACE_IID 应该是与包名格式类似的唯一字符串，但是可以根据自己的喜好来更改。

请确保将 cvplugininterface.h 文件保存到你选择的任意位置，然后将其关闭。现在将创建一个使用该接口的插件。让我们使用在第 2 章中看到的一个 OpenCV 函数：medianBlur。

3.6.2 插件

现在将使用 CvPluginInterface 接口类，创建名为 median_filter_plugin 的插件。首先从主菜单中选择“File”，然后选择“New File or Project”。之后，选择“Library”和“C++ Library”，如图 3-10 所示。

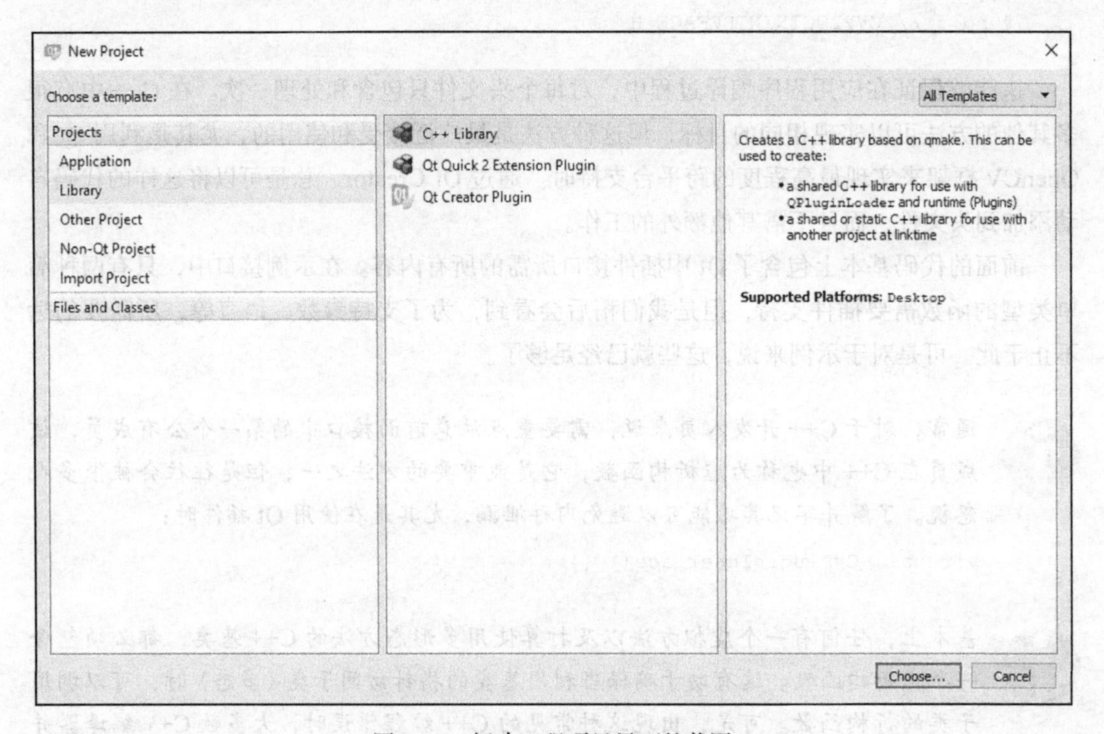

图 3-10　新建工程项目界面的截图

一定要将类型选为“Shared Library”，然后输入“median_filter_plugin”作为名称并单击“Next”。选择工具箱类型作为桌面，并单击“forward”。在“Select Required Modules”页面中，确保只选中了“QtCore”，并继续单击“Next”（最后单击“Finish”），不需要更改任何选项，直到最终进入 Qt Creator 的代码编辑器页面。

我们基本上创建了一个 Qt 插件工程项目，你可能已经注意到，插件工程项目的结构与我们之前尝试的应用程序工程项目非常类似（除了没有 UI 文件），除了本身不能运行之外，这是因为一个插件与一个应用程序实际上没有区别，只是不能自己运行。

现在，将前一步中创建的 cvplugininterface.h 文件复制到新创建的插件项目的文件夹内。然后，右键单击“Projects”窗体中的项目文件夹，并从弹出的菜单中选择“Add Existing Files”，就可以将其添加到项目中，如图 3-11 所示。

我们需要告诉 Qt 这是一个插件，而不只是一个库。为此，我们需要将以下内容添加到 *.PRO 文件中。可以在项目的任何地方添加它，但是最好将其添加到 TEMPLATE = lib 行：

```
CONFIG += plugin
```

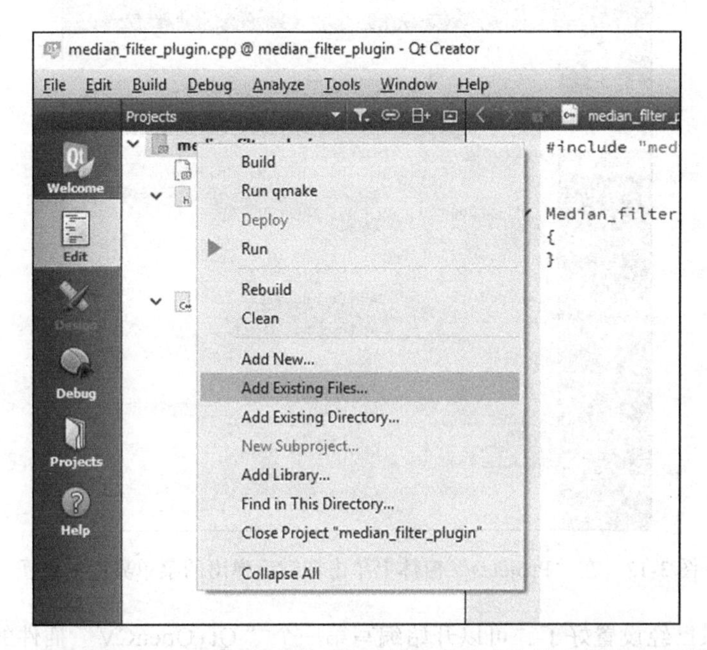

图 3-11　在“Projects”窗体中的项目文件夹上单击右键后弹出的菜单截图

现在，我们需要将 OpenCV 添加到插件项目中，到目前为止，这些内容对你来说应该是很简单的。正如之前在“Hello_Qt_OpenCV”工程项目中所做的那样，只需将下面这些内容添加到插件的 *.PRO 文件中：

```
win32: {
  include("c:/dev/opencv/opencv.pri")
}
unix: !macx{
  CONFIG += link_pkgconfig
  PKGCONFIG += opencv
}
unix: macx{
 INCLUDEPATH += "/usr/local/include"
 LIBS += -L"/usr/local/lib" \
 -lopencv_world
}
```

当在 *.PRO 文件中添加代码，或者使用“Qt Creator Main Menu”（以及其他用户界面快捷方式）添加一个新的类或 Qt 资源文件时，特别是如果注意到 Qt Creator 与工程项目内容不同步时，手动运行 qmake 是一个非常好的习惯。通过从“Projects”窗体的右键菜单中选择“Run qmake”，就可以轻松地完成这项工作，如图 3-12 所示。

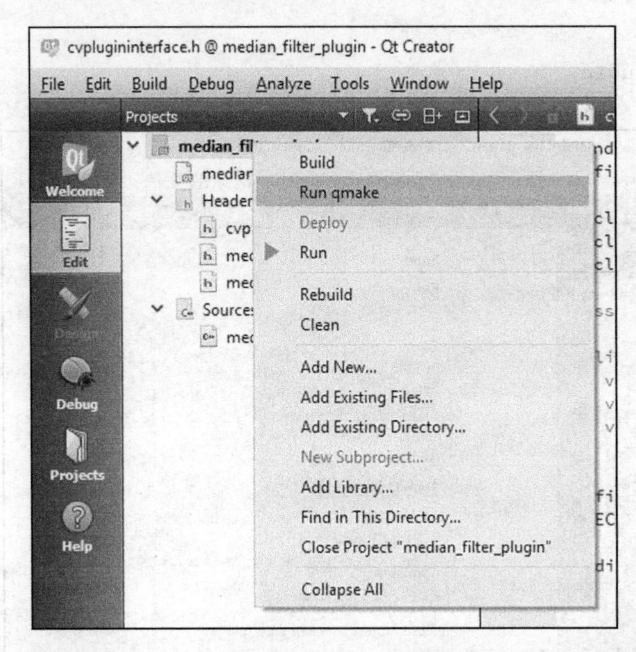

图 3-12　在“Projects”窗体上单击右键后弹出的菜单界面的截图

好了，场景已经设置好了，可以开始编写第一个“Qt+OpenCV”插件的代码了。在接下来的章节中，你会看到我们将使用插件在应用程序中添加类似的功能。这样，只需关注插件的开发，而不用为了添加的某个特性而修改整个应用程序。所以，熟悉这些步骤是非常重要的。

首先打开“median_filter_plugin.h”文件，并做如下修改：

```
#ifndef MEDIAN_FILTER_PLUGIN_H
#define MEDIAN_FILTER_PLUGIN_H
#include "median_filter_plugin_global.h"
#include "cvplugininterface.h"
class MEDIAN_FILTER_PLUGINSHARED_EXPORT Median_filter_plugin:
  public QObject, public CvPluginInterface
{
  Q_OBJECT
  Q_PLUGIN_METADATA(IID "com.amin.cvplugininterface")
  Q_INTERFACES(CvPluginInterface)
  public:
  Median_filter_plugin();
  ~Median_filter_plugin();
  QString description();
  void processImage(const cv::Mat &inputImage,
```

```
    cv::Mat &outputImage);
};
#endif // MEDIAN_FILTER_PLUGIN_H
```

上面的代码大部分都是在创建 median_filter_plugin 工程项目时自动生成的，这就是基本 Qt 库类定义的样子。这为构建一个有趣的插件奠定了基础。让我们来回顾一下上面的代码，看看在这个类中究竟添加了什么内容：

1. 首先，包含了 cvplugininterface.h 头文件。
2. 然后，确保 Median_filter_plugin 类继承了 QObject 和 CvPluginInterface。
3. 之后，添加了 Qt 所需的一些宏，以便可以将我们的库识别为插件。这意味着三行代码：第一个是 Q_OBJECT 宏（在本章前面学习过的），在默认情况下应该存在于所有 Qt 类中，以允许 Qt 特定的功能（比如信号和槽）可用；下一个是 Q_PLUGIN_METADATA，需要在一个插件的源代码中刚好出现一次，用于添加关于插件的元数据；最后一个是 Q_INTERFACES，用于声明插件中实现的接口。下面列出了需要的宏：

```
Q_OBJECT
Q_PLUGIN_METADATA
Q_INTERFACES
```

4. 然后，将描述的定义和 processImage 函数添加到类中。与只有一个声明而没有实现的接口类相反，在这里我们将真正定义插件的功能。
5. 最后，可以将所需的修改和具体实现添加到“median_filter_plugin.cpp”文件中。确保在“median_filter_plugin.cpp”文件的底部添加下面这三个函数：

```
Median_filter_plugin::~Median_filter_plugin()
{}

QString Median_filter_plugin::description()
{
  return "This plugin applies median blur filters to any image."
  " This plugin's goal is to make us more familiar with the"
  " concept of plugins in general.";
}
void Median_filter_plugin::processImage(const cv::Mat &inputImage,
  cv::Mat &outputImage)
{
  cv::medianBlur(inputImage, outputImage, 5);
}
```

我们只添加了类析构函数的实现、description 函数和 processImage 函数。正如所看到的，description 函数返回有关插件的有用信息，在本例中，没有复杂的帮助页面，只有几句话。processImage 函数只是将 medianBlur 应用于图像，这已经在第 2 章中介绍过。

现在，可以在工程项目上单击右键，然后单击“Rebuild”，或者单击主菜单的“Build”

项。上述步骤将创建一个插件文件，通常与工程项目在同一级文件夹中，下一节将用到该文件。这个文件夹就是构建文件夹，已经在第 2 章中介绍过了。

操作系统不同，插件文件的扩展名也可能不同。例如，Windows 系统下应该是 .dll，macOS 和 Linux 下应该是 .dylib 和 .so，等等。

3.6.3　插件加载器和用户

现在，将使用前一节中创建的插件。首先，创建一个新的 Qt 控件应用程序（QT Widgets Application）工程项目，并将其命名为“Plugin_User”。工程项目创建后，首先将 OpenCV 框架添加至 *.PRO 文件，然后继续创建一个与此类似的用户界面：

1. 显然，需要修改 mainwindow.ui 文件，以适应设计需求并设置所有的对象名称，如图 3-13 所示。

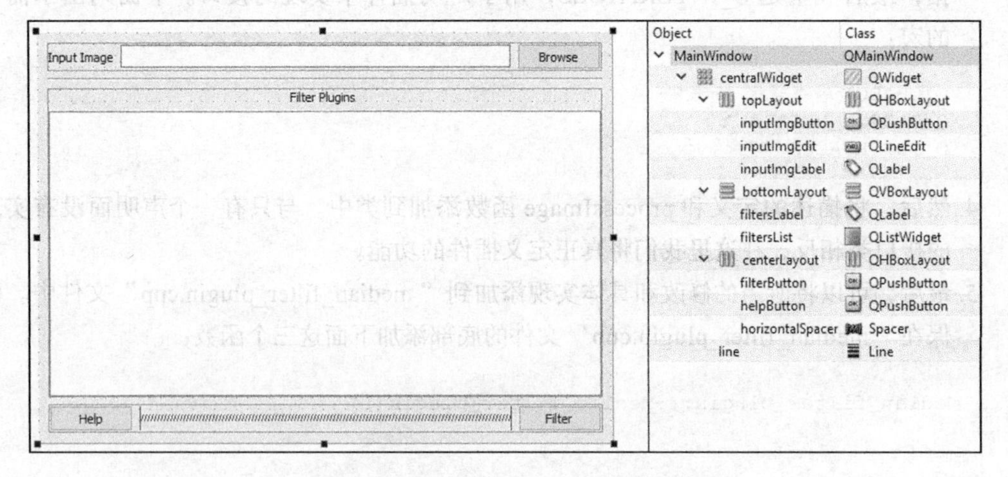

图 3-13　“mainwindow.ui”文件设置界面截图

请确保使用与图 3-13 相同类型的布局。

2. 接下来，将 cvplugininterface.h 文件添加到这个工程项目文件夹，然后，与创建插件时一样，使用“Add Existing Files”选项，将其添加到项目中。
3. 现在，可以开始为用户界面编写代码，以及加载、检查和使用插件所需的代码。首先在 mainwindow.h 文件中，添加所需的头文件：

```
#include <QDir>
#include <QFileDialog>
#include <QMessageBox>
#include <QPluginLoader>
#include <QFileInfoList>
#include "opencv2/opencv.hpp"
#include "cvplugininterface.h"
```

4. 然后，在“};”之前，将下面函数添加为 MainWindow 类的私有成员：

```
void getPluginsList();
```

5. 现在，切换到 mainwindow.cpp 文件，在 mainwindow.cpp 文件的顶部已有的 #include 代码行之后，添加以下定义：

```
#define FILTERS_SUBFOLDER "/filter_plugins/"
```

6. 然后，将以下函数添加到 mainwindow.cpp，这基本上是 getplugin 函数的实现：

```
void MainWindow::getPluginsList()
{
  QDir filtersDir(qApp->applicationDirPath() +
    FILTERS_SUBFOLDER);
  QFileInfoList filters = filtersDir.entryInfoList(
  QDir::NoDotAndDotDot |
  QDir::Files, QDir::Name);
  foreach(QFileInfo filter, filters)
  {
    if(QLibrary::isLibrary(filter.absoluteFilePath()))
    {
    QPluginLoader pluginLoader(
        filter.absoluteFilePath(),
        this);
    if(dynamic_cast<CvPluginInterface*>(
        pluginLoader.instance()))
    {
        ui->filtersList->addItem(
            filter.fileName());
        pluginLoader
            .unload(); // we can unload for now
    }
    else
    {
        QMessageBox::warning(
            this, tr("Warning"),
            QString(tr("Make sure %1 is a correct"
            " plugin for this application<br>"
            "and it's not in use by some other"
            " application!"))
            .arg(filter.fileName()));
    }
  }
  else
  {
    QMessageBox::warning(this, tr("Warning"),
        QString(tr("Make sure only plugins"
            " exist in plugins folder.<br>"
            "%1 is not a plugin."))
            .arg(filter.fileName()));
  }
  }
```

```
    if(ui->filtersList->count() <= 0)
    {
      QMessageBox::critical(this, tr("No Plugins"),
      tr("This application cannot work without plugins!"
      "<br>Make sure that filter_plugins folder exists "
      "in the same folder as the application<br>and that "
      "there are some filter plugins inside it"));
      this->setEnabled(false);
    }
}
```

让我们先来看看这个函数实现了什么功能。我们将在 MainWindow 类的构造函数中调用上面的函数，下面分析这个函数：

- 首先，假设在一个名为 filter_plugins 的子文件夹中存在插件，这个子文件夹与应用程序可执行文件在同一个文件夹中。(稍后，将需要在这个工程项目的构建文件夹中手动创建 filter_plugins 子文件夹，然后将前一步中创建的插件复制到这个新创建的文件内。) 使用下面代码获取滤波器插件子文件夹的直接路径：

```
qApp->applicationDirPath() + FILTERS_SUBFOLDER
```

- 接下来，使用 QDir 类的 entryInfoList 函数从文件夹中提取 QFileInfoList。QFileInfoList 类本身是一个包含 QFileInfo 项（QList<qfileinfo>）的 QList 类，并且每一个 QFileInfo 项都提供了磁盘上一个文件的相关信息。在本例中，每个文件都是一个插件。
- 之后，通过一个 foreach 循环遍历文件列表，检查插件文件夹中的每个文件，以确保只接受插件（库）文件，使用下面这个函数：

```
QLibrary::isLibrary
```

- 检查通过前一步骤的每个库文件，确保其与插件接口兼容。不会直接让任何一个库文件作为一个插件被接受，所以使用下面的代码实现这个目的：

```
dynamic_cast<CvPluginInterface*>(pluginLoader.instance())
```

- 如果一个库在上一步通过了测试，那么就认为它是正确的插件（与 CvPluginInterface 兼容），并在窗口中添加到列表控件并其卸载。我们只是在需要的时候重新加载并使用它。
- 上述步骤中，只要有一个步骤有问题，将通过 QMessageBox 为用户显示有用的信息。而且，如果最后列表是空的，也就是说没有可用的插件，此时窗口上的控件是禁用的，应用程序也不可用。

7. 不要忘记从 MainWindow 的构造函数调用这个函数，在 setupUi 调用之后。
8. 此外，还需要为 inputImgButton 编写代码，用于打开一个图像文件：

```
void MainWindow::on_inputImgButton_pressed()
{
  QString fileName =
     QFileDialog::getOpenFileName(
```

```
        this,
        tr("Open Input Image"),
        QDir::currentPath(),
        tr("Images") + " (*.jpg *.png *.bmp)");
        if(QFile::exists(fileName))
       {
        ui->inputImgEdit->setText(fileName);
       }
}
```

之前已经见过这个代码，因此不需解释。它只是用于打开图像文件，并确保正确选中此文件。

9. 现在，要为 helpButton 编写代码，它将显示插件中描述函数的结果：

```
void MainWindow::on_helpButton_pressed()
{
  if(ui->filtersList->currentRow() >= 0)
 {
  QPluginLoader pluginLoader(
    qApp->applicationDirPath() +
    FILTERS_SUBFOLDER +
    ui->filtersList->currentItem()->text());
    CvPluginInterface *plugin =
      dynamic_cast<CvPluginInterface*>(
    pluginLoader.instance());
    if(plugin)
    {
      QMessageBox::information(this, tr("Plugin Description"),
         plugin->description());
    }
    else
    {
     QMessageBox::warning(this, tr("Warning"),
     QString(tr("Make sure plugin %1" " exists and is usable."))
    .arg(ui->filtersList->currentItem()->text()));
    }
 }
 else
 {
   QMessageBox::warning(this, tr("Warning"), QString(tr("First
     select a filter" " plugin from the list.")));
 }
}
```

在这里，使用 QPluginLoader 类从列表中正确加载插件，然后使用实例函数获得它的一个实例，最后，通过接口调用插件中的函数。

10. 同样的逻辑也适用于 filterButton。唯一不同的是，这次将调用实际的滤波函数，如下所示：

```
void MainWindow::on_filterButton_pressed()
{
 if(ui->filtersList->currentRow() >= 0 &&
```

```
        !ui->inputImgEdit->text().isEmpty())
      {
        QPluginLoader pluginLoader(qApp->applicationDirPath() +
          FILTERS_SUBFOLDER +
          ui->filtersList->currentItem()->text());
          CvPluginInterface *plugin =
            dynamic_cast<CvPluginInterface*>(
              pluginLoader.instance());
            if(plugin)
            {
             if(QFile::exists(ui->inputImgEdit->text()))
             {
              using namespace cv;
              Mat inputImage, outputImage;
              inputImage = imread(ui->inputImgEdit->
              text().toStdString());
              plugin->processImage(inputImage, outputImage);
              imshow(tr("Filtered Image").toStdString(),
                  outputImage);
             }
             else
             {
               QMessageBox::warning(this,
                tr("Warning"),
                QString(tr("Make sure %1 exists."))
                .arg(ui->inputImgEdit->text()));
             }
            }
            else
            {
             QMessageBox::warning(this, tr("Warning"),
             QString(tr(
             "Make sure plugin %1 exists and is usable." ))
             .arg(ui->filtersList->currentItem()->text()));
            }
          }
        else
        {
         QMessageBox::warning(this, tr("Warning"),
         QString(tr( "First select a filter plugin from the list." )));
      }
    }
```

通过使用QMessageBox或其他类型的信息提供功能，始终让用户了解正在发生的事情以及提醒可能发生的问题，是非常重要的。如所见，它们通常比正在执行的实际任务需要占用更多的代码，但这对于避免应用程序中的崩溃是至关重要的。默认情况下，Qt不支持异常处理，并且相信开发人员会使用足够的if和else指令来处理所有可能的崩溃场景。前面示例代码中另外一个要重点注意的是tr函数，请记住，总是用它来表示文字字符串。这样，以后就可以轻松地使应用程序支持多语言。即使目标不是支持多语言，但是习惯将tr函数添加到字符串中是很好的习惯，没有害处。

现在，已经准备好运行 Plugin_User 应用程序。如果现在运行它，将会看到一个错误消息，会警告我们说："这里没有插件。"为了能够使用 Plugin_User 应用程序，需要完成以下工作：

1. 在 Plugin_User 工程项目的构建文件夹中创建一个名为"filter_plugins"的文件夹。这是创建工程项目可执行文件的文件夹。
2. 复制我们构建的插件文件（它是 median_filter_plugin 工程项目的构建文件夹内的库文件），并将其粘贴到第一步的 filter_plugins 文件夹中。如前所述，插件文件和可执行程序一样，将根据操作系统有一个扩展名。

现在，尝试运行 Plugin_User，一切都应该没问题。应该能看到列表中有一个插件，选择它，点击"help"按钮获取有关信息，然后点击"filter"按钮，对一个图像应用插件中的滤波器，如图 3-14 所示。

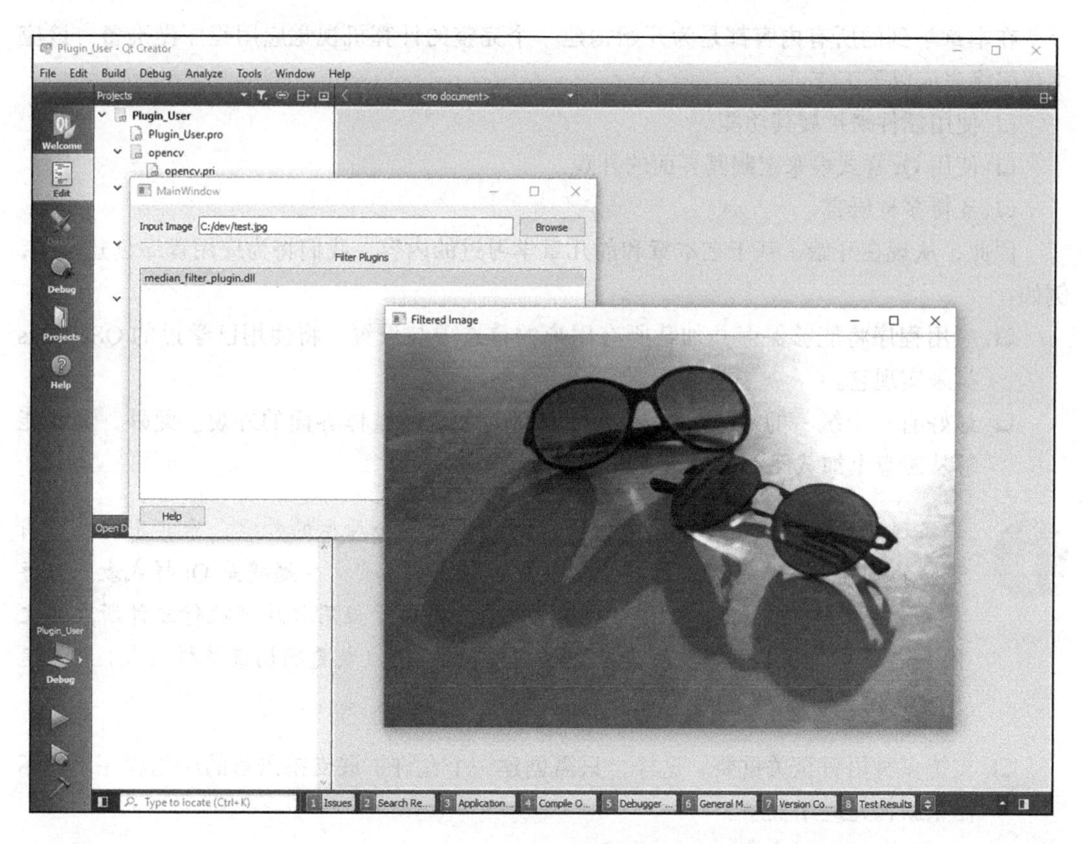

图 3-14　单击"filter"按钮，在图像中应用插件中的滤波器界面截图

尝试创建另一个名为"*gaussian_filter_plugin*"的插件，并遵循与"*median_filter_plugin*"完全相同的指令集。不同的是，这一次使用在第 2 章中介绍的 gaussianBlur 函数。然后，构建它并将其放入"*filter_plugins*"文件夹，并再次运行"*Plugin_User*"应用程序。另外，尝

试放置一些随机库文件（和其他非库文件）来测试我们在这些场景中编写的应用程序。

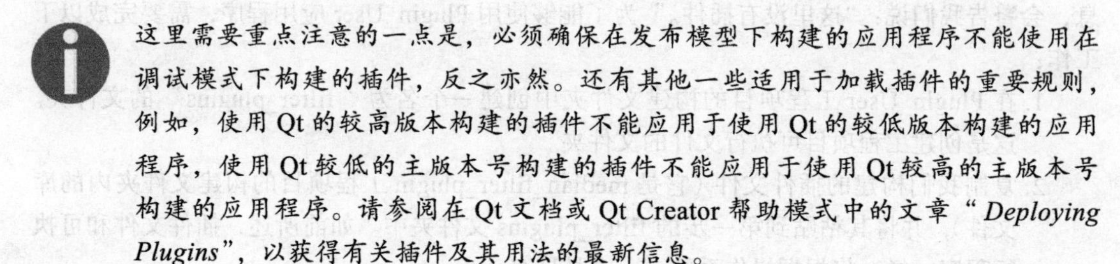

这里需要重点注意的一点是，必须确保在发布模型下构建的应用程序不能使用在调试模式下构建的插件，反之亦然。还有其他一些适用于加载插件的重要规则，例如，使用Qt的较高版本构建的插件不能应用于使用Qt的较低版本构建的应用程序，使用Qt较低的主版本号构建的插件不能应用于使用Qt较高的主版本号构建的应用程序。请参阅在Qt文档或Qt Creator帮助模式中的文章"*Deploying Plugins*"，以获得有关插件及其用法的最新信息。

3.7　创建基础

在本章学到的所有内容都是为开始构建一个完整的计算机视觉应用程序做准备，该应用程序将完成以下工作：

- 使用插件来扩展其功能
- 使用Qt样式表来定制其界面的外观
- 支持多种语言

因此，从现在开始，基于在本章和前几章学习过的内容，我们将为应用程序创建基础，例如：

- 应用程序将能够保存并加载所有用户的首选项与设置，将使用已学过的QSettings类来实现它。
- 最好有一个统一的Qt样式表，负责处理应用程序整体界面的外观。此外，最好能够从磁盘上加载而不是将其嵌入到应用程序中。

为实现这一点，我们将简单地假设应用程序有一个原生的外观，除非用户从应用程序的设置页面中手动选择一个主题，否则外观不变。主题将是Qt样式表，保存在一个名为"themes"的文件夹中，该文件夹位于应用程序可执行文件所在的文件夹中，样式表文件的扩展名是thm。选择的主题（或更确切说是样式表）将在运行时从磁盘加载。

- 支持多种语言至关重要。这样，只需创建一个允许扩展支持语言的应用程序，而不需重新构建应用程序。

这可以通过将Qt二进制语言文件放入应用程序可执行文件所在的相同文件夹内的languages文件夹中来实现。可以使用系统默认的语言并加载用户语言（如果有它的翻译和二进制语言文件）；否则，可以加载默认语言，如英语。还可以允许用户在运行时通过从设置页面中选择来更改应用程序的语言。

- 我们将构建一个支持处理单个图像和视频帧的计算机视觉应用程序。

为达该目的，需要构建一个插件接口，以图像作为输入并产生输出，它与在本章中看到的 CvPluginInterface 非常相似。然后，按照与本章介绍的几乎一样的方式，加载和使用这些插件。假定插件位于应用程序可执行文件所在的文件夹内，一个名为 cvplugins 的文件夹中。

除此之外，还需要考虑计算机视觉应用程序可能面临的一些障碍。在构建应用程序时，始终保持前瞻性是非常重要的；否则，可能会陷入一种没有出路的尴尬境地。因此，在这里将其总结如下：

- 在我们的应用程序中，将不断地处理图像和视频。其输入不仅来自文件，还包括来自相机或网络（例如，互联网）的馈送通道，我们将在第 4 章中学习这部分内容。
- 一个涉及计算机视觉的应用程序，如果没有合适的工具来查看和处理图像，那就没有任何意义了。这部分内容及其相关内容将在第 5 章进行详细介绍。
- 之后，第 9 章将开发能够处理视频的计算机视觉应用程序，这意味着处理对象不再是单张图像，而是一组连续的图像 (即帧)。这显然不能用在本章中看到的插件接口来实现，因此，将需要创建可在单独的线程中工作的插件。我们将把这个主题留到第 8 章中进行介绍，到时你将会学习 Qt 中的并行处理机制。之后，将能够创建一个适合于视频处理的新插件接口，并在应用程序中使用它。

现在，可以开始使用 Qt Creator 创建一个 Qt 控件应用程序，并将其命名为“*Computer_Vision*”。我们将不断地扩展这个应用程序，直至第 9 章结束，沿着这条主线我们将向你介绍所有涉及的新概念。利用本章和前几章所学内容，你应该能够自己创建上述基础列表中的前三项（支持主题、语言和插件），并且强烈建议你尝试着这样做一下。我们将在接下来的两章中扩展这个基础应用程序。稍后，在第 5 章结束时，会为你提供一个链接，通过该链接可以下载全部“*Computer_Vision*”基础工程项目。这个基础工程项目包含一个 MainWindow 类，能够加载并显示包含一个图形用户界面的插件。在这个工程项目中，还可以找到一个插件接口（和本章看到的类似），但增加了用于以下操作的函数：

- 获得插件的标题。
- 获取插件的描述（帮助）信息。
- 获取插件特有的 GUI（Qt 容器控件）。
- 获取插件的类型，无论是处理并返回任意图像，还是简单地显示其 GUI 中的信息。
- 将图像传递给插件并得到结果。

这个基础工程项目的源代码将包含与在本章中相似的用于设置样式、更改语言等的函数。

3.8 小结

在作为一名开发人员或研究人员的职业生涯中，会经常碰到可持续这个词。本章的目的是大体介绍创建可持续应用程序的基本概念，尤其介绍了使用Qt和OpenCV构建一个计算机视觉应用程序。你现在已经了解了插件的创建，这意味着可以创建一个应用程序，这个应用程序可以用由第三方开发人员（当然也可以是你本人）构建的可重用库进行扩展，而不需要重新构建核心应用程序。在本章中，还学习了如何定制Qt应用程序的界面外观和创建支持多语言的Qt应用程序。

本章内容较多，但回报丰富。如果已经按照说明指南一步一步地完成每个示例，那么现在应该对使用Qt框架进行跨平台应用程序开发的一些最关键技术非常熟悉了。在本章中，你学习了Qt中的样式和样式表，以及它在开发美观的应用程序所提供的一些重要作用。接着，继续学习如何创建多语言应用程序。在一个全球化的社区中，在应用程序（通过在线应用商店等）可以到达世界每一个角落的时代，大多数情况下构建支持多种语言的应用程序不仅仅是首选项，而且是必须要做的事情。在学习了多语言应用程序开发之后，我们继续讨论插件的主题，并通过一个实际的例子学习了与此有关的所有基础知识。我们创建的项目虽然看起来很简单，但是包含了构建插件以及使用它们的应用程序的所有重要内容。

在第4章中，将学习有关OpenCV Mat和QT QImage的类（以及相关的类），这些类是这两个框架用来进行图像数据处理的主要类。你将学习各种不同的图像处理方法，包括（从文件、照相机等）读写图像以及相互转换，最后在Qt应用程序中显示。到目前为止，我们利用OpenCV的imshow函数在默认窗口中显示图像处理结果。学习完第4章，这些都不再是问题。在第4章中，将学习如何将OpenCV Mat转换成QImage类，然后在Qt控件上正确显示它。

CHAPTER 4

第4章

Mat 和 QImage

在第3章中，我们深入学习了创建一个完整且易于维护的应用程序的一些基本规则，我们创建的应用程序可以采用样式表，并支持多种语言，还可以使用 Qt 的插件系统很容易地扩展。现在，通过学习负责处理计算机视觉数据类型的类和结构，我们要更进一步扩展有关计算机视觉应用程序基础的知识库。学习 OpenCV 与 Qt 框架所需要的基本结构与数据类型，是理解其底层计算机视觉函数在一个应用程序中执行时如何工作的第一步。OpenCV 是追求速度与性能的计算机视觉框架，而 Qt 是还在继续扩展的应用程序开发框架，具有大量的类以及丰富的功能。这就是为什么 OpenCV 与 Qt 都需要一组定义良好的类和结构，来负责计算机视觉应用程序中图像数据的处理、显示，甚至可能是保存或打印。了解和熟悉 Qt 和 OpenCV 中现有结构的一些有用的细节，在实际程序开发中是很有用的。

你已经利用 OpenCV 的 Mat 类来完成对图像的读取与处理等简单操作。在这一章你将看到，虽然 Mat 是 OpenCV 中负责处理图像数据的主要类（至少传统上是这样的），但是另外还有一些非常有用的 Mat 类的变体，其中一些甚至是在接下来的章节中将要学习的特定函数必需的。Qt 框架没有太多的不同，尽管 QImage 是 Qt 中用于处理图像数据的主要类，但还有一些类（有时名称极为相似）可以用来支持计算机视觉，并处理图像数据、视频等。

在这一章中，我们将从最关键的 OpenCV 类（即 Mat 类）开始学习，然后介绍 Mat 类的不同变体（其中一些是 Mat 的子类），最后介绍新的 UMat 类，这是 OpenCV 3 添加到框架中的新类。我们将了解使用新的 UMat 类（实际上与 Mat 兼容）代替 Mat 类有何优点。然后，我们将继续讨论 Qt 的 QImage 类，并学习如何通过这两种数据类型之间的相互转换，在 OpenCV 和 Qt 之间传递图像数据。我们还将学习 QPixmap、QPainter 和其他一些 Qt 类，对于从事计算机视觉开发的人员来说，这些都是必须要了解的类。

最后，将学习在 OpenCV 和 Qt 框架中以多种方式读取、写入并显示来源于文件、相机、网络数据源的图像和视频。在本章的最后还将学习到，最好根据计算机视觉任务的实际需求来决定最适合的类，因此，在处理图像数据输入或输出时，应该对手头不同的选项有足够的了解。

本章将介绍以下主题：

- ❑ 介绍 Mat 类及其子类，以及新的 UMat 类
- ❑ 介绍计算机视觉任务中用到的 QImage 以及主要的 Qt 类
- ❑ 如何读取、写入并显示图像和视频
- ❑ 如何在 Qt 和 OpenCV 框架之间传递图像数据
- ❑ 如何在 Qt 中创建自定义控件，并使用 QPainter 绘制它

4.1 关于 Mat 类的所有内容

在前面的章节中，你体验过使用 OpenCV 框架的 Mat 类的一些简单应用，但是，现在我们要再深入一点。Mat 类的这个名称是从矩阵借用来的，是一个 n 维数组，能够在单个或多个通道中存储和处理不同的数学数据类型。为进一步简化该问题，让我们从计算机视觉的角度来看图像是什么。计算机视觉中的图像就是像素矩阵（因此是二维数组），具有指定的宽度（矩阵中的列数）和高度（矩阵中的行数）。此外，灰度图中的一个像素可以用单个数字来表示（因此是单通道），最小值（通常为 0）表示黑色，最大值（通常是 255，即一个字节能表示的最大数字）表示白色，最大与最小值之间的所有值相应地对应于不同的灰度。请看图 4-1 的示例图像，该图对一个较大的灰度图的部分区域进行了放大，每个像素用我们刚刚介绍过的灰度值进行标记。

63	53	35	48	107	210	183	179
67	63	46	38	54	127	199	182
63	69	60	45	41	66	162	187
71	75	74	59	39	50	96	186
68	68	73	65	42	41	64	166
66	61	64	63	52	41	47	116
66	62	59	58	57	40	42	82
61	61	59	56	56	44	44	59

33	34	33	33	34	33	40	43
38	37	34	28	26	26	26	27
26	29	25	20	26	29	30	31
28	23	25	43	105	147	148	123
23	31	67	126	183	180	190	198
50	134	168	174	176	173	192	202
115	166	177	180	185	188	185	179
179	174	170	175	170	174	182	190

图 4-1 灰度图像的灰度值

同样地，在标准 RGB 彩色图像中一个像素有三个不同的元素而不是一个（因此是三通

道），分别对应着红、蓝和绿三个颜色值，如图 4-2 所示。

图 4-2　用图像查看程序放大 RGB 图像的一部分

在图 4-2 中，用一个简单的图像查看程序放大图像，可以显示一个图像的像素。请想一想，你可以直接访问、修改和处理 Mat 类中的每一个元素。这种类似于矩阵的图像表示方法，允许一些功能强大的计算机视觉算法轻松地处理图像、度量所需的值或者甚至生成新图像。

图 4-3 是前面示例图片中放大区域的另一种表示形式，它用底层的红色、绿色和蓝色值标记每一个像素。

[illegible] 110 68	233 [illegible] 153	255 251 231	255 254 255	252 253 247	255 255 237	255 255 246	254 252 237	255 255 241	254 253 233
48 37 [illegible]	[illegible] 69 [illegible]	211 182 126	249 [illegible] 208	248 249 235	255 255 250	250 248 223	253 251 228	254 252 227	255 252 233
35 35 37	42 40 [illegible]	111 64 [illegible]	197 168 100	252 246 194	253 248 226	252 251 233	255 254 241	255 254 234	255 255 243
45 39 [illegible]	40 32 [illegible]	33 39 [illegible]	85 47 [illegible]	187 152 98	247 [illegible] 178	255 255 227	249 247 235	254 255 239	255 255 238
72 66 [illegible]	50 45 [illegible]	39 29 [illegible]	36 40 [illegible]	71 46 [illegible]	180 144 96	233 [illegible] 177	252 247 227	255 252 241	250 251 233
107 107 107	80 78 [illegible]	49 49 [illegible]	40 33 40	39 39 [illegible]	68 39 [illegible]	[illegible] 139 80	234 [illegible] 174	255 252 223	253 251 230
[illegible] 116 107	[illegible] 102 101	74 75 [illegible]	46 46 [illegible]	42 33 [illegible]	38 35 [illegible]	72 34 [illegible]	[illegible] 138 97	241 [illegible] 186	255 255 228
[illegible] 98 91	[illegible] 108 103	[illegible] 110 107	80 82 [illegible]	49 47 [illegible]	42 35 [illegible]	42 35 [illegible]	71 49 [illegible]	204 153 108	247 [illegible] 197
[illegible] 87 [illegible]	[illegible] 100 95	[illegible] 118 114	[illegible] 110 109	76 76 [illegible]	49 44 [illegible]	42 31 [illegible]	43 39 [illegible]	80 48 [illegible]	213 174 119
75 80 [illegible]	79 84 [illegible]	[illegible] 98 94	[illegible] 108 106	[illegible] 97 [illegible]	74 74 [illegible]	40 38 [illegible]	42 36 [illegible]	47 37 [illegible]	100 64 [illegible]

图 4-3　RGB 图像放大区域中每一个像素对应的红、绿、蓝值

考虑到图像数据和像素有助于理解Mat类，稍后将看到，通常Mat类和OpenCV中的大多数功能都假设Mat是一个图像。但是需要注意的是，Mat可以包含任何数据（而不仅仅是图像），实际上，在OpenCV中有一些案例，Mat用于传递图像以外的数据数组。在第6章中，我们将学习一些相关的例子。

总的来说，因为Mat类与OpenCV函数的数学细节目前还不是我们感兴趣的内容，所以我们只对涉及的内容进行充分介绍，并重点关注OpenCV中的Mat类及其底层方法的使用。

4.1.1　构造函数、属性与方法

构造Mat类的方法有很多。在写这本书的时候，Mat类有超过20种不同的构造函数，其中一些只是便捷的构造函数，而其他一些构造函数（例如）可用于创建三维以及更多维的数组。下面是一些广泛使用的构造函数以及它们的应用示例。

创建一个10×10的矩阵，每个元素有一个单通道8位无符号的整数（或字节）：

```
Mat matrix(10, 10, CV_8UC(1));
```

创建相同的矩阵，并用0值初始化所有的元素：

```
Mat matrix(10, 10, CV_8UC(1), Scalar(0);
```

上面代码中构造函数的第一个参数是矩阵的行数，第二个参数是矩阵的列数。第三个参数非常重要，它将类型、位计数和通道数统一到一个宏中。下面是一种宏模式及其可以使用的值：

```
CV_<bits><type>C(<channels>)
```

让我们看看这个宏的每部分是用来做什么的

<bits>可以替换为：

- 8：用于无符号和有符号整数
- 16：用于无符号和有符号整数
- 32：用于无符号和有符号整数以及浮点数
- 64：用于无符号和有符号浮点数

<type>可以替换为：

- U：用于无符号整数
- S：用于有符号整数
- F：用于有符号浮点数

理论上来说，<channels>可以用任何值替代，但是对于一般的计算机视觉函数和算法，不会大于4。

如果你使用的通道数不大于4，那么可以省略<channels>参数的两侧括号。如果通道数刚好是1，那么可以省略<channels>和前面的C。为了提高可读性并保持一

致性，最好使用上下文示例中使用的标准模式，在使用这种广泛使用的宏的方式上保持一致，也是一种良好的编程做法。

创建一个立方体（三维数组），边长为 10，类型为双精度（64 位）的双通道元素，并用 1.0 初始化所有值。如下所示：

```
int sizes[] = {10, 10, 10};
Mat cube(3,  sizes, CV_64FC(2), Scalar::all(1.0));
```

随后，还可以使用 Mat 类的 create 方法来更改大小和类型。下面是一个例子：

```
Mat matrix;
// ...
matrix.create(10, 10, CV_8UC(1));
```

Mat 类之前的内容并不重要，基本上会被移除（安全地清理，并把分配的内存还给操作系统），然后创建一个新的 Mat 类。

可以创建一个 Mat 类，它是另一个 Mat 类的一部分，这称为感兴趣区域（Region of Interest，ROI），当需要访问图像的一部分时，可以将这部分当作一个独立的图像来处理，这是特别有用的。例如，只对图像的一部分进行滤波。下面演示如何在一个图像中以坐标（25，25）为起点，创建一个包含 50×50 像素的正方形 ROI Mat 类：

```
Mat roi(image, Rect(25,25,50,50));
```

当在 OpenCV 中指定 Mat 的大小时，通常是用行和列表示高和宽，这种表达方式有时会使习惯使用宽和高的人感到困惑，因为这是很多其他框架的表达方式。原因很简单，OpenCV 中的图像是用矩阵表示的。如果觉得后者的表达更方便，可以在创建 Mat 类时使用 OpenCV 中的 Size 类。

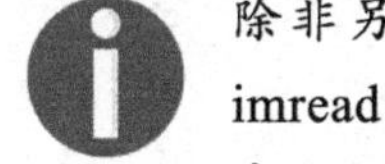

除非另有明确说明，否则本节的示例都假设使用前几章的测试图像，并借助 imread 函数来获得 Mat 类型的 image 变量。这能够帮助我们获得 Mat 类所需的信息，但是在本章的后续章节，我们将看到更多有关 imread 以及类似函数的内容。

让我们看看图 4-4，以便更好地理解 OpenCV 的 Mat 类中 ROI、大小以及坐标的概念。从图 4-4 可以看到，图像的左上角是图像坐标系的原点。所以原点坐标为“（0，0）”。类似地，图像的右上角的坐标值是“(宽度，0）”，其中宽度也可以用列数来表示。同样，图像的右下角的坐标值为“(宽度，高度)”，等等。现在，让我们考虑创建一个基于如下所示区域的 Mat 类。我们可以使用之前学到的方法，但是我们需要提供 ROI 的左上角以及它的宽度与高度，这需要使用 Rect 类。

需要注意的是，使用前面的方法创建 ROI Mat 类时，对 ROI 像素的所有更改都会影响原始图像，这是因为创建 ROI 并没有完全复制原始图像 Mat 类的内容。如果需要将 Mat 类复制到一个新的并且完全独立的 Mat 类中，则需要使用 clone 函数，如下例所示：

```
Mat imageCopy = image.clone();
```

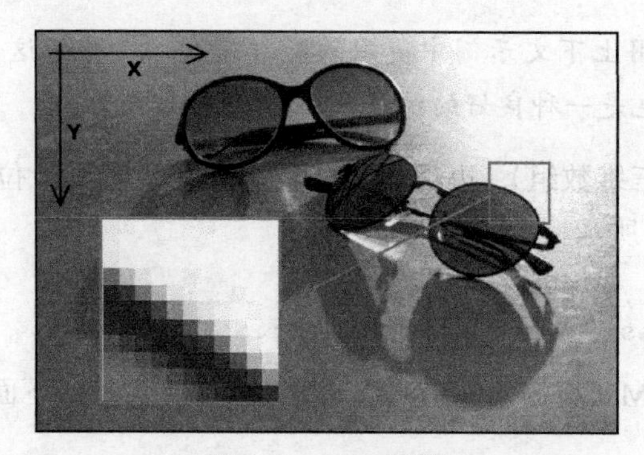

图 4-4　RGB 图像

假设 Mat 图像包含前面章节中用到的图像，则可以使用下面的示例代码来选择在图像中看到的 ROI，并使高亮显示区域内的所有像素都呈现黑色：

```
4: Mat roi(image, Rect(500, 138, 65, 65));
roi = Scalar(0);
```

还可以选择一个 Mat 中的一行（列）或多行（列），除了需要使用 Mat 类中的 row、rowRange、column 或 colRange 函数之外，其他与 ROI 的有关操作类似。

```
Mat r = image.row(0); // first row
Mat c = image.row(0); // first column
```

下面是使用 rowRange 和 colRange 函数的另一个例子，这两个函数可以分别用来选择一系列的行和列，而不只是选择一行。下面的示例代码将在图像中心产生一个宽度为 20 像素的加号：

```
Mat centralRows = image.rowRange(image.rows/2 - 10,
   image.rows/2 + 10);
Mat centralColumns = image.colRange(image.cols/2 - 10,
   image.cols/2 + 10);
centralRows = Scalar(0);
centralColumns = Scalar(0);
```

图 4-5 是在测试图像上产生的效果。

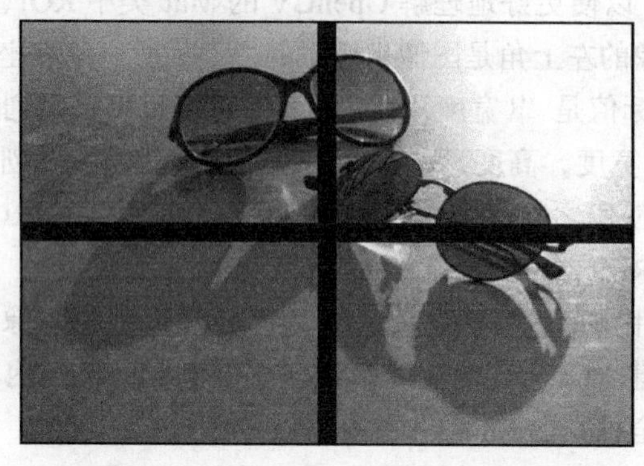

图 4-5　在测试图像上使用 rowRange 和 colRange 函数产生的效果

当使用前面提到的方法提取 ROI 并将其存储在新的 Mat 类中时，可以使用 locateROI 函数来获取父图像的大小以及父图像内 ROI 的左上角位置，下面是一个例子：

```
Mat centralRows = image.rowRange(image.rows/2 - 10,
  image.rows/2 + 10);
Size parentSize;
Point offset;
centralRows.locateROI(parentSize, offset);
int parentWidth = parentSize.width;
int parentHeight = parentSize.height;
int x = offset.x;
int y = offset.y;
```

执行这段代码后，parentWidth 将包含图像的宽度，parentHeight 将包含图像的高度，并且 x 和 y 将包含父 Mat（也就是图像）中 centralRows 的左上角的位置信息。

Mat 类还包含许多信息性属性和函数，可以用来获取有关任何单个 Mat 类实例的信息。这里所说的信息性指的是那些能够提供每个像素、通道、颜色深度、宽度和高度等详细信息的成员，以及更多类似的成员。这些成员包括：

- depth：包含 Mat 类的深度。深度值对应于 Mat 类的类型和位计数。因此，可以是下列值之一：
  - CV_8U：8 位无符号整数
  - CV_8S：8 位有符号整数
  - CV_16U：16 位无符号整数
  - CV_16S：16 位有符号整数
  - CV_32S：32 位有符号整数
  - CV_32F：32 位浮点数
  - CV_64F：64 位浮点数
- channels：包含 Mat 类的每个元素中的通道数。对于标准图像，该值通常是 3。
- type：包含 Mat 类的类型。它是与在本章前面创建的 Mat 类有相同类型的常量。
- cols：与 Mat 类中的列数或图像宽度相对应。
- rows：与 Mat 类中的行数或图像高度相对应。
- elemSize：可以用来获取 Mat 类中每个元素的大小（以字节为单位）。
- elemSize1：可用于获取 Mat 类中每个元素的大小（以字节为单位），而不考虑通道数。例如，在三通道图像中，elemSize1 包含 elemSize 的值除以 3 后得到的值。
- empty：如果 Mat 类中没有元素，则返回 true，否则返回 false。
- isContinuous：可以用来检查 Mat 中的元素是否是以连续的方式存储的。例如，一个只有一行的 Mat 类总是连续的。

使用 create 函数创建的 Mat 类总是连续的。需要重点注意的是，在这种情况下，将使用步值来处理 Mat 类的二维表示。这意味着，在连续的元素数组中，元素的每个步数都对应于二维表示中的一行。

- isSubmatrix：如果 Mat 类是另一个 Mat 类的子矩阵，则返回 true。在先前的例子中，在使用另一个图像创建 ROI 的所有案例中，isSubmatrix 属性将返回 true，而在父 Mat 类中，isSubmatrix 值为 false。
- total：返回 Mat 类中的元素总数。例如，在图像中，该值等于图像宽度乘以高度。
- step：返回元素数，对应于 Mat 类中的一步。例如，在标准图像（非连续存储的图像）中，步（step）包含 Mat 类的宽（或列）。

除了信息性成员之外，Mat 类还包含许多用于访问（并操作）其单个元素（即像素）的函数，包括：

- at：这是一个模板函数，可以用来访问 Mat 类中的一个元素。在访问图像中的元素（像素）时特别有用。下面是一个例子，假设有一个标准的三通道彩色图像，加载到名为 image 的 Mat 类中。这就表示 image 是 CV_8UC(3) 类型，然后可以编写下面的代码段来访问（X，Y）位置处的像素，并将其颜色值设置为 C：

```
image.at<Vec3b>(X,Y) = C;
```

OpenCV 提供了 Vec（向量）类及其变体，以便更容易地进行数据访问和处理。可以使用下面的 typedef，创建并命名自己的 Vec 类型：

```
typedef Vec<Type, C> NewType;
```

例如，在前面的代码中，可以定义 3 字节向量（如 QCvVec3B），并用它替换 Vec3b，如下例所示：

```
typedef Vec<quint8,3> QCvVec3B;
```

不过，当使用 at 函数时，可以在 OpenCV 中使用下列已经存在的 Vec 类型：

```
typedef Vec<uchar, 2> Vec2b;
typedef Vec<uchar, 3> Vec3b;
typedef Vec<uchar, 4> Vec4b;
typedef Vec<short, 2> Vec2s;
typedef Vec<short, 3> Vec3s;
typedef Vec<short, 4> Vec4s;
typedef Vec<ushort, 2> Vec2w;
typedef Vec<ushort, 3> Vec3w;
typedef Vec<ushort, 4> Vec4w;
typedef Vec<int, 2> Vec2i;
typedef Vec<int, 3> Vec3i;
typedef Vec<int, 4> Vec4i;
typedef Vec<int, 6> Vec6i;
typedef Vec<int, 8> Vec8i;
typedef Vec<float, 2> Vec2f;
typedef Vec<float, 3> Vec3f;
typedef Vec<float, 4> Vec4f;
```

```
typedef Vec<float, 6> Vec6f;
typedef Vec<double, 2> Vec2d;
typedef Vec<double, 3> Vec3d;
typedef Vec<double, 4> Vec4d;
typedef Vec<double, 6> Vec6d;
```

- begin 和 end：可以使用类似于 C++ STL 的迭代器来检索和访问 Mat 类中的元素。
- forEach：可以用来对 Mat 类的所有元素并行运行一个函数。需要为该函数提供函数对象、函数指针或 lambda 表达式。

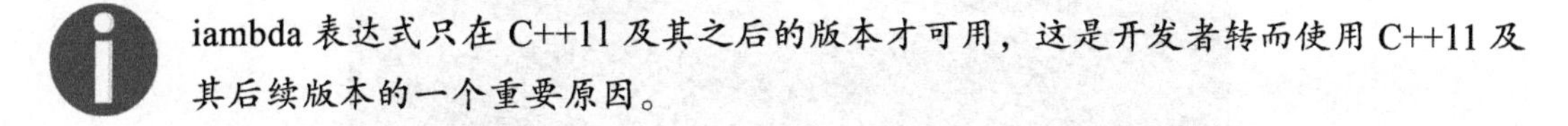

iambda 表达式只在 C++11 及其之后的版本才可用，这是开发者转而使用 C++11 及其后续版本的一个重要原因。

下面的三段示例代码使用前面代码中提到的访问方法实现相同的目标，它们都通过将每个像素的值除以 5，使图像变得更暗。首先，使用 at 函数：

```
for(int i=0; i<image.rows; i++)
{
  for(int j=0; j<image.cols; j++)
  {
    image.at<Vec3b>(i, j) /= 5;
  }
}
```

接下来，通过 begin 和 end 函数使用类似于 STL 的迭代器：

```
MatIterator_<Vec3b> it_begin = image.begin<Vec3b>();
MatIterator_<Vec3b> it_end = image.end<Vec3b>();
for( ; it_begin != it_end; it_begin++)
{
  *it_begin /= 5;
}
```

最后，使用 forEach 函数（与 lambda 一起使用）：

```
image.forEach<Vec3b>([](Vec3b &p, const int *)
{
   p /= 5;
});
```

前面三段代码的效果一样，均可生成如图 4-6 所示的较暗的图像。

正如你已经注意到的，Mat 是一个具有许多方法的类，很明显，因为 Mat 是使用 OpenCV 处理图像的基本构件。除了函数与属性之外，在继续下一节内容之前，还需要学习更多的函数。下面列出了这些函数：

- adjustROI：这个函数可以很容易地改变子矩阵（或者准确地说，是 ROI 矩阵）的大小。
- clone：这是一个广泛使用的函数，可用来创建 Mat 类的深度副本。例如，可能想要滤波或处理一个图像，并希望仍然有一个原始图像的副本以便以后进行比较，这时，将用到这个函数。

图 4-6　上述代码生成的较暗图像

- convertTo：可用来更改 Mat 类的数据类型，该函数也可以有选择地缩放图像。
- copyTo：该函数可以用来将图像的全部（或部分）复制到另一个 Mat。
- ptr：可用来在 Mat 中获取指针和访问图像数据。取决于重载的版本，可以获得一个指向图像中特定行或任何其他位置的指针。
- release：在 Mat 析构函数中调用该函数，主要负责处理 Mat 类所需的内存清理任务。
- reserve：可用来为一定数量的指定行保留内存空间。
- reserveBuffer：与 reserve 类似，不同的是，它为一定数量的指定字节保留内存空间。
- reshape：需要改变通道数以获得矩阵数据的一个不同的表示时，这个函数是非常有用的。例如，将一个具有单通道且每个元素有三个字节的 Mat（如 Vec3b）转换成一个具有三通道且每个元素有一个字节的 Mat。显然，这样的转换（更准确说是形状转换）会使目标 Mat 的行数乘以 3。由此产生的矩阵转置可以用来在行和列之间切换。稍后，你将学到 t，即转置函数。
- resize：可用来改变 Mat 类中的行数。
- setTo：可以用于将矩阵中的所有或部分元素设置为指定的值。

最后但同样重要的是，Mat 类提供了一些便利方法，来处理矩阵操作，比如：

- cross：计算两个三元素矩阵的叉积。
- diag：提取矩阵的对角线。
- dot：计算两个矩阵的点积。
- eye：这是一个静态函数，可以用来创建一个单位矩阵。
- inv：创建逆矩阵。
- mul：计算两个矩阵的元素乘法或除法。
- ones：这是另一个静态函数，可以用来创建一个所有元素值都为 1 的矩阵。
- t：这是可用来得到 Mat 类的转置矩阵的函数。有趣的是，这个函数等价于对一个图像进行镜像和 90 度旋转。有关这个函数的更详细信息，请参见图 4-7。

- zeroes：可用来创建一个所有元素值都为 0 的矩阵。等价于一个给定宽、高和类型的全黑图像。

在图 4-7 中，左边的图像是原始图像，右边的图像是生成的转置图像。因为转置矩阵再转置后与原来的矩阵是一样的，因此也可以说左边的图像是右边那个图像的转置结果。这是对图像执行 Mat 类的 t 函数的一个例子。

图 4-7　左侧为原始图像，右侧为生成的转置图像

同样需要注意的是，可以用 Mat 类执行所有标准的算术运算。例如，可以直接编写下面的代码，而不是像在前面的例子中讨论 Mat 类的访问方法那样进行逐像素除：

```
Mat darkerImage = image / 5; // or image * 0.2
```

在本例中，对矩阵（或者图像）中的每个元素都执行了完全相同的操作。

4.1.2　Mat_<_Tp> 类

Mat_<_Tp> 类是 Mat 类（和模板类）的子类，具有相同的成员。如果编译时矩阵的类型（或图像中的元素）是已知的，则它非常有用。它还提供了比 Mat 类的 at 函数更好的访问方法（更容易读懂）。下面是一个简短的例子：

```
Mat_<Vec3b> imageCopy(image); // image is a Mat class
imageCopy(10, 10) = Vec3b(0,0,0); // imageCopy can use ()
```

如果对类型很小心，那么可以将 Mat_<_Tp> 类传递给任何可接受 Mat 类的函数，是没有任何问题的。

4.1.3　Matx<_Tp, m, n>

Matx 类仅用于在编译时具有已知的类型、宽和高的小矩阵的情况。它有类似于 Mat 的方法，并提供类似于 Mat 类的矩阵操作。通常，可以使用刚刚学习过的同样的 Mat 类，而不是 Matx，因为前者提供了更多的灵活性和更多的函数。

4.1.4 UMat 类

UMat 类是 OpenCV 3.0 及之后版本新引入的一个类似于 Mat 的类，在 OpenCV3.0 之前的版本中是不可用的。新的 UMat 类（即统一 Mat 类）的优点主要取决于在运行平台上是否存在 OpenCL 层。其中的烦琐细节，我们不再一一介绍，但应该注意一点，即 OpenCL（有一个 L，不要和 OpenCV 混淆）是一个允许使用 CPU、GPU 以及系统上的其他计算资源协同工作（有时甚至是并行）以实现一个共同计算目标的框架。因此，简单地说，如果假设平台上存在 OpenCL，那么当把 UMat 类传递给 OpenCV 函数时，将调用底层的 OpenCL 指令（考虑到它们在特定函数中实现），从而提高计算机视觉应用程序的性能。否则，只是将 UMat 转换为 Mat 类，并且调用标准的仅 CPU 实现。这就提供了一个统一的抽象（这也是 U 的来源），从而能够利用更快的 OpenCL 实现，这与 OpenCV 之前的版本不同，在之前的版本中，所有 OpenCL 实现都是在 ocl 命名空间中，并且与标准实现完全分隔。

因此，最好使用 UMat 类而不是 Mat，特别是在使用底层 OpenCL 实现的 CPU 密集型函数中。只要不使用旧 OpenCV 版本，就不会有问题。但要注意，需要在 Mat 与 UMat 之间进行显式转换的情况下（稍后会看到，有一些情况需要用到两者之间的转换），每个类都提供了一个函数，用来将其转换为另一个函数：

```
Mat::getUMat
UMat::getMat
```

这两个函数都需要一个访问标志，它可以是：

- ❑ ACCESS_READ
- ❑ ACCESS_WRITE
- ❑ ACCESS_RW
- ❑ ACCESS_FAST

贯穿全书，我们将尽量在可能的情况下可互换地使用 Mat 和 UMat 类。UMat 与 OpenCL 实现在 OpenCV 中日益广泛，习惯使用它们将为开发带来很大的益处。

4.1.5 InputArray、OutputArry、InputOutputArray

你将注意到，大多数 OpenCV 函数都接受这些参数类型，而不是 Mat 及其类似的数据类型。它们是用于增强可读性以及数据类型支持的代理数据类型。这意味着，除了 InputArray、OutputArray 或 InutOutputArray 数据类型之外，还可以将下列任意数据类型传递给 OpenCV 函数：

- Mat
- Mat_<T>
- Matx<T, m, n>

- std::vector<T>
- std::vector<std::vector<T> >
- std::vector<Mat>
- std::vector<Mat_<T> >
- UMat
- std::vector<UMat>
- double

注意，OpenCV 将标准 C++ 向量（std::vector）视为 Mat 或相似类。或多或少的明显原因是它们的底层数据结构或多或少是相同的。

不必显式地创建 InputArray、OutputArry 或 InputOutputArray，只需传递前面提到的一种类型即可。

4.2　利用 OpenCV 读取图像

在全面学习 OpenCV 中的 Mat 类之后，现在可以继续学习如何读取图像并用图像填充 Mat 类，以便进一步处理它。前几章简单提到过，imread 函数可以用来从磁盘读取图像，下面是一个例子：

```
Mat image = imread("c:/dev/test.jpg", IMREAD_GRAYSCALE |
   IMREAD_IGNORE_ORIENTATION);
```

imread 接受 C++ std::string 类作为第一个参数，接受 ImreadModes. flag 为第二个参数。如果由于任何原因，无法读取图像，那么将返回空 Mat 类（data == NULL），否则，返回一个填充了图像像素的 Mat 类，像素的类型和颜色是在第二个参数中指定的。取决于平台中可用的图像类型，imread 可以读取以下图像类型：

- ❑ Windows 位图：*.bmp，*.dib
- ❑ JPEG 文件：*.jpeg，*.jpg，*.jpe
- ❑ JPEG 2000 文件：*.jp2
- ❑ 可移植网络图形：*.png
- ❑ WebP：*.webp
- ❑ 可移植图像格式：*.pbm，*.pgm，*.ppm，*.pxm，*.pnm
- ❑ Sun 光栅：*.sr，*.ras
- ❑ TIFF 文件：*.tiff，*.tif
- ❑ OpenEXR 图像文件：*.exr
- ❑ Radiance HDR：*.hdr，*.pic
- ❑ 由 Gdal 支持的光栅和矢量地理空间数据

可以看到，ImreadModes 枚举可以传递给 imread 函数的可能的标志。在我们的例子中，使用以下代码：

```
IMREAD_GRAYSCALE | IMREAD_IGNORE_ORIENTATION
```

这意味着，希望将图像加载为灰度图，并且还要忽略存储在图像文件的 EXIF 数据部分中的朝向信息。

OpenCV 还支持多页图像文件的读取。因此，需要使用 imreadmulti 函数。下面是一个简单的例子：

```
std::vector<Mat> multiplePages;
bool success = imreadmulti("c:/dev/multi-page.tif", multiplePages,
    IMREAD_COLOR);
```

除了 imread 和 imreadmulti 之外，OpenCV 还支持使用 imdecode 函数从内存缓冲区读取图像。当图像未存储在磁盘，或者需要从网络的一个数据流中读取时，它特别有用。其用法与 imread 函数几乎相同，只是需要提供数据缓冲区而不是文件名。

4.3　利用 OpenCV 写入图像

OpenCV 中的 imwrite 函数用于将图像写入磁盘文件，它使用文件扩展名来决定图像的格式。为了在 imwrite 函数中自定义压缩率以及类似的设置，需要使用 ImwriteFlags、ImwritePNGFlags 等函数。下面是一个简单的例子，演示了如何将一个图像写到 JPG 文件，并设置渐进模式和相对较低的质量（较高的压缩率）：

```
std::vector<int> params;
params.push_back(IMWRITE_JPEG_QUALITY);
params.push_back(20);
params.push_back(IMWRITE_JPEG_PROGRESSIVE);
params.push_back(1); // 1 = true, 0 = false
imwrite("c:/dev/output.jpg", image, params);
```

如果要使用默认设置并写入，则完全省略 params，直接写：

```
imwrite("c:/dev/output.jpg", image, params);
```

请参阅前一节中的 imread 函数，以获得 imwrite 函数所支持的相同的文件类型列表。

除 imwrite 外，OpenCV 还支持使用 imencode 函数将图像写入一个内存缓冲区。与 imdecode 类似，如果需要将图像传递到数据流而不是保存到文件中，该函数特别有用。用法与 imwrite 函数几乎相同，只是需要提供数据缓冲区而不是文件名。在这种情况下，由于没有指定文件名，imdecode 也需要用图像的扩展名来决定输出格式。

4.4　OpenCV 中的视频读写

OpenCV 提供了一个非常简单易用的类，名为 VideoCapture，用于从存储在磁盘上的文件，或从捕获设备、相机或一段网络视频流（例如，Internet 上的 RTSP 地址）读取视频（或图像序列）。可以只使用 open 函数尝试从这其中的任何一种源类型打开视频，然后使用 read 函数将传入的视频帧抓取到图像中。下面是例子：

```
VideoCapture video;
video.open("c:/dev/test.avi");
if(video.isOpened())
{
  Mat frame;
  while(true)
  {
    if(video.read(frame))
    {
        // Process the frame ...
    }
    else
    {
        break;
    }
  }
}
video.release();
```

如果要加载图像序列，只需用文件路径模式替换文件名即可。例如，image_%02d.png 会读取文件名像 image_00.png、image_01.png、image_02.png 等这样的图像。

对于来自网络 URL 的视频流，只需将 URL 作为文件名即可。

关于示例，另一个需要注意的是，这不是一个完整的、准备好可使用的例子。如果尝试一下，就会发现，当程序进入 while 循环时，将不会对 GUI 进行更新，应用程序甚至可能会崩溃。在使用 Qt 时，一个快速的解决方法是通过在循环中添加以下代码，确保也 GUI（和其他）线程也会被处理：

```
qApp->processEvents();
```

稍后，将在第 8 章以及第 9 章中学习更多有关这个问题的解决方案。

除了我们所学到的，VideoCapture 类还提供了两个重要的函数，即 set 和 get，可以用来配置该类的众多参数。关于可配置参数的完整列表，可以参考 VideoCaptureProperties 枚举。

这是一个永不过时的小窍门。你也可以使用 Qt Creator 代码完成功能，并简单地编写 CAP_PROP_，因为所有相关参数都是从它开头的。同样的技巧基本上适用于查找任何函数、枚举等。在不同的 IDE 中使用这样的技巧不在本书范围内，但是在某些情况下可以节省大量时间。以刚才介绍的内容为例，可以在 Qt Creator 代码编辑器中编写 VideoCaptureProperties，然后按住 Ctrl 键，并单击它。这将跳转到枚举的源代码，可以查看所有可能的枚举，幸运的话，也可以看到源代码中的文档。

下面是一个简单的例子，可以读取视频的帧数：

```
double frameCount = video.get(CAP_PROP_FRAME_COUNT);
```

下面是另一个例子，可以将视频中帧抓取器的当前位置设置为第100帧：

```
video.set(CAP_PROP_POS_FRAMES, 100);
```

与VideoCapture类的用法几乎一样，可以使用VideoWriter类将视频和图像序列写入磁盘。然而，如果用VideoWriter类写入视频，需要更多参数。下面是一个例子：

```
VideoWriter video;
video.open("c:/dev/output.avi", CAP_ANY, CV_FOURCC('M','P', 'G',
    '4'), 30.0, Size(640, 480), true);
if(video.isOpened())
{
  while(framesRemain())
  {
    video.write(getFrame());
  }
}
video.release();
```

在这个例子中，framesRemain和getFrame函数都是虚函数，用于检查是否有剩余的要编写的函数，并且获得帧（Mat）。如例所示，在本例中需要提供捕获API（因为它是可选的，所以在VideoCapture中省略了它）。另外，在打开一个等待写入的视频文件时，还必须提供FourCC码、FPS（每秒帧数）以及帧大小。可以使用OpenCV中定义的CV_FOURCC宏输入FourCC码。

可参阅http://www.fourcc.org/codecs.php，获取FourCC码列表。重点注意，一些FourCC码及其对应的视频格式在平台上可能无法使用。在向客户部署应用程序时，这是非常重要的。需要确保你的应用程序能够读取和写入它需要支持的视频格式。

4.5 OpenCV中的HighGUI模块

OpenCV中的HighGUI模块负责产生快速而简单的GUI。在本书的第三章中，已经用到过这个模块中一个广泛使用的函数，即imshow，来快速显示图像。但是，由于我们将学习Qt和用于处理GUI创建的更复杂的框架，我们将完全跳过这个模块，然后继续讨论Qt主题。在此之前，有必要引用一下OpenCV文档中有关HighGUI模块的当前介绍：

“虽然设计OpenCV的初衷是为了用于完整的应用程序，并且可以在功能丰富的UI框架（如Qt、WinForms或者Cocoa）中使用或根本就不使用任何UI，有时需要快速尝试功能并可视化结果，这也是HighGUI模块的设计初衷。”

本章后面将学到，我们将不再使用imshow函数，而是利用Qt提供的功能，以获得正确和一致的图像显示。

4.6 Qt 中的图像和视频处理

Qt 利用几个不同的类来处理图像数据、视频、相机以及相关的计算机视觉主题。在这一节中，将学习这些内容，并学习如何在 OpenCV 和 Qt 类之间建立联系，以获得更为灵活的计算机视觉应用程序开发经验。

4.6.1 QImage 类

QImage 或许是 Qt 中与计算机视觉相关的最重要的类，是处理图像数据的主要 Qt 类，它提供像素级的图像访问，以及用于处理图像数据的一些其他函数。我们将介绍 QImage 的构造函数和功能的最重要的子集，特别是在使用 OpenCV 时的那些重要子集。

QImage 包含了很多不同的构造函数，允许从文件，或者原始图像，或者空图像创建 QImage，处理并操纵像素。可以创建给定大小和格式的空 QImage 类，如下面的例子所示：

```
QImage image(320, 240, QImage::Format_RGB888);
```

上面的代码创建了一个标准 RGB 彩色图像，尺寸为 320×240 像素（宽和高）。可以参考 QImage::Format 枚举（使用 QImage 类文档）来获得支持格式的完整列表。还可以传递 QSize 类而不是这些值，并编写以下代码：

```
QImage image(QSize(320, 240), QImage::Format_RGB888);
```

下一个构造函数也是用于从 OpenCV Mat 类创建 QImage 的方法之一。这里要重点注意的是，OpenCV Mat 类中的数据格式应该与 QImage 类的数据格式兼容。默认情况下，OpenCV 加载 BGR 格式（不是 RGB 格式）的彩色图像，因此，如果试着用 BGR 来构建 QImage，将会得到错误的通道数据。所以，首先需要把 BGR 转换成 RGB。下面是一个例子：

```
Mat mat = imread("c:/dev/test.jpg");
cvtColor(mat, mat, CV_BGR2RGB);
QImage image(mat.data,
             mat.cols,
             mat.rows,
             QImage::Format_RGB888);
```

在这个例子中，cvtColor 函数是 OpenCV 函数，可以用来改变 Mat 类的颜色空间。如果省略了这一行，那么将得到一个交换了蓝色和红色通道的 QImage。

可以用下一个 QImage 构造函数创建前一段代码的正确版本（以及将 Mat 转换为 QImage 的推荐方法）。这还需要 bytesPerLine 参数，它是在 Mat 类中学习到的 step 参数。下面是一个例子：

```
Mat mat = imread("c:/dev/test.jpg");
cvtColor(mat, mat, CV_BGR2RGB);
QImage image(mat.data,
             mat.cols,
             mat.rows,
             mat.step,
             QImage::Format_RGB888);
```

使用该构造函数以及 bytesPerLine 参数的优点是，可以转换内存中连续存储的图像数据。

下一个构造函数也是从保存在磁盘上的文件读取 QImage 的方法。下面是一个例子：

```
QImage image("c:/dev/test.jpg");
```

注意，Qt 和 OpenCV 支持的文件类型是相互独立的。这仅仅意味着一个框架支持的文件类型可能另一个框架并不支持，在这种情况下，需要在读取特定文件类型时选择另一个框架。默认情况下，Qt 支持读取表 4-1 的图像文件类型。

表 4-1　Qt 支持读取的图像文件类型

格　式	描　述	支持功能
BMP	Windows 位图	读 / 写
GIF	图形交换格式（可选）	读
JPG	联合摄影专家组	读 / 写
JPEG	联合摄影专家组	读 / 写
PNG	可移植网络图形	读 / 写
PBM	可移植位图	读
PGM	可移植灰度图	读
PPM	可移植像素图	读 / 写
XBM	X11 位图	读 / 写
XPM	X11 位图	读 / 写

请参考：QImage 类文档 http://doc.qt.io/qt-5/qimage.html。

除了所有构造函数外，QImage 还包括以下成员，这些成员在处理图像时非常方便：

- allGray：可以用来检查图像中的所有像素是否是灰度。这主要是检查所有像素在各自的通道中是否有相同的 RGB 值。
- bits 和 constBits（constBits 只是 bits 的常量版本）：可以用来访问 QImage 中的底层图像数据。通过它，可以将 QImage 转换为 Mat，以便在 OpenCV 中进一步进行处理。类似操作同样适用于将 Mat 转换为 QImage，但需注意两者格式上的兼容性。为确保这一点，我们添加 convertToFormat 函数，用以确保 QImage 是标准的三通道 RGB 图像。下面是一个例子：

```
QImage image("c:/dev/test.jpg");
image = image.convertToFormat(QImage::Format_RGB888);
Mat mat = Mat(image.height(),
              image.width(),
              CV_8UC(3),
              image.bits(),
              image.bytesPerLine());
```

需要重点注意的是，当以这种方式传递数据时，就像我们在将 Mat 转换成 QImage 时看到的那样，其实质是在 Qt 和 OpenCV 的类之间传递了相同的内存空间。这意味着，如果修改前一例子中的 Mat 类，实际上就是修改了图像类，因为你刚刚将其数据指针传递给了 Mat 类。这两种方法都是非常有用的（更易于图像处理）同时也是非常危险的（可能造成应用程序的崩溃）。因此，利用 Qt 和 OpenCV 进行类似的操作时，应非常小心。如果想要确保 QImage 和 Mat 类有完全独立的数据，可以使用 Mat 类中的 clone 函数，或者 QImage 中的 copy 函数。

- byteCount：返回图像数据占用的字节数。
- bytesPerLine：类似于 Mat 类中的 step 参数，表示图像中每条扫描线的字节数。bytesPerLine 基本上与 width 相同，或者与 byteCount/height 相同。
- convertToFormat：可用于转换图像的格式。在前面介绍 bits 函数的例子中已经看过有关该函数的例子。
- copy：可以用来将图像的一部分（或全部）拷贝到另一个 QImage 类。
- depth：返回图像的深度（即每个像素的位数）。
- fill：该函数可以用相同的颜色填充图像中的所有像素。

类似上面的这些函数，以及 Qt 框架中的很多其他类似函数，都处理三种颜色类型，即 QColor、Qt::GlobalColor 和对应于像素比特位的整数值。尽管它们使用方便，但是在继续学习之前，在 Qt Creator 帮助模式下花几分钟阅读它们的文档页面是有必要的。

- format：可以用来获取 QImage 中图像数据的当前格式。如前例所示，在 Qt 与 OpenCV 之间传递图像数据时，QImage::Format_RGB888 是最兼容的格式。
- hasAlphaChannel：如果图像有 Alpha 通道，那么返回 true。Alpha 通道用于确定像素的透明度级别。
- height、width 和 size：可以用来获得图像的高、宽和大小。
- isNull：如果没有图像数据，那么返回 true，否则返回 false。
- load、loadFromData 和 fromData：可以用来检索存储在磁盘的图像或缓冲区中存储的数据（类似于 OpenCV 中的 imdecode）。
- mirrored：这实际上是图像处理函数，可以用来对图像进行垂直、水平或同时进行垂直和水平的镜像（翻转）。
- pixel：类似于 Mat 类中的 at 函数，可以用来检索像素数据。
- pixelColor：与 pixel 相似，但这个函数返回 QColor。
- rect：返回包含图像边框矩形的 QRect 类。
- rgbSwapped：该函数用起来很方便，尤其是在配合 OpenCV 和显示图像时。它在不改变实际图像数据的情况下交换蓝色和红色通道。本章随后会讲到，这是在 Qt 中正确显示 Mat 类和避免 OpenCV cvtColor 函数调用所必需的。

- save：可以用来将图像的内容保存到文件中。
- scaled、scaledToHeight 和 scaledToWidth：这三个函数都可以用来调整图像的大小以达到一个给定的尺寸。或者，在调用此函数来处理任何宽高比的问题时，可以使用下列常量。在接下来的章节中，还会看到更多有关这些函数的内容。
    - `Qt::IgnoreAspectRatio`
    - `Qt::KeepAspectRatio`
    - `Qt::KeepAspectRatioByExpanding`
- setPixel 与 setPixelColor：可以用来设置图像中单个像素的内容。
- setText：可以用来以受支持的图像格式设置文本值。
- text：可以用来检索为图像设置的文本值。
- transformed：顾名思义，该函数是用来转换图像的。它接受一个 QMatrix 或 QTransform 类，并返回转换后的图像。下面是一个简单的例子：

```
QImage image("c:/dev/test.jpg");
QTransform trans;
trans.rotate(45);
image = image.transformed(trans);
```

- trueMatrix：可以用来检索用于图像转换的转换矩阵。
- valid：此函数可以接受一个坐标点（X，Y），如果给定的点是图像内的一个有效位置，那么返回 true，否则返回 false。

4.6.2 QPixmap 类

QPixmap 类在某些方面与 QImage 相似，但是当需要在屏幕上显示图像时，就会用到 QPixmap。QPixmap 可以用来加载和保存图像（就像 QImage 那样），但它对处理图像数据没有提供灵活性，只有完成了所有的修改、处理和操作之后，才能使用 QPixmap 类，用于显示任何需要显示的图像。大多数 QPixmap 方法都与 QImage 方法同名，使用方法也基本上相同。有两个函数对我们很重要，但是在 QImage 中却不存在这两个函数：

- convertFromImage：这个函数可以用 QImage 中的图像数据填充 QPixmap 数据。
- fromImage：这是一个静态函数，基本上与 convertFromImage 的功能一致。

现在，我们将创建一个示例项目，来实践目前学到的知识。只有真正动手实现一个具体的项目，才能巩固本章所学的各种技能，因此，让我们从一个图像查看示例应用开始吧：

1. 首先，在 Qt Creator 中创建一个新的 Qt 控件应用程序（QT Widgets Application），并命名为“ImageViewer”。
2. 然后选择“mainwindow.ui”，利用 Designer 删除菜单栏、状态栏和工具栏，在窗口上放置一个标签控件（QLabel)。点击窗口上的空白区域，按 Ctrl + G 将所有内容（唯一的控件就是这个标签）布局为一个网格。这就可以使窗口上的所有内容都可以随窗口的大小自适应地调整。

3. 现在，将标签的“alignment/Horizontal”属性改为“AlignHCenter”。然后，将“Horizontal”和“VerticalsizePolicy”属性都改为“Ignored”。接下来，在“mainwindow.h”中添加下面的 include 语句：

```
#include <QPixmap>
#include <QDragEnterEvent>
#include <QDropEvent>
#include <QMimeData>
#include <QFileInfo>
#include <QMessageBox>
#include <QResizeEvent>
```

4. 现在，利用代码编辑器，将下列受保护的函数添加到“mainwindow.h”中的 MainWindow 类的定义中：

```
protected:
void dragEnterEvent(QDragEnterEvent *event);
void dropEvent(QDropEvent *event);
void resizeEvent(QResizeEvent *event);
```

5. 另外，在 mainwindow.h 中添加私有的 QPixmap。

```
QPixmap pixmap;
```

6. 现在，切换到 mainwindow.cpp 并将下列代码添加到 MainWindow 构造函数中，以便在程序开始时调用它：

```
setAcceptDrops(true);
```

7. 接下来，将下列函数添加到 mainwindow.cpp 文件中：

```
void MainWindow::dragEnterEvent(QDragEnterEvent *event)
{
  QStringList acceptedFileTypes;
  acceptedFileTypes.append("jpg");
  acceptedFileTypes.append("png");
  acceptedFileTypes.append("bmp");

  if (event->mimeData()->hasUrls() &&
    event->mimeData()->urls().count() == 1)
  {
    QFileInfo file(event->mimeData()->urls().at(0).toLocalFile());
    if(acceptedFileTypes.contains(file.suffix().toLower()))
    {
      event->acceptProposedAction();
    }
  }
}
```

8. 另一个应添加到 mainwindow.cpp 中的函数如下：

```
void MainWindow::dropEvent(QDropEvent *event)
{
  QFileInfo file(event->mimeData()->urls().at(0).toLocal
  if(pixmap.load(file.absoluteFilePath()))
  {
   ui->label->setPixmap(pixmap.scaled(ui->label->size(),
       Qt::KeepAspectRatio,
       Qt::SmoothTransformation));
  }
  else
  {
    QMessageBox::critical(this,
       tr("Error"),
       tr("The image file cannot be read!"));
  }
}
```

9. 最后，将下列函数添加到 mainwindow.cpp 中。至此，我们已经准备好执行应用程序了：

```
void MainWindow::resizeEvent(QResizeEvent *event)
{
  Q_UNUSED(event);
  if(!pixmap.isNull())
  {
    ui->label->setPixmap(pixmap.scaled(ui->label->width()-5,
                                       ui->label->height()-5,
                                       Qt::KeepAspectRatio,
                                       Qt::SmoothTransformation));
  }
}
```

上述步骤编写的应用程序可以显示拖放到该应用程序中的图像。通过向 MainWindow 添加 dragEnterEvent 函数，可以检查拖动的对象是否为文件，尤其是它是否为一个单独的文件。然后，检查图像类型，确保应用程序能够支持这些图像类型。在 dropEvent 函数中，直接将被拖放到应用程序窗口中的图像文件加载到 QPixmap。然后，将 QLabel 类的 pixmap 属性设置为我们的 pixmap。

最后，在 resizeEvent 函数中确保不管窗口大小如何变化，图像总是能够按正确的比例缩放，从而适应窗口的大小。

需要执行一个简单步骤以避免在 Qt 中遇到拖放编程的技术问题。例如，如果在 MainWindow 类的构造函数中，没有下面的代码行，那么无论在 MainWindow 类中添加了什么函数，都不会接受任何放置操作：

```
setAcceptDrops(true);
```

图 4-8 是应用程序执行结果的屏幕截图。试着将不同的图像拖放到应用程序窗口中，看看会发生什么。为确保应用程序不接受非图像文件，甚至可以试着将非图像文件拖放到应用程序窗口中。

图 4-8　将图像拖放到应用程序主窗口中的界面截图

这其实是一个关于如何在 Qt 中显示图像以及如何在 Qt 应用程序中添加拖放功能的教程。如前例所示，QPixmap 和 QLabel 控件一起使用时，将会很容易显示。QLable 控件名称有时可能具有误导性，但实际上，它不仅可以用来显示纯文本，也可以显示格式文本、像素图甚至动画（使用 QMovie 类）。因为我们已经知道如何将 Mat 转换成 QImage（反之亦然），以及如何将 QImage 转换为 QPixmap，所以可以编写与下面类似的代码，来用 OpenCV 加载一个图像，并使用某些计算机视觉算法来处理该图像（将在第 6 章及其后续章节中学习更多这方面的内容）。然后将其转换为 QImage，进而转换为 QPixmap，最终在 QLabel 上显示相应的结果，如下列示例代码所示：

```
cv::Mat mat = cv::imread("c:/dev/test.jpg");
QImage image(mat.data,
             mat.cols,
             mat.rows,
             mat.step,
             QImage::Format_RGB888);
ui->label->setPixmap(QPixmap::fromImage(image.rgbSwapped()));
```

4.6.3　QImageReader 与 QImageWriter 类

QImageReader 和 QImageWriter 类可以用来对图像的读和写过程进行更多的控制。这两个类支持与 QImage 和 QPixmap 相同的文件类型，但是提供了更多的灵活性，当图像的读或写过程中出现问题时，可以提供错误消息。如果使用 QImageReader 和 QImageWriter 类，还可以设置和获得更多的图像属性。随后的章节会讲到，我们将在完整的计算机视觉应用程序中用到这些类，来更好地控制图像的读和写。现在，只在这里做一个简短的介绍，然后继续下一节的学习。

4.6.4　QPainter 类

QPainter 可以用于在作为 QPaintDevice 类的子类的任何 Qt 类上绘制（基本上是绘图）。

这意味着什么？这就基本上意味着可以在包括 Qt 控件在内的任何可以可视化显示的对象上进行绘制。举几个例子，QPainter 可以在 QWidget 类（基本上是所有现有的以及自定义的 Qt 控件）、QImage、QPixmap 和许多其他 Qt 类上进行绘制。可以在 Qt Creator 的帮助模式下，查看 QPaintDevice 类的文档页面，获得继承 QPaintDevice 的 Qt 类的完整列表。QPainter 有众多的函数，很多函数名都是以 draw 为开头的，介绍完所有这些函数可能需要一章，但是我们将用一个例子说明 QPainter 是如何与 QWidget 以及 QImage 一起使用的。基本上，同样的逻辑适用于所有可以与 QPainter 一起使用的类。

因此，正如上面所说，可以自己创建一个自定义的 Qt 控件，并用 QPainter 创建（或绘制）它的可视化对象。实际上，这是创建新 Qt 控件的方法之一（也是流行的方法）。下面用一个例子来帮助理解这个内容。我们将创建一个新的 Qt 控件，只显示一个闪烁的圆：

1. 首先创建一个名为“Painter_Test”的 Qt 控件应用程序。
2. 然后从主菜单中选择“File”/“New File or Project”。
3. 在“New File or Project”窗口，选择“C++”和“C++ Class”，然后单击“Choose”。
4. 在出现的窗口中，确保将类名设置为“QBlinkingWidget”，将基类选择为“QWidget”。确保勾选了“Include QWidget”复选框，其余选项如图 4-9 所示。

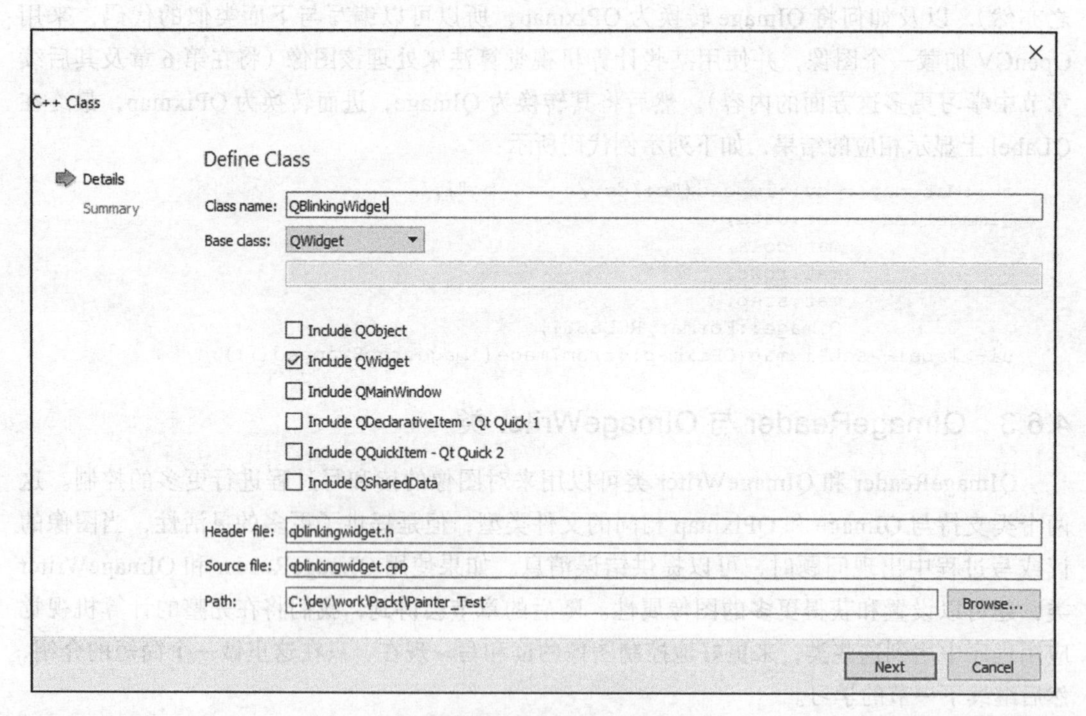

图 4-9 “C++ Class”设置界面

5. 依次按下“Next”和“Finish”，这将创建带有头文件和源文件的新类，并添加至项目中。

6. 现在，需要重写 QBlinkingWidget 的 paintEvent 方法，并用 QPainter 完成一些绘图操作。因此，首先向 qblinkingwidget.h 文件中添加以下 include 语句：

```
#include <QPaintEvent>
#include <QPainter>
#include <QTimer>
```

7. 现在，将下列受保护成员添加到 QBlinkingWidget 类中（例如，可将其添加至现有公共成员之后）：

```
protected:
 void paintEvent(QPaintEvent *event);
```

8. 还需要在这个类中添加一个私有槽。因此，在前面受保护的 paintEvent 函数之后添加下列内容：

```
private slots:
  void onBlink();
```

9. 最后，将下列私有成员添加至 qblinkingwidget.h 文件中，在我们的控件中将用到这些私有成员：

```
private:
 QTimer blinkTimer;
 bool blink;
```

10. 现在，切换到 qblinkingwidget.cpp 文件，并在自动创建的构造函数中添加下列代码：

```
 blink  = false;
 connect(&blinkTimer,
   SIGNAL(timeout()),
   this,
   SLOT(onBlink()));
blinkTimer.start(500);
```

11. 接下来，将以下两个方法添加到 qblinkingwidget.cpp：

```
void QBlinkingWidget::paintEvent(QPaintEvent *event)
{
  Q_UNUSED(event);
  QPainter painter(this);
  if(blink)
     painter.fillRect(this->rect(),
        QBrush(Qt::red));
  else
     painter.fillRect(this->rect(),
        QBrush(Qt::white));
}

void QBlinkingWidget::onBlink()
{
  blink = !blink;
  this->update();
}
```

12. 现在，打开“mainwindow.ui”，切换至设计模式，然后在“MainWindow”类中添加一个控件。“Widget”本身是一个空的控件，请把它添加到主窗口，如图 4-10 所示。

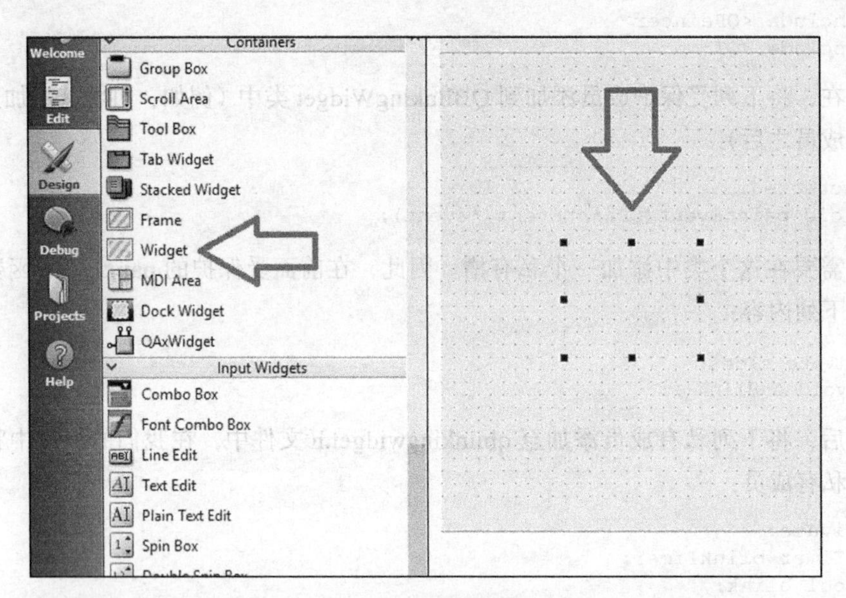

图 4-10　在设计模式中，将一个控件添加到主窗口时出现的界面

13. 现在，右键单击添加的空控件（这是一个 QWidget 类），从弹出菜单中选择“Promote to”，如图 4-11 所示。

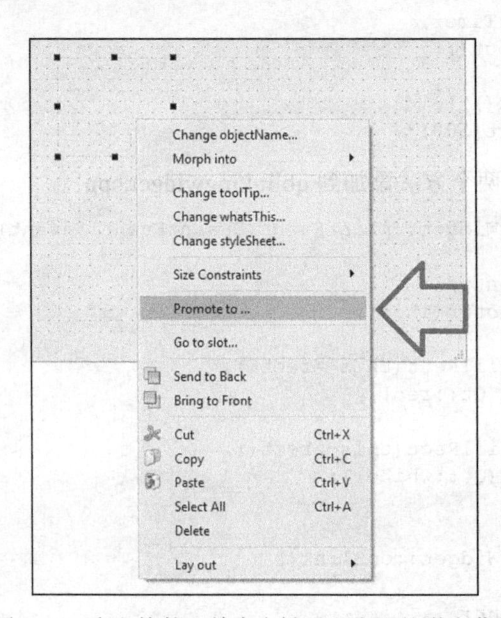

图 4-11　在空控件上单击右键后，出现的弹出菜单

14. 在打开的新窗口中，即“Promoted Widgets”窗口，将“Promoted class name”设置为“QBlinkingWidget”，并单击“Add”按钮，如图 4-12 所示。

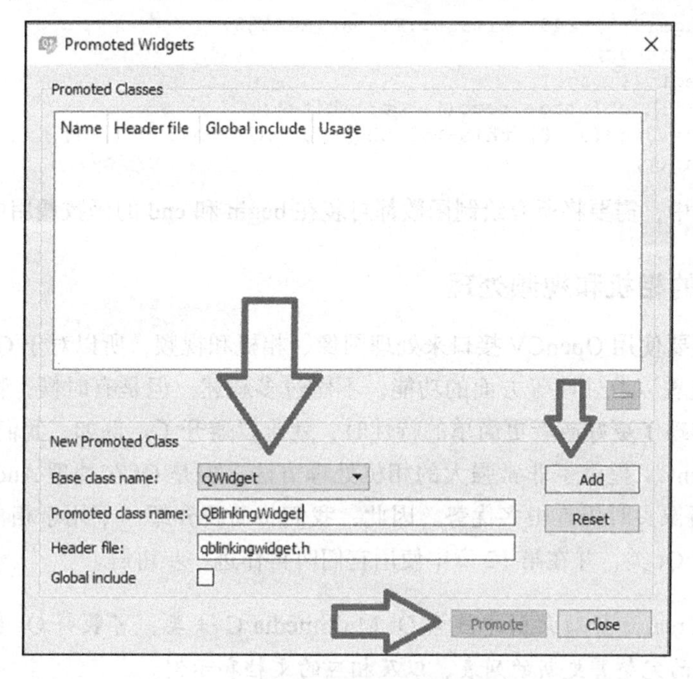

图 4-12 “Promoted Widgets”窗口的界面截图

15. 最后，单击“Promote”。这个应用程序以及自定义控件已经可以运行了。只要启动应用程序，就会看到每 500 毫秒（半秒）闪烁一次。

实际上，这是在 Qt 中创建自定义控件的一种常用方法。要创建一个新的自定义 Qt 控件，并在 Qt 控件应用程序中使用该控件，需要执行以下步骤：

1. 创建一个继承 QWidget 的新类。
2. 重写它的 paintEvent 函数。
3. 用 QPainter 类在控件上完成绘制操作。
4. 向窗口添加 QWidget（控件）。
5. 将其提升到新创建的控件。

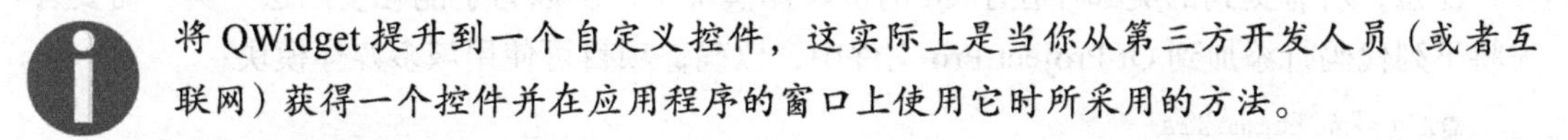

将 QWidget 提升到一个自定义控件，这实际上是当你从第三方开发人员（或者互联网）获得一个控件并在应用程序的窗口上使用它时所采用的方法。

在前面的例子中，我们用 QPainter 的 fillRect 函数绘制了一个矩形框，通过控制 blink 变量的状态，每秒钟交替地用红色和白色填充该矩形框。类似地，可以使用 drawArc、drawEllipse、drawImage 以及 QPainter 中更多的其他函数在控件上绘制任何内容。这里需要重点注意的是，当我们想要在控件上完成绘制操作时，会将其传递给 QPainter 实例。如果想要在 QImage 上完成绘制操作，只需确保将 QImage 传递给 QPainter 或使用 begin 函数来构造 QPainter，下面是例子：

```
QImage image(320, 240, QImage::Format_RGB888);
QPainter painter;
painter.begin(&image);
painter.fillRect(image.rect(), Qt::white);
painter.drawLine(0, 0, this->width()-1, this->height()-1);
painter.end();
```

在这个例子中，需要将所有绘制函数都封装在 begin 和 end 的函数调用中。

4.6.5 Qt 中的相机和视频处理

因为我们将要使用 OpenCV 接口来处理图像、相机和视频，所以对于 Qt 框架提供的用于视频读取、查看以及处理等方面的功能，不做过多叙述。但是有时候，特别是当两个框架中的某一个实现了更好或者更简单的特性时，就难以避开了。例如，我们将在第 12 章中看到，尽管 OpenCV 提供了非常强大的相机处理方法，但是 Qt 在处理 Android、iOS 以及移动平台上的摄像头时仍有很多优势。因此，我们将简要介绍一下用于相机和视频处理的一些重要的现有 Qt 类，并在第 12 章中使用它们时再作进一步讲解。

在 Qt Creator 帮助索引中搜索 Qt Multimedia C++ 类，可获得 Qt 多媒体模块下的可用类的完整并更新的列表，以及相应的文档和示例。

它们是：

- QCamera：可用于访问平台上可用的相机。
- QCameraInfo：可用于获取平台上可用相机的有关信息。
- QMediaPlayer：可用于播放视频文件和其他类型的大众媒体。
- QMediaRecorder：这个类在录制视频或其他媒体类型时很有用。
- QVideoFrame：可用于访问相机抓取的单个视频帧。
- QVideoProbe：可用于监视来自相机或视频源的帧。在 Qt 中，该类还可进一步对视频帧进行处理。
- QVideoWidget：可用于显示从相机或视频源输入的帧。

注意，所有提到的类都存在于 Qt 的多媒体模块中，所以为了能够使用这些类，需要首先将下列代码行添加到 Qt Project Pro 文件中，以确保项目可使用该多媒体模块：

```
QT += multimedia
```

除了前面介绍的类之外，Qt 多媒体模块还提供了许多其他的类来处理视频数据。通过在帮助索引中搜索这些类，可以随时在 Qt Creator 帮助模式下查看每个类的文档页。通常，一个新的 Qt 版本会将新的类或更新的类引入到现有的类中。因此，Qt 开发者应注意关注文档页面及其更新，如果发现存在任何 Bug 或问题，应及时报告，这是因为 Qt 仍然是一个开源框架，依赖于开源用户社区的支持。

4.7　小结

本章是一个重要的里程碑，介绍了结合 OpenCV 与 Qt 框架进行应用程序开发所需的一些基础概念。在本章中，学习了 Mat 类及其变体，学习了 OpenCV 中新的 API，以及如何使用 UMat 类来提高计算机视觉应用程序的性能。还学习了如何读取与写入图像和视频，并从相机和基于网络的视频源捕获视频帧。之后，继续学习了 Qt 的功能和与计算机视觉、图像处理相关的类。如本章所讲，Qt 的 QImage 类，相当于 OpenCV 中的 Mat 类。此外，还学习了 QPixmap 和 QPainter 类，以及其他一些 Qt 类。在此过程中，还学习了如何创建自定义 Qt 控件，并使用 QPainter 类来绘制 QImage 类。最后，介绍了与视频和相机处理相关的 Qt 类，作为本章的结束。

在第 5 章中，将在 Qt 与 OpenCV 中完成计算机视觉难题，并引入一个非常强大的名为“QGraphicsScene”的类，以及可以非常灵活地查看和操作图像数据的图形视图框架。第五章是进入计算机视觉和图像处理领域之前的最后一章。因为完整的计算机视觉应用程序将用到图形视图框架的一些重要特性（即图像查看器和处理器），因此与前面章节的学习方法类似，将通过向应用程序中添加新插件的方式（每次添加一个新的插件）来继续学习新的计算机视觉技巧。

CHAPTER 5

第5章 图形视图框架

既然已经熟悉 Qt 和 OpenCV 框架中计算机视觉应用程序的基本构造单元了，现在可以继续学习更多有关计算机视觉应用中可视化开发的内容。提起计算机视觉，每个用户立刻会想到一些预览图像或视频。以任意一个图像编辑器为例，它们的用户界面都包含一个明显的显示区域，通过一些边界甚至是简单的线条，可以很容易地将其从 GUI 的其他组件中区分出来。这同样也适用于视频编辑软件以及几乎所有需要使用视觉概念和媒体输入源的工具，也适用于我们将要创建的计算机视觉应用程序。当然，在某些情况下，这一过程的结果只是显示为数值，或将其通过网络发送给参与该过程的一些其他相关方。但对于我们来说，幸运的是，我们将同时看到这两种情况，因此需要在我们的应用程序中使用类似的方法，这样用户就可以预览他们打开的文件或在屏幕上查看所产生的图像变换（或过滤等）的结果。或者更好的是，在实时视频输出预览窗体上查看某些对象检测算法的结果。这个窗体基本上是一个场景，或者最好是一个图形场景，本章将会介绍与这个主题有关的内容。

在 Qt 框架内的很多模块、类和子框架下，有一个名为“图形视图框架”的专用于简化图形处理的重要工具。这个框架包含了很多类，这些类的名称几乎都是以 QGraphics 开头，在构建计算机视觉应用程序时遇到的大多数图形任务都可以用这些类来处理。图形视图框架将所有可能的对象划分为三个主要类别，由此产生的体系结构允许轻松地添加、删除、修改和显示图形对象。

- 场景（QGraphicsScene 类）
- 视图（QGraphicsView 控件）
- 图形对象元素（QGraphicsItem 及其子类）

前几章所使用的 OpenCV（imshow 函数）和 Qt 标签控件是可视化图像最简单的方法，

这些方法在处理显示的图像（例如，选择、修改、缩放）方面根本没有灵活性。即使是最简单的任务（例如，选择一个图形对象元素并将其拖动到某个位置），也必须编写大量代码，并完成麻烦的鼠标事件处理，对于图像的放大和缩小也是如此。但是，通过使用图形视图框架中的类，所有这些都可以更轻松地处理，并且获得更好的性能，因为图形视图框架类的目的就是要以一种高性能的方式来处理很多图形对象。

本章将开始学习 Qt 的图形视图框架中大多数最重要的类，之所以重要，显然是指为建立一个完整的计算机视觉应用程序所需要的最相关的类。本章学习的内容将使 Computer_Vision 工程项目（在第 3 章结束时创建）的基础变得更完美，你将能够创建一个类似于在图像编辑软件中看到的场景，可以在场景中添加新的图像、选择或删除图像、放大和缩小场景等等。还将在本章的最后找到关于 Computer_Vision 项目的基础和基本版本的链接，我们将用该项目一直到本书的最后几章。

本章将介绍以下主题：

- 如何使用 QGraphicsScene 在场景中绘制图形
- 如何使用 QGraphicsItem 及其子类管理图形对象元素
- 如何使用 QGraphicsView 查看 QGraphicsScene
- 如何开发放大、缩小以及其他图像编辑和查看功能

5.1 场景 - 视图 - 对象元素架构

正如简介中介绍的那样，Qt 中的图形视图框架（或从现在开始简称 Qt）将需要处理的可能的图形相关对象划分为三种主要类别，即场景、视图和对象元素。Qt 提供很多类来处理这个体系结构的每个部分，这些类的名称很容易识别。尽管从理论上讲，很容易将这几个部分分开，但在实践中，它们是相互交织在一起的。这意味着不能在不涉及其他部分的情况下，深入研究其中某个部分。如果清除该架构的一部分，将得不到任何图形。另外，再看一看架构，可以看到“模型 - 视图”设计模式，如果只有其中的模型（在这里是场景），则完全不知道如何显示，或者显示哪一部分。正如在 Qt 中的命名，这是一个基于对象元素的模型视图编程方法，我们将牢记这一点，同时也要对实践中它们中的每一个是什么有一个简单的认识：

- 场景，即 QGraphicsScene，用于管理对象元素或 QGraphicsItem（及其子类）的实例，包含它们，并将事件（如鼠标单击等）传递给对象元素。
- 视图，即 QGraphicsView 控件，用于可视化和显示 QGraphicsScene 的内容，还负责将事件传递给 QGraphicsScene。这里需要重点注意，QGraphicsScene 和 QGraphicsView 各有不同的坐标系统。可以想到，如果放大、缩小或经历不同的类似变换，场景中的某个位置将不会相同。QGraphicsScene 和 QGraphicsView 都提供了转换位置值的函数，以便相互适应。

- ❑ 对象元素，即 QGraphicsItem 子类的实例，是 QGraphicsScene 包含的对象元素。这些对象元素可以是线、矩形、图像、文本等。

让我们先从一个简单的介绍性例子开始，然后继续详细讨论前面的每一个类。

1. 创建一个名为“Graphics_Viewer”的 Qt 控件应用程序（与在第 4 章中创建的项目类似）以学习如何在 Qt 中显示图像。但是，这次只添加图形视图控件，没有任何标签、菜单、状态栏等。将 objectName 属性保留为 graphicsView。
2. 同样，添加与之前一样的拖放功能。如前所述，需要将 dragEnterEvent 和 dropEvent 添加到 MainWindow 类，并且不要忘记将 setAcceptDrops 添加到 MainWindow 类的构造函数中。这一次，很明显需要删除在 QLabel 上设置 QPixmap 的代码，因为在这个项目中没有使用任何标签。
3. 现在，在 mainwindow.h 文件中，将所需的变量添加到 MainWindow 类的私有成员部分，如下所示：

   ```
   QGraphicsScene scene;
   ```

   这个 scene 基本上就是将要在被添加到 MainWindow 类的 QgrphicsView 控件中使用和显示的场景。最可能的情况是，需要为每一个被使用但无法被代码编辑器识别的类添加一个 #include 声明。你还会得到与此有关的编译器错误，这通常是一个很好的提示信息，提醒我们忘记在源代码中包含某些类。因此，从现在开始，对使用的每个 Qt 类，要确保添加类似于下面的 #include 指令。但是，如果一个类需要任意一个特殊的操作然后才能使用，在本书中都将显式声明它。

   ```
   #include <QGraphicsScene>
   ```

4. 接下来，我们需要确保 graphicsView 对象可以访问场景。可以通过向 MainWindow 构造函数添加以下列代码行来实现（代码行在第 5 步后）。
5. 同样，还需要禁用 graphicsView 的 acceptDrops，因为我们希望能够抓住放在窗口上任何一个地方的图。所以，确保 MainWindow 构造函数只包含下列函数调用：

   ```
   ui->setupUi(this);
   this->setAcceptDrops(true);
   ui->graphicsView->setAcceptDrops(false);
   ui->graphicsView->setScene(&scene);
   ```

6. 在前一个示例项目的 dropEvent 函数中设置了标签的 pixmaps 属性，这次需要确保创建 QGraphicsItem，并将其添加到场景（更准确地说是 QgraphicsPixmapItem）中。这可以用两种方式来实现，第一种方法是：

   ```
   QFileInfo file(event
                  ->mimeData()
                  ->urls()
                  .at(0)
                  .toLocalFile());
   QPixmap pixmap;
   if(pixmap.load(file
   ```

```
        .absoluteFilePath()))
{
  scene.addPixmap(pixmap);
}
else
{
 // Display an error message
}
```

在这里，使用了 QgraphicsScene 的 addPixmap 函数。

另外，可以创建 QgraphicsPixmapItem，并使用 addItem 方法将其添加到场景中，如下所示：

```
QGraphicsPixmapItem *item =
   new QGraphicsPixmapItem(pixmap);
scene.addItem(item);
```

在这两种情况下，都不需要担心对象元素指针，因为当调用 addItem 时，场景将会拥有该指针的所有权，并将其从内存中自动清除。当然，如果要从场景和内存中完全手动删除对象元素，则可以编写一个简单的 delete 语句来删除它，如下所示：

```
delete item;
```

这个简单代码有一个大问题，不是第一眼看到的那样，但是，如果继续将图像拖放到窗口中，每次最新的图像将添加到前一个图像的顶部，并且之前的图像不会清除。事实上，如果你自己去尝试并发现问题是个好办法。但是，首先应在 addItem 代码行之后添加下列代码行：

```
qDebug() << scene.items().count();
```

然后需要向 mainwindow.h 文件添加下列头文件以使上一行代码有效：

```
#include <QDebug>
```

现在，如果运行这个应用程序，并尝试在窗口上通过拖拽添加图像，就会注意到在 Qt Creator 代码编辑器屏幕底部的 " Application Output" 窗体中，每放入一个图像，显示的数字就会增加，这个数字就是场景中对象元素的计数，如图 5-1 所示。

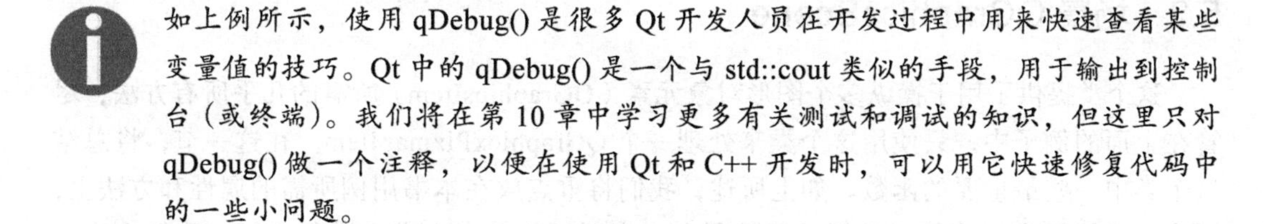

如上例所示，使用 qDebug() 是很多 Qt 开发人员在开发过程中用来快速查看某些变量值的技巧。Qt 中的 qDebug() 是一个与 std::cout 类似的手段，用于输出到控制台（或终端）。我们将在第 10 章中学习更多有关测试和调试的知识，但这里只对 qDebug() 做一个注释，以便在使用 Qt 和 C++ 开发时，可以用它快速修复代码中的一些小问题。

7. 因此，为了解决前面提到的问题，显然需要在添加任何内容之前清除场景。所以，只需在调用任何 addItem（或 addPixmap 等）之前添加下列代码：

```
scene.clear();
```

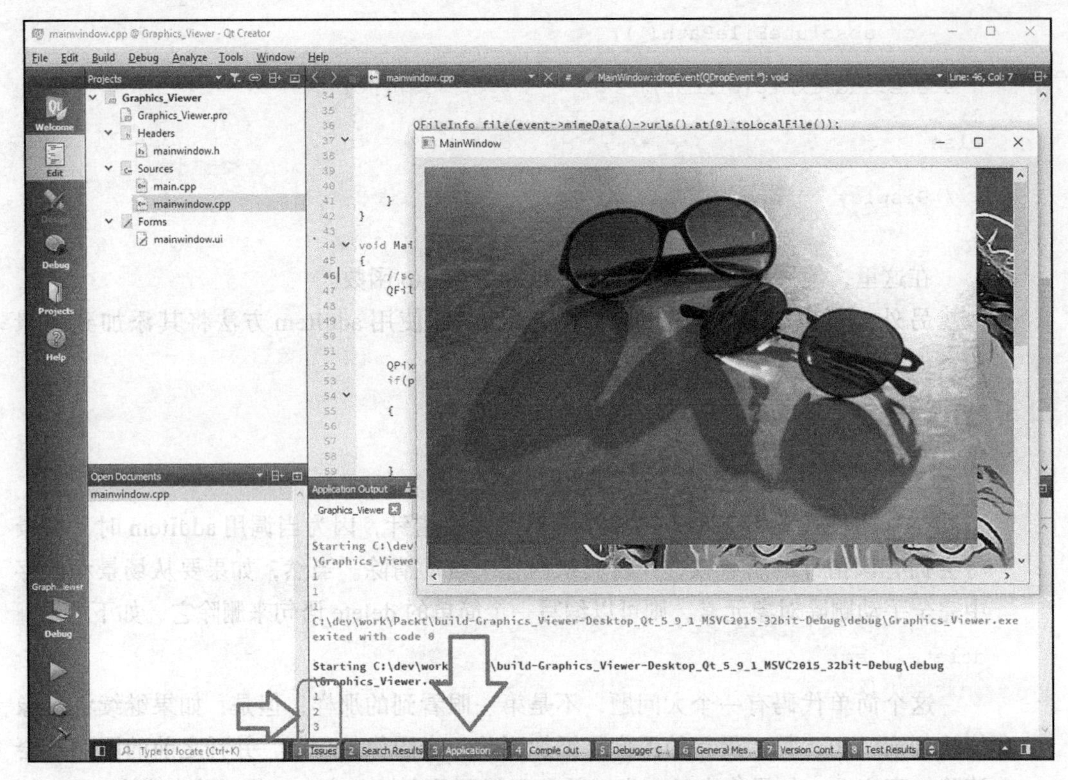

图 5-1 “Application Output”窗体截图

试着再次运行应用程序，看看运行结果。现在，将一个图像放入应用程序的窗口之后，窗口上应该只存在一个图像。此外，注意一下应用程序的输出，将看到显示的值一直是 1，这是因为在场景中始终只有一个图像存在。在刚刚看到的示例项目中，使用了 Qt 图形视图框架中所有三个现有的主要部分，即场景、对象元素和视图。现在，我们将学习有关这些类的细节，同时，为我们的完整的计算机视觉应用程序（即 Computer_Vision 工程项目）创建一个强大的图形查看器和编辑器。

5.2 场景 QGraphicsScene

这个类提供了用于操纵多个图形对象元素（QGraphicsItem）所需的几乎所有方法，尽管在上面的例子中，只使用这个类来处理一个 QGraphicxPixmapItem。在这一节，将总结这个类中一些最重要的函数。如上所述，我们将重点放在本书用例所需的属性和方法上，因为，尽管所有方法都很重要，但是所有内容不可能都在本书中进行介绍。我们将略过 QGraphicsScene 的构造函数，因为它们只用于提取场景的维度并创建场景。下面介绍剩余的方法和属性，对于其中可能不太好理解的部分，可以在本章前面创建的 Graphics_Viewer 项目中找到简单的示例代码并作尝试：

❑ addEllipse、addLine、addRect 以及 addPolygon 函数，顾名思义，可用于向场景中添加普通几何形状。为简化参数的输入，某些函数提供了重载函数。

创建对象元素并添加到场景时，每一个函数都将返回它们所对应的 QGraphicsItem 子类实例（如下所示）。可以保留返回的指针并在后面用于修改、移除或用其他方法处理对象元素：

- QGraphicsEllipseItem
- QGraphicsLineItem
- QGraphicsRectItem
- QGraphicsPolygonItem

这里是示例：

```
scene.addEllipse(-100.0, 100.0, 200.0, 100.0,
     QPen(QBrush(Qt::SolidPattern), 2.0),
     QBrush(Qt::Dense2Pattern));

 scene.addLine(-200.0, 200, +200, 200,
     QPen(QBrush(Qt::SolidPattern), 5.0));

scene.addRect(-150, 150, 300, 140);

QVector<QPoint> points;
points.append(QPoint(150, 250));
points.append(QPoint(250, 250));
points.append(QPoint(165, 280));
points.append(QPoint(150, 250));
scene.addPolygon(QPolygon(points));
```

图 5-2 是上述代码的执行结果。

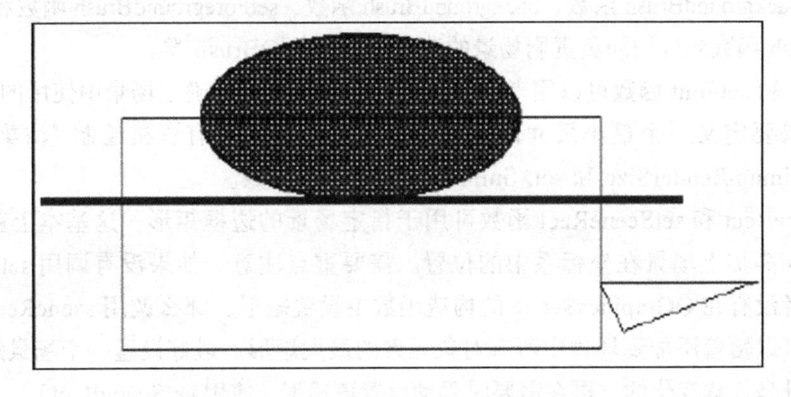

图 5-2 代码的执行结果

❑ addPath 函数可使用给定的 Qpen 和 QBrush 向场景中添加 QpainterPath。QpainterPath 类可用于记录绘制操作，与 Qpainter 类似，并在随后使用这些操作。

另一方面，Qpen 和 Qbrush 类按名称很好理解，无须解释，但是我们还将在本章后面的示例中使用这些类。

addPath 函数返回一个指向新创建的 QGraphicsPathItem 实例的指针。

- ❑ addSimpleText 和 addText 函数可以用来向场景中添加纯文本和格式化文本。这两个函数分别返回指向 QGraphicsSimpleTextItem 或 QGraphicsTextItem 的指针。
- ❑ addPixmap 函数，在前面的例子中已经使用过这个函数，可用于向场景添加图像，并返回指向 QGraphicsPixmapItem 类的指针。
- ❑ addItem 函数接受 QGraphicsItem 的任何子类，并将其添加到场景。在前面的例子中也使用过这个函数。
- ❑ addWidget 函数可以用来向场景中添加 Qt 控件。除了某些特殊的控件（即带 Qt::WA_PaintOnScreen 标记集的控件，或用外部库如 OpenGL 或 Active-X 绘制的控件），可以向场景中添加任意一个其他控件，与添加到窗口中一样。这为创建具有交互式图形对象元素的场景提供了巨大的支持。完全可以用它来创建简单的游戏，在图像上添加执行某些操作的按钮，以及完成其他很多事情。在我们的 Computer_Vision 项目中有足够多的例子大量使用这个函数，下面就是一个简短的例子：

```
QPushButton *button = new QPushButton(Q_NULLPTR);
connect(button, SIGNAL(pressed()), this, SLOT(onAction()));
button->setText(tr("Do it!"));
QGraphicsProxyWidget* proxy = scene.addWidget(button);
proxy->setGeometry(QRectF(-200.0, -200, 400, 100.0));
```

上面的代码只是添加了一个按钮，标题是“ Do it ! ”并将它连接到一个名为 onAction 的槽。只要在场景上按下这个按钮，就会调用 onAction 函数。这与向窗口添加按钮是完全一样的。

- ❑ setBackgroundBrush 函数、backgroundBrush 函数、setForegroundBrush 函数和 foreground Brush 函数允许访问负责刷场景的背景和前景的 QBrush 类。
- ❑ font 和 setFont 函数可以用来获取或设置 QFont 类，来确定场景中使用的字体。
- ❑ 如果要定义一个最小尺寸以确定一个对象元素是否有资格绘制（渲染），则使用 minimumRenderSize 和 setMinimumRenderSize 函数。
- ❑ sceneRect 和 setSceneRect 函数可用于指定场景的边框矩形。这基本上就是场景的宽和高加上场景在坐标系中的位置。需要重点注意，如果没有调用 setSceneRect，或者没有在 QGraphicsScene 的构造函数中设置矩形，那么调用 sceneRect 将总是返回可以覆盖添加到场景中所有对象元素的最大矩形。最好设置一个场景矩形，因为场景是任意变化的，再在需要时手动设置该矩形（使用 setSceneRect）。
- ❑ stickyFocus 和 setStickyFocus 函数可用于启用或禁用场景的“ Sticky Focus ”模式。如果启用“ Sticky Focus ”，那么单击场景中的一个空白空间不会对有焦点的对象元素有任何影响，否则将移除焦点，将不再选择所选的对象元素。
- ❑ collidingItems 是一个非常有趣的函数，可用于找出一个对象元素是否与任何其他对象元素共享一部分区域（或者说是否与其他对象元素冲突）。需要传递 QGraphicsItem 指针以及 Qt::ItemSelectionMode，将得到与你的对象元素相冲突的 QGraphicsItem 实例的 QList。

- createItemGroup 和 destroyItemGroup 函数可用于创建和移除 QGraphicsItemGroup 类实例。QGraphicsItemGroup 实际上是另一个 QGraphicsItem 的子类（像 QGraphicsLineItem 等一样），可以用来将一组图形对象元素分组并表示为一个对象元素。
- hasFocus、setFocus、focusItem 和 setFocusItem 函数都用于处理图形场景中当前有焦点的对象元素。
- width 和 height 返回与 sceneRect.width() 和 sceneRect.height() 相同的值，可用于获得场景的宽和高。

需要重点注意的是，这些函数返回的值是 qreal 类型（在默认情况下，与 double 类型是一样的），而不是 integer 类型，因为场景坐标在像素方面是无效的。除非用一个视图绘制一个场景，否则其上所有内容都看成是逻辑的以及非视觉的，而不是视觉的，而这是 QGraphicsView 类的领域。

- invalidate 在某些情况下与 update() 一样，可以用来请求重新绘制整个或部分场景，与刷新功能类似。
- itemAt 函数用于在场景中某个位置找到指向 QgraphicItem 的指针。
- item 返回添加到场景的对象元素列表，基本上就是 QgraphicsItem 的 QList。
- itemsBoundingRect 可用于获取 QRectF 类，或只是可以包含场景上所有对象元素的最小矩形。在需要查看所有对象元素或执行类似操作时，这个函数特别有用。
- mouseGrabberItem 可以用来获取当前单击而不需要释放鼠标按钮的对象元素。这个函数返回一个 QGraphicsItem 指针，而且使用这个函数可以很容易地向场景添加“拖移”或者类似的功能。
- removeItem 函数可以用来从场景移除对象元素。这个函数不能删除对象元素，由调用者负责任何需要的清除工作。
- render 可以用来渲染 QPaintDevice 上的场景。这表示可以使用 QPainter 类（与在第 4 章中学到的一样）通过向这个函数传递一个 painter 类的指针在 QImage 类、QPrinter 类以及类似的类中绘制场景。还可以在一部分 QPaintDevice 渲染目标类上对一部分场景进行渲染，同时也需要注意高宽比的处理。
- selectedItems、selectionArea 以及 setSelectionArea 函数，配合使用这些函数可以帮助处理一个或多个对象元素的选择。通过提供一个 Qt::ItemSelectionMode 枚举类型，可以根据在一个框内完整选择这个对象元素，还是只选择其一部分等，来判断是否选择了一个对象元素。我们还给这个函数提供了 Qt::ItemSelectionOperation 枚举项，以确定选择添加或替换所有先前选取的对象元素。
- sendEvent 函数可以用来将 QEvent 类（或子类）发送到场景中的对象元素。
- style 函数和 setStyle 函数用来设置和获取场景的样式。

- update 函数可以用来重绘一部分或全部场景。当场景的视觉部分发生变化时，这个函数最好与 QGraphicsScene 类发送的更改信号一起使用。
- views 函数可以用来获取包含 QGraphicsView 控件的 QList 类，这些控件用于显示（或查看）这个场景。

除了上述现有的方法之外，QGraphicsScene 还提供了可用来进一步自定义和增强 QGraphicsScene 类的行为和外观的很多虚函数。因为这方面的原因，与任何其他的 C++ 类一样，需要创建 QgraphicsScene 的子类，并只为这些虚函数添加实现。实际上，这是使用 QGraphicsScene 类的最佳方式，允许为新创建的子类增加更多的灵活性。

- 可以重写 dragEnterEvent 函数、dragLeaveEvent 函数、dragMoveEvent 函数以及 dropEvent 函数来向场景添加拖拽功能。注意，这与前面的例子中将图像拖拽到窗口十分类似。每一个事件都提供了足够的信息和参数来处理整个拖放过程。
- 如果需要向整个场景添加自定义的背景或前景，应该重写 drawBackground 函数和 drawForeground 函数。当然，对于简单的背景或前景绘制或着色任务，只需要调用 setBackgroundBrush 函数和 setForegroundBrush 函数，跳过这些函数的重写。
- mouseDoubleClickEvent 函数、mouseMoveEvent 函数、mousePressEvent 函数、mouseReleaseEvent 函数以及 wheelEvent 函数可以用来处理场景中不同的鼠标事件。例如，在本章稍后，将使用 wheelEvent 函数在 Computer_Vision 项目的场景中添加放大和缩小功能。
- 可以重写 event 函数以处理被场景接收到的所有事件。这个函数基本上负责将事件分派给相应的处理程序，但是也可以用来处理那些自定义事件或没有方便函数的事件，例如，上面提到的所有事件。

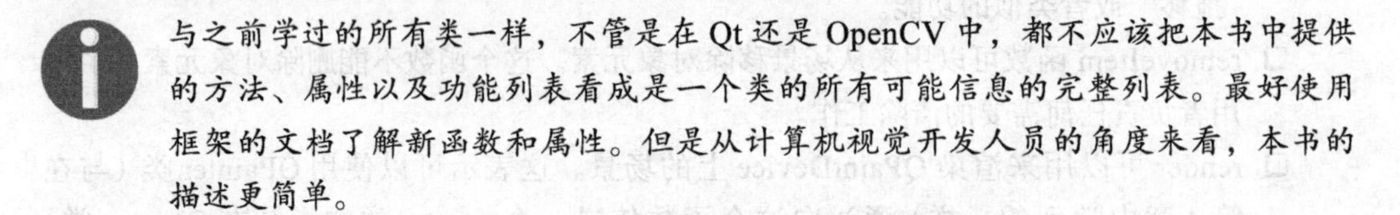
与之前学过的所有类一样，不管是在 Qt 还是 OpenCV 中，都不应该把本书中提供的方法、属性以及功能列表看成是一个类的所有可能信息的完整列表。最好使用框架的文档了解新函数和属性。但是从计算机视觉开发人员的角度来看，本书的描述更简单。

5.3 对象元素 QGraphicsItem

这是场景中绘制的所有对象元素的基类，它包含各种方法和属性来处理每一个对象元素的绘制、与其他对象元素的冲突检测、鼠标单击以及其他事件等等。虽然可以自己动手对其进行子类化，并创建自己的图形对象元素，Qt 仍然提供了一组现成的子类，可用于大多数（如果不是全部）日常图形任务。下面列出了这些子类，某些子类我们在前面的示例中已经直接或间接地使用过：

- `QGraphicsEllipseItem`
- `QGraphicsLineItem`

- QGraphicsPathItem
- QGraphicsPixmapItem
- QGraphicsPolygonItem
- QGraphicsRectItem
- QGraphicsSimpleTextItem
- QGraphicsTextItem

正如前面介绍的那样，QGraphicsItem 提供了大量的函数和属性来处理图形应用程序中的问题和任务。这一节将介绍 QGraphicsItem 中的一些最重要的成员，从而帮助我们熟悉之前介绍过的子类：

- acceptDrops 函数和 setAcceptDrops 函数可以用来让对象元素接受拖放事件。请注意，这与之前的示例中看到的拖放事件非常类似，但这里的主要区别是，对象元素自己会知道拖放事件。
- acceptHoverEvents 函数、setAcceptHoverEvents 函数、acceptTouchEvents 函数、setAcceptTouchEvents 函数、acceptedMouseButtons 函数以及 setAcceptedMouse-Buttons 函数都处理对象元素的交互及其对鼠标单击的响应等等。这里需要重点注意的是，取决于 Qt::MouseButtons 枚举类型的设置，对象元素可以响应或忽略不同的鼠标按钮。下面是简单的例子：

```
QGraphicsRectItem *item =
   new QGraphicsRectItem(0,
                         0,
                         100,
                         100,
                         this);
item->setAcceptDrops(true);
item->setAcceptHoverEvents(true);
item->setAcceptedMouseButtons(
         Qt::LeftButton |
         Qt::RightButton |
         Qt::MidButton);
```

- boundingRegion 函数可以用来获取描述图形对象元素区域的 QRegion 类。这个函数非常重要，因为它可以用来获得需要绘制（或重新绘制）对象元素的确切区域，与对象元素的边框矩形不同，简单地说，一个对象元素可能只覆盖了它的边框矩形的一部分，比如一条线等等 。有关这方面的更多信息请参见下面的示例。
- 在计算对象元素的 boundingRegion 函数时，boundingRegionGranularity 函数和 set BoundingRegionGranularity 函数可以用来设置和获取粒度级别。

从这个意义上说，粒度是 0 到 1 之间的一个实数，对应于计算时的预期细节级别：

```
QGraphicsEllipseItem *item =
    new QGraphicsEllipseItem(0,
                             0,
                             100,
                             100);
```

```
scene.addItem(item);
item->setBoundingRegionGranularity(g); // 0 , 0.1 , 0.75 and 1.0
QTransform transform;
QRegion region = item->boundingRegion(transform);
QPainterPath painterPath;
painterPath.addRegion(region);
QGraphicsPathItem *path = new QGraphicsPathItem(painterPath);
scene.addItem(path);
```

在前面的代码中，如果用0.0、0.1、0.75和1.0替换g，将得到图5-3的结果。显然，0值（默认粒度级别）会产生一个矩形（边框矩形），这不是一个精确的估计。当增加一个粒度级别时，就得到更精确的区域（基本上是矩形的集合），该区域覆盖了图形形状和对象元素：

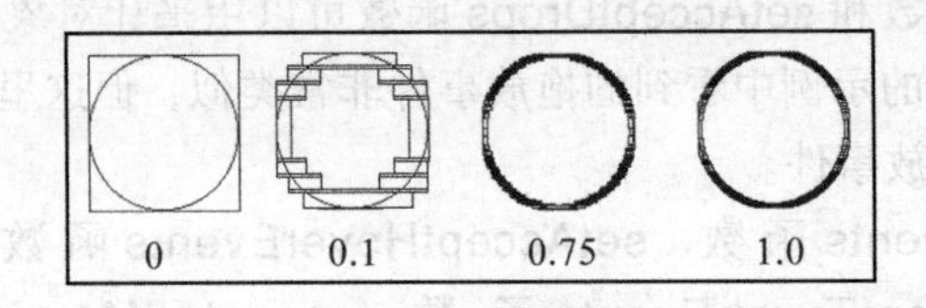

图5-3 用不同的粒度级别替换g时得到的结果

- ❑ childItems函数可以用来获取填充QGraphicsItem类的QList，是这个对象元素的子元素。可以把这些对象元素看成是一个更复杂的对象元素的子对象元素。
- ❑ childrenBoundingRect函数、boundingRect函数和sceneBoundingRect函数可以用来检索包含这个对象元素的子元素边框矩形、对象元素自己的边框矩形和场景的边框矩形的QRectF类。
- ❑ clearFocus函数、setFocus函数和hasFocus函数可以用来移除、设置和获取该对象元素的焦点状态。一个有焦点的对象元素，可以接收键盘事件。
- ❑ collidesWithItem函数、collidesWithPath函数和collidingItems函数可以用来检查该对象元素是否与任意一个给定的对象元素存在冲突，以及与该对象元素存在冲突的对象元素列表。
- ❑ contains函数接受一个点的位置（准确地说是QPointF类），并检查该对象元素是否包含这个点。
- ❑ cursor函数、setCursor函数、unsetCursor函数和hasCursor函数用于对该对象元素设置、获取和取消设置特定的鼠标光标类型。还可以在取消设置之前检查该对象元素是否已经设置了任何光标。当设置时，如果鼠标光标在这个对象元素上，则光标的形状将变为所设置的光标。
- ❑ hide函数、show函数、setVisible函数、isVisible函数、opacity函数、setOpacity函数和effectiveOpacity函数都与对象元素的可见性（以及不透明性）有关。所有这些函数的名称都不需要加以说明，只需要留意一下effectiveOpacity函数，该函数可能与这个对象元素的不透明性有关，因为这个函数是根据该对象元素及其父对象元素的不透明级别来计算的。

最终，effectiveOpacity 是用于在屏幕上绘制该对象元素的不透明级别。

- flags 函数、setFlags 函数和 setFlag 函数可以用来获取或设置该对象元素的标志。flags 函数的基本含义是来自 QGraphicsItem::GraphicsItemFlag 枚举类型的对象元素的组合。下面是示例代码：

```
item->setFlag(QGraphicsItem::ItemIsFocusable, true);
item->setFlag(QGraphicsItem::ItemIsMovable, false);
```

> 值得重点注意的是，当使用 setFlag 函数时，之前的所有 flag 状态都会保留，只有该函数中的标志受影响。但是当使用 setFlags 函数时，基本上所有的标志都会按给定的标志组合进行重置。

- 当想要改变从场景中获取鼠标事件和键盘事件的对象元素时，grabMouse、grabKeyboard、ungrabMouse 和 ungrabKeyboard 方法是非常有用的。显然，在默认实现的情况下，一次只有一个对象元素抓取鼠标或键盘事件，除非另外一个对象元素抓取或对象元素自己取消抓取、或被删除或隐藏，否则抓取者保持不变。可以在 QGraphicsScene 类中一直使用 mouseGrabberItem 函数，以获取抓取者对象元素，如本章前面所见。
- setGraphicsEffect 函数和 graphicsEffect 函数可以用来设置和获取 QGraphicsEffect 类。这是一个非常有趣且易于使用但功能强大的函数，可以用来在场景上给对象元素添加滤波器或效果。QGraphicsEffect 是 Qt 中所有图形效果的基类。可以对其进行子类化，创建自己的图形效果或滤波器，或者只是使用由 Qt 提供的图形效果。目前，在 Qt 中有一些图形效果类，可以自己试一试：
  - QGraphicsBlurEffect
  - QGraphicsColorizeEffect
  - QGraphicsDropShadowEffect
  - QGraphicsOpacityEffect

来看一个自定义图形效果例子，并使用 Qt 自己的图形效果来熟悉概念：

1. 可以使用在本章前面创建的同一个 Graphics_Viewer 项目。只需在 Qt Creator 中打开这个项目，使用主菜单的“New File or Project”，选择“C++”和“C++ Class”并单击“Choose”按钮。
2. 接下来，确保输入的类名为“QCustomGraphicsEffect”。基类选择“QObject”，最后选中“Include QObject”复选框（如果默认情况下没有选中）。
3. 然后，在新创建的“qcustomgraphicseffect.h”文件中添加下面的 include 语句：

```
#include <QGraphicsEffect>
#include <QPainter>
```

4. 之后，需要确保QCustomGraphicsEffect类继承QGraphicsEffect，而不是继承QObject。确保首先更改在qcustomgraphicseffect.h文件中的类定义行，如下所示：

```
class QCustomGraphicsEffect : public QGraphicsEffect
```

5. 还需要更新类的构造函数，并确保在类构造函数中调用了QGraphicsEffect构造函数，否则将得到编译错误。因此，请更改qcustomgraphics.cpp文件中的类构造函数，如下所示：

```
QCustomGraphicsEffect::QCustomGraphicsEffect(QObject *parent)
  : QGraphicsEffect(parent)
```

6. 接下来，需要实现draw函数。这基本上就是所有QGraphicsEffect类的生成方法，即通过实现draw函数。因此，向qcustomgraphicseffect.h文件中的QCustomGraphics-Effect类定义添加下面的代码行：

```
protected:
  void draw(QPainter *painter);
```

7. 然后，需要编写实际的效果代码。在本例中，将编写一个简单的阈值滤波器，它根据像素的灰度值将其设置为全黑色或全白色。尽管代码一开始可能看起来有些复杂，但这只是使用了在前几章中已经学过的内容。而且，它还是一个简单的例子，说明使用QGraphicsEffect类编写新的效果和滤波器是多么的容易。就像看到的那样，指向QPainter类的指针传入draw函数，可以用来在效果发出更改请求之后，对其进行修改和绘制：

```
void QCustomGraphicsEffect::draw(QPainter *painter)
{
  QImage image;
  image = sourcePixmap().toImage();
  image = image.convertToFormat(
        QImage::Format_Grayscale8);
  for(int i=0; i<image.byteCount(); i++)
  image.bits()[i] =
        image.bits()[i] < 100 ?
            0
          :
            255;
  painter->drawPixmap(0,0,QPixmap::fromImage(image));
}
```

8. 最后，可以使用这个新效果类，只要保证将其包含在mainwindow.h文件中：

```
#include "qcustomgraphicseffect.h"
```

9. 然后，通过调用对象元素的setGraphicsEffect函数来使用它。在Graphics_Viewer工程项目中，实现了dropEvent。可以直接将下面的代码片段添加到dropEvent函数中，如下所示：

```
QGraphicsPixmapItem *item = new QGraphicsPixmapItem(pixmap);
item->setGraphicsEffect(new QCustomGraphicsEffect(this));
scene.addItem(item);
```

如果所有操作都正确，当运行应用程序并在其上放置一个图像时，将看到如图 5-4 所示的阈值效果结果。

图 5-4 阈值效果执行结果

最后一步使用自定义图形效果，请尝试在这一步用 Qt 提供的任意一个效果类名替换 QCustomGraphicsEffect，并检查结果。正如看到的那样，当涉及图形效果和类似的概念时，这些 Qt 的类提供了巨大的灵活性。

现在，继续学习 QGraphicsItem 类中其余的函数和属性：

- 当想要向一个组添加对象元素或者想要获取包含对象元素的组类时，可以使用 group 函数和 setGroup 函数，前提是这个对象元素属于任何组。QGraphicsItemGroup 是负责处理分组的类（和本章前面学过的内容是一样）。
- isAncestorOf 函数可以用来检查对象元素是否是任意一个给定的其他对象元素的父对象元素（或者是父对象元素的父对象元素等等）。
- setParentItem 和 parentItem 用于设置和检索当前对象元素的父对象元素。一个对象元素可能根本就没有任何父对象元素，这种情况下，parentItem 函数返回值是 0。
- isSelected 函数和 setSelected 函数可以用来更改对象元素的被选择模式。这些函数与 setSelectionArea 密切相关，并且与在 QGraphicsScene 类中学习到的函数类似。
- mapFromItem 函数、mapToItem 函数、mapFromParent 函数、mapToParent 函数、mapFromScene 函数、mapToScene 函数、mapRectFromItem 函数、mapRectToScene 函数、mapRectFromParent 函数、mapRectToParent 函数、mapRectFromScene 函数和 mapRectToScene 函数，这些函数都有更方便的重载功能，可列出一长串函数，这些函数基本上是用来映射的，或者说，可以用来将坐标转换到场景、另一个对象元素、父节点，或从场景、另一个对象元素、父节点转换到坐标。事实上，如果考虑到每一个单独的对象元素和场景都在它们自己的坐标系中工作，如果它们与其他项目没有任何关系的话，这是很容易理解的。首先，来看看图5-5，然后再更详细地讨论一下这个问题。

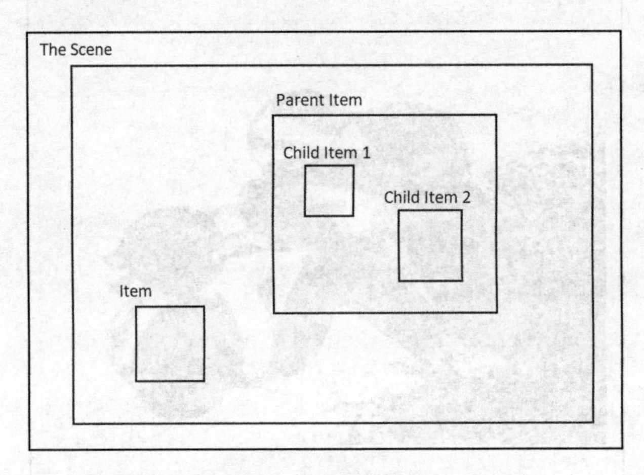

图5-5 包含所有对象元素的一个场景

因为“The Scene”包含所有对象元素，假设主坐标系（或世界坐标系）是场景坐标系。实际上，这是一个非常合理的假设。因此，Item在此场景中会有位置值（A，B）。类似地，Parent Item在此场景中有位置值（D，E）。现在，这就是它变得有些复杂的地方，Child Item 1在Parent Item中有一个位置值（F，G）。类似地，Child Item 2在Parent Item中有一个位置值（H，I）。显然，如果父和子的个数增加，将有一个不同的坐标系，这就是映射函数可能有用的地方。下面是一些示例案例。你可以使用下面的代码片段来测试它，以创建一个类似于上面介绍过的拥有对象元素的场景：

```
QGraphicsRectItem *item =
new QGraphicsRectItem(0,
                      0,
                      100,
                      100);
item->setPos(50,400);
scene.addItem(item);
QGraphicsRectItem *parentItem =
    new QGraphicsRectItem(0,
                          0,
                          320,
                          240);
parentItem->setPos(300, 50);
scene.addItem(parentItem);

QGraphicsRectItem *childItem1 =
    new QGraphicsRectItem(0,
                          0,
                          50,
                          50,
```

```
                                   parentItem);
    childItem1->setPos(50,50);
    QGraphicsRectItem *childItem2 =
        new QGraphicsRectItem(0,
                              0,
                              75,
                              75,
                              parentItem);
    childItem2->setPos(150,75);

    qDebug() << item->mapFromItem(childItem1, 0,0);
    qDebug() << item->mapToItem(childItem1, 0,0);
    qDebug() << childItem1->mapFromScene(0,0);
    qDebug() << childItem1->mapToScene(0,0);
    qDebug() << childItem2->mapFromParent(0,0);
    qDebug() << childItem2->mapToParent(0,0);
    qDebug() << item->mapRectFromItem(childItem1,
                                      childItem1->rect());
    qDebug() << item->mapRectToItem(childItem1,
                                    childItem1->rect());
    qDebug() << childItem1->mapRectFromScene(0,0, 25, 25);
    qDebug() << childItem1->mapRectToScene(0,0, 25, 25);
    qDebug() << childItem2->mapRectFromParent(0,0, 30, 30);
    qDebug() << childItem2->mapRectToParent(0,0, 25, 25);
```

试着在 Qt Creator 和 Qt Widgets 工程项目中运行一下前面的代码，将在 Qt Creator 应用程序的输出窗体中看到下面这些的内容，这基本上是 qDebug() 语句的执行结果：

```
QPointF(300,-300)
QPointF(-300,300)
QPointF(-350,-100)
QPointF(350,100)
QPointF(-150,-75)
QPointF(150,75)
QRectF(300,-300 50x50)
QRectF(-300,300 50x50)
QRectF(-350,-100 25x25)
QRectF(350,100 25x25)
QRectF(-150,-75 30x30)
QRectF(150,75 25x25)
```

让我们看看产生第一个结果的指令：

```
item->mapFromItem(childItem1, 0,0);
```

item 在场景中有一个位置（50，400），在 parentItem 中 childItem1 有一个位置（50，50）。这条语句在 childItem1 坐标系中接受位置（0，0），并将其转换为对象元素的坐标系。你可以自己逐个检查其他指令。当我们想要在场景中移动对象元素或在场景中的对象元素上做类似的变换时，这是非常简单且方便的。

❑ moveBy 函数、pos 函数、setPos 函数、x 函数、setX 函数、y 函数、setY 函数、rotation 函数、setRotation 函数、scale 函数和 setScale 函数可以用来获取或设置对

象元素的不同几何属性。请注意一件有趣的事情：pos 和 mapToParent(0，0) 返回相同的值。请检查前面的示例并试着在示例代码中添加这个函数。

- ❑ transform 函数、setTransform 函数、setTransformOriginPoint 函数和 resetTransform 函数可以用来对对象元素应用或检索任意一个几何变换。最值得注意的是，所有的变换都假设了一个原点（通常是 0，0），这个原点可以使用 setTransformOriginPoint 来更改。
- ❑ scenePos 函数可以用来获取场景中的对象元素的位置。
- ❑ 这和调用 mapToScene(0，0) 是一样的。可以自己在前面的示例中试一试这个函数，并比较一下结果。
- ❑ data 函数和 setData 函数可以用来在一个对象元素中设置和检索任意一个自定义数据。例如，可以使用这个函数来存储为 QGraphicsPixmapItem 设置的图像路径，或者是与特定对象元素相关联的几乎任何其他类型的信息。
- ❑ zValue 函数和 setZValue 函数可以用来修改并检索对象元素的 Z 值。Z 值决定在其他对象元素之前应该绘制哪些对象元素，等等。Z 值高的对象元素总是在 Z 值低的对象元素之前进行绘制。

与在 QGraphicsScene 类中看到的一样，QGraphicsItem 类还包含很多受保护的函数和虚函数，可以重新实现这些函数，主要用来处理从场景传递给对象元素的不同类型的事件。下面是一些重要而且非常有用的示例：

- `contextMenuEvent`
- `dragEnterEvent, dragLeaveEvent, dragMoveEvent, dropEvent`
- `focusInEvent, focusOutEvent`
- `hoverEnterEvent, hoverLeaveEvent, hoverMoveEvent`
- `keyPressEvent, keyReleaseEvent`
- `mouseDoubleClickEvent, mouseMoveEvent, mousePressEvent, mouseReleaseEvent, wheelEvent`

5.4 视图 QGraphicsView

我们已经进入了 Qt 图形视图框架的最后一部分。QGraphicsView 类是一个 Qt 控件类，可以将其放到窗口上以显示 QGraphicsScene，而后者自身包含很多 QGraphicsItem 子类和 / 或控件。类似于 QGraphicsScene 类，这个类还提供大量的功能、方法和属性以处理图形的可视化部分。我们将讨论下面列表中最重要的一些函数，然后将学习在我们的完整的计算机视觉应用程序中如何子类化 QGraphicsView，并将其扩展以获得一些重要的功能，例如，放大、缩小、对象元素的选择等等。下面是我们在计算机视觉工程项目中需要的 QGraphicsView 类的方法和成员：

- alignment 函数和 setAlignment 函数可以用来设置视图中场景的对齐方式。值得重点注意的是，当视图能够完整地显示场景并仍然有足够的空间时，该函数只有一个可见的效果，而且视图不需要滚动条。
- dragMode 函数和 setDragMode 函数可以用来获取和设置视图的拖动模式。这是视图最重要的能力之一，可以确定单击鼠标左键并在视图上拖动时会发生什么。在接下来的例子中，还将用到拖动模式并学习更多有关拖动模式的内容。我们还会利用 QGraphicsView::DragMode enum 设置不同的拖动模式。
- isInteractive 函数和 setInteractive 函数允许检索和修改视图的交互行为。一个交互视图对鼠标和键盘（如果已经实现了的话）做出反应，否则，所有的鼠标和键盘事件都将被忽略，而且视图只用来查看场景中的对象元素，而不与之进行交互。
- optimizationFlags 函数、setOptimizationFlags 函数、renderHints 函数、setRenderHints 函数、viewportUpdateMode 函数和 setViewportUpdateMode 函数分别用来获取和设置与视图的性能和渲染质量有关的参数。在接下来的示例工程项目中，将在实践中看到这些函数的用例。
- 如果将 dragMode 设置为 RubberBandDrag 模式，那么 rubberBandSelectionMode 函数和 setRubberBandSelectionMode 函数可以用来设置视图的对象元素选择模式。可以设置下列内容，也就是 Qt::ItemSelectionMode 枚举项：
    - `Qt::ContainsItemShape`
    - `Qt::IntersectsItemShape`
    - `Qt::ContainsItemBoundingRect`
    - `Qt::IntersectsItemBoundingRect`
- sceneRect 函数和 setSceneRect 函数用于获取和设置视图中场景的可视化区域。显然，这个值并不一定与 QGraphicsScene 类的 sceneRect 相同。
- centerOn 函数可以用来确保一个特定的点或对象元素位于视图的中心。
- ensureVisible 函数可以用来将视图滚动到一个特定的区域（具有给定的边界）以确保它在视图中。该函数适用于点、矩形和图形对象元素。
- fitInView 函数与 centerOn 和 ensureVisible 十分类似，主要不同在于：该函数还可以缩放视图的内容以适应视图，并有一个给定的宽高比处理参数，这可以是下列项之一：
    - `Qt::IgnoreAspectRatio`
    - `Qt::KeepAspectRatio`
    - `Qt::KeepAspectRatioByExpanding`
- itemAt 函数可以用来检索视图中特定位置的对象元素。

我们已经学习了，场景中的每一个对象元素和场景都拥有自己的坐标系，并且需要使用映射函数将位置从一个坐标系转换到另一个坐标系，反之亦然。在视图中也是如此。视图也有自已的坐标系，主要的区别是：视图中的位置和矩形等实际上是以像素为单位的，因此它们是整数值，但是场景和对象元素的位置使用实数值，等等。这是因为在视图中查看之前，场景和对象元素都是逻辑实体，因此在屏幕上准备显示整个（或部分）场景时，所有实数都被转换成整数。图 5-6 可以帮助更好地理解这些内容。

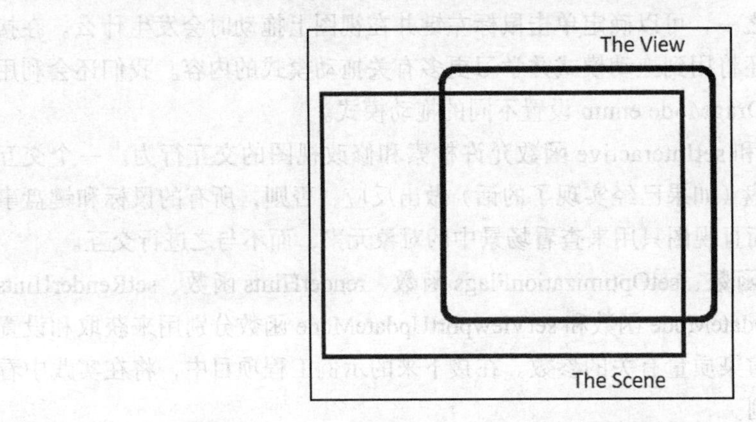

图 5-6　屏幕上的场景和视图

在图 5-6 中，视图的中心点实际上位于场景的右上方的四分之一处。视图提供了类似的映射函数（在对象元素中看到的），将一个位置从场景坐标系变换到视图坐标系，反之亦然。在此处，在继续学习之前，需要先学习与视图有关的一些函数和方法：

- ❑ mapFromScene 函数和 mapToScene 函数可以用来从场景坐标系转换到位置，或者将位置转换到场景坐标系。与之前介绍的内容是一致，mapFromScene 函数接受实数值并返回整数值，而 mapToScene 函数接受整数值并返回实数。在后面开发缩放功能时，将会使用这些函数。
- ❑ items 函数可以用来获取场景中的对象元素列表。
- ❑ render 函数用于执行整个视图或部分视图的渲染。该函数与 QGraphicsScene 中的 render 函数用法完全一样，只是它是对视图执行相同的操作。
- ❑ rubberBandRect 函数可以用来获取选定的橡皮筋矩形。和前面介绍的内容一样，该函数只适用于在拖动模式下设置为 rubberBandSelectionMode。
- ❑ setScene 函数和 scene 函数用来设置和获取视图的场景。
- ❑ setMatrix 函数、setTransform 函数、transform 函数、rotate 函数、scale 函数、shear 函数和 translate 函数都可以用来修改或检索上面介绍过的视图几何属性。
- ❑ 与 QGraphicsScene 类和 QGraphicsItem 类相同，QGraphicsView 类还提供了许多完全相同的受保护的虚成员，可用来进一步扩展视图的功能。现在，我们将扩展 Graphics_Viewer 示例工程项目，以支持更多的对象元素、对象元素的选择、对象元素的移除以及放大和缩小功能，在这个过程中，我们将回顾在本章中学习过的一些最重要的视图、场景以及对象元素的用例。因此，现在让我们准备开始吧：

1. 首先，打开 Qt Creator 中的 Graphics_Viewer 工程项目，然后，从主菜单选择“New File or Project”，然后在“New File or Project”窗口中选择“C++”和“C++”类，再单击“Choose”按钮。
2. 确保输入 QEnhancedGraphicsView 作为类名，并选择 QWidget 作为基类。另外，如果还没有将“Include QWidget”旁边的复选框勾选上，那么请勾选上。然后，单击“Next”，再单击“Finish”。
3. 将以下内容添加到 qenhancedgraphicsview.h 头文件：

```
#include <QGraphicsView>
```

4. 在 qenhancedgraphicsview.h 文件中确保 QEnhancedGraphicsView 类继承 QGraphicsView，而不是 QWidget，如下所示：

```
class QEnhancedGraphicsView : public QGraphicsView
```

5. 必须纠正 QEnhancedGraphicsView 类的构造函数的实现，这显然是在 qenhancedgraphicsview.cpp 文件中完成的，如下所示：

```
QEnhancedGraphicsView::QEnhancedGraphicsView(QWidget
    *parent)
  : QGraphicsView(parent)
{
}
```

6. 现在，在 qenhancedgraphicsview.h 文件的增强视图类定义中添加下面的受保护成员：

```
protected:
  void wheelEvent(QWheelEvent *event);
```

7. 并且将其实现添加到 qenhancedgraphicsview.cpp 文件，请见下面的代码块：

```
void QEnhancedGraphicsView::wheelEvent(QWheelEvent *event)
{
  if (event->orientation() == Qt::Vertical)
  {
    double angleDeltaY = event->angleDelta().y();
    double zoomFactor = qPow(1.0015, angleDeltaY);
    scale(zoomFactor, zoomFactor);
    this->viewport()->update();
    event->accept();
  }
  else
  {
    event->ignore();
  }
}
```

需要确保在类的源文件中包含了 QWheelEvent 和 QtMath，否则，将会得到有关 qPow 函数和 QWheelEvent 类的编译错误。上面的代码几乎都是无须加以说明的——先检查鼠标滚动事件的方向，然后根据滑轮的运动次数，对X轴和Y轴缩放。之后，更新视图窗口，以确保在需要时可以重新绘制所有的内容。

8. 现在，需要通过进入Qt Creator的设计模式来提升窗口上的graphicsView对象（和我们之前看到的一样）。我们需要单击右键，并从上下文菜单中选择“Promote to”。然后，输入“QEnhancedGraphicsView”作为扩展类名，并单击“Add”按钮，最后单击“Promote”按钮。（在前面的例子中你已经学习了有关提升的内容，这个也不例外。）因为QGraphicsView类和QEnhancedGraphicsView类是兼容的（前者是后者的父类），如果不需要它，那么可以把父类提升为子类，或者将其降级。提升就像将控件转换成其子控件，以支持和添加更多的功能。

9. 需要将一小段代码添加到mainwindow.cpp中dropEvent函数的顶部，以保证加载新图像时重置缩放比例（更精确地说是尺度变换）：

```
ui->graphicsView->resetTransform();
```

现在，可以启动应用程序，并试着滚动鼠标滑轮。在向上或向下滚动鼠标滑轮时，可以看到缩放比例的变化。图5-7是放大和缩小图像时，应用程序的截图。

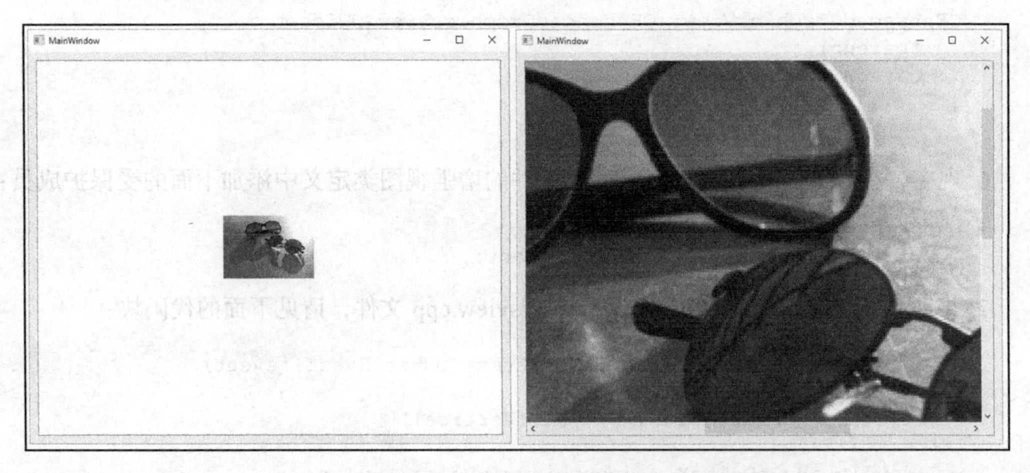

图5-7　放大和缩小图像时应用程序显示的结果

如果再多尝试一点，就会立刻注意到一件事情，zoom函数总是朝着图像的中心工作，这很奇怪，让人觉得很不舒服。为了解决这个问题，需要利用在本章学习到的一些技巧、技能以及函数：

1. 首先，在增强视图类中添加另外一个私有受保护函数。

除了之前使用过的wheelEvent之外，还将使用mouseMoveEvent。因此，将以下代码行添加到qenhancedgraphicsview.h文件中的受保护成员部分：

```
void mouseMoveEvent(QMouseEvent *event);
```

2. 此外，添加一个私有成员：

```
private:
  QPointF sceneMousePos;
```

3. 现在，转到它的实现部分，并将下面的代码添加到 qenhancedgraphicsview.cpp 文件中：

```
void QEnhancedGraphicsView::mouseMoveEvent(QMouseEvent
    *event)
{
  sceneMousePos = this->mapToScene(event->pos());
}
```

4. 还需要稍微调整一下 wheelEvent 函数，确保该函数的代码是下面这样的：

```
if (event->orientation() == Qt::Vertical)
{
  double angleDeltaY = event->angleDelta().y();
  double zoomFactor = qPow(1.0015, angleDeltaY);
  scale(zoomFactor, zoomFactor);
  if(angleDeltaY > 0)
  {
    this->centerOn(sceneMousePos);
    sceneMousePos = this->mapToScene(event->pos());
  }
  this->viewport()->update();
  event->accept();
}
else
{
  event->ignore();
}
```

只需通过函数名称，就可以很容易地看到这里正在发生的事情。我们实现了 mouse MoveEvent 来获取鼠标的位置（在场景坐标中，这是非常重要的），然后在确保放大（不是缩小）之后，视图的采集点一定位于屏幕中心位置。最后，更新位置，以获得更舒适的缩放体验。需要注意的是，就像这个例子一样，有时小缺陷或功能可能意味着用户可以轻松地使用你的应用程序，最终这是应用程序增长（或最差情况下下降）的一个重要参数。

现在，将向 Graphics_Viewer 应用程序中添加更多功能。让我们先保证 Graphics_Viewer 应用程序能够处理无限数量的图像：

1. 首先，需要保证在将每个图像放入视图（因此也放入场景）之后，不会清除场景，所以，先从 mainwindow.cpp 的 dropEvent 中删除以下代码行：

```
scene.clear();
```

2. 此外，从 dropEvent 删除下面的代码行，这是之前添加的，用于重置缩放的功能：

```
ui->graphicsView->resetTransform();
```

3. 现在，将下面两行代码添加到 mainwindow.cpp 文件中 dropEvent 的开始处：

```
QPoint viewPos = ui->graphicsView->mapFromParent
  (event->pos());
QPointF sceneDropPos = ui->graphicsView->mapToScene
  (viewPos);
```

4. 然后，确保将对象元素的位置设置为 sceneDropPos，如下所示：

```
item->setPos(sceneDropPos);
```

就这样，现在不需要其他内容了。启动 Graphics_Viewer 应用程序，并尝试将图像放入其中。在第一个图像之后，试着缩小并添加更多的图像。(尽量不要过度添加而导致填满内存，因为如果尝试添加太多图像，那么应用程序将开始消耗太多的内存，从而导致操作系统问题。不用说，应用程序可能会崩溃)。图 5-8 是在场景的不同位置拖放一些图像的截图。

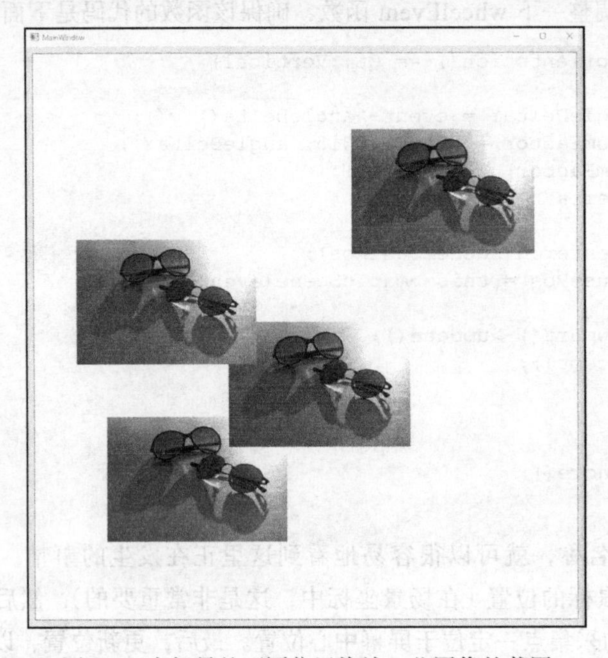

图 5-8　在场景的不同位置拖放一些图像的截图

很明显，这个应用程序遗漏了很多内容，但是在这一章中将介绍一些非常重要的功能，然后剩下的内容留给你自己去发现和学习。一些非常重要的遗漏的特性是：我们不能选择对象元素，删除对象元素，或者对其应用某些效果。让我们一次性完成这些功能，以实现一个简单而功能强大的 Graphics_Viewer 应用程序吧。和你了解到的是一样的，稍后，我们将使用在完整的计算机视觉应用程序（命名为 Computer_Vision 工程项目）中学习到的所有技术。那么，下面开始对 Graphics_Viewer 进行最后的添加：

1. 首先，将另一个受保护的成员添加到增强图形视图类中，如下所示：

```
void mousePressEvent(QMouseEvent *event);
```

2. 然后，将下面的私有槽添加到相同的类定义中：

```
private slots:
  void clearAll(bool);
  void clearSelected(bool);
  void noEffect(bool);
  void blurEffect(bool);
  void dropShadowEffect(bool);
  void colorizeEffect(bool);
  void customEffect(bool);
```

3. 现在，将所有必需的实现添加到视图类源文件 qenhancedgraphicsview.cpp 中。首先添加 mousePressEvent 的实现，如下所示：

```
void QEnhancedGraphicsView::mousePressEvent(QMouseEvent
  *event)
{
 if(event->button() == Qt::RightButton)
 {
  QMenu menu;
  QAction *clearAllAction = menu.addAction("Clear All");
  connect(clearAllAction,
         SIGNAL(triggered(bool)),
         this,
         SLOT(clearAll(bool)));
  QAction *clearSelectedAction = menu.addAction("Clear Selected");
  connect(clearSelectedAction,
         SIGNAL(triggered(bool)),
         this,
         SLOT(clearSelected(bool)));
  QAction *noEffectAction = menu.addAction("No Effect");
  connect(noEffectAction,
         SIGNAL(triggered(bool)),
         this,
         SLOT(noEffect(bool)));
  QAction *blurEffectAction = menu.addAction("Blur Effect");
  connect(blurEffectAction,
         SIGNAL(triggered(bool)),
         this,
         SLOT(blurEffect(bool)));
  // ***
  menu.exec(event->globalPos());
  event->accept();
 }
 else
 {
  QGraphicsView::mousePressEvent(event);
 }
}
```

在代码中，//*** 基本上表示 ropShadowEffect、colorizeEffect 和 customEffect 函数槽以相同模式重复即可。

我们在前面的代码中所做的就是：创建并打开一个上下文菜单（单击右键），然后将每个动作连接到将在下一步中添加的槽。

4. 现在，添加实现槽的代码，如下所示：

```
void QEnhancedGraphicsView::clearAll(bool)
{
  scene()->clear();
}
void QEnhancedGraphicsView::clearSelected(bool)
{
  while(scene()->selectedItems().count() > 0)
  {
   delete scene()->selectedItems().at(0);
   scene()->selectedItems().removeAt(0);
  }
}
void QEnhancedGraphicsView::noEffect(bool)
{
  foreach(QGraphicsItem *item, scene()->selectedItems())
  {
   item->setGraphicsEffect(Q_NULLPTR);
  }
}
void QEnhancedGraphicsView::blurEffect(bool)
{
  foreach(QGraphicsItem *item, scene()->selectedItems())
  {
    item->setGraphicsEffect(new QGraphicsBlurEffect(this));
  }
}

//***
```

与前面的代码一样，其余的槽也遵循相同的模式。

5. 在应用程序准备进行测试运行之前，需要处理一些最后的事情。首先，需要保证增强图形视图类是交互式的，并允许通过单击和拖动进行对象元素的选择。可以通过向 mainwindow.cpp 文件添加下面的代码片段完成此项工作。

   在设置场景之后，在初始化函数（构造函数）中同样操作：

```
ui->graphicsView->setInteractive(true);
ui->graphicsView->setDragMode(QGraphicsView::RubberBandDrag);
ui->graphicsView->setRubberBandSelectionMode(
   Qt::ContainsItemShape);
```

6. 最后，一定要在 mainwindow.cpp 的 dropEvent 函数中添加下面的代码行，确保对象元素是可选择的。将这些代码行添加到对象元素创建代码之后，并放在将其添加到场景的代码行之前：

```
item->setFlag(QGraphicsItem::ItemIsSelectable);
item->setAcceptedMouseButtons(Qt::LeftButton);
```

好了，可以开始并测试“Graphics_Viewer”应用程序，程序现在还可以添加效果，甚至更多的功能。图 5-9 显示称为“Rubber Band”选择模式的行为：

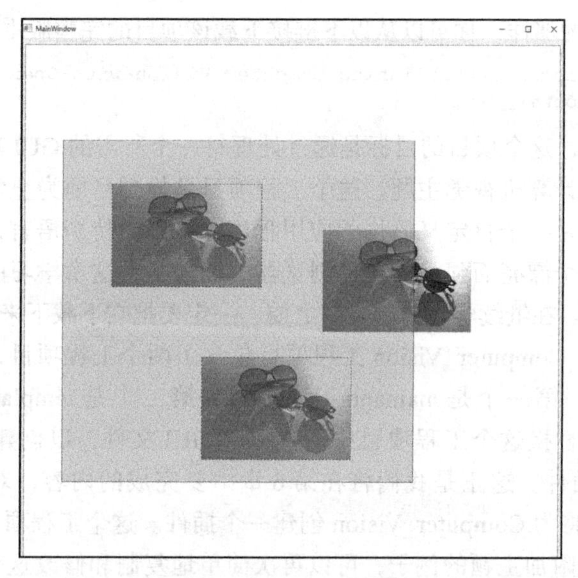

图 5-9 “Rubber Band”选择模式的行为截图

最后，这里有一个 Graphics_Viewer 应用程序的屏幕截图，显示在场景中向图像添加不同的效果，如图 5-10 所示。

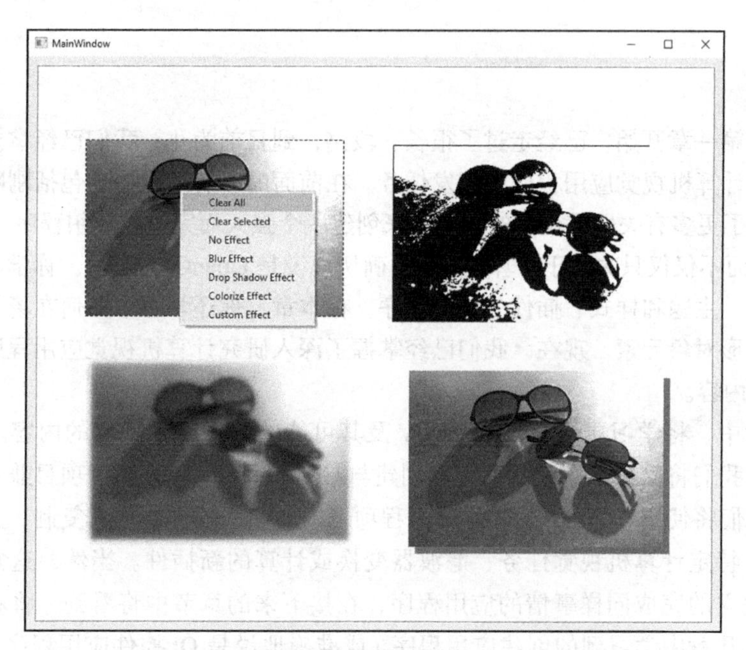

图 5-10 “Graphics_Viewer”应用程序的屏幕截图

就这样，现在我们可以创建一个强大的图形浏览器，还可以将其添加到 Computer_Vision 项目中，接下来的章节中学习更多新的 OpenCV 和 Qt 技能和技巧时将会用到这个图形浏览器。就像承诺的那样，你可以从以下链接下载该项目的完整版本：

```
https://github.com/PacktPublishing/Computer-Vision-with-OpenCV-3-and-Qt5/tree/
master/ch05/computer_vision
```

前面多次重复过，这个项目的目标是通过处理每一个所需的GUI功能、语言、主题等等，帮助我们专注于计算机视觉主题。这个工程项目是你到目前为止学习过的所有内容的一个完整的例子。这是一个自定义风格的应用程序，可以支持新语言，并且可以使用插件进行扩展。它还在一个漂亮而强大的图形浏览器中涵盖了在这章学习的所有要在本书其他章节将会用到的内容。在继续学习以下各章之前，一定要把它下载下来。

在Qt多项目中，Computer_Vision工程项目包含了两个工程项目，更确切地说，是一个subdirs项目类型，第一个是mainapp工程项目，第二个是template_plugin工程项目。可以复制（克隆）并替换这个工程项目中的代码和GUI文件，以创建和Computer_Vision工程项目兼容的新插件。这正是我们将在第6章中要完成的内容，对于学习过的大多数OpenCV技巧，我们将为Computer_Vision创建一个插件。这个工程项目还包含一个附加语言的例子，以及一个附加主题的例子，可以再次简单地复制和修改这个工程项目，为该应用程序创建新的语言和主题。一定要查看下载的完整源代码，并确保没有不懂的内容，而且完全理解Computer_Vision工程项目源代码中的所有内容。同样，这是为了总结所学的所有内容并将其打包成一个完整的、可重用的示例项目。

5.5 小结

从本书的第一章开始，已经走过了很长一段路，到目前为止，我们已经掌握了很多有用的技术来完成计算机视觉应用程序的开发任务。在前面的所有章节中，包括刚刚学习完的这一章，你学习了更多有关所需技能的知识，来创建一个强大而完整的应用程序，(通常，在大多数情况下）而不仅仅只关注于计算机视觉（确切地说是OpenCV技能）。你学习了如何创建支持多种语言、主题和样式、插件的应用程序，在本章，你还学习了如何在场景和视图中可视化图像和图形对象元素。现在，我们已经掌握了深入研究计算机视觉应用程序开发领域的所需几乎所有内容。

在第6章中，将学习更多有关OpenCV及其可能的图像处理技术的内容。对于每一个学习的主题，我们将简单地假设我们正在创建与Computer_Vision工程项目兼容的插件。这就意味着，我们将使用Computer_Vision工程项目内的模板插件，将其复制，并简单地制作一个能够执行特定计算机视觉任务、滤波器变换或计算的新插件。当然，这并不意味着不能创建一个独立的完成同样事情的应用程序，在接下来的章节中将看到，将看到拥有GUI的插件与在前几章中学习到的创建应用程序（或准确地说是Qt控件应用程序）确实没有什么本质上的不同。尽管如此，从现在开始，将继续学习更高级的主题，并将重点主要放在计算机视觉应用程序上。将学习如何使用众多的滤波器以及OpenCV中的其他图像处理功能、它所支持的颜色空间、各种变换技术等等。

CHAPTER 6

第6章

基于 OpenCV 的图像处理

基于 OpenCV 的图像处理一开始就要面对由智能手机、摄像头、DSLR 相机或者其他任何能够拍摄和记录图像数据的设备所采集到的未经处理的原始图像数据。但是，通常需要将这样的图像数据处理成锐化或模糊化；明亮、黑暗或平衡化；黑白或彩色；以及其他多种不同的表示形式。这可能是计算机视觉算法的第一步（通常也是最重要的步骤之一），通常称为"图像处理"（现在，让我们忘记一个事实，有时计算机视觉和图像处理这两个概念可以互换，这是专家常常讨论的一个问题）。当然，可以在任何计算机视觉处理过程中或最后阶段进行图像处理。但是，通常情况下，大多数现有设备采集的照片或视频都会预先执行某些图像处理算法，以便进行其他处理。这些算法有些是为了转换图像格式，有些是为了调整颜色，去除噪点，还有很多其他的处理，难以尽述。OpenCV 框架提供了大量的功能来处理不同类型的图像处理任务，如图像滤波、几何变换、绘制、不同颜色空间的处理、图像直方图等，这是本章的主要学习内容。

在本章中，你将学习很多不同的函数和类，特别是在 OpenCV 框架的 imgproc 模块中。我们将从图像滤波开始，在此过程中，你将学习如何创建 GUI 以及如何正确使用现有算法。之后，将继续学习 OpenCV 提供的几何变换功能。然后，将简要地介绍颜色空间及其相互之间的转换等等。此后，将继续学习 OpenCV 中的绘图函数。正如在前几章中看到的，Qt 框架也提供了十分灵活的绘图函数，甚至可以使用场景 – 视图 – 对象元素架构，来更轻松地处理屏幕上不同的图形对象元素；然而，在某些情况下，也会用到 OpenCV 的绘图函数，通常这些函数的运行速度快，并且提供了足够的功能来处理日常图形任务。本章最后将介绍一个最强大且易用的 OpenCV 匹配和检测方法，即模板匹配方法。

这一章会有很多有趣的示例以及动手学习材料，重要的是，你应该自己尝试来深入了解它们的功能与用法，并基于第一手的体验，而不仅仅是遵循本章以及某些部分结束时提供的屏幕截图和示例源代码，来学习和提高。

本章将介绍以下主题：

- 如何为 Computer_Vision 工程项目创建一个新插件并学习每个 OpenCV 技术
- 如何对图像进行滤波
- 如何进行图像变换
- 对于颜色空间，如何进行颜色空间之间的相互转换，以及如何应用颜色映射
- 图像阈值化
- OpenCV 中可用的绘图函数
- 模板匹配以及如何使用模板匹配进行物体检测与计数

6.1 图像滤波

在这一节中，将学习 OpenCV 中各种线性与非线性图像滤波方法。需要重点注意的是，在这一节讨论的所有函数都以 Mat 图像作为输入，并生成具有同样大小和相同通道数的 Mat 图像。事实上，这些滤波器将独立地应用于每一个通道。通常，滤波方法从输入图像获取一个像素及其邻近的像素，并根据这些像素的函数响应来计算生成的图像中对应的像素值。

这通常需要对不存在的像素进行假设，同时计算滤波后的像素结果。OpenCV 提供了许多解决这个问题的方法，可以在几乎所有需要使用 cv::BorderTypes 枚举处理这种现象的 OpenCV 函数中指定这些方法。稍后，将在本章的第一个例子中看到它的用法，但在此之前，可以用图 6-1 来确保我们已经完全理解了该内容。

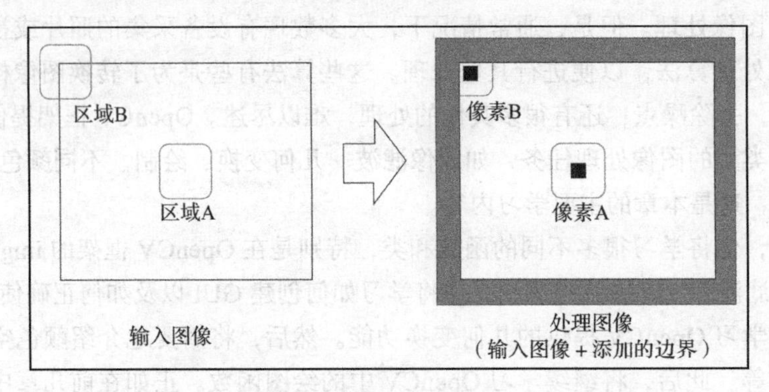

图 6-1 图像滤波方法示例

如图 6-1 所示，一个计算（在本例中是一个滤波函数）获取区域 A 中的像素，并在生成的处理后图像（在本例中是经过滤波的图像）中给出像素 A。毫无疑问，在输入图像中像素 A 的附近的所有像素都在图像内部，即区域 A。但是，在图像边缘附近的像素，或者如 OpenCV 中所称的边界像素，该如何处理？如你所见，并非像素 B 的所有相邻像素都落在输入图像的区域 B 中。此时，需要做个假设，将图像外部的像素值视为零，与边界像素相

同，等等。这正是在 cv::BorderTypes 枚举中指定的，在我们的例子中需要为该枚举指定一个合适的值。

接下来，在开始对图像应用滤波函数之前，先用一个例子展示 cv::BorderTypes 的用法。我们也将借此机会学习如何为前几章中开始的 Computer_Vision 项目创建新的插件（或克隆现有插件），步骤如下：

1. 如果到目前为止完全按照本书的示例进行学习，并已经在第 5 章结束时下载了 Computer_Vision 项目，那么现在应该能够很轻松地为该项目创建一个新的插件。要完成这一任务，首先要复制（或复制并粘贴到同一个文件夹中，这取决于所使用的的操作系统）Computer_Vision 工程项目文件夹内的 template_plugin 文件夹。然后，将新文件夹重命名为 copymakeborder_plugin。我们将为 Computer_Vision 项目创建第一个真正的插件，并且学习如何将 cv::BorderTypes 应用到实例中。
2. 转到 copymakeborder_plugin 文件夹，重命名其中的所有文件以便与插件文件夹名称匹配，这只需用 copymakeborder 替换文件名中的所有 template 一词。
3. 现在还需要更新 copymakeborder_plugin 的项目文件。要完成这一任务，可以在一个标准文本编辑器中打开 copymakeborder_plugin.pro 文件，或者将其拖放到 Qt Creator 代码编辑器区域（而不是 Projects 窗体）。然后，将 TARGET 设置为 CopyMakeBorder_Plugin，如下所示。显然，需要更新已存在的与下列代码类似的内容：

```
TARGET = CopyMakeBorder_Plugin
```

4. 与前面的步骤类似，还需要相应地更新 DEFINES

```
DEFINES += COPYMAKEBORDER_PLUGIN_LIBRARY
```

5. 最后，如下所示，更新 pro 文件中的 HEADERS 和 SOURCES 项，然后保存并关闭 pro 文件：

```
SOURCES += \
  copymakeborder_plugin.cpp
HEADERS += \
  copymakeborder_plugin.h \
  copymakeborder_plugin_global.h
```

6. 现在，使用 Qt Creator 打开 computer_vision.pro 文件。这将打开整个 Computer_Vision 项目，这是一个 Qt 多项目。Qt 允许在一个单容器项目中处理多个项目，Qt 本身把这叫作 subdirs 项目类型。与普通的 Qt 控件应用程序项目不同，subdirs 项目通常（不一定）有一个非常简短的 *.pro 文件。其中一行将 TEMPLATE 类型指定为 subdirs，并且有一条 SUBDIRS 条目列出 subdirs 项目文件夹内的所有项目文件夹。打开 Qt Creator Code Editor 中的 computer_vision.pro 文件可以看到：

```
TEMPLATE = subdirs
SUBDIRS += \
```

```
mainapp \
template_plugin
```

7. 现在，只需在条目列表中添加 copymakeborder_plugin 即可。computer_vision.pro 文件经过更新应该与下面类似：

```
TEMPLATE = subdirs
SUBDIRS += \
mainapp \
template_plugin \
copymakeborder_plugin
```

注意，在所有 qmake（基本上在所有 Qt 项目文件中）定义中，如果一个条目被分成多行，则需要在除了最后一行之外的所有行的末尾添加“\”，如前面的代码块所示。可以通过删除“\”并在条目之间添加空白字符来编写相同的内容。后一种不推荐使用，但也是正确方法。

8. 最后，对于这部分，需要更新 copymakeborder_plugin 源文件和头文件中的内容，很明显，这是因为需要更新类名、包含的头文件甚至一些编译器指令。处理这些类型的编程开销十分巨大，让我们借此机会学习 Qt Creator 中最有用的技巧之一，即 Qt Creator 的“Find in This Directory...”功能。可以使用利用该功能逐条查找（并替换）Qt 项目文件夹或子文件夹中的任何内容。学习和利用好该功能可以避免逐一手动浏览文件并替换代码片段。要使用它，只需从 Projects 窗体选择正确的文件夹，右键单击，选择“Find in This Directory ...”选项。以 copymakeborder_plugin 项目为例说明该功能，如图 6-2 所示。

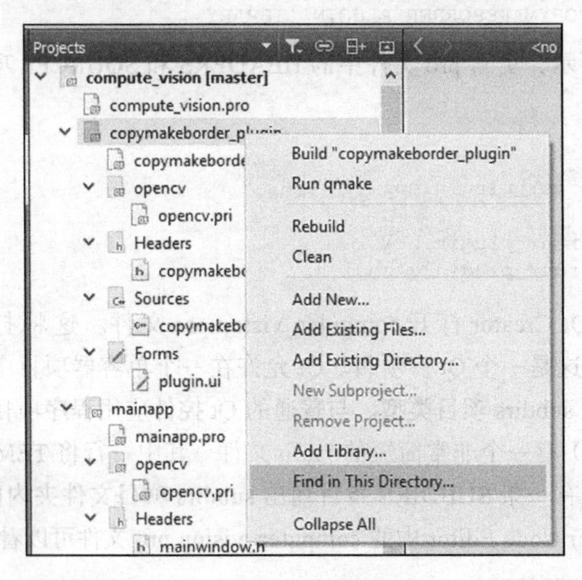

图 6-2　进入 Qt Creator 的“Find in This Directory...”功能界面示意图

9. 这将打开在 Qt Creator 窗口底部的 Search Results 窗体，如图 6-3 所示。在这里，必须在“Search for:”字段中输入 TEMPLATE_PLUGIN。此外，还要确保选中“Case sensitive”选项。其余选项保留原样，然后单击“Search & Replace”按钮。

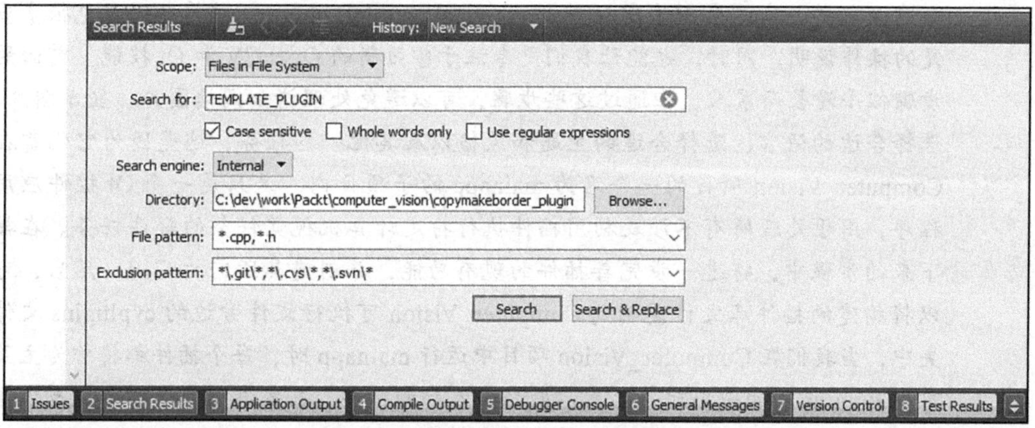

图 6-3　搜索选项设置界面

10. 此时将从 Search Results 窗体切换至 Replace 模式，将 COPYMAKEBORDER_PLUGIN 填入“Replace with”字段，然后点击“Replace”按钮，如图 6-4 所示。

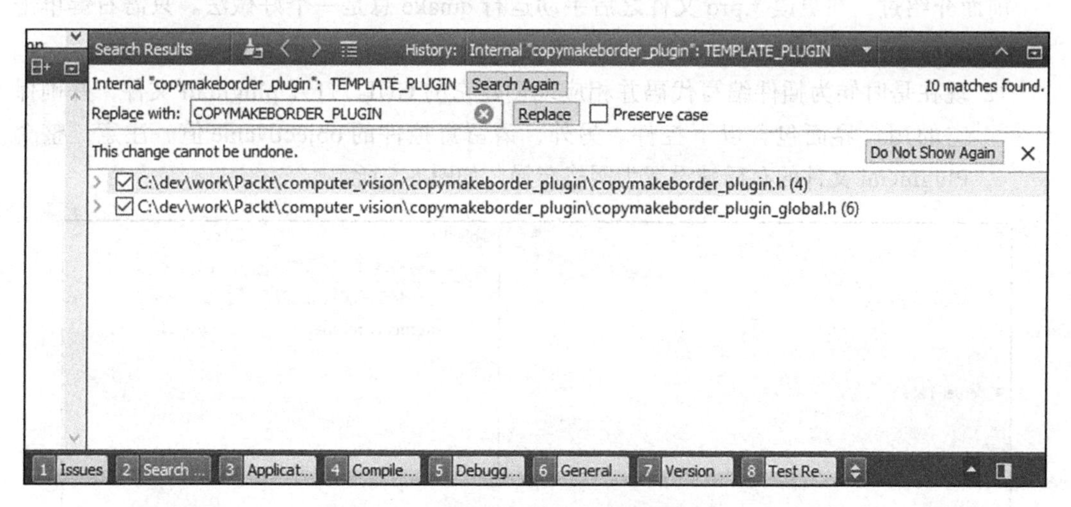

图 6-4　Replace 模式下的设置界面

11. 在前面的步骤中，使用了 Qt Creator 的查找和替换功能来以 COPYMAKEBORDER_PLUGIN 替换所有 TEMPLATE_PLUGIN 条目。使用相同的技巧，用 copymakeborder_plugin 替换所有 template_plugin 对象元素，并将 CopyMakeBorder_Plugin 替换为 Template_Plugin 条目。到这里，已经准备好为新的插件项目编程并最终在

Computer_Vision 项目中使用它。

在本章的第一个示例项目中，所有之前的步骤都是为一个插件项目做好准备。从现在开始，如果需要的话，我们将这些相同的步骤称为“克隆或复制模板插件”以创建 X 插件，在这个例子中 X 就是 copymakeborder_plugin。这将帮助避免很多重复的操作说明，同时，也能让我们更专注于学习新的 OpenCV 和 Qt 技能。前面的步骤似乎漫长而累人，但通过这些步骤，可以避免处理诸如阅读图片、显示图片、选择合适的语言、选择合适的主题和风格以及其他一些任务，这是因为它们都在 Computer_Vision 项目的一个名为 mainapp 的子项目内，这只是一个 Qt 控件应用程序，用于处理所有不涉及利用插件执行特定计算机视觉任务的那些任务。在接下来的步骤中，将进一步完善插件的现有功能，并创建其所需的 GUI。然后，可以将构建的插件库文件复制到 Computer_Vision 可执行文件旁边的 cvplugins 文件夹中，当我们在 Computer_Vision 项目中运行 mainapp 时，每个插件都将作为主菜单中 Plugins 下的一个对象元素，包括新添加的插件。在本书的其余章节，至少在大多数情况下，所有的例子都遵循相同的模式，这表示除非需要特别地修改插件或主应用程序的一部分，否则将省略所有关于克隆以及创建新插件（前面的步骤）的操作说明。

前面介绍过，在更改 *.pro 文件之后手动运行 qmake 总是一个好做法。只需右键单击“Qt Creator Projects”窗体中的项目，然后单击“Run qmake”。

12. 现在是时候为插件编写代码并相应地创建它的 GUI。打开 plugin.ui 文件，并确保它的用户界面包含以下控件。另外，请留意控件的 objectName 值。注意，整个 PluginGui 文件的布局被设置为网格布局，如图 6-5 所示。

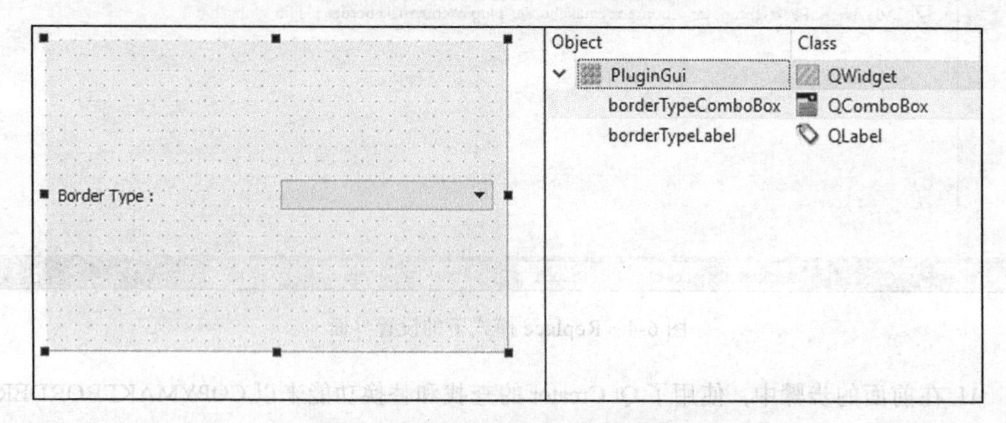

图 6-5　PluginGui 文件的布局设置界面

13. 将 borderTypeLabel 的“size Policy/Horizontal Policy”属性设置为“Fixed”。这将确保标签可根据其宽度占据固定的水平空间。

14. 为 borderTypeComboBox 控件的 currentIndexChanged(int) 信号添加方法：右键单击该控件，选择"Go to slot ..."，选择"currentIndexChanged(int)"信号，点击"OK"按钮。然后，在新创建的函数（或更准确地说是槽）中写入如下代码行：

```
emit updateNeeded();
```

这个信号的目的是告诉 mainapp：在组合框的选择项改变之后，插件可能产生不同的结果，而 mainapp 可能基于该信号更新其 GUI。如果检查 mainapp 项目的源代码，会发现所有插件的该信号都连接至 mainapp 中的相关槽，后者直接调用插件的 processImage 函数。

15. 现在，在 copymakeborder_plugin.cpp 文件中，将下面的代码段添加到 setupUi 函数中。setupUi 函数的内容应该是这样的：

```
ui = new Ui::PluginGui;
ui->setupUi(parent);
QStringList items;
items.append("BORDER_CONSTANT");
items.append("BORDER_REPLICATE");
items.append("BORDER_REFLECT");
items.append("BORDER_WRAP");
items.append("BORDER_REFLECT_101");
ui->borderTypeComboBox->addItems(items);
connect(ui->borderTypeComboBox,
SIGNAL(currentIndexChanged(int)),
this,
SLOT(on_borderTypeComboBox_currentIndexChanged(int)));
```

我们已经熟悉了与 UI 启动相关的调用，这与我们在前几章中学习过的每个 Qt 控件应用程序中的调用几乎相同。在此之后，将在组合框中填入相应的对象元素，这些对象元素是 cv::BorderTypes 枚举中的条目。如果按此顺序插入，每项的索引值将与对应的枚举值相同。最后，将所有信号手动地连接到插件中相关的槽。注意，这与常规的 Qt 控件应用程序稍有不同，在后者中，不需要连接名字相互兼容的信号和槽，因为在由 UIC（有关 UIC 的内容，请参考第 3 章）自动生成的代码文件中可以通过调用 QMetaObject::connectSlotsByName 来自动连接它们。

16. 最后，更新插件中的 processImage 函数，如下所示：

```
int top, bot, left, right;
top = bot = inputImage.rows/2;
left = right = inputImage.cols/2;
cv::copyMakeBorder(inputImage,
    outputImage,
    top,
    bot,
    left,
    right,
ui->borderTypeComboBox->currentIndex());
```

此处，将调用 copyMakeBorder 函数，该函数同样是在需要处理图像之外不存在像素这一假设的函数内部被调用的。我们将简单地假设图像的顶部和底部的附加边框是图像高度的一半，而图像左边和右边的附加边框是图像宽度的一半。至于borderType参数，只需从插件GUI上选定的对象元素中获取。

完成上述步骤后，就已经准备好测试插件了。在Projects窗体上单击右键并从菜单中选择“Rebuild”(确保清理并重建了所有内容)，保证构建整个Computer_Vision多项目。然后，转到插件的构建文件夹，复制库文件并粘贴到mainapp可执行文件（在主应用程序的构建文件夹中）旁边的cvplugins文件夹中，最后从Qt Creator运行mainapp。

一旦启动了mainapp，就会遇到一条错误消息（如果插件没复制或有错误的格式），或者将会在Computer_Vision应用程序主窗口中结束。如果还没有选择的话，那么从mainapp的“Plugins”菜单中选择刚刚构建的插件。可以在mainapp主窗口的组合框中看到我们为插件设计的GUI。然后，你可以使用主菜单打开或保存图形场景的内容。请尝试打开一个文件，然后在插件的下拉列表框中的不同选项间进行切换。也可以通过勾选“View Original Image”复选框来查看原始图像。图6-6是一个截图。

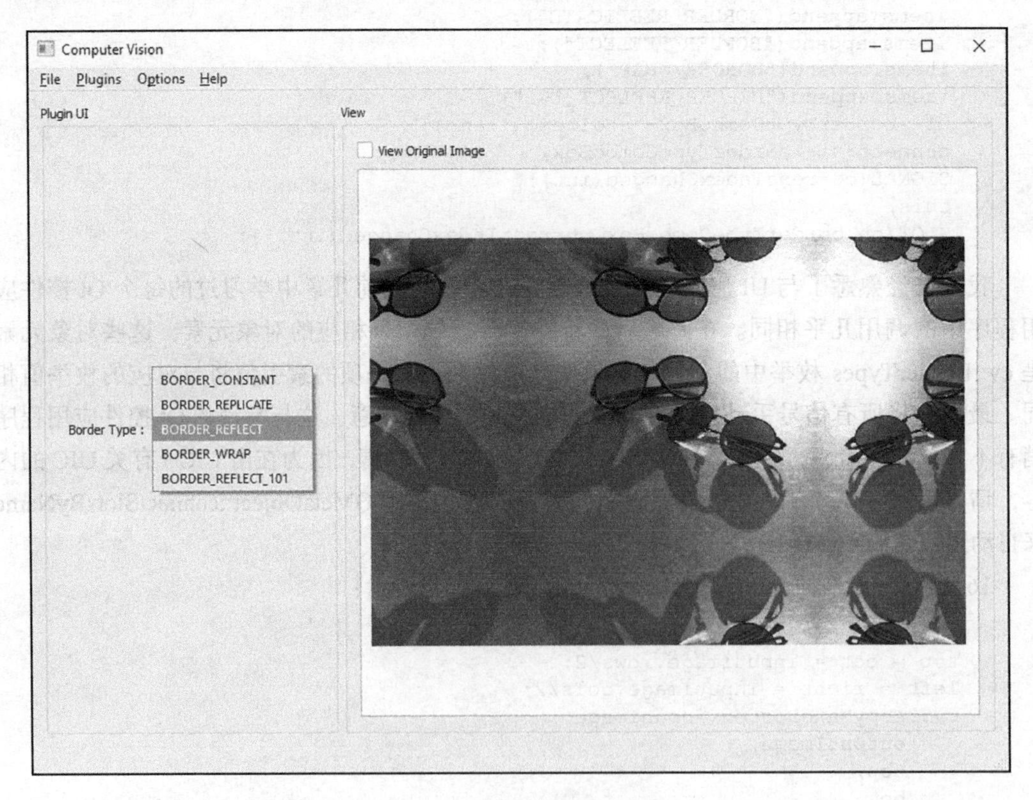

图6-6　插件用户界面的截图

从下拉列表框选择任意一个Border Type，你会立刻注意到生成的图像是如何变化的。需要注意的是，如果在OpenCV的滤波函数和类似函数中没有指定，那么BORDER_REFLECT_101是默认的边框类型，它与BORDER_REFLECT非常相似，但是不会重复边框之前的最后一个像素。可参阅 OpenCV 的 cv::BorderTypes 文档页面，以获得更多的相关信息。图 6-7 是生成的结果，正如前面介绍过的那样，对于每一个需要处理类似的外部（不存在的）像素插值问题的 OpenCV 函数来说，这些结果都是一样的。

图 6-7　OpenCV 函数的不同插值方法效果图

现在，可以开始使用 OpenCV 中可用的滤波函数。

OpenCV 中的滤波函数

OpenCV 中的所有滤波函数都以图像作为输入，并输出大小和通道数完全相同的图像。如前所述，刚刚完成的实验和学习也都输入 borderType 参数。除此之外，每个滤波函数都有自己的必需参数来配置其行为。下面是可用 OpenCV 滤波函数的列表，包括相关描述及其用法。在列表的最后，可以得到一个示例插件（称为 filter_plugin）及其源代码的链接，其中包括下面列表中介绍的大多数滤波器，并提供 GUI 控件用于实验每个滤波器的不同参数和设置：

- bilateralFilter：可以用来获取图像的双边滤波拷贝。根据 sigma 值和直径，可以得到看起来和原始图像不太一样的图像，或者卡通形象的图像（如果 sigma 值足够高）。下面是 bilateralFilter 函数的示例代码，以一个插件的形式应用到我们的应用程序中：

  ```
  bilateralFilter(inpMat,outMat,15,200,200);
  ```

  图 6-8 是 bilateralFilter 函数的截图。

- blur、boxFilter、sqrBoxFilter、GaussianBlur 和 medianBlur：这些函数都可以用来获取输入图像的平滑版本。所有这些函数都使用一个内核大小参数（它与直径参数基本相同），用来决定邻近像素的直径，从而计算出滤波后的像素。（这些函数与本书前几章用到过的一些滤波函数相同，尽管当时没有详细介绍这些函数的细节。）

GaussianBlur 函数需要在 X 和 Y 方向上提供高斯核标准偏差（sigma）参数（请参阅 OpenCV 文档，以获取关于这些参数在数学上的相关解释）。实际上，值得注意的是，高斯滤波器中的核大小必须是奇数和正数。而且，只有当内核大小也足够高，更高的 sigma 值才会对结果产生显著的影响。下面是平滑滤波器的几个例子（左边是 GaussianBlur，右边是 medianBlur），以及示例函数调用。

```
Size kernelSize(5,5);
blur(inpMat,outMat,kernelSize);
int depth = -1; // output depth same as source
Size kernelSizeB(10,10);
Point anchorPoint(-1,-1);
bool normalized = true;
boxFilter(inutMat,outMat,depth,
   kernelSizeB,anchorPoint, normalized);
double sigma = 10;
GaussianBlur(inpMat,outMat,kernelSize,sigma,sigma);
int apertureSize = 10;
medianBlur(inpMat,outMat,apertureSize);
```

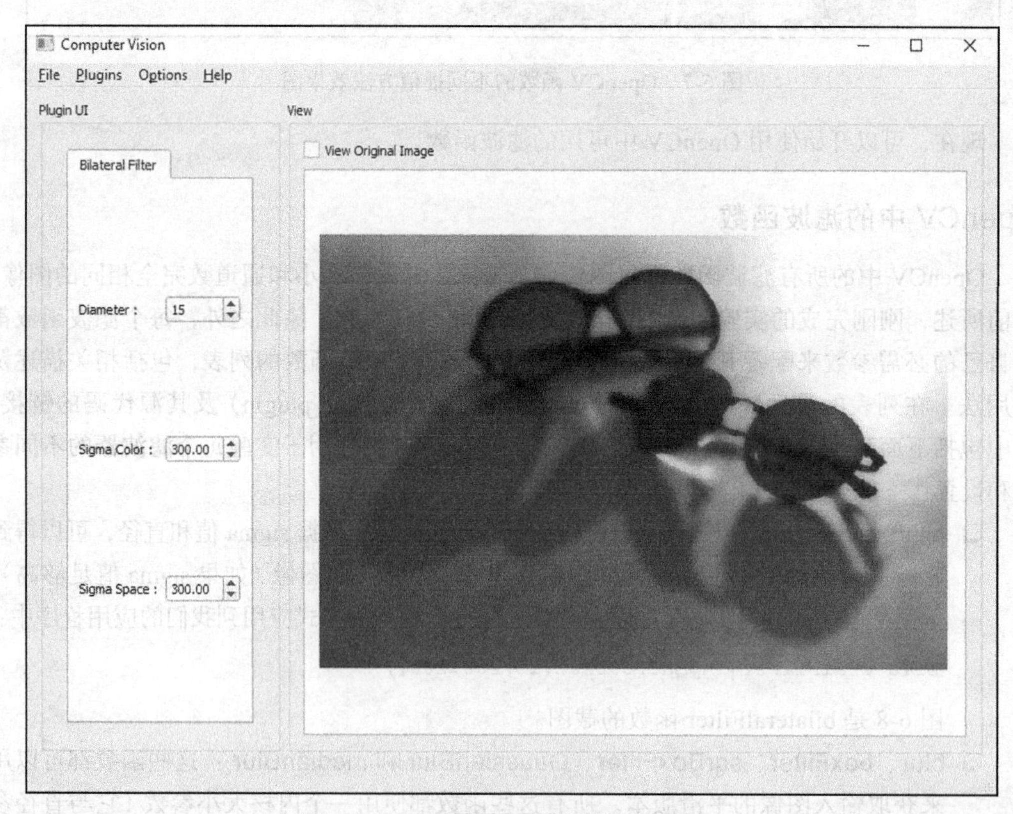

图 6-8　bilateralFilter 函数设置及效果图

图 6-9 显示 GaussianBlur 和 medianBlur 滤波器生成的结果，以及用于设置其参数的 GUI。

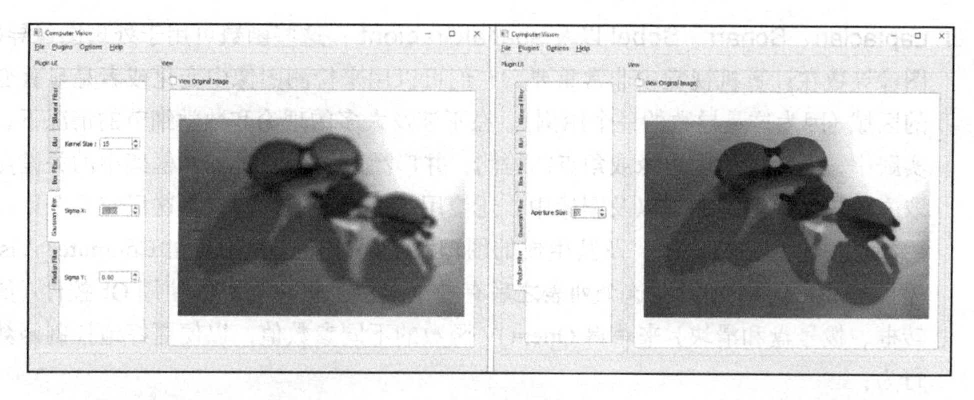

图 6-9　GaussianBlur 和 medianBlur 滤波器生成的结果及其相关设置

- filter2D：该函数用于将自定义的滤波器应用于图像。需要为这个函数提供的一个重要参数是核矩阵。该函数非常强大，可以生成很多不同的结果，包括与前面的模糊函数相同的结果，不同的核还可以形成很多不同的滤波器。这里有两个示例内核、用法及其生成的图像。请务必尝试不同的内核（可以在互联网上搜索大量有用的核矩阵），并自己用该函数实验一下：

```
// Sharpening image
Matx33f f2dkernel(0, -1, 0,
                  -1, 5, -1,
                   0, -1, 0);
int depth = -1; // output depth same as source
filter2D(inpMat,outMat,depth,f2dkernel);

*****

// Edge detection
Matx33f f2dkernel(0, +1.5, 0,
                  +1.5, -6, +1.5,
                  0, +1.5, 0);
int depth = -1; // output depth same as source
  filter2D(inpMat,outMat,depth,f2dkernel);
```

图 6-10 的左图是利用上述代码中的第一个核处理后得到的结果（得到图像的锐化版本），而第二个内核，可用于检测图像的边缘，如图 6-10 的右图所示。

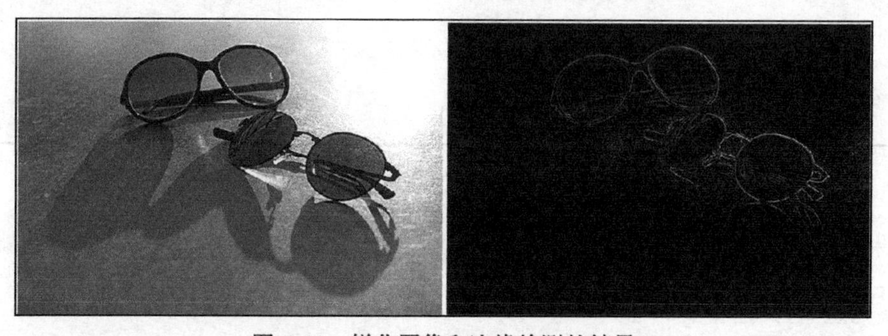

图 6-10　锐化图像和边缘检测的结果

- Laplacian、Scharr、Sobel 以及 spatialGradient：这些函数可用于处理图像导数。图像导数在计算机视觉中非常重要，它们可以用来检测图像中变化或者是显著变化的区域（因为这是导数的一个用例）。在不涉及太多的理论和数学细节的情况下，在实践中，可用于处理边缘或角点的检测，并广泛应用于 OpenCV 框架中的关键点提取方法。在前面的例子以及图像中，还使用了一个导数计算核。这里有几个用以说明如何使用它们的例子，及其生成的图像。下面的这些截图来自 Computer_Vision 项目和 filter_plugin，在这个列表之后有一个链接。你总是可以使用 Qt 控件（如旋转框、拨号盘和滑块）来获得 OpenCV 函数的不同参数值，以便更好地控制函数的行为：

```
int depth = -1;
int dx = 1; int dy = 1;
int kernelSize = 3;
double scale = 5; double delta = 220;
Sobel(inpMat, outMat, depth,dx,dy,kernelSize,scale,delta);
```

图 6-11 是 Sobel 代码块的输出截图。

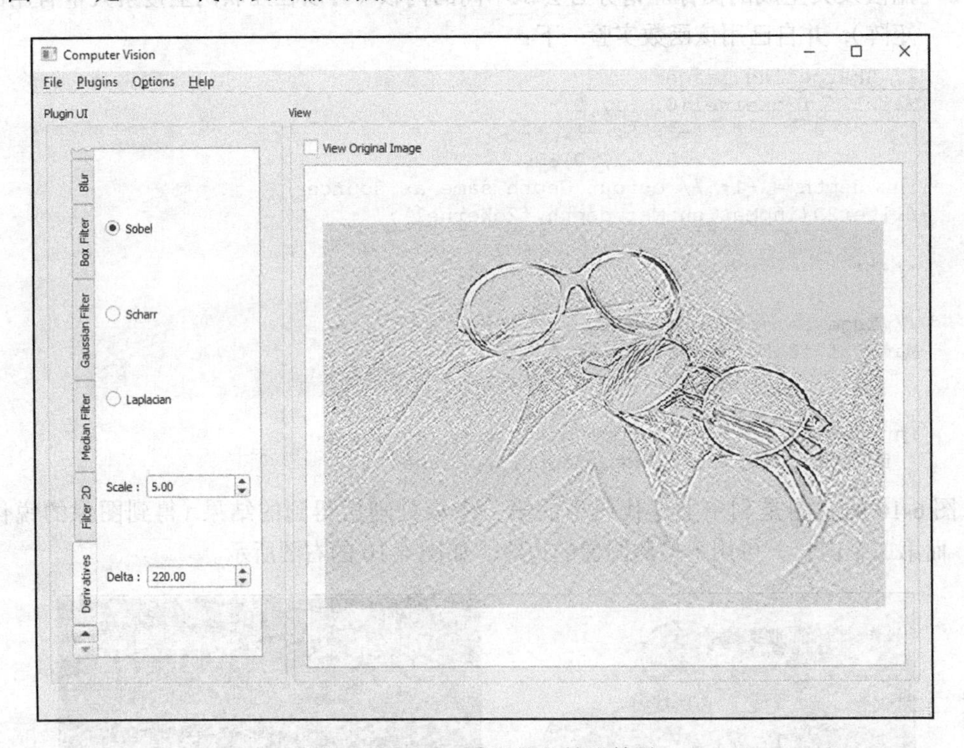

图 6-11　Sobel 代码块的输出结果

如果使用下面的代码：

```
int depth = -1;
int dx = 1; int dy = 0;
```

```
double scale = 1.0; double delta = 100.0;
Scharr(inpMat,outMat,depth,dx,dy,scale,delta);
```

最终会得到与图 6-12 类似的结果。

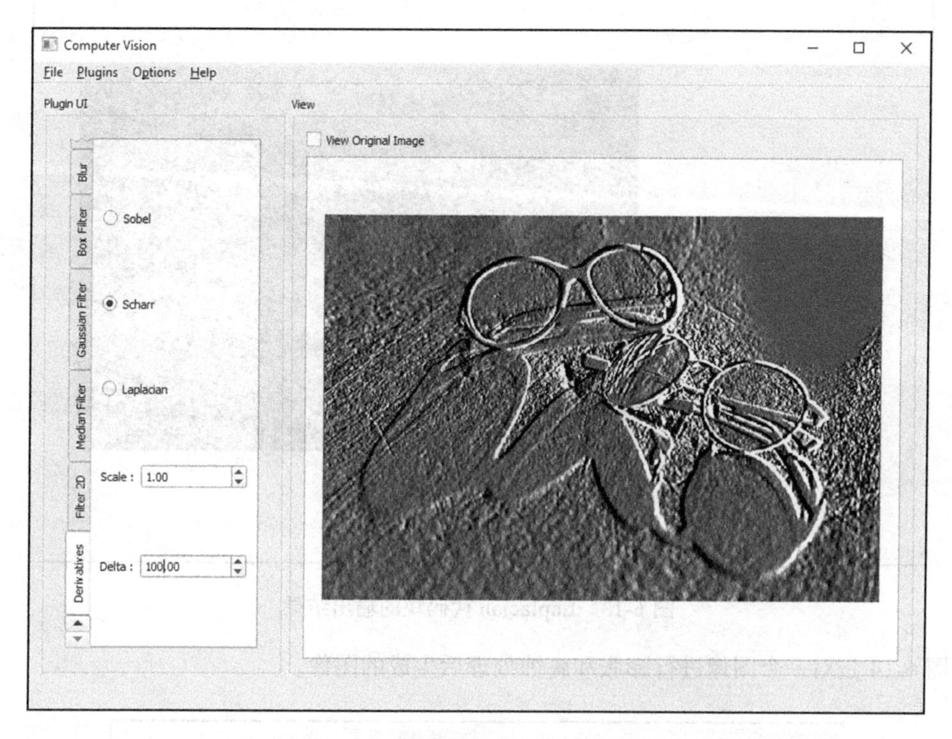

图 6-12 Scharr 代码块的输出结果

对于下面的代码：

```
int depth = -1; int kernelSize = 3;
double scale = 1.0; double delta = 0.0;
Laplacian(inpMat,outMat,depth, kernelSize,scale,delta);
```

将产生类似图 6-13 的结果。

- **erode 和 dilate**：见名知意，这些函数对获得腐蚀和膨胀效果很有用。两个函数均接受结构化元素矩阵作为输入参数，通过调用 getStructuringElement 函数可以构建此参数。可以选择多次运行该函数（即迭代），以获得腐蚀或膨胀效果不断增强的图像。下面是一些例子及其生成的图像，用以说明如何使用这两个函数。

```
erode(inputImage,
outputImage,
getStructuringElement(shapeComboBox->currentIndex(),
Size(5,5)), // Kernel size
Point(-1,-1), // Anchor point (-1,-1) for default
iterationsSpinBox->value());
```

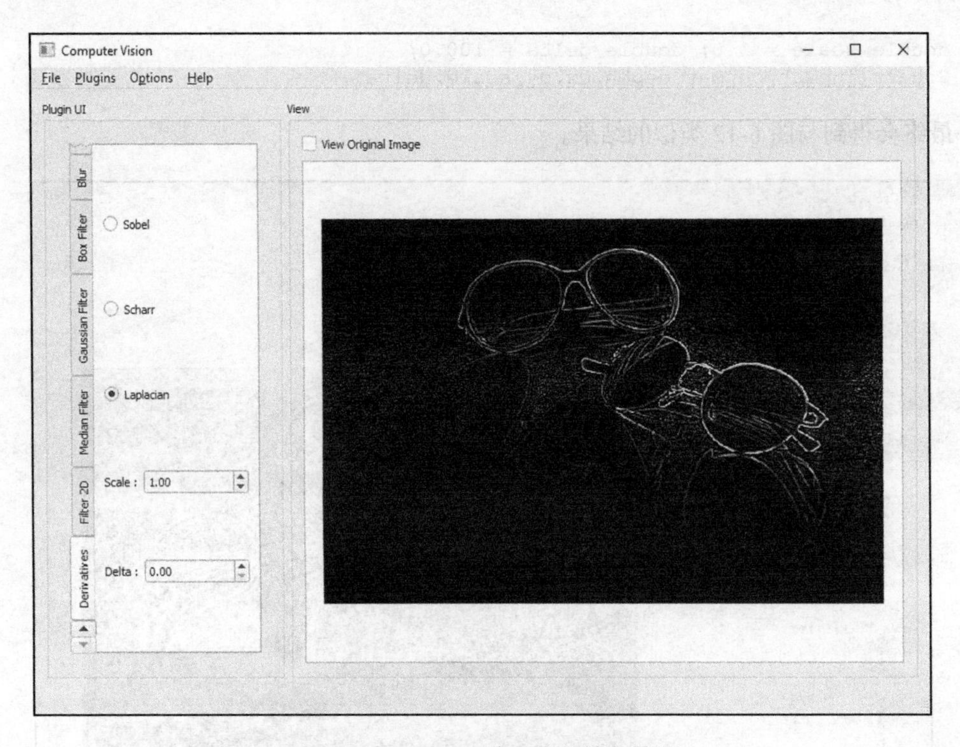

图 6-13　Laplacian 代码块的输出结果

图 6-14 是对一个图像进行膨胀和腐蚀处理后生成的图像。

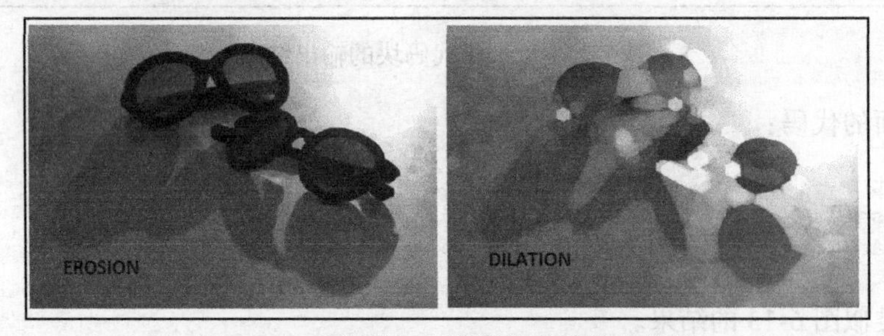

图 6-14　运行腐蚀和膨胀代码的输出结果

可以将相同的参数传递给 dilate 函数。在前面的代码中，假定通过使用组合框控件获得结构元素的形状，其值可以是 MORPH_RECT、MORPH_CROSS 或者 MORPH_ELLIPSE。另外，通过选值框控件将迭代计数设置为一个大于零的数字。

继续学习下一个函数：

- morphologyEx：该函数可用于执行各种形态学运算。它需要输入一个运算类型参数以及在 dilate 和 erode 函数中使用过的相同参数。下面是可以传递给 morphologyEx 函数的参数及其对应的含义：

- MORPH_ERODE：生成的结果与 erode 函数相同。
- MORPH_DILATE：生成的结果与 dilate 函数相同。
- MORPH_OPEN：可用于执行开运算。简言之，开运算是先后对图像执行腐蚀和膨胀运算，可以去除图像中细小的突出物。
- MORPH_CLOSE：可用于执行闭运算。与开运算相反，闭运算是先后对图像执行膨胀和腐蚀运算，用于去除图像中狭窄的间断以及细小的孔洞。
- MORPH_GRADIENT：该函数可用于提取图像的轮廓，可由同一个图像的腐蚀图像与膨胀图像相减得到。
- MORPH_TOPHAT：该函数可以用于获得原始图像与其开运算后的图像的差。
- MORPH_BLACKHAT：该函数用于获得闭运算后的图像与原图像的差。

下面是示例代码，如你所见，该函数调用与膨胀和侵蚀函数非常类似。同样地，我们假设通过组合框控件来选择形态类型和形状，并使用选值框进行迭代计数：

```
morphologyEx(inputImage,
    outputImage,
    morphTypeComboBox->currentIndex(),
    getStructuringElement(shapeComboBox->currentIndex(),
    Size(5,5)), // kernel size
    Point(-1,-1), // default anchor point
iterationsSpinBox->value());
```

图 6-15 是经不同形态学运算处理后得到的图像。

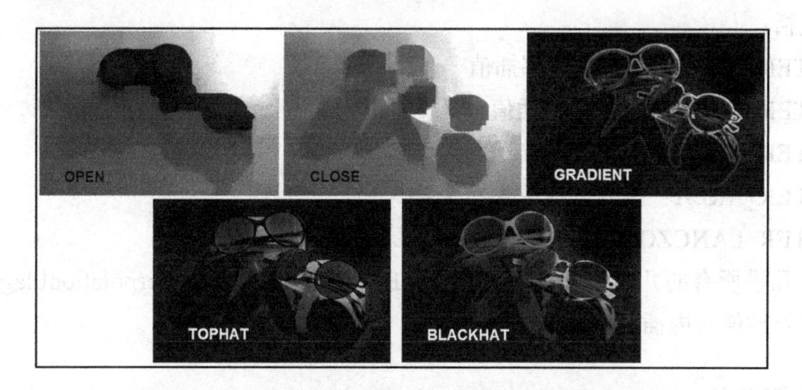

图 6-15　对图像进行不同形态学运算后生成的图像

可以使用下面的链接获取一份 filter_plugin 源代码，它与 Computer_Vision 项目兼容，其中包含了本节中学习的大部分图像滤波函数。可以使用同一个插件来测试和生成本节中所见的大部分图像。请尝试对插件进行扩展以控制更多的参数，或者尝试向插件添加更多的功能。下面是 filter_plugin 源代码的链接：

```
https://github.com/PacktPublishing/Computer-Vision-with-OpenCV-3-and-Qt5/tree/
master/ch06/filter_plugin
```

6.2 图像变换功能

在这一节中，我们将学习 OpenCV 中可用的一些图像变换功能。通常，如果查看一下 OpenCV 文档就可以知道，OpenCV 中有两种图像变换类别，即几何变换以及除几何变换之外的其他变换。

顾名思义，几何变换主要是对图像几何特性的处理，如大小、方向、形状等。注意，几何变换并不改变图像的内容，而只是根据几何变换类型来移动图像周围的像素，从而改变图像的形式与形状。与在上一节开始时所看到的图像滤波一样，几何变换函数还需要对图像外部的像素进行外插值，或者简单地说，在计算变换图像时，需要对不存在的像素做相应的假设。为达该目的，可以使用在本章前面的第一个示例 copymakeborder_plugin 中学到的 cv::BorderTypes 枚举。

除了所需的外插值之外，几何变换函数还需要处理像素的内插值，这是因为变换图像中计算得到的像素位置是浮点（或双精度）类型，而不是整数类型，因为每个像素只能有一种颜色，且位置也必须指定为整数类型，因此需要对像素值做出取舍。为了更好地理解这个内容，让我们考虑一个最简单的几何变换，即调整图像的大小，这是使用 OpenCV 中的 resize 函数实现的。例如，可以将图像大小调整为原始大小的一半，当完成此操作后，图像中至少有一半像素计算得到的新位置将包含非整数值。位置（2，2）处的像素在缩放后的图像中的位置是（1，1）。而位置（3，2）处的像素在缩放后的图像中的位置将会变为（1.5，1），如此等等。OpenCV 提供了多种插值方法，在 cv::InterpolationFlags 枚举中对这些方法进行了定义，包括：

- INTER_NEAREST：最近邻插值
- INTER_LINEAR：双线性插值
- INTER_CUBIC：三次样条插值
- INTER_AREA：像素区域关系重采样
- INTER_LANCZOS4：8×8 邻域上的 Lanczos 插值

需要为几乎所有的几何变换函数提供 cv::BorderType 和 cv::InterpolationFlags 参数，来处理所需的外插值与内插值参数。

6.2.1 几何变换

现在，将开始介绍一些最重要的几何变换，然后学习颜色空间及其如何相互转换，以及一些广泛使用的非几何（或其他）变换。下面列出了这些变换方法：

- **resize**：该函数可以用来调整图像的大小。下面是一个有关该函数用法的例子：

```
// Resize to half the size of input image
resize(inMat, outMat,
Size(), // an empty Size
0.5, // width scale factor
```

```
0.5, // height scale factor
INTER_LANCZOS4); // set the interpolation mode to Lanczos

// Resize to 320x240, with default interpolation mode
resize(inMat, outMat, Size(320,240));
```

- warpAffine：该函数可用于执行仿射变换。使用时，需要为该函数提供一个适当的变换矩阵，该变换矩阵可通过 getAffineTransform 函数得到。这需要输入两个三角形（源图像和变换图像），换句话说，需要提供两个三角形的三个点。下面是一个例子：

```
Point2f triangleA[3];
Point2f triangleB[3];

triangleA[0] = Point2f(0 , 0);
triangleA[1] = Point2f(1 , 0);
triangleA[2] = Point2f(0 , 1);

triangleB[0] = Point2f(0, 0.5);
triangleB[1] = Point2f(1, 0.5);
triangleB[2] = Point2f(0.5, 1);

Mat affineMat = getAffineTransform(triangleA, triangleB);

warpAffine(inputImage,
outputImage,
affineMat,
inputImage.size(), // output image size, same as input
INTER_CUBIC, // Interpolation method
BORDER_WRAP); // Extrapolation method
```

图 6-16 是结果图像。

图 6-16　仿射变换代码的执行结果

还可以使用 warpAffine 函数对源图像执行旋转。使用 getRotationMatrix2D 函数可以获得在前面代码中使用的变换矩阵，再将该变换矩阵输入 warpAffine 函数。注意，这个方法可以用来实现任意角度的旋转，而不仅仅是 90° 及其倍数的旋转。下面是一段示例代码，围绕图像中心将源图像旋转 -45°。还可对输出图像进行缩放，在这个例子中，在旋转图像的同时将旋转后输出图像缩小至源图像的一半大小：

```
Point2f center = Point(inputImage.cols/2,
  inputImage.rows/2);
double angle = -45.0;
double scale = 0.5;
Mat rotMat = getRotationMatrix2D(center, angle, scale);

warpAffine(inputImage,
           outputImage,
           rotMat,
           inputImage.size(),
           INTER_LINEAR,
           BORDER_CONSTANT);
```

图 6-17 是输出结果的截图。

图 6-17 围绕图像中心将源图像旋转 -45° 后缩小至源图像一半大小

- warpPerspective：该函数可以用来实现透视变换。类似于 warpAffine 函数，该函数也需要一个变换矩阵，该矩阵可由 findHomography 函数得到。findHomography 函数可用于计算两组点之间的单应性变化。下面是一个示例代码，其中使用两组角点来计算单应变化矩阵（即 warpPerspective 的转换矩阵），然后使用这个矩阵来执行透视变换。在本例中，将颜色的外插值（可选地）设置为暗灰色：

```
std::vector<Point2f> cornersA(4);
std::vector<Point2f> cornersB(4);

cornersA[0] = Point2f(0, 0);
cornersA[1] = Point2f(inputImage.cols, 0);
cornersA[2] = Point2f(inputImage.cols, inputImage.rows);
```

```
cornersA[3] = Point2f(0, inputImage.rows);

cornersB[0] = Point2f(inputImage.cols*0.25, 0);
cornersB[1] = Point2f(inputImage.cols * 0.90, 0);
cornersB[2] = Point2f(inputImage.cols, inputImage.rows);
cornersB[3] = Point2f(0, inputImage.rows * 0.80);
Mat homo = findHomography(cornersA, cornersB);
warpPerspective(inputImage,
                outputImage,
                homo,
                inputImage.size(),
                INTER_LANCZOS4,
                BORDER_CONSTANT,
                Scalar(50,50,50));
```

图 6-18 是输出结果的截图。

图 6-18 图像透视变换代码的执行结果

- remap：这是一个功能非常强大的几何变换函数，可完成从源图像像素到输出图像像素的重映射。这意味着可以将源图像的像素重新定位到目标图像的某个其他位置。只要创建正确的映射并将之传递给 remap 函数，就可以模拟前面的变换以及很多其他变换的相同行为。下面的几个例子展示了 remap 函数的强大功能及其易用性：

```
Mat mapX, mapY;
mapX.create(inputImage.size(), CV_32FC(1));
mapY.create(inputImage.size(), CV_32FC(1));
for(int i=0; i<inputImage.rows; i++)
for(int j=0; j<inputImage.cols; j++)
{
   mapX.at<float>(i,j) = j * 5;
   mapY.at<float>(i,j) = i * 5;
}
remap(inputImage,
 outputImage,
 mapX,
 mapY,
 INTER_LANCZOS4,
 BORDER_REPLICATE);
```

正如上面的代码所示，除了输入和输出图像以及内插值和外插值参数之外，还需要指定映射矩阵，一个为 X 方向，另一个为 Y 方向。图 6-18 是上面重映射代码的结果。可使图像缩小到原来的 1/5（注意，在 remap 函数中图像大小保持不变，但其内容大小被压缩到原来的 1/5），如图 6-19 所示。

图 6-19　图像重映射的执行结果

可以只替换两个 for 循环中的代码来尝试很多不同的图像重映射，并使用不同的值填充 mapX 和 mapY 矩阵。下面是一些重映射的例子：

考虑第一个例子：

```
// For a vertical flip of the image
mapX.at<float>(i,j) = j;
mapY.at<float>(i,j) = inputImage.rows-i;
```

考虑下面的例子：

```
// For a horizontal flip of the image
mapX.at<float>(i,j) = inputImage.cols - j;
mapY.at<float>(i,j) = i;
```

通常，最好将 OpenCV 图像坐标转换为标准坐标系（笛卡儿坐标系），并用标准坐标处理 X 和 Y，然后将它们转换回 OpenCV 坐标系。原因很简单，我们在学校或任何几何课本，或课程中学习的坐标系都是笛卡儿坐标系。另一个原因是笛卡儿坐标系还提供了负坐标，能够为变换处理提供更多的灵活性。下面是一个例子：

```
Mat mapX, mapY;
mapX.create(inputImage.size(), CV_32FC(1));
mapY.create(inputImage.size(), CV_32FC(1));

// Calculate the center point
Point2f center(inputImage.cols/2,
               inputImage.rows/2);

for(int i=0; i<inputImage.rows; i++)
  for(int j=0; j<inputImage.cols; j++)
```

```
{
  // get i,j in standard coordinates, thus x,y
  double x = j - center.x;
  double y = i - center.y;

  // Perform a mapping for X and Y
  x = x*x/500;
  y = y;

  // convert back to image coordinates
  mapX.at<float>(i,j) = x + center.x;
  mapY.at<float>(i,j) = y + center.y;
}

remap(inputImage,
      outputImage,
      mapX,
      mapY,
      INTER_LANCZOS4,
      BORDER_CONSTANT);
```

图 6-20 是上面示例代码中的映射操作的处理结果。

图 6-20　笛卡儿坐标变换代码执行结果

remap 函数的另一个非常重要的用途是校正图像中的镜头失真。可以通过 initUndistortRectifyMap 和 initWideAngleProjMap 函数得到 X 与 Y 方向上所需的映射来进行失真校正，然后将它们传递给 remap 函数。

可以使用下面的链接获取 transform_plugin 源代码的副本，它与 Computer_Vision 项目兼容，其中包含本节中学习到的变换函数。可以使用这个插件来测试并生成本节中见到的大部分图像。此外，也可以尝试扩展该插件以控制更多的参数，或者尝试不同的映射操作和不同的图像。transform_plugin 源代码链接为：

```
https://github.com/PacktPublishing/Computer-Vision-with-OpenCV-3-and-Qt5/tree/
master/ch06/transform_plugin
```

6.2.2　其他变换

其他变换可用于处理不能当作几何变换的任务，例如颜色空间（和格式）转换、颜色映射应用、傅里叶变换等，让我们看一看这些变换。

6.2.2.1　颜色与颜色空间

简单地说，颜色空间是用来表示图像中像素颜色值的模型。严格地说，从 OpenCV Mat 类的角度来看，计算机视觉中的颜色由一个或多个数值组成，每个数值对应一个通道。因此，颜色空间是定义如何将这些数值（或值）转换为颜色的模型。让我们举个例子来更好地理解这个内容。最流行的颜色空间（有时也称为图像格式，尤其是在 Qt 框架下）是 RGB 颜色空间，其中一种颜色是由红色、绿色和蓝色组合而成的。RGB 颜色空间广泛应用于电视、显示器、液晶显示器以及其他一些显示屏上。另一个例子是 CMYK（或 CMYB（青、栗、黄、黑））颜色空间。这是一个四通道颜色空间，主要用于彩色打印机。还有许多其他颜色空间，每个颜色空间都有各自的优点和用例，但我们会满足给定的例子，我们主要关注不常见颜色空间向常见颜色空间转换的问题，特别是灰度和 BGR（注意，在 BGR 中交换了 B 和 R 的位置，不然就与 RGB 类似了）颜色空间，它们在大多数 OpenCV 函数中都是处理彩色图像的默认颜色空间。

正如刚才介绍的，在计算机视觉科学以及 OpenCV 框架中，常常需要颜色空间之间的相互转换。这是因为图像的某些属性在特定的颜色空间中通常更易区分。而且，如前几章所述，使用 Qt 控件可以很容易显示 BGR 图像，但对于其他颜色空间来说，则无法实现。

OpenCV 框架允许使用 cvtColor 函数在不同颜色空间之间进行转换，该函数接受输入和输出图像以及一个变换码，后者是 cv::ColorConversionCodes 枚举中的一项。下面是两个例子：

```
// Convert BGR to HSV color space
cvtColor(inputImage, outputImage, CV_BGR2HSV);

// Convert Grayscale to RGBA color space
cvtColor(inputImage, outputImage, CV_GRAY2RGBA);
```

OpenCV 框架提供了名为 applyColorMap 的函数（类似于 remap 函数，但是本质上是完全不同的），该函数可以用来将输入图像中的颜色映射到输出图像中的其他颜色。只需向它提供输入图像、输出图像以及来自 cv::ColormapTypes 枚举的颜色映射类型。下面是一个简单的例子：

```
applyColorMap(inputImage, outputImage, COLORMAP_JET);
```

图 6-21 是上述代码的输出截图。

可以使用下面的链接获取 color_plugin 源代码的副本，它与 Computer_Vision 项目兼容，包含了本节中学习的颜色映射函数，由一个适当的用户界面控制。请使用下面链接中的源代码，自己尝试一下对不同的图像进行不同的颜色映射操作及实验。color_plugin 源代码的链接为：

```
https://github.com/PacktPublishing/Computer-Vision-with-OpenCV-3-and-Qt5/tree/
master/ch06/color_plugin
```

图 6-21 applyColorMap 函数代码的输出结果

6.2.2.2 图像阈值化

在计算机视觉科学中，阈值化是图像分割的方法，而分割本身是将图像按强度、颜色或任何其他图像属性区分为不同的相关像素组的过程。OpenCV 框架提供了很多处理图像分割的常见函数。然而，本节将介绍 OpenCV 框架（以及计算机视觉）中的两个最基本的（且应用广泛的）图像分割方法：threshold 和 adaptiveThreshold。话不多说，这两个函数的介绍请见下面内容：

- threshold：该函数可以用来对图像应用一个固定级别的阈值。尽管这个函数可以用来处理多通道图像，但是通常用于单通道（或灰度）图像，以创建一个二值图像，其中，通过阈值水平的像素被接受，不通过的则不接受。下面用一个示例说明这一过程。假设需要检测图像中最暗的部分，也就是图像中的黑色部分。下面的代码展示了如何利用阈值函数过滤出图像中像素值几乎为黑色的像素：

```
cvtColor(inputImage, grayScale, CV_BGR2GRAY);
threshold(grayScaleIn,
          grayScaleOut,
          45,
          255,
          THRESH_BINARY_INV);
cvtColor(grayScale, outputImage, CV_GRAY2BGR);
```

在上面的代码中，首先将输入图像转换为灰度颜色空间，然后将阈值函数应用于该灰度图，最后将处理结果转换为 BGR 颜色空间。图 6-22 是生成的输出图像。

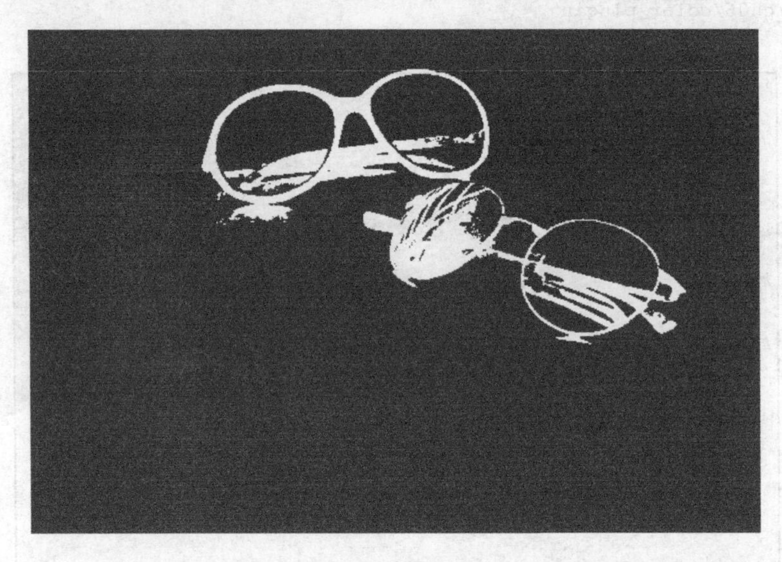

图 6-22　利用阈值函数滤除图像中黑色像素的代码执行结果

在前面的代码中，使用了 THRESH_BINARY_INV 阈值类型参数。如果使用 THRESH_BINARY 阈值类型参数，将得到跟上述结果相反的结果。经阈值函数处理，保留了像素值大于固定阈值的那些像素，前面的示例中阈值为 40。

下一个函数是 adaptiveThreshold：

- adaptiveThreshold：该函数用来对灰度图应用自适应阈值。取决于传递给它的自适应方法 (cv: AdaptiveThresholdTypes)，该函数可以单独、自动地计算每个像素的阈值。但是，仍然需要传递几个参数，包括最大阈值、块大小（可以是 3、5、7 等）以及一个将从计算得到的块均值中减去的常量值，该值可以为 0。下面是一个例子：

```
cvtColor(inputImage, grayScale, CV_BGR2GRAY);
adaptiveThreshold(grayScale,
                  grayScale,
                  255,
                  ADAPTIVE_THRESH_GAUSSIAN_C,
                  THRESH_BINARY_INV,
                  7,
                  0);
cvtColor(grayScale, outputImage, CV_GRAY2BGR);
```

与之前相同，首先，将图像的颜色空间从 BGR 转换为灰度图，然后，应用自适应阈值，并最终转换回 BGR 颜色空间。图 6-23 是前面示例代码的结果。

使用下面的链接可获取 segmentation_plugin 源代码的副本，它与 Computer_Vision 项目兼容，包括本节中学习到的阈值化函数，可由一个适当的用户界面控制：

https://github.com/PacktPublishing/Computer-Vision-with-OpenCV-3-and-Qt5/tree/master/ch06/segmentation_plugin

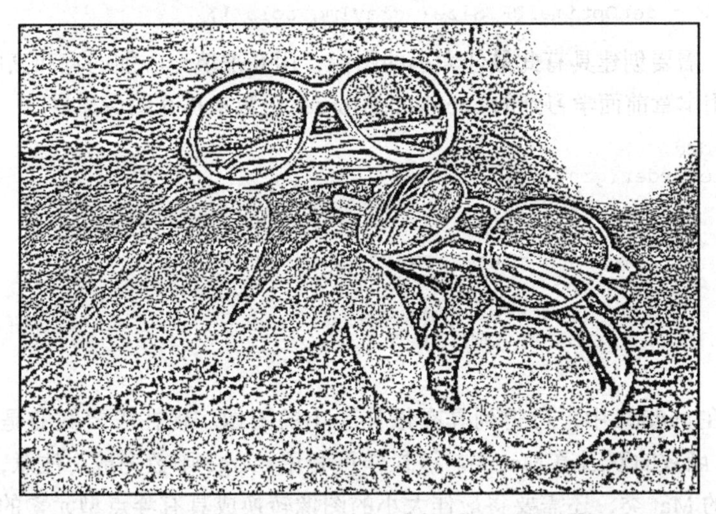

图 6-23　应用自适应阈值对图像执行变换的结果图

6.2.2.3　离散傅里叶变换

傅里叶变换可用于从时间函数得到基本频率。另一方面，离散傅里叶变换（即 DFT）是计算采样时间函数（因此是离散的）的基本频率的方法。这是一个纯数学意义上的简短定义，具体到计算机视觉和图像处理方面，需要首先将图像（灰度图像）看作三维空间上离散分布的点，每个离散元素的 X 和 Y 对应于图像中的像素位置，而 Z 则是像素的强度值。如果能这样思考，那么还可以想象有这样一个函数，它可以在空间中生成这些点。当脑海中存在这样一幅画面时，傅里叶变换就是将这个函数转换为基本频率的方法。如果对这个概念不熟悉，可以考虑在网上阅读一些关于傅里叶变换的数学知识，或者咨询你的数学老师。

数学上，傅里叶分析是一种利用傅里叶变换从输入数据获取有用信息的方法。在计算机视觉领域中，图像的 DFT 可以用来挖掘原始图像中难以察觉、不可见的信息。DFT 的具体用途很大程度上取决于计算机视觉应用程序的目标领域，下面的示例可以帮助你更好地理解 DFT 的用法。所以，首先，可以使用 OpenCV 中的 dft 函数，得到图像的 DFT。注意，因为一个图像（灰度图）是一个二维矩阵，dft 实际上执行二维离散傅里叶变换，以生成含有复数值的频率函数。下面是如何在 OpenCV 中对灰度（单通道）图像，执行 DFT 的例子：

1. 首先，需要得到最优大小，以计算图像的 DFT。对一个大小是 2 的幂次（如 2、4、8、16 等）的数组执行 DFT 变换时，速度更快且效率高。对一个大小是 2 的倍数的数组执行 DFT 变换也是非常有效的。因此，利用刚刚介绍的原理，getOptimalDFTSize

函数可获得大于图像大小的最小大小，这是执行 DFT 的最优大小。具体做法如下：

```
int optH = getOptimalDFTSize( grayImg.rows );
int optW = getOptimalDFTSize( grayImg.cols );
```

2. 下一步，需要创建具有此最佳大小的图像，用0来填充添加的宽和高的像素。为此，可以使用本章前面学习到的 copyMakeBorder 函数来扩充图像边界。

```
Mat padded;
copyMakeBorder(grayImg,
               padded,
               0,
               optH - grayImg.rows,
               0,
               optW - grayImg.cols,
               BORDER_CONSTANT,
               Scalar::all(0));
```

3. 现在，在 padded 中，可得到具有最佳大小的图像。现在需要做的是编写一个适合输入 dft 函数的双通道 Mat 类。该操作可利用 merge 函数完成。注意，由于 dft 需要浮点型的 Mat 类，还需要将最佳大小的图像转换成具有浮点型元素的 Mat 类，如下所示：

```
Mat channels[] = {Mat_<float>(padded),
                  Mat::zeros(padded.size(),
                   CV_32F)};
Mat complex;
merge(channels, 2, complex);
```

4. 执行离散傅里叶变换的一切都准备好了，现在只需调用 dft 函数，如下所示。结果存储在 complex 中，这是复数值的 Mat 类：

```
dft(complex, complex);
```

5. 现在，需要将该复数结果拆分成实部部分和虚部部分。此时，可以再次使用 channels 数组，如下所示：

```
split(complex, channels);
```

6. 利用 magnitude 函数将复数结果转换为幅值，稍后，再进行一些其他变换，将得到适合显示的结果。由于现在 channels 包含复数结果的两个通道，所以可以在 magnitude 函数中使用它，如下所示：

```
Mat mag;
magnitude(channels[0], channels[1], mag);
```

7. magnitude 函数的结果（如果试着查看元素）将会非常大，以至于不能用灰度图像的可能尺度来显示图像。因此，可使用下面的代码行将其转换成小得多的对数尺度：

```
mag += Scalar::all(1);
log(mag, mag);
```

8. 由于使用了最佳大小来计算 DFT，如果结果的行或列是奇数，可轻松地利用下面的代码段对结果进行裁剪。注意，与 -2 做位与运算可去除正整数中最后一位，使其成为偶数，或者，基本上与用额外的像素创建 padded 图像时所做的正好相反：

```
mag = mag(Rect(
                0,
                0,
                mag.cols & -2,
                mag.rows & -2));
```

9. 因为结果是一个由 DFT 获得的频率函数所产生的波的一个频谱显示，所以应该将生成图像中目前位于左上角的原点移到中心。可以使用下面的代码创建结果的 4 个象限的 4 个感兴趣区域，然后交换结果的左上象限和右下象限，并交换右上象限和左下象限：

```
int cx = mag.cols/2;
int cy = mag.rows/2;

Mat q0(mag, Rect(0, 0, cx, cy));   // Top-Left
Mat q1(mag, Rect(cx, 0, cx, cy));  // Top-Right
Mat q2(mag, Rect(0, cy, cx, cy));  // Bottom-Left
Mat q3(mag, Rect(cx, cy, cx, cy)); // Bottom-Right

Mat tmp;
q0.copyTo(tmp);
q3.copyTo(q0);
tmp.copyTo(q3);

q1.copyTo(tmp);
q2.copyTo(q1);
tmp.copyTo(q2);
```

10. 利用 normalize 函数，将结果缩放到正确的灰度范围（0～255），对结果进行可视化，如下所示：

```
normalize(mag, mag, 0, 255, CV_MINMAX);
```

11. 使用 OpenCV 中的 imshow 函数，可以查看结果，但是为了能够在 Qt 控件中查看，需要将结果转换为正确的深度（如 8 位）以及若干通道数，因此需要执行下列步骤作为最后一步：

```
Mat_<uchar> mag8bit(mag);
cvtColor(mag8bit, outputImage, CV_GRAY2BGR);
```

现在，可以试着对测试图像运行上述代码，结果如图 6-24 所示。

在结果中看到的应该解释为从上述结果直接查看到的波，在这个过程中，每个像素的亮度实际上是其高度的表示。请对不同类型的图像重复该过程，观察结果是如何变化的。除了从视觉上查看DFT结果（取决于用例）之外，DFT的一个非常特殊的用例是：遮挡DFT结果的一部分之后，再执行DFT的逆变换，以恢复原始图像。这个例子留给你自己去尝试。取决于DFT变换滤波结果，这个过程可以以多种方式改变原始图像。这个内容在很大程度上取决于原始图像的内容，并与DFT的数学性质密切相关，值得深入研究和实验。总之，可以调用dft函数并向其传递DCT_INVERSE这一额外参数来执行DFT逆变换。显然，此时输入应该是经过DFT计算的图像，输出就是图像本身。

图6-24　OpenCV利用DFT处理灰度（单通道）图像代码的输出结果

参考文献：OpenCV文档，离散傅里叶变换。

6.3　OpenCV绘图

通常，谈到OpenCV和计算机视觉时，不可避免地要涉及在图像上绘制文本和图形。在很多情况下，将需要在输出图像上绘制（输出）一些文本或者图形。例如，可能想要编写在图像上打印日期的应用程序。或者可能想要在执行人脸检测后，在图像上人脸周围画一个正方形。尽管Qt框架也提供了非常强大的功能来处理这些任务，但也可以使用OpenCV在图像上进行绘制。这一节将逐一介绍如何使用非常易用的OpenCV绘图功能，同时提供一些示例代码和输出结果。

很好理解，OpenCV中的绘图函数接受输入和输出图像，还有一些常见的参数。下面是OpenCV绘图函数的一些常见参数及其含义和可能的值：

- color：该参数就是在图像上绘制物体所用的颜色。可以使用标量创建它，由于大多数 OpenCV 函数默认的颜色格式是 BGR 格式，所以（对于彩色图像）还要用 BGR 格式。
- thickness：默认情况下，该参数设置为 1，表示在图像上绘制物体轮廓的粗细程度，该参数以像素为单位。
- lineType：该参数可以是 cv::LineTypes 枚举中的条目，它决定在图像上绘制的物体轮廓的细节。如图 6-25 所示，LINE_AA（抗混叠）绘制的线条更为平滑，但是绘制速度比 LINE_4 和 LINE_8（默认的 lineType）慢。图 6-25 描述了 cv::LineTypes 不同线条之间的差别：

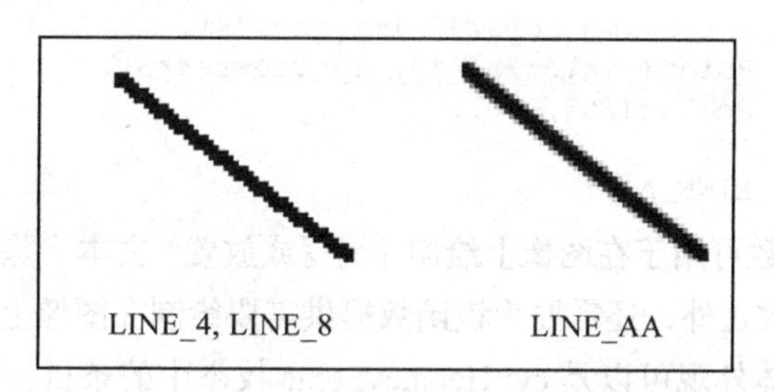

图 6-25　cv::LineTypes 下不同线条之间的差别

- shift：仅当提供给绘图函数的点和位置包括分数位的情况下使用此参数。在这种情况下，每个点的值首先使用下面的转换函数，根据 shift 参数进行移位。在标准整数点值的情况下，移位值为零，这使得下面的转换对结果没有影响：

```
Point(X , Y) = Point( X * pow(2,-shift), Y * pow(2,-shift) )
```

现在，开始介绍实际的绘图函数：

- line：可用于在图像上用给定的起点和终点绘制一条直线。下面的示例代码在图像上绘制一个 X 标记（连接图像四个顶点的两条线），宽为 3 个像素，颜色为红色：

```
cv::line(img,
         Point(0,0),
         Point(img.cols-1,img.rows-1),
         Scalar(0,0,255),
         3,
         LINE_AA);
cv::line(img,
        Point(img.cols-1,0),
        Point(0, img.rows-1),
        Scalar(0,0,255),
        3,
        LINE_AA);
```

- arrowedLine：用来绘制一个带箭头的直线。箭头的方向是由末端点（即第二个点）决定的，除此以外，该函数的用法与 line 相同。下面是一个示例代码，绘制从图像顶部指向图像中心的带箭头的直线：

```
cv::arrowedLine(img,
                Point(img.cols/2, 0),
                Point(img.cols/2, img.rows/3),
                Scalar(255,255,255),
                5,
                LINE_AA);
```

- rectangle：该函数可在图像上绘制一个矩形。可以传入一个矩形（Rect 类），也可以传入两个点（Point 类），第一个点对应于矩形的左上角，第二个点对应于矩形的右下角。下面的代码可在图像中心位置绘制一个示例矩形：

```
cv::rectangle(img,
              Point(img.cols/4, img.rows/4),
              Point(img.cols/4*3, img.rows/4*3),
              Scalar(255,0,0),
              10,
              LINE_AA);
```

- putText：该函数可用于在图像上绘制（编写或放置）文本。除了 OpenCV 绘图函数中常规的绘图参数之外，还需要为该函数提供需要绘制在图像上的文本、字体外观以及缩放参数。字体外观可以是 cv::HersheyFonts 枚举中的条目，而缩放参数是依赖于字体的字体缩放参数。下面的示例代码块可用于在图像上编写“Computer Vision”：

```
cv::putText(img,
            "Computer Vision",
            Point(0, img.rows/2),
            FONT_HERSHEY_PLAIN,
            2,
            Scalar(255,255,255),
            2,
            LINE_AA);
```

如果依次在测试图像上执行本节中所有的绘图示例代码，可产生如图 6-26 所示的绘制效果。

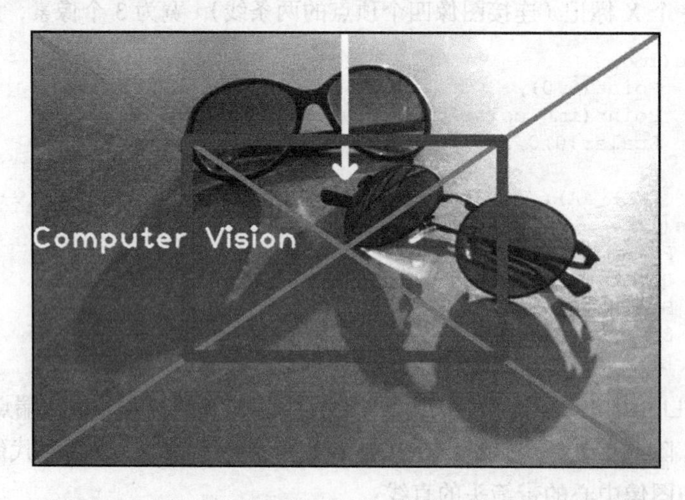

图 6-26　在图像上顺次执行上述示例代码生成的绘制结果

除了本节中介绍的绘图函数外，OpenCV 还提供了绘制圆、折线、椭圆等图形的函数。这些函数的用法与在本章中介绍的绘制直线、矩形框的函数的用法类似。请尝试使用这些函数逐步熟悉 OpenCV 的绘画功能。总是可以通过访问 OpenCV 网站首页（http://opencv.org/），查阅 OpenCV 文档，获得最新绘图函数列表。

6.4 模板匹配

OpenCV 框架提供了用于对象检测、跟踪和计数的许多不同方法。模板匹配是 OpenCV 中最基本的对象检测方法之一，但是如果正确使用模板匹配并与良好的阈值相结合的话，可以有效地对图像中的对象进行检测和计数。通过利用 OpenCV 的一个名为 matchTemplate 的函数可以实现此功能。

matchTemplate 函数将图像作为输入参数，并在该图像内搜索感兴趣的对象（或者，最好是可能包含模板的场景）。它将模板作为第二个参数。模板也是图像，但它是在第一个图像内被搜索的目标。matchTemplate 函数需要的另一个也是最重要的参数是 method 参数，用于决定模板匹配方法，它可以是 cv::TemplateMatchModes 枚举列表中的条目：

- TM_SQDIFF
- TM_SQDIFF_NORMED
- TM_CCORR
- TM_CCORR_NORMED
- TM_CCOEFF
- TM_CCOEFF_NORMED

如果有感兴趣的话，可访问 matchTemplate 的文档页，详细了解上述方法的数学计算过程。但是，实际上，通过了解 matchTemplate 函数的基本工作原理，可以理解每一种模板匹配方法的执行方式。

matchTemplate 函数用大小为 W×H 的模板在大小为 Q×S 的图像上滑动，并使用在 method 参数中指定的方法，将模板与图像的所有重叠部分进行比较，然后将比较结果存储在结果 Mat（result Mat）中。显然，图像大小（Q×S）必须大于模板大小（W×H）。需要重点注意的是，得到的 Mat 的大小实际上是 Q-WxS-H，即图像的高和宽减去模板的高和宽。这是因为模板只在源图像上滑动，而不会在图像之外的哪怕一个像素上滑动。

如果模块匹配的方法名含有 _NORMED，那么模板匹配函数之后就不再需要进行归一化处理，因为结果将在 0 和 1 之间的范围内；否则，需要使用 normalize 函数对结果进行归一化处理。对结果进行归一化处理后，可以使用 minMaxLoc 函数来定位结果图像中的全局最小值（图像中的最暗点）和全局最大值（图像中的最亮点）。记住一点，result Mat 类包含模板与图像重叠部分之间的比较结果。这意味着，取决于所使用的模板匹配方法，result Mat 类中的全局最小值或全局最大值位置实际上是最佳的模板匹配，因此，是检测结果的最佳候选。假设想用图 6-27 左边的图像匹配图 6-27 右边的图像。

图 6-27　图像匹配示例图

因此，可以使用 matchTemplate 函数，下面是示例代码：

```
matchTemplate(img, templ, result, TM_CCORR_NORMED);
```

在上面的函数调用中，img 加载图像本身（右侧图像），templ 加载模板图像（左侧图像），模板匹配方法为 TM_CCORR_NORMED。如果（为简单起见，使用 imshow 函数）可视化上述代码中的 result Mat，将得到图 6-28 的输出，注意结果图像中的最亮点。

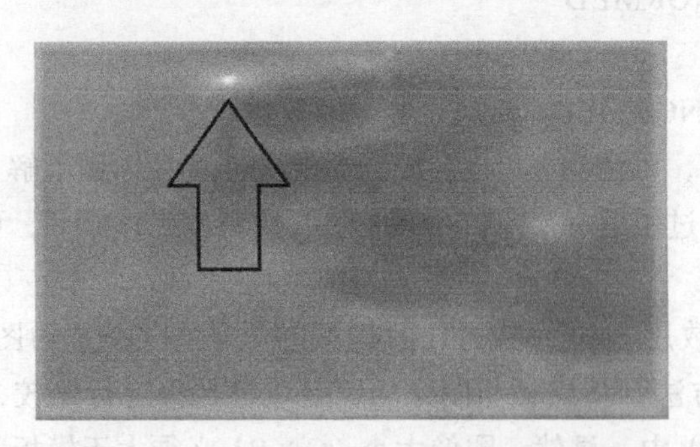

图 6-28　matchTemplate 函数的执行结果

这是模板匹配的最佳可能位置，可以使用 minMaxLoc 函数找到这个位置，并使用这一章的前面所学的绘图函数，在周围绘制一个矩形（与模板大小相同）。下面是例子：

```
double minVal, maxVal;
Point minLoc, maxLoc;
minMaxLoc(result, &minVal, &maxVal, &minLoc, &maxLoc);
rectangle(img,
          Rect(maxLoc.x, maxLoc.y, templ.cols, templ.rows),
          Scalar(255,255,255),
          2);
```

通过对 img 进行可视化，将产生图 6-29 的输出结果。

图 6-29 使用 minMaxLoc 函数的执行结果

值得注意的是，matchTemplate 模板函数是尺度不变的。这意味着不能匹配图像中各种不同大小的模板，而只能匹配函数中指定的相同大小的模板。matchTemplate 函数的另一个用例是计算图像中的对象数。为了能够完成该功能，需要保证在循环内运行 matchTemplate 函数，并在每次成功匹配后从源图像中移除已匹配的部分，以便在 matchTemplate 下一次调用时不再匹配已匹配的部分。可尝试自己编写代码更好地学习更多关于模板匹配及其在模板计数中的应用。

模板计数是一种广泛用于在生产线或平整表面中对目标（或产品）进行计数的方法，或者在微观图像中计算相似形状和大小的细胞的数量，它还有无数其他类似的案例和应用程序。

6.5 小结

到目前为止，我们已经熟悉了 OpenCV 框架中一些常用的函数、枚举和类。在这一章学到的大部分技能几乎都可以以某种方式应用于每一个计算机视觉应用程序。从计算机视觉中最初始的步骤——图像滤波开始，直到图像变换方法以及颜色空间转换，每一个计算机视觉应用程序都需要访问这些方法，用于执行特定任务或者以某种方式进行性能优化。在本章中，学习了所有关于图像滤波以及几何变换的相关知识，学习了如何使用 remap 等函数进行多种图像变换。还学习了颜色空间及其相互之间的转换方法。随后，甚至使用颜色映射函数将图像中的颜色映射到另一组颜色。然后，学习了图像阈值化以及如何提取具有某个特定像素值的图像部分。在你的职业生涯或计算机视觉研究中将看到，由于无数的原因，在任何时候任何地方都需要并使用阈值化。在阈值化之后，学习了 OpenCV 框架中的绘图功能。正如前面介绍过的那样，Qt 框架也提供了大量的接口来处理绘图任务，但仍然不可避免的是，有时可能需要使用 OpenCV 本身来完成绘图任务。本章的最后，学习了模板匹配及其使用方法。

在第 7 章中，将深入研究计算机视觉和 OpenCV 框架，具体地说，将学习关键点和特征描述符及其如何应用于对象检测和匹配。还将学习一些关键概念，如直方图。将学习直方图是什么，以及如何提取和使用直方图。第 7 章还将是刚学习过的内容的一个补充，在这章中，将使用本章学习过的大部分技能以及与图像特征和关键点相关的新技能，在图像上执行更复杂的匹配、比较和检测任务。

CHAPTER 7

第 7 章

特征及其描述符

第 6 章主要从图像内容和像素的角度介绍了有关图像处理的一些内容，包括如何对图像进行滤波和变换操作，或以不同的方式对像素值进行处理。对于模板匹配，我们仅利用原始像素内容来获取结果，以确定特定对象是否存在于图像的某一部分中。但是，我们尚未学习如何设计算法来区分不同类型的对象。为此目的，不仅要利用原始像素，而且还要利用图像基于特定特征所呈现出的集体含义。对于人类来说，假定不是极端相似，识别和区分不同类型的人脸、汽车、手写字体以及几乎任何可见的对象是一件微不足道的事情。人类在处理这些内容时，几乎都是在无意识的状态下进行的。我们甚至可以区分两张非常相似的人脸，这是因为我们的大脑几乎自动地接收人脸上细微而独特的可区分信息，当我们再次看到这些人脸时，就可以再次使用这些信息来识别它们。以不同的汽车品牌为例，我们的大脑几乎存储了绝大多数主要汽车制造商的标志。使用这些标志就能很容易地区分不同的车型（或制造商）。因此，简单地说，大脑在眼睛的帮助下，一直在观察周围的环境及事物，在任意一个可视的对象（显然，可以是该环境中的任意对象）中搜索可区分的部分，然后使用这些内容来识别相同或相似的物体。当然，即使是人类的大脑和眼睛，也总是有可能出错，而且我们可能会忘记一个特定的物体（或人脸）是什么样子的。

在上面介绍的内容也是创建用于同样目标的很多计算机视觉算法的基础。在这一章中，我们将学习 OpenCV 框架中一些最重要的类和方法，这些内容能够让我们找出图像中被称为“特征（或关键点）”的可区分部分或对象。然后，我们将进一步学习描述符，顾名思义，描述符是对特征的描述。因此，我们将学习如何在图像中检测特征，然后从特征中提取描述符。这些描述符在计算机视觉应用程序中用途广泛，包括图像比对、单应性变化检测、已知对象的定位等等。需要重点注意的是，对图像的特征和描述符进行保存、处理以及其他基本操作，往往比对原始图像进行相同操作要快得多，也更加容易，其原因在于特征和描述符是描述原始图像的一堆数字，但具体还要取决于检测特征和提取描述符的具体算法。

从到目前为止所学的内容可以很容易想到，OpenCV 和 Qt 框架是工具、类、函数等的巨大集合，可以帮助我们创建强大的计算机视觉或任何其他类型的应用程序。所以，在本书中涵盖这些框架的所有内容是不可能的，也是难以成功的。相反，因为这两个框架是以高度结构化的方式创建的，因此，如果对这些框架内的底层类的层次结构有清晰的认识，当面对从未使用过的类和函数时，就会很容易探究其功能和用法。对用于检测特征和提取描述符的类和方法来说，这几乎是完全正确的。因此，在这一章中，首先梳理 OpenCV 中用来检测特征、提取描述符的类层次结构，然后再进一步讨论如何在实践中使用它们。

本章将介绍以下主题：

- OpenCV 中有哪些算法
- 如何使用已有的 OpenCV 算法
- 使用 FeatureDetector 类检测特征（或关键点）
- 使用 DescriptorExtractor 类提取描述符
- 如何匹配描述符并用它执行检测
- 如何绘制描述符匹配结果
- 如何根据具体情况选择算法

7.1 所有算法的基础——Algorithm 类

OpenCV 中的所有（至少是那些不太简短的）算法都是作为 cv::Algorithm 类的子类创建的。与通常期望不同，该类不是一个抽象类，这意味着可以创建该类的实例，但这个实例什么都不做。尽管这可能在未来的某个时候发生变化，但访问和使用该类的方式并不会受此影响。如果想创建自己的算法，那么应采用 cv::Algorithm 类在 OpenCV 中的通行方式，这也是创建自己算法的推荐方式，即首先创建 cv::Algorithm 的子类，它包含用于实现特定目标的所有必需的成员函数；然后，再次对这个新创建的子类进行子类化，以创建相同算法的不同实现。为了更好地理解这一点，可以看一看 cv::Algorithm 类的细节，其 OpenCV 源代码的内容大致如下：

```
class Algorithm
{
  public:
  Algorithm();
  virtual ~Algorithm();
  virtual void clear();
  virtual void write(FileStorage& fs) const;
  virtual void read(const FileNode& fn);
```

```
  virtual bool empty() const;
  template<typename _Tp>
    static Ptr<_Tp> read(const FileNode& fn);
  template<typename _Tp>
    static Ptr<_Tp> load(const String& filename,
      const String& objname=String());
  template<typename _Tp>
    static Ptr<_Tp> loadFromString(const String& strModel,
      const String& objname=String());
  virtual void save(const String& filename) const;
  virtual String getDefaultName() const;
  protected:
  void writeFormat(FileStorage& fs) const;
};
```

首先看一下在cv::Algorithm类（以及其他很多OpenCV类）中用到的FileStorage和FileNode类是什么，然后认识cv::Algorithm类中的方法：

- FileStorage类可以用来轻松地实现对XML、YAML以及JSON文件的写入和读取。FileStorage类可以存储由很多算法产生或所需的各种类型的信息，在OpenCV中使用广泛。该类的用法与其他文件读/写类基本相似，区别在于FileStorage类适用于固定类型的文件。
- FileNode类本身是Node类的一个子类，用来表示FileStorage类中的单个元素。FileNode类可以是FileNode元素集合中的一个叶子节点，也可以是其他FileNode元素的容器。

除了上面列出的两个类之外，OpenCV还有另外一个名为FileNodeIterator的类。顾名思义，与循环一样，该类可用于遍历STL中的节点。下面通过一个例子来说明上述类的具体用法：

```
using namespace cv;
String str = "a random note";
double d = 999.001;
Matx33d mat = {1,2,3,4,5,6,7,8,9};
FileStorage fs;
fs.open("c:/dev/test.json",
  FileStorage::WRITE | FileStorage::FORMAT_JSON);
fs.write("matvalue", mat);
fs.write("doublevalue", d);
fs.write("strvalue", str);
fs.release();
```

OpenCV中的上述代码将导致创建一个JSON文件，如下所示：

```
{
  "matvalue": {
    "type_id": "opencv-matrix",
    "rows": 3,
    "cols": 3,
    "dt": "d",
    "data": [ 1.0, 2.0, 3.0, 4.0, 5.0, 6.0, 7.0, 8.0, 9.0 ]
```

```
  },
  "doublevalue": 9.9900099999999998e+02,
  "strvalue": "a random note"
}
```

可以看到，为了确保JSON文件结构正确，并且所有内容所采用的存储方式能方便以后轻松地进行检索，FileStorage类自动处理与之相关的所有事情。通常情况下，最好通过利用isOpened函数检查文件是否成功地打开。为简便起见，我们跳过这部分内容。整个过程被称为类或数据的结构序列化。通过下列代码，执行读回：

```
using namespace cv;
FileStorage fs;
fs.open("c:/dev/test.json",
   FileStorage::READ | FileStorage::FORMAT_JSON);
FileNode sn = fs["strvalue"];
FileNode dn = fs["doublevalue"];
FileNode mn = fs["matvalue"];
String str = sn;
Matx33d mat = mn;
double d = dn;
fs.release();
```

为便于阅读，也为了展示FileStorage类实际读取和创建FileNode类实例的过程，已经将每个值赋给FileNode，然后再赋给变量本身。但很明显，可以直接将读取节点的结果赋给合适类型的变量。这两个类的功能远不止于此，值得深入探究，但上面介绍的内容对于解释cv::Algorithm类如何使用这两个类来说已经足够了。至此，我们知道这些类可以用来轻松地存储和检索不同的类，甚至是OpenCV特有的类型。在此基础上，可以对cv::Algorithm进行更深入的研究。

正如之前看到的，在其声明及实现中，cv:Algorithm类使用上述类来存储和检索算法的状态、基本参数的含义、输入或输出值等等。为了完成这个工作，它提供了几个方法，下面将会简单地介绍一下这些方法。

目前，不必担心这些类用法上的详细细节，因为实际上会在子类中重新实现它们，而且它们中的大部分的工作方式实际上依赖于实现时的特定算法。因此，应该只关注结构及其在OpenCV中的组织方式。

下面是由cv:: Algorithm类提供的方法：

- read：该方法有一些重载的版本，可以用来读取算法的状态。
- write：该方法与read方法类似，但用来保存算法的状态。
- clear：该方法可以用来清除算法的状态。
- empty：该方法可以用来确定算法的状态是否为空，从而可以判断算法是否被成功加载（读取）。
- load：该方法与read方法几乎相同。

❑ loadFromString：该方法与 load 方法以及 read 方法非常相似，区别是 loadFromString 方法从字符串读取并加载算法的状态。

浏览一下 OpenCV 网站上 cv:: Algorithm 的文档页面（尤其是其继承关系图），就会立刻注意到 OpenCV 中大量的类重新实现了 cv:: Algorithm。可以想到，它们都具有上面介绍的那些函数。除此之外，它们中的每个类都提供了自身特定的方法和函数。在重新实现 cv:: Algorithm 的诸多类中，有一个名为 Feature2D 的类，它是在本章将介绍的一个主要类，负责实现 OpenCV 中已有的所有特征检测和描述符提取的算法。在 OpenCV 中将该类及其子类称为二维特征框架（请将其当作 OpenCV 框架的子框架），这是下一节要介绍的主要内容。

7.2 二维特征框架

正如本章前面介绍的，OpenCV 提供了一些类来执行由世界各地的计算机视觉研究人员所创建的各种特征检测与描述符提取算法。与在 OpenCV 中实现的所有其他复杂算法一样，特征检测器和描述符提取器也是通过子类化 cv::Algorithm 类创建的。该子类称为 Feature2D，它包含所有特征检测和描述符提取类共用的各种函数。基本上，任何用于检测特征和提取描述符的类都应该是 Featured2D 的子类。OpenCV 使用下面两个类类型来实现这一目的：

❑ FeatureDetector

❑ DescriptorExtractor

需要重点注意的是，这两个类实际上都只是 Feature2D 的不同的名称，因为它们是在 OpenCV 内使用下面的 typedef 语句创建的（稍后，将在本节中讨论其原因）：

```
typedef Feature2D FeatureDetector;
typedef Feature2D DescriptorExtractor;
```

最好浏览一下 Feature2D 类的声明：

```
class Feature2D : public virtual Algorithm
{
  public:
  virtual ~Feature2D();
  virtual void detect(InputArray image,
    std::vector<KeyPoint>& keypoints,
    InputArray mask=noArray() );
  virtual void detect(InputArrayOfArrays images,
    std::vector<std::vector<KeyPoint> >& keypoints,
    InputArrayOfArrays masks=noArray() );
    virtual void compute(InputArray image,
      std::vector<KeyPoint>& keypoints,
    OutputArray descriptors );
    virtual void compute( InputArrayOfArrays images,
```

```
    std::vector<std::vector<KeyPoint> >& keypoints,
    OutputArrayOfArrays descriptors );
  virtual void detectAndCompute(InputArray image,
    InputArray mask,
    std::vector<KeyPoint>& keypoints,
    OutputArray descriptors,
    bool useProvidedKeypoints=false );
    virtual int descriptorSize() const;
    virtual int descriptorType() const;
    virtual int defaultNorm() const;
    void write( const String& fileName ) const;
    void read( const String& fileName );
    virtual void write( FileStorage&) const;
    virtual void read( const FileNode&);
    virtual bool empty() const;
};
```

让我们了解一下 Feature2D 类的声明中包含了哪些内容。首先，前面提到过，它是 cv:: Algorithm 的子类。read 函数、write 函数以及 empty 函数只是 cv:: Algorithm 中已有函数的重新实现。但以下函数是全新的，在 cv:: Algorithm 中不存在，它们主要是特征检测器和描述符提取器需要添加的函数：

- detect 函数可以用来从一个图像或一组图像中检测特征（即关键点）。
- compute 函数可以用来从关键点中提取（即计算）描述符。
- detectAndCompute 函数可以用来以单个函数同时执行检测和计算。
- descriptorSize 函数、descriptorType 函数以及 defaultNorm 函数是依赖于算法的值，它们是在每个能够提取描述符的 Feature2D 子类中重新实现的。

尽管这看起来可能很奇怪，基于单个类对特征检测器和描述符进行分类是有缘由的，这是因为部分（不是全部）算法同时为特征检测和描述符提取这二者提供函数。随着我们继续讨论为这个目的创建很多算法，这将变得更加清晰。下面开始介绍 OpenCV 二维特征框架中现有的 Feature2D 类和算法。

7.2.1　检测特征

OpenCV 有很多类可用于从图像中检测特征（关键点），每个类都拥有其实现，这取决于它所实现的特定算法，并且可能需要一组不同的参数才能正确执行，或获得最好的性能。但是，它们都有一个共同点，即都有前面介绍过的 detect 函数（因为它们都是 Feature2D 的子类），用来检测图像中的一组关键点。OpenCV 中的关键点或特征是 KeyPoint 类实例，其中包含需要为合适的关键点（关键点和特征这两个术语在含义上可以混用）存储的大部分信息。下面是 KeyPoint 类的成员及其定义：

- pt：即点，包含图像中关键点的位置（X 和 Y）。
- angle：指的是关键点的顺时针旋转角度（0 到 360 度）。如果检测关键点的算法能够找到它，则设置它，否则设置为 –1。

- response：指的是关键点的强度，可对关键点排序或滤除强度较弱的关键点等等。
- size：这是一个直径，用于指定关键点的邻域，以便做进一步处理。
- octave：指的是图像分组层（或金字塔层），从中检测出该特定关键点。这是一个非常强大而实用的概念，广泛用于在检测关键点以及使用关键点进一步检测图像上可能大小不同的对象时，实现尺度独立，或者说尺度不变性。为了实现该功能，用相同的算法处理同一图像的不同尺度版本（仅缩小版本），称每一个尺度为金字塔的一个分组或一层。

为方便使用，KeyPoint 类还提供了其他成员和方法，读者可根据需要自己查看，但为了进一步使用这些重要特性，我们将学习所有需要熟悉的重要属性。现在，让我们看一看现有 OpenCV 特征检测器类的列表及其简要描述，还有如何使用这些特征检测器类的例子：

- AgastFeatureDetector 包含 AGAST（自适应及通用加速分割测试）算法的实现，可以用来检测图像中的角点。在配置其行为时需要三个参数（均可省略以使用默认值）。下面是例子：

```
Ptr<AgastFeatureDetector> agast = AgastFeatureDetector::create();
vector<KeyPoint> keypoints;
agast->detect(inputImage, keypoints);
```

就这么简单，只使用了默认参数集的 AgastFeatureDetector。在深入讨论上述运算的结果之前，先来看看代码，因为其中使用了 OpenCV 中最重要且实用的类之一（称为 Ptr）。正如代码中所见，我们使用了 Ptr 类，这是共享指针（也称为智能指针）的 OpenCV 实现。使用智能指针的一个优点是，不必担心使用完该指针之后，就去释放分配给该类的内存。另一个优点，也就是将其称为共享指针的原因，即实际上多个 Ptr 类可以使用（共享）同一个指针，并且这个指针（分配的内存）只保留到 Ptr 所指向的最后一个实例被销毁。在复杂的代码中，这将大大简化处理过程。

接下来需要注意的是，需要使用静态 create 函数创建 AgastFeatureDetector 类的共享指针实例。因为这是一个抽象类，所以不能创建该类的实例。代码的其余部分并不是什么新内容，只创建了 KeyPoint 的 std::vector，然后使用 AGAST 的底层算法检测输入的 Mat 图像中的关键点。

另一种也许是更灵活的方式是通过使用多态和 Feature2D 类编写相同的代码。因为 AgastFeatureDetector 实际上是 Feature2D 的子类，因此可以像下面这样编写同样的代码：

```
Ptr<Feature2D> fd = AgastFeatureDetector::create();
vector<KeyPoint> keypoints;
fd->detect(inputImage, keypoints);
```

当然，如果想要在不同的特征检测算法之间进行切换，而不需要创建和传递很多类的很多实例，则上述方法很有用。下面是一个例子，在该例中，取决于 alg 的值（可以是已经定义的枚举的一项，包含可能算法的名称），使用 AGAST 或 AKAZE 算法检测关键点（稍后，将在本章看到相应的介绍）：

```
Ptr<Feature2D> fd;
switch(alg)
{
  case AGAST_ALG:
  fd = AgastFeatureDetector::create();
  break;

  case AKAZE_ALG:
   fd = AKAZE::create();
   break;
}
vector<KeyPoint> keypoints;
fd->detect(inputImage, keypoints);
```

在讨论 AGAST 算法参数之前，还有一个技巧，即通过遍历检测到的关键点并绘制它们（实际上是圆，但是太小了，所以与点是一样的），可以绘制检测到的关键点，如下所示：

```
inputImage.copyTo(outputImage);
foreach(KeyPoint kp, keypoints)
circle(outputImage, kp.pt, 1, Scalar(0,0,255), 2);
```

或者最好使用在 OpenCV 二维特征框架中专门用于此目的的 drawKeypoints 函数。这样做的优点是，不需要将图像复制到输出图像，这也确保了以一种更易区分的方式对关键点进行着色。下面有一个例子，实际上，这是使用 OpenCV 中的 AGAST 算法检测和绘制关键点的全部代码：

```
Ptr<AgastFeatureDetector> agast = AgastFeatureDetector::create();
vector<KeyPoint> keypoints;
agast->detect(inputImage, keypoints);
drawKeypoints(inputImage, keypoints, outputImage);
```

在例子中，将使用简单的非多态方法，但尽管如此，在本章前面介绍的使用多态往往更实用，可根据不同的情况在不同算法之间切换。

假设左边的图像是原始测试图像，执行上面的代码将产生右边的输出图像，如图 7-1 所示。

图 7-1 示例图像，左图是原始测试图像，右图是执行代码产生的输出图像

图 7-2 是放大结果图像的一部分。

可以看到，在结果图像上绘制了所有检测到的关键点。而且，在运行任何特征检测函数之前，最好对图像进行某些模糊滤波操作（如果图像太清晰的话），这有助于减少不必要的（和不正确的）关键点。这样做的原因是，对于清晰的图像，即使是最轻微的图像片段也可能会被检测为边缘或者角点。

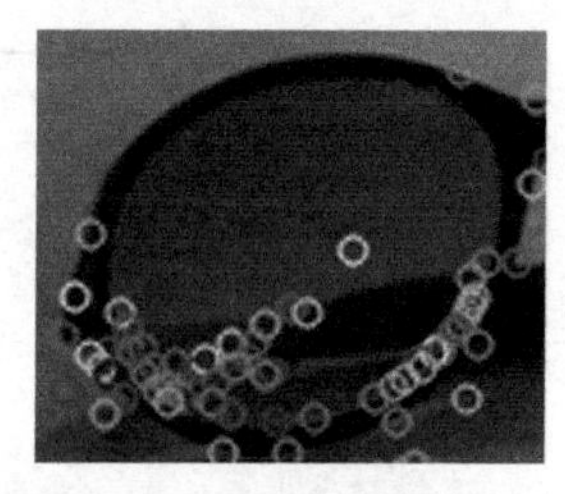
图 7-2 将结果图像的一部分放大

在上面的例子中，只使用了默认参数（通过省略它们），但是为了能够更好地控制 AGAST 算法的行为，需要使用以下参数：

- threshold 值在默认情况下设置为 10，用于根据一个像素与环绕它的圆上的像素之间的强度差异来传递特征。阈值越高意味着检测到的特征数量越少，反之亦然。
- NonmaxSuppression 用于对检测到的关键点实施非极大抑制操作。默认情况下，这个参数设置为 true，并且可以用来进一步筛选掉不想要的关键点。
- type 参数可以设置为下列值之一，以确定 AGAST 算法的类型：
  - AGAST_5_8
  - AGAST_7_12d
  - AGAST_7_12s
  - OAST_9_16（默认值）

可以使用恰当的 Qt 控件从用户界面获取参数值。图 7-3 是 AGAST 算法的用户界面及其底层代码的一个例子。另外，可以下载本节后面提供的完整 keypoint_plugin 源代码，其中包含该内容以及下面的特征检测示例，所有这些内容都在一个插件中，它与我们的完整的 computer_vision 工程项目兼容。

请注意，当改变阈值并选择不同类型的 AGAST 算法时，检测到的关键点数量是变化的。在下面的示例代码中，agastThreshSpin 是自旋框控件对象名称，agastNonmaxCheck 是复选框对象名称，agastTypeCombo 是用来选择类型的组合框对象名称：

```
Ptr<AgastFeatureDetector> agast =
   AgastFeatureDetector::create();
vector<KeyPoint> keypoints;
agast->setThreshold(ui->agastThreshSpin->value());
agast->setNonmaxSuppression(ui->agastNonmaxCheck->isChecked());
agast->setType(ui->agastTypeCombo->currentIndex());
agast->detect(inputImage,
              keypoints);
drawKeypoints(inputImage,
              keypoints,
              outputImage);
```

OpenCV 提供了一个便利的函数用于直接在灰度图像上调用 AGAST 算法，不需要使用 AgastFeatureDetector 类。该函数称为 AGAST（或 cv::AGAST，如果考虑名字空间的话），通过使用这个函数，可以编写同样的代码，如下面的代码段所示。

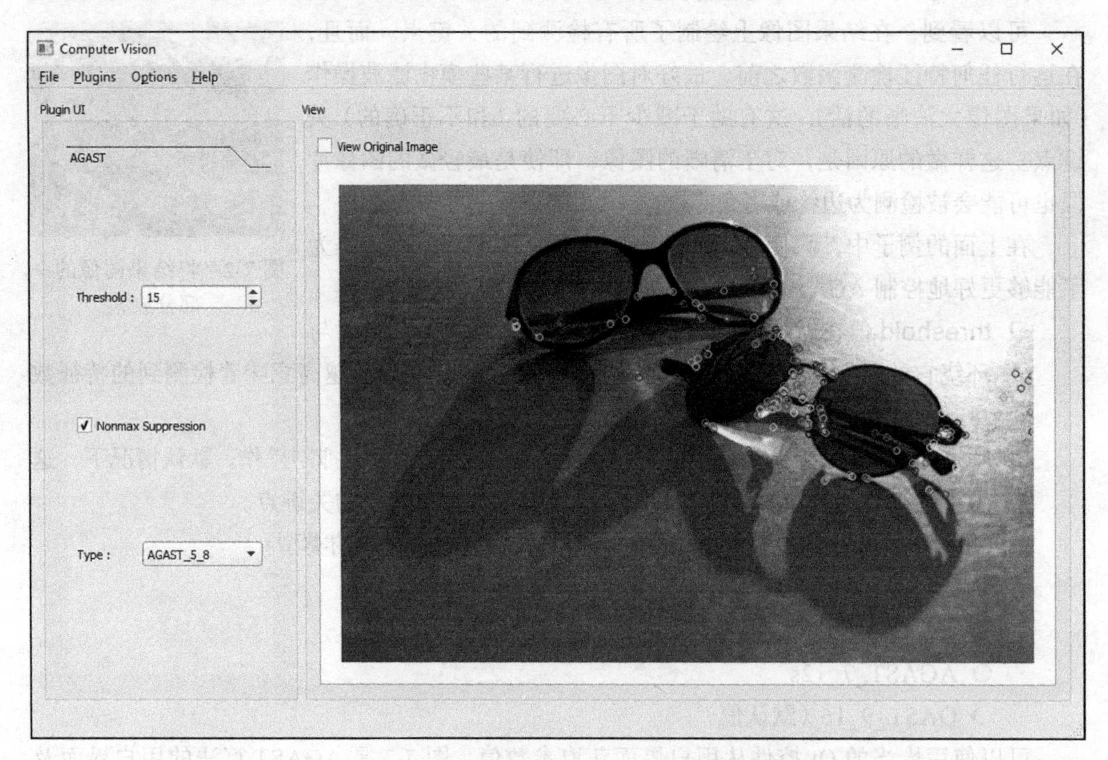

图 7-3 AGAST 算法示例代码生成的图像关键点

```
vector<KeyPoint> keypoints;
AGAST(inputImage,
      keypoints,
      ui->agastThreshSpin->value(),
      ui->agastNonmaxCheck->isChecked(),
      ui->agastTypeCombo->currentIndex());
drawKeypoints(inputImage,
              keypoints,
              outputImage);
```

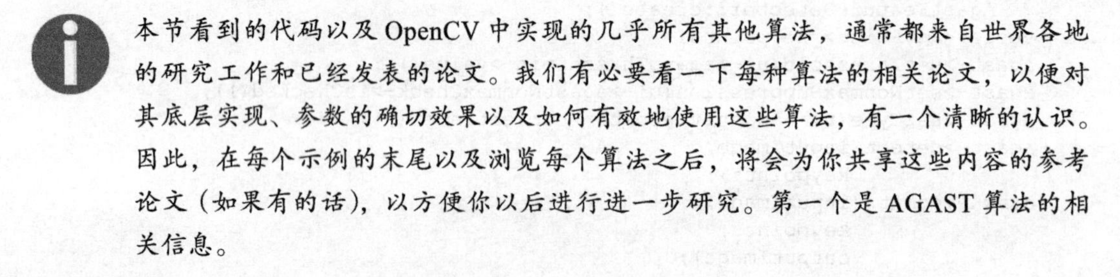

本节看到的代码以及 OpenCV 中实现的几乎所有其他算法，通常都来自世界各地的研究工作和已经发表的论文。我们有必要看一下每种算法的相关论文，以便对其底层实现、参数的确切效果以及如何有效地使用这些算法，有一个清晰的认识。因此，在每个示例的末尾以及浏览每个算法之后，将会为你共享这些内容的参考论文（如果有的话），以方便你以后进行进一步研究。第一个是 AGAST 算法的相关信息。

参考文献：Elmar Mair, Gregory D. Hager, Darius Burschka, Michael Suppa, and Gerhard Hirzinger. Adaptive and generic corner detection based on the accelerated segment test. In European

Conference on Computer Vision (ECCV'10), September 2010.

下面继续介绍特征检测算法。

7.2.1.1 KAZE 和 AKAZE

KAZE 和 AKAZE（KAZE 的加速）类可以使用 KAZE 算法（及其加速版本）来检测特征。有关 KAZE 和 AKAZE 算法的更多详细信息，请参考下面的文献列表。与在 AGAST 中看到的类似，可以使用默认的参数集调用 detect 函数，也可以使用适当的 Qt 控件获取所需的参数进一步控制算法的行为。图 7-4 是一个例子。

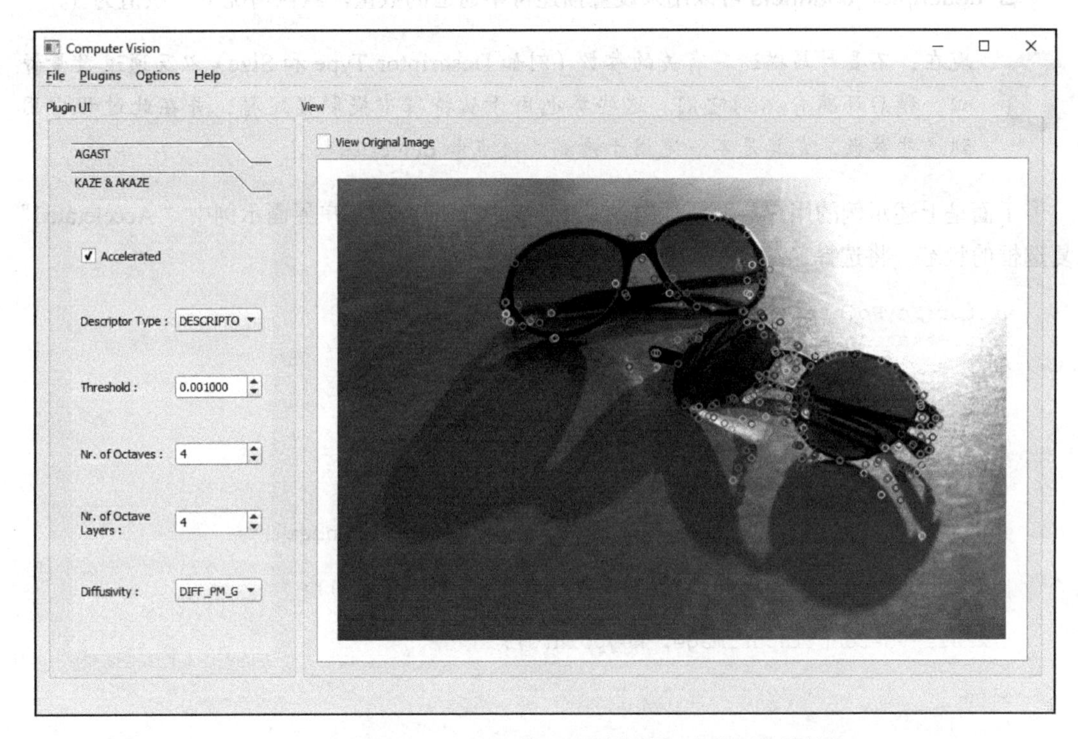

图 7-4 KAZE 和 AKAZE 算法示例代码生成的图像关键点

AKAZE 和 KAZE 的主要参数如下：

- nOctaves 默认情况下为 4，可以用来定义图像的最大分组层数。
- nOctaveLayers 默认情况下为 4，是每个分组（或每个尺度层）的子层数。
- Diffusivity 可以取下列项中的一个，这是 KAZE 和 AKAZE 算法使用的非线性扩散方法（参考该算法后面的参考文献）：
  - DIFF_PM_G1
  - DIFF_PM_G2
  - DIFF_WEICKERT
  - DIFF_CHARBONNIER

- Threshold 是用于接受关键点的响应值（默认值为 0.001000）。该阈值越低，检测到的关键点的数量越多，反之亦然。
- Descriptor Type 参数可以是下列值之一。注意该参数只在 AKAZE 类中存在：
  - DESCRIPTOR_KAZE_UPRIGHT
  - DESCRIPTOR_KAZE
  - DESCRIPTOR_MLDB_UPRIGHT
- descriptor_size 用来定义描述符的大小。0 值（也是默认值）意味着全尺寸的描述符。
- descriptor_channels 可以用来设置描述符中通道的数量。默认情况下，该值为 3。

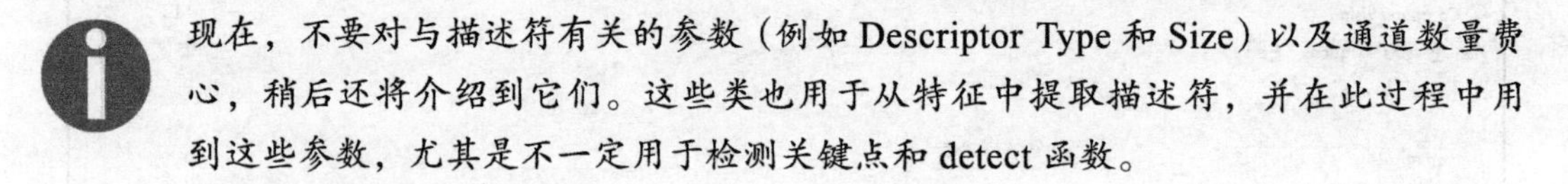

现在，不要对与描述符有关的参数（例如 Descriptor Type 和 Size）以及通道数量费心，稍后还将介绍到它们。这些类也用于从特征中提取描述符，并在此过程中用到这些参数，尤其是不一定用于检测关键点和 detect 函数。

下面是上述示例的用户界面源代码，其中，取决于前面的用户界面示例中“Accelerated”复选框的状态，将选择 KAZE（未选中）或 AKAZE（加速）：

```
vector<KeyPoint> keypoints;
if(ui->kazeAcceleratedCheck->isChecked())
{
  Ptr<AKAZE> akaze = AKAZE::create();
  akaze->setDescriptorChannels(3);
  akaze->setDescriptorSize(0);
  akaze->setDescriptorType(
    ui->akazeDescriptCombo->currentIndex() + 2);
  akaze->setDiffusivity(ui->kazeDiffCombo->currentIndex());
  akaze->setNOctaves(ui->kazeOctaveSpin->value());
  akaze->setNOctaveLayers(ui->kazeLayerSpin->value());
  akaze->setThreshold(ui->kazeThreshSpin->value());
  akaze->detect(inputImage, keypoints);
}
else
{
  Ptr<KAZE> kaze = KAZE::create();
  kaze->setUpright(ui->kazeUprightCheck->isChecked());
  kaze->setExtended(ui->kazeExtendCheck->isChecked());
  kaze->setDiffusivity(ui->kazeDiffCombo->currentIndex());
  kaze->setNOctaves(ui->kazeOctaveSpin->value());
  kaze->setNOctaveLayers(ui->kazeLayerSpin->value());
  kaze->setThreshold(ui->kazeThreshSpin->value());
  kaze->detect(inputImage, keypoints);
}
drawKeypoints(inputImage, keypoints, outputImage);
```

参考文献：

1. KAZE Features. Pablo F. Alcantarilla, Adrien Bartoli and Andrew J. Davison. In European Conference on Computer Vision (ECCV), Fiorenze, Italy, October 2012.

2. Fast Explicit Diffusion for Accelerated Features in Nonlinear Scale Spaces. Pablo F. Alcantarilla, Jesús Nuevo and Adrien Bartoli. In British Machine Vision Conference (BMVC), Bristol, UK, September 2013.

7.2.1.2 BRISK类

BRISK类可以使用BRISK（二值鲁棒不变可伸缩关键点）来检测图像中的特征。请务必参考后面的文献，了解它在OpenCV中的工作原理以及底层实现。使用的方法与在AGAST和KAZE中看到的非常类似，先使用create函数创建类，然后设定参数（如果不使用默认值的话），最后调用detect函数。图7-5是一个简单的例子。

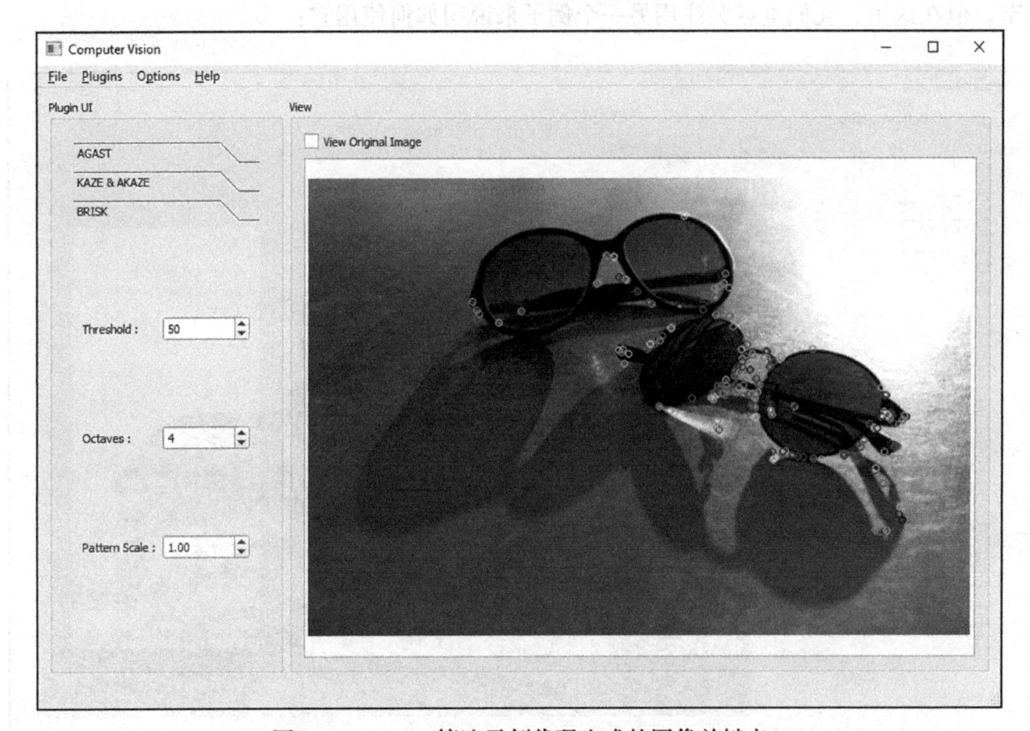

图7-5 BRISK算法示例代码生成的图像关键点

下面是该用户界面的源代码。很容易猜到控件的名称，每个名称都对应于BRISK算法所需的三个参数中的某一个，这三个参数是thresh（与AGAST类的阈值类似，因为BRISK使用一个类似的内部方法）、octaves（类似于KAZE和AKAZE类中的分组数量）、patternScale（它是BRISK算法使用的可选模式缩放参数，默认情况下为1）：

```
vector<KeyPoint> keypoints;
Ptr<BRISK> brisk =
    BRISK::create(ui->briskThreshSpin->value(),
                  ui->briskOctaveSpin->value(),
                  ui->briskScaleSpin->value());
drawKeypoints(inputImage, keypoints, outputImage);
```

参考文献：

Stefan Leutenegger, Margarita Chli, and Roland Yves Siegwart. Brisk: Binary robust invariant scalable keypoints. In Computer Vision (ICCV), 2011 IEEE International Conference on, pages 2548-2555. IEEE, 2011.

7.2.1.3　FAST

FastFeatureDetector 类可以使用 FAST 方法（加速分割测试特征）来检测图像的特征。FAST 和 AGAST 算法共享很多内容，因为这两种方法都使用加速分割测试方法，在 OpenCV 中的实现以及如何使用这个类也很相似。请务必参考后面的参考文献，了解有关内容的更多细节。但在这里，我们重点关注用另一个例子来说明如何使用它：

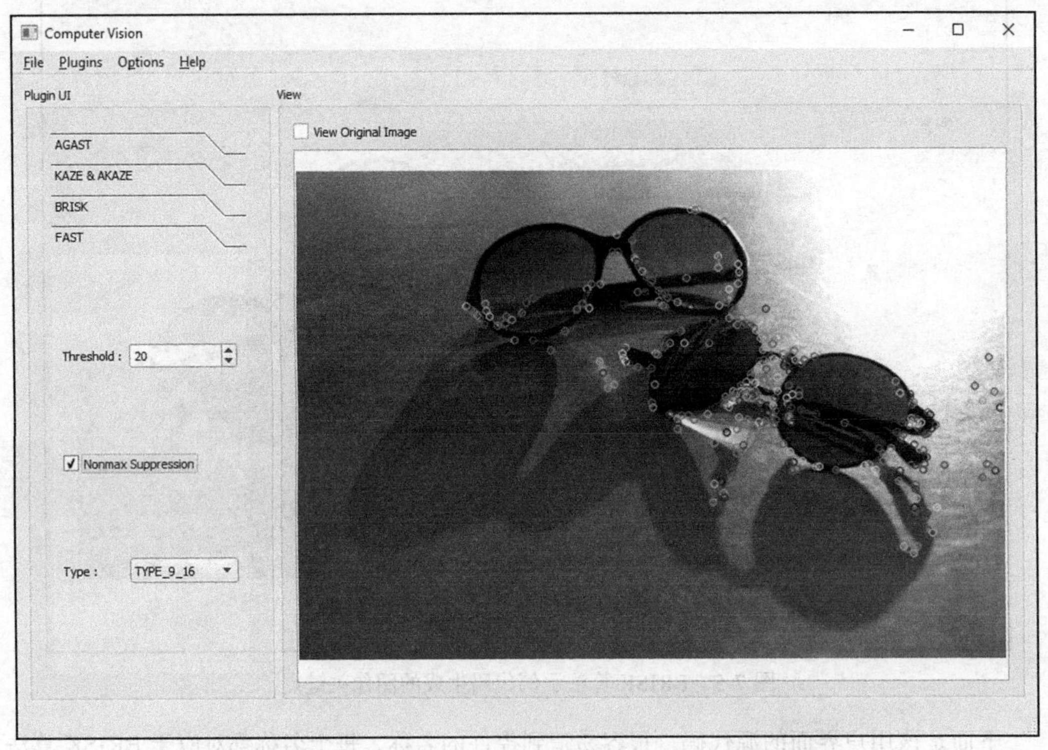

图 7-6　FastFeatureDetector 算法示例代码生成的图像关键点

这是一个用户界面源代码，它使用 FAST 算法从图像中检测关键点。所有这三个参数与 AGAST 算法都相同，但是类型可以是如下三项之一：

- TYPE_5_8
- TYPE_7_12
- TYPE_9_16

参考文献：

Edward Rosten and Tom Drummond. Machine learning for high-speed corner detection. In Computer Vision-ECCV 2006, pages 430-443. Springer, 2006.

7.2.1.4 GFTT

GFTT 只是一个特征检测器。GFTTDetector 可以使用 Harris（以算法提出者命名）和 GFTT 角点检测算法来检测特征。所以，这个类实际上是将两个特征检测方法结合成一个类，理由在于 GFTT 实际上是 Harris 算法的一个改进版，由输入参数决定使用哪一个算法。下面通过图 7-7 所示的例子来看一看如何使用这个类，然后简要地介绍参数。

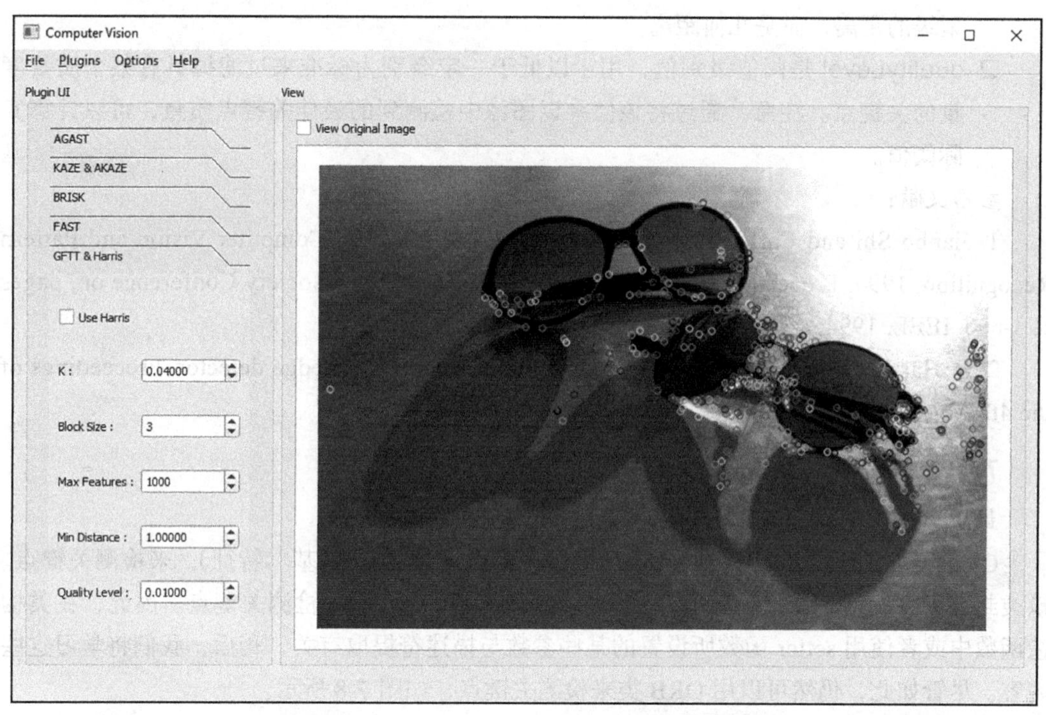

图 7-7 GFTT 算法示例代码生成的图像关键点

下面是这个用户界面的相关源代码：

```
vector<KeyPoint> keypoints;
Ptr<GFTTDetector> gftt = GFTTDetector::create();
gftt->setHarrisDetector(ui->harrisCheck->isChecked());
gftt->setK(ui->harrisKSpin->value());
gftt->setBlockSize(ui->gfttBlockSpin->value());
gftt->setMaxFeatures(ui->gfttMaxSpin->value());
gftt->setMinDistance(ui->gfttDistSpin->value());
gftt->setQualityLevel(ui->gfttQualitySpin->value());
gftt->detect(inputImage, keypoints);
drawKeypoints(inputImage, keypoints, outputImage);
```

下面是 GFTTDetector 类的参数及其定义：

- useHarrisDetector 如果设置为true，将使用Harris算法，否则使用GFTT算法。在默认情况下，该参数设置为false。
- blockSize 可以用来设置块的大小，用于在像素的邻域中计算导数协方差矩阵。默认情况下是3。
- K 是Harris算法使用的常数参数值。
- 可以设置 maxFeatures 或 maxCorners 来限制检测到的关键点数量。默认情况下设置为1000，但是如果关键点数量超过了这个数字，则只返回最强的响应。
- minDistance 是关键点之间的最小可接受值。默认情况下该值设置为1，这不是像素级的距离，而是几何距离。
- qualityLevel 是阈值级别值，用于以低于一定级别为标准来过滤掉具有某个质量度量的关键点。注意，通过将该值乘以图像中检测到的最佳关键点质量，可以计算实际阈值。

参考文献：

1. Jianbo Shi and Carlo Tomasi. Good features to track. In Computer Vision and Pattern Recognition, 1994. Proceedings CVPR'94., 1994 IEEE Computer Society Conference on, pages 593-600. IEEE, 1994.

2. C. Harris and M. Stephens (1988). A combined corner and edge detector. Proceedings of the 4th Alvey Vision Conference. pp. 147-151.

7.2.1.5 ORB

最后，ORB算法是这部分介绍的最后一个特征检测算法。

ORB类可以使用ORB，即Oriented BRIEF（二值鲁棒独立基本特征），来检测关键点。该类封装了我们已经见过的某些方法（例如FAST或Harris）来检测关键点。因此，在类构造函数中或者使用setter函数所设置的某些参数与描述符提取有关，稍后，我们将学习这些内容。尽管如此，仍然可以用ORB类来检测关键点，如图7-8所示。

下面是该用户界面所需的源代码。控件的objectName属性就不再解释了，先来看看代码，然后再详细介绍这些参数：

```
vector<KeyPoint> keypoints;
Ptr<ORB> orb = ORB::create();
orb->setMaxFeatures(ui->orbFeaturesSpin->value());
orb->setScaleFactor(ui->orbScaleSpin->value());
orb->setNLevels(ui->orbLevelsSpin->value());
orb->setPatchSize(ui->orbPatchSpin->value());
orb->setEdgeThreshold(ui->orbPatchSpin->value()); // = patch size
orb->setWTA_K(ui->orbWtaSpin->value());
orb->setScoreType(ui->orbFastCheck->isChecked() ?
                    ORB::HARRIS_SCORE
                  :
                    ORB::FAST_SCORE);
```

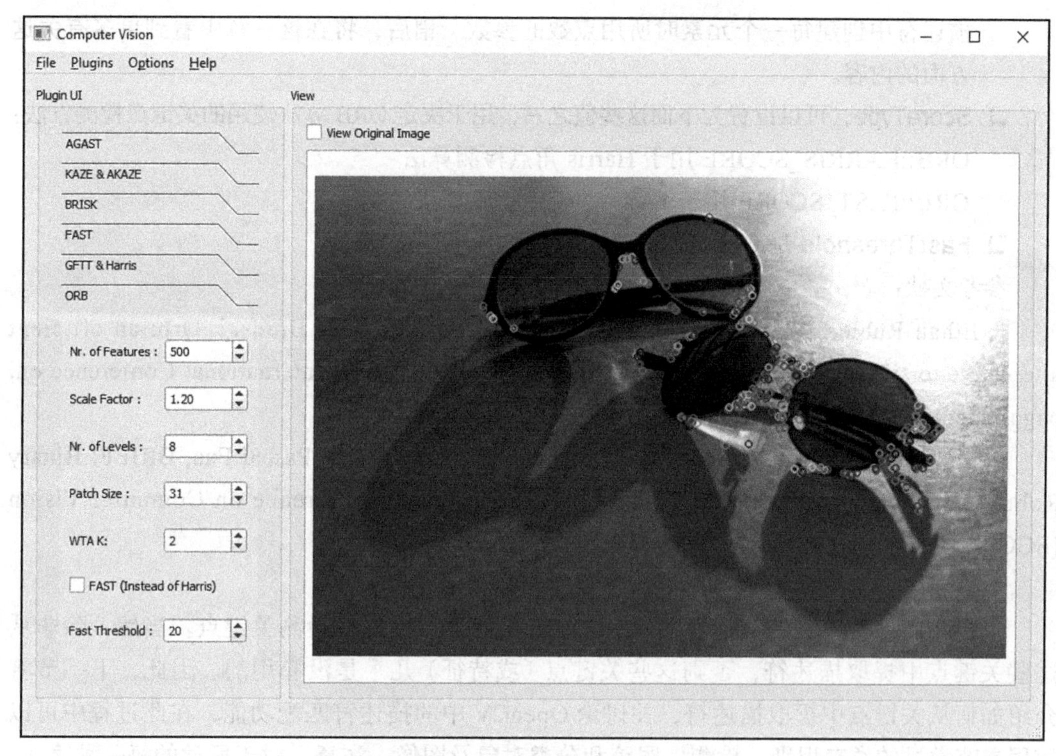

图 7-8　ORB 算法示例代码生成的图像关键点

```
orb->setPatchSize(ui->orbPatchSpin->value());
orb->setFastThreshold(ui->orbFastSpin->value());
orb->detect(inputImage, keypoints);
drawKeypoints(inputImage, keypoints, outputImage);
```

该序列刚好与前面看到的其他算法是完全一样的，下面具体介绍这些参数是什么：

- MaxFeatures 参数是应该检索的关键点的最大数量。注意，检测到的关键点数量可能比该值要低得多，但永远不会高于它。
- ScaleFactor 或金字塔采样量，与之前的算法中看到的分组参数有点类似，用来确定金字塔每一层的尺度值，该值用来从相同图像的不同尺度检测关键点和提取描述符，这就是在 ORB 中实现的尺度不变性的方式。
- NLevels 是金字塔的层数。
- PatchSize 是 ORB 算法使用的块的大小。有关这方面的详细信息，请务必参考后面的参考文献，但简单地讲，块的大小决定了一个关键点周围描述提取将会发生的区域。请注意，PatchSize 和 EdgeThreshold 参数的值必须相同，在前面的例子中也设置为相同的值。
- EdgeThreshold 是在关键点检测期间将被忽略的像素边界。
- WTA_K，即 WTA 哈希的 K 值，在 ORB 算法的内部使用，是一个用于决定在 ORB

描述符中创建每一个元素时所用点数的参数。稍后，将在这一章中看到更多有关这方面的内容。

- ScoreType，可以设置为下面这些值之一，用于决定ORB算法使用的关键点检测方法：
  ORB::HARRIS_SCORE 用于 Harris 角点检测算法
  ORB::FAST_SCORE 用于 FAST 关键点检测算法
- FastThreshold 是 ORB 在关键点检测算法中使用的阈值。

参考文献：

1. Ethan Rublee, Vincent Rabaud, Kurt Konolige, and Gary Bradski. Orb: an efficient alternative to sift or surf. In Computer Vision (ICCV), 2011 IEEE International Conference on, pages 2564-2571. IEEE, 2011.

2. Michael Calonder, Vincent Lepetit, Christoph Strecha, and Pascal Fua, BRIEF: Binary Robust Independent Elementary Features, 11th European Conference on Computer Vision (ECCV), Heraklion, Crete. LNCS Springer, September 2010.

现在我们已经熟悉了如何使用 OpenCV 3 中的各种算法来检测关键点。当然，除非从这些关键点中提取描述符，否则这些关键点（或特征）几乎是没有用的。因此，下一节将介绍如何从关键点中提取描述符，并讨论 OpenCV 中的描述符匹配功能，在此过程中可以使用本节学过的类来识别、检测、跟踪和分类对象及图像。注意，对于所学的每一种算法，最好阅读一下文献，才能理解有关内容的所有细节，特别是如果你的目标是构建自己的自定义关键点检测器，但如果要原样使用它们，就像之前介绍过的那样，则对它们的目的有一个清晰的概念就足够了。

7.2.2 提取和匹配描述符

计算机视觉中，描述符是一种描述关键点的方法，它完全依赖于用来提取描述符的特定算法，并且与关键点（在 KeyPoint 类中定义）不同，除了每一个描述符表示一个关键点这一点之外，描述符没有共同的结构。OpenCV 中的描述符存储在 Mat 类中，由此产生的描述符 Mat 类的每一行都表示关键点的描述符。与上一节中学到的内容一样，可以使用任意一个 FeatureDetector 子类的 detect 函数来检测图像中的一组关键点。类似地，可以使用任意一个 DescriptorExtractor 子类的 compute 函数从关键点中提取描述符。

由于 OpenCV 中特征检测器与描述提取符组织方法的缘故（与本章前面介绍的一样，都是 Feature2D 子类），将它们联合使用是一件极其容易的事情。事实上，你会在本节中看到，我们将使用同样的类（或更准确地说，是那些也提供了描述符提取方法的类）从上一节我们利用各种类所找到的关键点中提取特征描述符，以定位场景图像内的对象。需要注意的是，提取的关键点并非全部与所有描述符兼容，同时并非所有算法（在本例中是 Feature2D 子类）都提供 detect 函数和 compute 函数。但完成的算法也提供了一个

detectAndCompute 函数，可以同时进行关键点检测及特征提取，而且比单独调用两个函数更快。下面开始介绍第一个示例案例，以便让所有这些内容变得更清晰。这也是在对两个独立图像的特征进行匹配时要执行哪些所需步骤的示例，可以将其用于执行检测、比对等。

1. 首先，将使用 AKAZE 算法（使用在上一节中学习过的 AKAZE 类）检测图 7-9 中的关键点。

图 7-9 待检测关键点的图像

可以使用下面的代码片段从两个图像中提取关键点：

```
using namespace cv;
using namespace std;
Mat image1 = imread("image1.jpg");
Mat image2 = imread("image2.jpg");
Ptr<AKAZE> akaze = AKAZE::create();
// set AKAZE params ...
vector<KeyPoint> keypoints1, keypoints2;
akaze->detect(image1, keypoints1);
akaze->detect(image2, keypoints2);
```

2. 得到两个图像的特征（或关键点）之后，可以使用同样的 AKAZE 类实例从这些关键点中提取描述符。下面列出了实现过程：

```
Mat descriptor1, descriptor2;
akaze->compute(image1, keypoints1, descriptor1);
akaze->compute(image2, keypoints2, descriptor2);
```

3. 现在有了匹配两张图像所需的其上关键点的描述符。为了能够执行描述符匹配操作，需要使用 OpenCV 中一个名为 DescriptorMatcher 的类。极为重要的是，需要将这个匹配器类设置为正确的类型，否则，将得不到任何结果，或者可能在运行应用程序时遇到错误。如果在本例中使用AKAZE算法来检测关键点和提取描述符，那么可以使用DescriptorMatcher中的FLANNBASED类型。

```
descMather = DescriptorMatcher::create(
  DescriptorMatcher::FLANNBASED);
```

注意，可以传递下列值之一来创建DescriptorMatcher的函数，这完全取决于用来提取描述符的具体算法。显然，这是因为匹配操作是在描述符上执行的。始终可以参考每个算法的文档，以了解任意特定的描述符类型可以使用哪些算法。例如，诸如AKAZE和KAZE这样的算法有一个浮点类型的描述符，因此可以使用FLANNBASED方法。但是，有一些字符串类型的描述符，例如ORB，则需要可以处理描述符的汉明距离的匹配方法。下面是可以用于匹配的现有方法：

- FLANNBASED
- BRUTEFORCE
- BRUTEFORCE_L1
- BRUTEFORCE_HAMMING
- BRUTEFORCE_HAMMINGLUT
- BRUTEFORCE_SL2

当然，在尝试为任何特定的描述符类型寻找正确的匹配算法时，最坏的情况也只是逐一尝试，直至找到合适的匹配算法。

4. 现在，需要调用DescriptorMatcher的match函数，尝试将第一个图像中找到的关键点（或者需要检测的对象）与第二个图像（或者是可能包含前述对象的场景）上找到的关键点进行匹配。match函数需要一个DMatch向量用以保存所有匹配结果。下面是其具体实现方法：

```
vector<DMatch> matches;
descMather->match(descriptor1, descriptor2, matches);
```

DMatch类是一个简单的类，仅作为结构体用来容留匹配的结果数据：

- queryIdx即查询描述符索引，是第一个图像的描述符索引。
- trainIdx即训练描述符索引，是第二个图像的描述符索引。
- imgIdxtrain即图像索引：是用于匹配的第二个图像的索引（只有当第一个图像与多个不同的第二个图像匹配时，这个参数才有意义）。
- distance：被对比的描述符之间的距离。

5. 在深入讨论如何解释匹配运算结果之前，将学习如何使用drawMatches函数。与drawKeypoints函数类似，drawMatches可以用来自动创建用于显示的适当输出结果，下面是它的例子：

```
drawMatches(image1,
            keypoints1,
            image2,
            keypoints2,
            matches,
            dispImg);
```

在上面的代码中，dispImg 显然是可以显示的 Mat 类，图 7-10 是生成的图像。

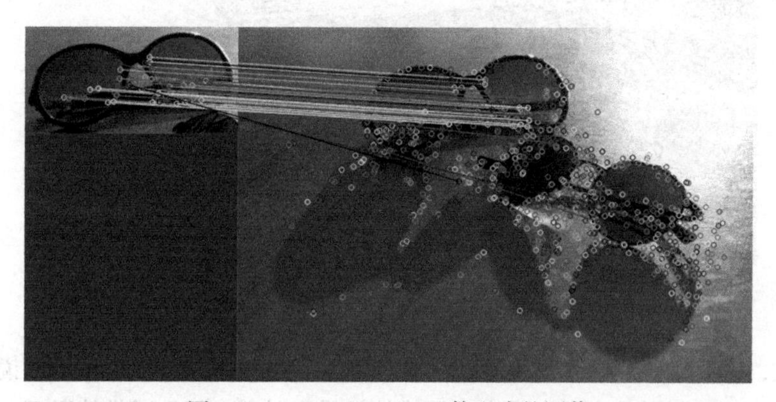

图 7-10 drawMatches 函数生成的图像

可以看到，drawMatches 函数接受两个图像及其关键点以及匹配结果作为输入，并执行绘制相应结果所需的所有操作。在本例中，提供必需的参数后，即可产生随机颜色，并绘制所有关键点和匹配的关键点（使用线条将其连接到一起）。当然，还有其他一些参数，可以用来进一步修改其工作方式。可以根据情况设置关键点和线条的颜色，并忽略未匹配的关键点。下面是另一个例子：

```
drawMatches(image1,
            keypoints1,
            image2,
            keypoints2,
            matches,
            dispImg,
            Scalar(0, 255, 0), // green for matched
            Scalar::all(-1), // unmatched color (default)
            vector<char>(), // empty mask
            DrawMatchesFlags::NOT_DRAW_SINGLE_POINTS);
```

这将生成如图 7-11 所示的结果。

现在，颜色更适合这里的内容。可以注意到存在少数不正确的匹配结果，这是很正常的，可以通过修改 KAZE 算法的参数，甚至使用另外的算法来处理这个问题。现在，来看看如何解释匹配的结果。

6. 对匹配结果的解释完全取决于用例。例如，如果匹配相同大小和相同内容类型（例如，人脸、同类型的物体、指纹等）的两个图像，那么可能要考虑匹配的关键点的距离值高于某个阈值的数量。或者，就像在当前的示例情况一样，我们可能希望使用匹配来检测场景中的对象。这样做的常见方法是尝试找出匹配的关键点之间的单应性变化。为达该目的，需要执行下面三个操作：

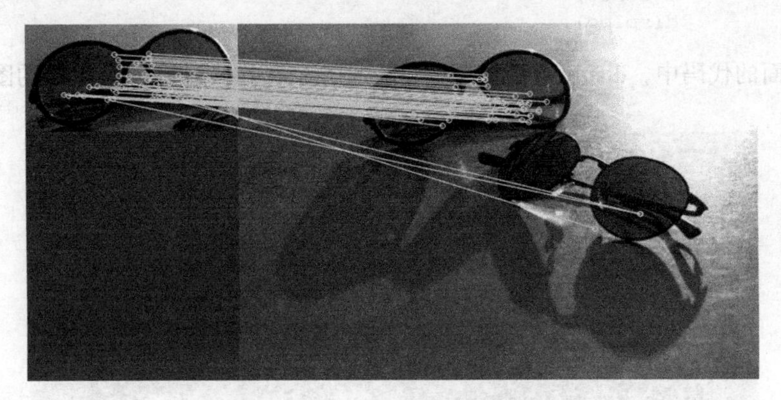

图 7-11　另一个图像特征匹配结果

- 首先，需要对匹配结果进行筛选，去掉匹配不强的匹配，或者换句话说，就是只保留好匹配；同样，这完全取决于具体的场景和对象，但在通常情况下，通过一些试错方法，可以找到最佳阈值。
- 接下来，需要使用 findHomography 函数，获取好的关键点之间的单应性变化。
- 最后，需要使用 perspectiveTransform 将对象边框（矩形）变换到场景中。

在第 6 章中，学习过 findHomography 和 perspectiveTransform 及其用法。

下面的例子展示如何才能滤除不想要的匹配结果，以获得更好匹配。请注意，匹配阈值 0.1 是通过试错法找到的。另一种常见的方法是，在匹配集中找到最小和最大距离，然后从最小距离得到某个相关值，最后只接受其距离小于该相关值的匹配，当然在这里没有采用此方法。

```
vector<DMatch> goodMatches;
double matchThresh = 0.1;
for(int i=0; i<descriptor1.rows; i++)
{
  if(matches[i].distance < matchThresh)
    goodMatches.push_back(matches[i]);
}
```

在需要对阈值进行微调的情况下，可以使用强大的 Qt 和用户界面。例如，可以使用 Qt 滑动条控件快速而轻松地调整并找到需要的阈值。只要确保用滑动条控件值替换 matchThresh 就可以了。

现在，可以使用好匹配找到单应性变化。要做到这一点，首先需要根据好匹配对关键点进行筛选，然后将这些筛选的关键点（只是点）送入 findHomography 函数，以获得所需的变换矩阵或者单应性变化。下面是具体做法：

```
vector<Point2f> goodP1, goodP2;
for(int i=0; i<goodMatches.size(); i++)
{
  goodP1.push_back(keypoints1[goodMatches[i].queryIdx].pt);
  goodP2.push_back(keypoints2[goodMatches[i].trainIdx].pt);
}
Mat homoChange = findHomography(goodP1, goodP2);
```

最后，可以使用刚刚找到的单应性变换矩阵对匹配点应用透视变换。要做到这一点，首先需要构造对应于第一个图像的四个角点的四个点，然后应用该变换。最后，简单绘制连接四个结果点的四条线。下面是具体做法：

```
vector<Point2f> corners1(4), corners2(4);
corners1[0] = Point2f(0,0);
corners1[1] = Point2f(image1.cols-1, 0);
corners1[2] = Point2f(image1.cols-1, image1.rows-1);
corners1[3] = Point2f(0, image1.rows-1);

perspectiveTransform(corners1, corners2, homoChange);

image2.copyTo(dispImage);

line(dispImage, corners2[0], corners2[1], Scalar::all(255), 2);
line(dispImage, corners2[1], corners2[2], Scalar::all(255), 2);
line(dispImage, corners2[2], corners2[3], Scalar::all(255), 2);
line(dispImage, corners2[3], corners2[0], Scalar::all(255), 2);
```

图 7-12 是这个操作的结果。

图 7-12　通过单应性变换矩阵对匹配点进行透视变换的结果

这并不是测试这个方法有多么的强大，因为该对象基本上是从同一个图像中剪切出来的。图 7-13 是运行相同过程的结果，但是这一次，第二个图像有旋转和透视变化，甚至还有一些噪点（这是用智能手机从屏幕上拍摄的照片）。结果相当正确，尽管第一个图片的一小部分在视图之外。

图 7-13 增加旋转、透视变化的图像处理结果

为了便于参考，这种匹配和检索是使用 AKAZE 算法进行的，采用描述符类型 DESCRIPTOR_KAZE，阈值 0.0001，4 个分组，4 个分组层，以及 DIFF_PM_G1 扩散系数。可以自己用不同的参数尝试不同的光照条件及图像。

还可以将 drawMatches 结果与检测结果结合，这就意味着，可以在匹配结果图像上绘制检测边界框，这可能更有帮助，特别是在微调参数或出于其他任意信息目的时。要做到这一点，需要确保首先调用 drawMatches 函数创建输出图像（在例子中是 dispImg 变量），然后添加所有具有偏移值的点，因为 drawMatches 也会输出左侧的第一个图像。这个偏移量只是帮助将结果边框移向右边，或者换句话说，是将第一个图像的宽度加上每个点的 X 成员。下面是具体做法：

```
Point2f offset(image1.cols, 0);

line(dispImage, corners2[0] + offset,
  corners2[1] + offset, Scalar::all(255), 2);
line(dispImage, corners2[1] + offset,
  corners2[2] + offset, Scalar::all(255), 2);
line(dispImage, corners2[2] + offset,
  corners2[3] + offset, Scalar::all(255), 2);
line(dispImage, corners2[3] + offset,
  corners2[0] + offset, Scalar::all(255), 2);
```

图 7-14 是最终生成的图像结果。

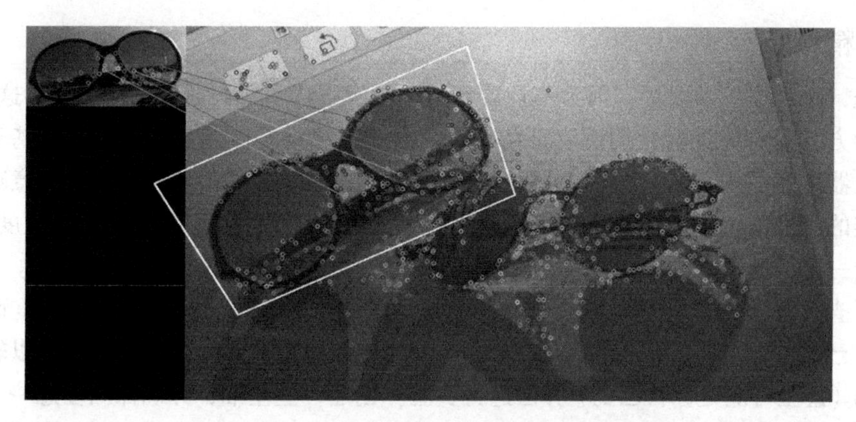

图 7-14 添加偏移量之后的输出匹配结果

在上面的例子中，正如在结果中看到的那样，以多种方式（诸如尺度、方向等）扭曲了图像。但是，通过采用一组正确的输入参数，该算法仍然可以很好地执行。理论上，并且是在理想情况下，我们总在寻找“开箱即用”的算法，希望它能在所有可能的情况下均表现良好。但在实践中，根本就不会或者是很少出现这种情况。下一节，将学习如何为各种用例选择最佳算法。

7.3 如何选择算法

正如前面介绍的那样，没有任何一种算法可以不做调整即可很容易地适用于所有情况，主要原因涉及与软件和硬件相关的各种因素。一个算法可能是非常精确的，但同时可能需要大量的资源（例如，内存或可用的 CPU）。

另一种算法可能需要很少的参数（这总是一种解脱），但话说回来，这可能无法实现最高的性能。我们甚至不能列出在选择最佳 Feature2D（或者特征检测器和描述符提取器）算法或最佳匹配算法时所有可能的影响因素，但是我们仍然可以考虑一些主要的和更众所周知的因素，这也是 OpenCV 和大多数计算机视觉算法以这种方式创建的原因。下面就是这些因素：

- 精度
- 速度
- 资源利用率（内存、磁盘空间等）
- 可用性

注意，“性能”这个词通常指的是精确度、速度和资源利用率的组合。因此，我们实际上寻找的是这样一种算法，即它能满足所需的性能，并且在应用程序工作的平台上可用。最需要注意的是，作为一名工程师，你也能影响这些参数，比如你可以缩小用例到刚好满足需要。

下面逐一解释这些因素。

7.3.1 精度

首先，精度是一种误导，因为一旦看到某些精度下降，我们通常倾向于放弃这个算法，但正确的方式是首先弄清楚用例对于精度的需求。如果查看由知名公司生产的基于计算机视觉的机器的数据指标，就会马上注意到如像超过95%等等这些内容。这并不意味着机器是不完美的，恰恰相反——这意味着机器的精度定义良好，用户可以期望一定程度的精度，同时忍受一定的低误差。话虽如此，以百分百的精度为目标既是好事，也被推荐。

除了查阅算法的文献和引用之外，没有更好的方式为用例选择精确的算法，而更好的办法是自己试一试。应当确保使用Qt中适当的控件创建用户界面，这样，就可以轻松地使用现有的（甚至可能是你自己的）算法进行实验。创建一些基准，并确保当任意一个特定算法的阈值或其他参数发生变化时，你完全了解它的行为。

另外，确保根据需要的尺度和旋转独立性来选择算法。例如，使用标准的AKAZE描述符类型（非垂直）时，在AKAZE中算法允许旋转独立性，因此甚至可以匹配旋转的对象。或者，请使用更高的分组层（或金字塔层）数，因为这有助于匹配不同大小的图像，从而取得尺度独立性。

7.3.2 速度

开发一个实时应用程序时，如果FPS值（每秒帧数，或帧率）必须尽可能地高，则算法执行速度是特别重要的。因此，和精度一样，也需要搞清楚速度需求。如果匹配两个图像，并向用户显示某些匹配结果，即使延迟半秒（500毫秒）也是可以接受的，但是，当使用高FPS值时，每帧延迟半秒就非常高了。

可以使用OpenCV中的TickMeter类或getTickFrequency函数和getTickCount函数来度量一个计算机视觉过程（或者任何处理这个问题的过程）的执行时间。首先，来看一看较旧的方法是如何工作的：

```
double freq = cv::getTickFrequency();
double tick = cv::getTickCount();
processImage(); // Any process
double dur = (cv::getTickCount() - tick) / freq;
```

getTickFrequency函数可以用来获得一秒钟内CPU的时钟数（即频率）。类似地，getTickCount可以用来获得自启动以来传递的CPU时钟数。

不过，TickMeter类提供了更大的灵活性，而且更易于使用。只需在任何过程之前启动该类，并在该过程之后停止该类。下面是具体的做法：

```
cv::TickMeter meter;
meter.start();
processImage(); // Any process
meter.stop();
meter.getTimeMicro();
meter.getTimeMilli();
meter.getTimeSec();
meter.getTimeTicks();
```

建议在满足精度要求的不同算法之间切换，并使用上述技术来测量其速度，然后选择最合适的算法。尽量远离经验法则，比如 ORB 更快，或者 BRISK 更精确等等。即使有一些字符串类型的描述符（如 ORB）通常在匹配方面更快（因为使用汉明距离）；最近的一些算法如 AKAZE 可以使用 GPU 和 OpenCV UMat（阅读第 4 章了解更多有关 UMat 类的内容）以执行得更快。所以，请试着用你的测量或者任何可信的测量参考作为你的经验法则的来源。

还可以使用 Qt 中的 QElapsedTimer 类（它与 OpenCV 中的 TickMeter 类用法相似）测量任意进程的执行时间。

7.3.3 资源利用率

特别是在最近的高端设备和计算机上，这通常不是一个大问题，但仍然可能是计算机的一个问题，因为计算机的磁盘和内存空间有限，例如，嵌入式计算机。请尝试使用那些预先安装于操作系统上的资源监控应用程序。例如，在 Windows 上，可以使用任务管理应用程序查看所使用的资源，如内存。在 macOS 上，可以使用活动监视器应用程序查看每个程序使用的电量（能量）的数量，以及内存和其他资源的使用信息。在 Linux 上，可以使用各种工具（例如，系统监视器），目的完全一样。

7.3.4 可用性

即使 OpenCV 和 Qt 都是跨平台的框架，但算法（甚至某个类或函数）仍然依赖于特定于平台的功能，特别是由于性能方面的原因。需要注意的很重要的一点是，需要确保所使用的算法在你希望发布应用程序的平台上可用。

最好的资源通常是 OpenCV 和 Qt 框架中的底层类的文档页面。

可以从下面的链接下载关键点检测、描述符提取以及描述符匹配的完整代码。可以使用同样的插件比较不同算法的精度和速度。不用说，这个插件与我们在这本书中一直构建的 computer_vision 工程项目是兼容的。

https://github.com/PacktPublishing/Computer-Vision-with-OpenCV-3-and-Qt5/tree/ master/ch07/keypoint_plugin

7.4 小结

特征检测、描述以及匹配可能是计算机视觉中最重要、最热门的话题，并且还在继续改进和改善。本章中介绍的算法只是世界上现有算法中一小部分，选择介绍这些内容的原因是实际上它们或多或少都可以免费提供给公众使用，而且默认情况下，在 OpenCV 中的 feature2d 模块中也包含它们。如果有兴趣学习更多的算法，还可以查看额外的二维特征框架（xfeature2d），包含非免费的算法，如 SURF 和 SIFT，或仍在实验状态下的其他算法。当然，在构建并将其函数包含到你的 OpenCV 安装之前，需要分别下载并将其添加到 OpenCV 的源代码中，这也是推荐的。但是，也要确保自己尝试使用这一章中不同的图像以及各种参数以熟悉这些算法。

学完这一章后，你现在可以使用一个与特征和描述符相关的算法来检测关键点及提取特征，并将其匹配来检测对象或进行图像之间的比较。利用本章介绍的类，现在可以正确地显示匹配的操作结果，并度量每个过程的性能，确定哪一个算法更快。

在第 8 章中，将学习 Qt 中的多线程和并行处理（以及在 OpenCV 中的应用），以及如何有效创建和使用与应用程序中的主线程分开的线程和进程。利用下一章的知识，将能够解决那些需要连续对来自视频文件或摄像机的连续帧执行的视频处理和计算机视觉任务。

CHAPTER 8

第8章

多线程

不久之前，计算机程序还被设计和构建成一个接一个地运行的一系列指令。实际上，这种方法非常容易理解且易于实现，即便在今天，我们也使用相同的方法来编写以串行方式处理所需任务的脚本和简单的应用程序。然而，随着时间的推移，尤其是随着更强大处理器的出现，多任务处理问题日益凸显出来。人们希望计算机能够一次执行多个任务，这是因为计算机运行速度快，能够执行多个程序的指令，并且仍有一些空闲时间。当然，随着时间的推移，人们编写了更为复杂的应用程序（如游戏、图形程序等），此时需要处理器公平地管理不同程序所占用的时间片，以便所有程序都能正确运行。程序（或进程，在该环境中使用这个词更合适）被分割成更小的碎片，称为线程。这种方法（或称为多线程）到目前为止已经帮助人们创建了响应性更好、速度更快的进程，这样的进程能够与类似或完全不相关的进程一起运行，从而流畅地完成多任务处理任务。

在单处理器（且单核）计算机上，每个线程都被分配了一个时间片，而且很明显，处理器一次只能处理一个线程，但是通常多个线程之间可以快速地切换，因此，在用户看来，这种方式看起来像是真正的并行运行。然而，现在人们随身携带的大部分智能手机里的处理器都有能力使用处理器中的多个内核来处理多个线程。

为保证我们对线程及其用法有一个清晰的认识，并深入理解为什么必须使用线程才能编写强大的计算机视觉程序，下面请看进程与线程的主要区别：

- 进程与单个程序类似，可以由操作系统直接执行。
- 线程是一个进程的子集，也就是说，一个进程可以包含多个线程。
- 通常情况下，不同的进程彼此是无关的，而不同线程共享内存和资源（注意，进程可以通过操作系统提供的手段实现彼此间的交互）。

取决于设计方式的不同，每个进程可能或不可能创建和执行不同的线程以获得最优性能及响应性。另一方面，每个线程都执行一个进程所需的特定任务。在 Qt 和 GUI 编程中，一个这方面的典型例子是进度信息。运行一个复杂且耗时的进程时，通常需要显示一些有关进度的阶段以及状态信息，如剩余工作的百分比、完成所需的剩余时间等。最好将实际任务和 GUI 更新任务分解到不同的线程中。计算机视觉中的另一个常见例子是视频（或摄像机）处理，你需要确保在需要时能够正确读取、处理和显示视频。这也是本章学习 Qt 框架中的多线程功能时应该重点关注的内容。

本章将介绍以下主题：

- Qt 中的多线程方法
- 如何使用 Qt 中的 QThread 和多线程类
- 如何创建响应型 GUI
- 如何处理多个图像
- 如何处理多个摄像机或视频

8.1 Qt 中的多线程

Qt 框架为处理应用程序中的多线程问题提供了各种不同的技术。正如将在本章中看到的，QThread 类用于处理各种多线程功能，QThread 类也是 Qt 框架中用于处理线程的最为强大且灵活的方式。除了 QThread 之外，Qt 框架还提供了很多其他的命名空间、类和函数，它们可以帮助处理各种多线程需求。在学习它们的用法之前，先来看看它们的列表：

- QThread：该类是 Qt 框架中所有线程的基类，可以从 QThread 派生子类以创建新的线程。此时，需要重写 run 方法，或者创建 QThread 的新实例，并通过调用 moveToThread 函数将任何 Qt 对象（QObject 子类）移动到新线程中。
- QThreadPool：可用于管理线程，并且允许重用已有线程以实现新的功能，从而降低线程创建的成本。每个 Qt 应用程序都包含一个全局 QThreadPool 实例，可通过使用 QThreadPool::globalInstance() 静态函数来访问该实例。QThreadPool 类可与 QRunnable 类的实例一同使用，以控制、管理并回收 Qt 应用程序中的 runnable 对象。
- QRunnable：可提供创建线程的另一种方法，这是 Qt 中所有 runnable 对象的基类。与 QThread 不同，QRunnable 不是 QObject 的子类，它可用作一段需要执行的代码的接口。你需要编写一个派生自 QRunnable 的类，并重写其中的纯虚函数 run()，以便能够使用 QRunnable。正如前面介绍的那样，QRunnable 的实例是由 QThreadPool 类管理的。
- QMutex、QMutexLocker、QSemaphore、QWaitCondition、QReadLocker、QWriteLocker 和 QWriteLocke：这些类主要用于处理线程间的同步任务。根据情况的不

同，这些类可用来避免各种问题，比如线程相互覆盖计算结果、线程试图读取或写入一次只能处理一个线程的设备以及其他一些类似的问题。在创建多线程应用程序时，经常需要手动处理此类问题。

- QtConcurrent：QtConcurrent 是一个命名空间，可用于使用高级 API 创建多线程应用程序。能够使多线程应用程序的编写更容易，无须处理互斥锁、信号量以及线程间同步问题。
- Qfuture、QfutureWatcher、QFututeIterator 和 QFutureSynchronizer：这些类与 QtConcurrent 命名空间共同使用，可以处理多线程及异步操作结果。

一般来说，Qt 中有两种不同的多线程处理方法。第一种是基于 QThread 的低级方法，该方法提供了很强的灵活性，并有效地实现了对线程的控制，但是需要更多的代码及耐心才能使线程准确无误地工作。此外，还有很多其他方法能够以更少的工作量，使用 QThread 创建多线程应用程序，这部分内容将在本章中介绍。第二种方法基于 QtConcurrent 命名空间（或 Qt 并发框架），这是在一个应用程序中创建并运行多个任务的高级方法。

8.2 利用 QThread 实现低级多线程

这一节将介绍如何使用 QThread 及其附属类来创建多线程应用程序。我们将通过创建一个示例项目来说明这一过程，该示例项目使用一个单独的线程处理和显示来自一个视频源的输入帧和输出帧。这有助于使 GUI 线程（主线程）保持空闲及可响应性，而用第二线程处理更密集的进程。正如前面介绍的那样，我们将主要关注计算机视觉及 GUI 开发中的常见用例，但是，相同或类似的方法可以应用于任何多线程问题。

通过利用 Qt 中可用的两种不同方法来使用 QThread 类，我们将使用该示例项目实现多线程。首先子类化并重写 run 方法，然后使用所有 Qt 对象（换句话说，也就是 Qobject 子类）中可用的 moveToThread 函数。

8.2.1 子类化 QThread

首先，在 Qt Creator 中创建名一个为 MultithreadedCV 的示例 Qt 控件应用程序，与在本书开始几章学习到的方式一样，将 OpenCV 框架添加到本项目中：在 MultithreadedCV.pro 文件中包含下面的代码段（详见第 2 章或第 3 章）：

```
win32: {
  include("c:/dev/opencv/opencv.pri")
}
unix: !macx{
  CONFIG += link_pkgconfig
  PKGCONFIG += opencv
}
unix: macx{
```

```
INCLUDEPATH += /usr/local/include
    LIBS += -L"/usr/local/lib" \
    -lopencv_world
  }
```

然后，如图8-1所示，将两个标签控件添加到mainwindow.ui文件中。这些标签将用于显示来自计算机上默认网络摄像头的原始及经过处理的视频。

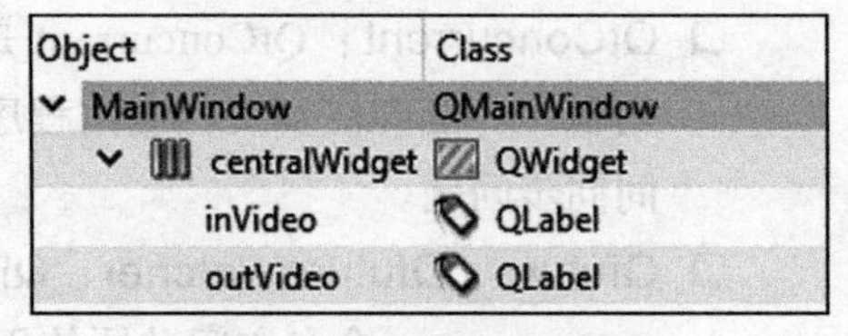

图8-1　添加标签控件界面

确保将左侧标签的objectName属性设置为inVideo，右侧标签设置为outVideo。此外，将它们的alignment/Horizontal属性设置为AlignHCenter。现在，通过右键单击项目PRO文件并从菜单中选择“Add New”，创建名为VideoProcessor-Thread的新类。然后，选择“C++ Class”，确保在新的类向导中的组合框和复选框与图8-2的界面截图类似。

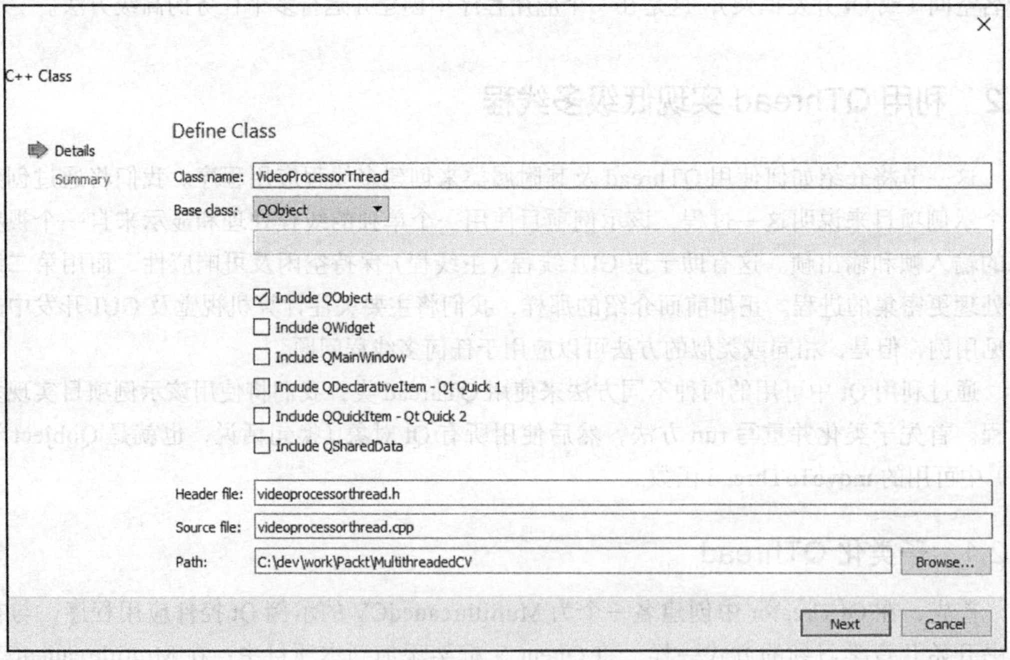

图8-2　定义类的界面截图

创建类之后，项目中将有两个新文件，即videoprocessorthread.h和videoprocessor.cpp，你将在其中实现一个视频处理器，该视频处理器在一个与mainwindow文件和GUI线程分离的线程中工作。首先，通过添加相关的include行和类继承确保该类继承Qthread，如下所示（只需在头文件中用QThread替换QObject）。此外，确保包含下列OpenCV头：

```
#include <QThread>
#include "opencv2/opencv.hpp"
```

```
class VideoProcessorThread : public QThread
```

需要类似地更新 videoprocessor.cpp 文件，以便它调用正确的构造函数。

```
VideoProcessorThread::VideoProcessorThread(QObject *parent)
  : QThread(parent)
```

现在，需要向 videoprocessor.h 文件添加一些必需的声明，即将下列代码行添加至类的私有成员区域：

```
void run() override;
```

然后，将下列代码行添加至 signals 部分：

```
void inDisplay(QPixmap pixmap);
void outDisplay(QPixmap pixmap);
```

最后，将下列代码块添加至 videoprocessorthread.cpp 文件中：

```
void VideoProcessorThread::run()
{
  using namespace cv;
  VideoCapture camera(0);
  Mat inFrame, outFrame;
  while(camera.isOpened() && !isInterruptionRequested())
  {
    camera >> inFrame;
    if(inFrame.empty())
        continue;

    bitwise_not(inFrame, outFrame);

    emit inDisplay(
         QPixmap::fromImage(
            QImage(
              inFrame.data,
              inFrame.cols,
              inFrame.rows,
              inFrame.step,
              QImage::Format_RGB888)
                 .rgbSwapped()));

    emit outDisplay(
         QPixmap::fromImage(
            QImage(
             outFrame.data,
               outFrame.cols,
               outFrame.rows,
               outFrame.step,
               QImage::Format_RGB888)
                 .rgbSwapped()));
  }
}
```

上述代码重写并实现 run 函数以完成所需的视频处理任务。如果尝试在 mainwindow.cpp 代码内的一个循环中执行同样的操作，会发现程序不响应，最终不得不终止。但是，通过这种方式，相同的代码现在处于单独的线程中。只需要通过调用 start 函数而不是 run 函数来确保启动该线程。注意，run 函数只能在内部调用，因此只需重新实现它，如本例所示。但是，为了控制线程及其执行行为，需要用到以下函数：

- start：可用于启动一个尚未启动的线程，该函数通过调用所实现的 run 函数来启动执行。可以将下面的某个值传递给 start 函数以实现对线程优先级的控制：
  - QThread::IdlePriority（没有其他线程运行时调度它）
  - QThread::LowestPriority
  - QThread::LowPriority
  - QThread::NormalPriority
  - QThread::HighPriority
  - QThread::HighestPriority
  - QThread::TimeCriticalPriority（尽可能频繁地调度）
  - QThread::InheritPriority（默认值，只继承父进程的优先级）
- terminate：这个函数只在极端情况下使用（不鼓励使用该函数），它强制终止线程。
- setTerminationEnabled：可用于允许或禁止 terminate 函数。
- wait：该函数可用于阻塞线程（强制等待），直至线程完成或者达到超时值（以毫秒为单位）。
- requestInterruption 和 isRequestInterrupted：可用于设置和获取中断请求状态，通过恰当地使用这些函数，可确保在一个可永久运行的进程的中间能够安全地停止线程。
- isRunning 和 isFinished：可用于请求线程的执行状态。

除了上述函数之外，QThread 还包含其他一些用于处理多线程的函数，例如 quit、exit、idealThreadCount 等。最好的办法是自己了解并学习每一个用例。QThread 是一个强大的类，可以帮助你最大限度地提高应用程序的效率。

让我们继续我们的例子。在 run 函数中，使用 OpenCV 的 VideoCapture 类来读取视频帧，并将一个简单的 bitwise_not 运算符应用于 Mat 帧（此时，也可以进行任何其他图像处理操作，因为 bitwise_not 只是用于解释相关观点的一个较为简单的例子），然后通过 QImage 将它转换为 QPixmap，然后使用两个信号来发送原始及修改后的帧。请注意，在循环中，这个过程将永远持续下去，同时将始终检查摄像头是否仍处于打开状态，并检查该线程是否存在中断请求。

现在，在 MainWindow 中使用线程，首先将其头文件包含在 mainwindow.h 文件中：

```
#include "videoprocessorthread.h"
```

然后，在 mainwindow.h 文件中，将下面的代码行添加到 MainWindow 的私有成员部分：

```
VideoProcessorThread processor;
```

现在，将下面的代码添加至 MainWindow 构造函数中，放在 setupUi 代码行之后：

```
connect(&processor,
        SIGNAL(inDisplay(QPixmap)),
        ui->inVideo,
        SLOT(setPixmap(QPixmap)));

connect(&processor,
        SIGNAL(outDisplay(QPixmap)),
        ui->outVideo,
        SLOT(setPixmap(QPixmap)));
processor.start();
```

然后将下列代码段添加至 MainWindow 析构函数中，放在 delete ui；代码行之前：

```
processor.requestInterruption();
processor.wait();
```

将 VideoProcessorThread 类的两个信号连接至已经添加到 MainWindow GUI 的两个标签，然后，在一旦程序启动时启动线程。还在一旦 MainWindow 关闭并且在删除 GUI 之前请求线程停止。通过调用 wait 函数，能够确保等待线程完成清理并安全地执行完毕之后再继续执行 delete 指令。读者可自己尝试检查并运行这段代码，在启动程序后，可看到与图 8-3 类似的结果。

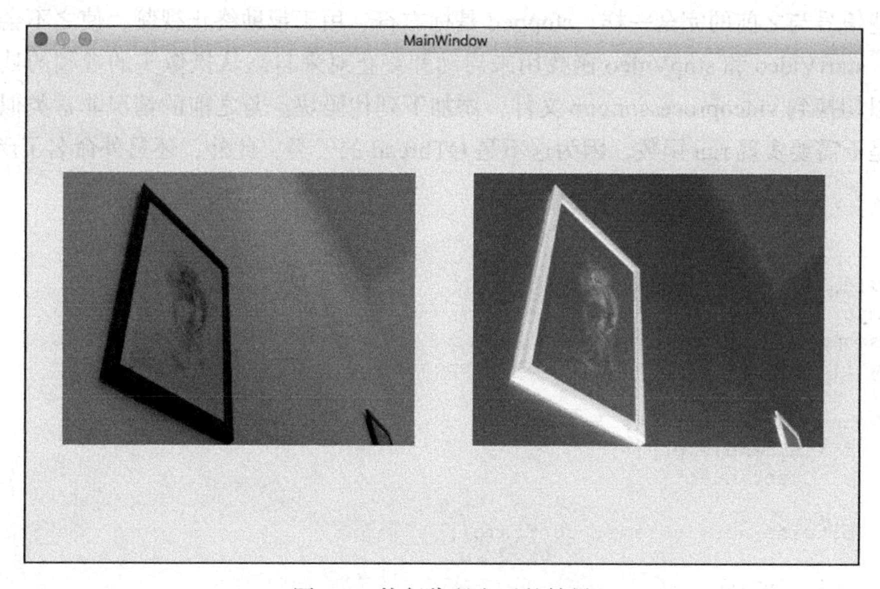

图 8-3　执行代码之后的结果

一旦程序启动，计算机上默认摄像头的视频应该随之启动。一旦程序关闭，视频也将停止。通过向 VideoProcessorThread 类传递摄像头索引号或视频文件路径，可扩展

VideoProcessorThread 类。你可以实例化任意数量的 VideoProcessorThread 类。只需确保其信号连接到 GUI 上正确的控件，通过这种方式，可以在运行时动态地处理并显示多个视频或摄像头。

8.2.2 使用 moveToThread 函数

如前所述，还可以使用任意 QObject 子类的 moveToThread 函数，以确保它在一个单独的线程中运行。为了介绍它的工作原理，将重复前文中的示例，创建完全相同的 GUI，并创建新的 C++ 类（和之前的一样），但是，这次将其命名为 VideoProcessor。该类创建之后，不需从 QThread 而是保留从 QObject 继承它。请将以下成员添加到 videoprocessor.h 文件中：

```
signals:
  void inDisplay(QPixmap pixmap);
  void outDisplay(QPixmap pixmap);
public slots:
  void startVideo();
  void stopVideo();
private:
  bool stopped;
```

这些信号与之前的完全一样。stopped 是标志符，用于帮助终止视频，使之不会一直持续下去。startVideo 和 stopVideo 函数用来启动和终止对来自默认摄像头的视频的处理。现在，可以切换到 videoprocessor.cpp 文件，添加下列代码块。与之前的情况非常类似，明显的区别是不需要实现 run 函数，因为这不是 QThread 的子类，此外，还另外命名了函数。

```
void VideoProcessor::startVideo()
{
  using namespace cv;
  VideoCapture camera(0);
  Mat inFrame, outFrame;
  stopped = false;
  while(camera.isOpened() && !stopped)
  {
    camera >> inFrame;
    if(inFrame.empty())
        continue;

    bitwise_not(inFrame, outFrame);

    emit inDisplay(
      QPixmap::fromImage(
          QImage(
              inFrame.data,
              inFrame.cols,
              inFrame.rows,
```

```
                inFrame.step,
                QImage::Format_RGB888)
                   .rgbSwapped()));
      emit outDisplay(
         QPixmap::fromImage(
            QImage(
                outFrame.data,
                outFrame.cols,
                outFrame.rows,
                outFrame.step,
                QImage::Format_RGB888)
                   .rgbSwapped()));
   }
 }
 void VideoProcessor::stopVideo()
 {
   stopped = true;
 }
```

现在，可以在MainWindow类中使用它。请确保为VideoProcessor类添加include文件，然后将以下内容添加到MainWindow的私有成员部分：

```
VideoProcessor *processor;
```

现在，将下列代码段添加至mainwindow.cpp文件内的MainWindow构造函数中：

```
processor = new VideoProcessor();

processor->moveToThread(new QThread(this));

connect(processor->thread(),
        SIGNAL(started()),
        processor,
        SLOT(startVideo()));

connect(processor->thread(),
        SIGNAL(finished()),
        processor,
        SLOT(deleteLater()));

connect(processor,
      SIGNAL(inDisplay(QPixmap)),
      ui->inVideo,
      SLOT(setPixmap(QPixmap)));

connect(processor,
      SIGNAL(outDisplay(QPixmap)),
      ui->outVideo,
      SLOT(setPixmap(QPixmap)));

processor->thread()->start();
```

在前面的代码段中，首先创建了 VideoProcessor 的实例。请注意，在构造函数中没有分配任何父函数，并且还确保将其定义为指针。这在我们打算使用 moveToThread 函数时是至关重要的。有父对象的对象不能移动到新线程中。上述代码段中第二个非常重要的注意点是不应该直接调用 VideoProcessor 的 startVideo 函数，而应通过将一个适当的信号连接到它进行调用。在这里，使用了它自己的线程的启动信号；但是，也可以使用有相同签名的任何其他信号。其余部分都是有关连接的。

在 MainWindow 析构函数中，添加以下代码行：

```
processor->stopVideo();
processor->thread()->quit();
processor->thread()->wait();
```

上述代码段的功能很明显，但为清楚起见，让我们再做一个解释，即以这种方式启动线程之后，必须通过调用 quit 函数来终止该线程，并且在其对象中不应含有任何正在运行的循环或挂起的指令。如果不满足这两个条件中的任意一个，则在处理线程时，会遇到严重的问题。

8.3　线程同步工具

多线程编程往往需要解决线程间的冲突以及因并行而产生的问题，而且，底层操作系统负责处理线程何时运行以及运行多长时间这一事实所导致的问题也要解决。那些能提供多线程功能的强大框架（如 Qt 框架）还必须提供解决这些问题的方法。很幸运，在本章将学习到，Qt 框架就能做到。

在这一节，我们将学习多线程编程可能出现的问题，以及 Qt 中可以用来处理这些问题的类。通常，将这些类称为线程同步工具。线程同步是指以特定方式进行线程的处理和编程，在此方式下，线程能够通过简单易用的手段知晓其他线程的状态，同时，它们都能继续完成各自的特定任务。

8.3.1　互斥锁

如果对线程同步工具已经很熟悉了，那么学习这部分内容会比较轻松，并且能够很快地学习 Qt 框架下的线程同步工具。如果你对线程同步工具还不是很熟悉，那让我们一起来认真地学习这部分内容。让我们从第一个线程同步工具开始。通常情况下，如果两个线程同时访问同一个对象（如变量或类实例等），并且每个线程对这个对象所做操作的顺序是重要的，那么由此得到的对象有时可能与期望不同。你可能已经理解了上述内容，但有些地方可能会比较困惑，让我们用一个例子来进一步详细讲解。假设一个线程使用下面的代码，一直在读取名为 image 的 Mat 类实例（代码在 Qthread 的重新实现的 run 函数中，或者来自使用 moveToThread 函数的其他线程中的某个类，二者均可）：

```
forever
{
  image = imread("image.jpg");
}
```

forever 宏是一个 Qt 宏（与 for(;;) 相同），可用于创建无限循环。使用这种 Qt 宏可以有助于提高代码的可读性。

另一个不同的线程一直在修改这个图像。假设有一个非常简单的图像处理任务，例如，首先将图像转换为灰度图，然后再调整大小：

```
forever
{
   cvtColor(image, image, CV_BGR2GRAY);
   resize(image, image, Size(), 0.5, 0.5);
}
```

如果这两个线程同时运行，在某个时刻，第一个线程的 imread 函数可能在 cvtColor 之后并且在第二个线程中的 resize 之前被调用。如果发生这种情况，我们将难以得到示例代码中所希望的大小为输入图像一半的灰度图像。运行时线程之间的切换完全取决于操作系统，因此我们难以用这段代码来避免上述情况的发生。在多线程编程中，这是一类竞争条件问题，解决这类问题的方式是，确保每个线程在访问和修改对象之前都要等待，直到轮到后再执行。这类问题的解决方案称为访问序列化，在多线程编程中，通常借助互斥锁（mutex）来解决。

互斥锁只是一种保护和防止多个线程同时访问同一个对象实例的方法。Qt 提供了一个（非常方便的）名为 QMutex 的类来处理访问序列化的问题，我们可以很容易地在前面的示例中使用它，如下所示，只需确保 Mat 类中有一个 QMutex 实例。因为 Mat 类的名称是 image，因此可以将它的互斥锁命名为 imageMutex，然后需要在访问图像的每个线程中锁定这个互斥锁，在处理完之后再将其解锁。因此，对于第一个线程，有下面的代码：

```
forever
{
  imageMutex.lock();
  image = imread("image.jpg");
  imageMutex.unlock();
}
```

对于第二个线程，有如下代码：

```
forever
{
  imageMutex.lock();
  cvtColor(image, image, CV_BGR2GRAY);
  resize(image, image, Size(), 0.5, 0.5);
  imageMutex.unlock();
}
```

采用这种方式，无论两个线程中哪一个开始处理图像，都要首先使用lock函数锁定互斥锁。如果在该过程的中间，操作系统决定切换至另一个线程，这个线程也将尝试锁定互斥锁，但是因为互斥锁已经锁定，所以将阻塞调用lock函数的新线程，直到第一个线程（称为锁）调用unlock函数。可将该过程想象为获得一个锁的一把钥匙。只有调用互斥锁的lock函数的线程，才能通过调用unlock函数对其进行解锁。这种方式可确保只要有一个线程正在访问对象，那么所有其他的线程都将等待，直至该线程完成为止。

示例较为简单，可能看不出这一点，但在实践中，如果需要处理敏感对象的函数数量增加，那么使用互斥锁可能成为负担。因此，在使用Qt时，最好使用QMutexLocker类来处理互斥锁的锁定和解锁问题。如果回到前面的例子，那么可以将代码重写为：

```
forever
{
  QMutexLocker locker(&imageMutex);
  image = imread("image.jpg");
}
```

对于第二个线程：

```
forever
{
  QMutexLocker locker(&imageMutex);
  cvtColor(image, image, CV_BGR2GRAY);
  resize(image, image, Size(), 0.5, 0.5);
}
```

通过向其传递互斥锁来构造QMutexLocker类时，将锁定互斥锁。一旦销毁QMutex-Locker（例如，当它超出范围时），就会解锁互斥锁。

8.3.2　读写锁

尽管互斥锁功能强大，但是它缺少某些功能，如不同类型的锁。因此，尽管这些互斥锁对访问序列化非常有用，但是难以有效地应用于读写序列化之类的问题，这类问题主要依赖于两种不同类型的锁：读和写。再用一个例子来说明这个问题，假设希望不同的线程能够同时读取对象（例如变量、类实例、文件等等），但是希望保证只有一个线程可以在任何给定的时间修改（或写入）该对象。对于这种情况，可以使用读写锁机制，这基本上是增强的互斥锁。Qt框架提供了QReadWriteLock类，可以像QMutex类一样使用，区别在于它提供了一个用于读取的锁函数（lockForRead）和另一个用于写入的锁函数（lockForWrite）。每个锁函数的特性如下：

- 如果在线程中调用lockForRead函数，则其他线程仍然可以调用lockForRead并为了读取而访问敏感对象。（所谓敏感对象，指的是正在使用锁的对象。）
- 此外，如果在线程中调用lockForRead函数，则任何调用lockForWrite的线程都将被阻塞，直到该线程调用解锁（unlock）函数为止。

- 如果在线程中调用 lockForWrite 函数，则所有其他线程（无论是读还是写）都将被阻塞，直到该线程调用解锁（unlock）函数。
- 如果在线程中调用 lockForWrite 函数，而前一线程已经有一个读取锁，那么所有调用 lockForRead 的新线程都必须等待需要写入锁的线程。因此，需要 lockForWrite 的线程将被赋予更高的优先级。

为简化上述读写锁机制的特性，可以这样表述，QreadWriteLock 可以确保多个读取者可以同时访问一个对象，而写入者则必须等待读取者完成之后再访问。另一方面，只允许一个写入者向对象写入。在有太多读取者的情况下，为了保证写入者不会长久等待，写入者将赋予更高的优先级。

现在，看一段有关如何使用 QReadWriteLock 类的示例代码。注意，这里的锁变量具有 QReadWriteLock 类型，read_image 函数是从对象读取的任意函数：

```
forever
{
   lock.lockForRead();
   read_image();
   lock.unlock();
}
```

类似地，在一个需要写入对象的线程中，将有与下面类似的操作（write_image 是执行写入对象的任意函数）：

```
forever
{
 lock.lockForWrite();
 write_image();
 lock.unlock();
}
```

与 QMutex 类似，这里使用 QMutexLocker 以便更容易地处理锁（lock）函数和解锁（unlock）函数，可以使用 QReadLocker 和 QWriteLocker 类来锁定和解锁 QReadWriteLock。因此，对于前面示例中的第一个线程，有如下代码行：

```
forever
{
  QReadLocker locker(&lock);
  Read_image();
}
```

对于第二个，需要下面几行代码：

```
forever
{
  QWriteLocker locker(&lock);
  write_image();
}
```

8.3.3　信号量

有时，在多线程编程中，需要确保多个线程可以相应地访问一个数量有限的相同资源。例如，运行程序的设备可能有非常有限的内存，因此我们更希望需要大量内存的线程将这一事实考虑在内，并根据可用的内存数量进行相关操作。多线程编程中的类似问题通常用信号量来处理。信号量类似于增强的互斥锁，不仅能够完成锁定和解锁操作，而且可以跟踪可用资源的数量。

Qt 框架提供了一个名为 Qsemaphore 的类，通过它，可以（很方便地）在多线程编程中使用信号量。由于信号量用于根据可用资源的数量进行线程同步，因此其函数名（意为旗语）也更适合于此用途，而不像锁（lock）函数和解锁（unlock）函数。在 QSemaphore 类中可用的函数如下：

- acquire：可用来获得特定数量的所需资源。如果没有足够的资源，那么线程将被阻塞直至等到有足够的资源。
- release：可用来释放已经使用并且不再需要的特定数量的资源。
- available：可用来获取可用资源的数量。当希望线程执行另一个任务而不是等待资源时，将用到该函数。

没有其他方法比举例能更好地说明这个函数。假设有 100 兆字节可用内存空间供所有线程使用，每一个线程都需要 X 兆字节用以执行相应任务，而对于不同的线程，X 是不同的，假设使用在线程中处理的图像大小或任何其他方法计算 X。对于我们当前的问题，可以使用 QSemaphore 类保证我们的线程只访问不超出可用范围的内存空间。因此，在程序中创建信号量，与下面的类似：

```
QSemaphore memSem(100);
```

并且，在每个线程中，在内存密集型进程之前和之后，将分别获取和释放所需的内存空间，像下面这样：

```
memSem.acquire(X);
process_image(); // memory intensive process
memSem.release(X);
```

注意，在这个示例中，如果 X 在某个线程中大于 100，那么在 release 函数调用（释放资源）的数量等于或大于 acquire 函数调用（获取资源）的数量之前，该线程不能获取相应的资源。这表示可以通过调用 release 函数来增加（或创建）可用资源的数量，而 release 函数释放的资源应大于获得资源的数量。

8.3.4　等待条件

多线程编程中可能出现另一个常见问题，假设除了等待操作系统正在执行的线程之外，某个线程还必须等待某些条件，这时问题就会出现。在这种情况下，线程会很自然地使用互斥锁或读写锁来阻塞其他线程，因为这只是线程的轮流使用，并且该线程在等待某些特定条件。人们会认为需要等待条件的线程，在释放互斥锁或读写锁之后进入睡眠状态，这样其他线程就可以继续运行。当条件满足时，等待条件的线程将被另一个线程唤醒。

Qt 框架有一个名为 QWaitCondition 的类，可专门用于处理上述这类问题。可能需要等待某些条件的任意一个线程都可能用到这个类。下面让我们用一个简单的例子来进行说明，假设有很多线程处理一个 Mat 类（更准确地说是图像），一个线程负责读这个图像（只在图像存在时）。现在，还假设另一个进程、程序或用户负责创建这个图像文件，那么该图像文件可能暂时不可用。因为该图像是由多个线程使用的，所以可能需要使用一个互斥锁，保证一次只有一个线程访问该图像。但是，如果图像仍然不存在，读取者线程可能需要继续等待。因此，对于读取者线程，会有类似于下面的代码：

```
forever
{
  mutex.lock();
  imageExistsCond.wait(&mutex);
  read_image();
  mutex.unlock();
}
```

注意，在这个例子中，mutex 是 QMutex 类型，而 imageExistsCond 是 QWaitCondition 类型。前面的代码段仅仅表示锁定互斥锁并开始你的工作（读取图像），但是如果你必须等到图像存在，那么释放该互斥锁，以便其他线程可以继续工作。这需要另一个线程负责唤醒读取者线程。因此，会有类似于下面的代码：

```
forever
{
  if(QFile::exists("image.jpg"))
      imageExistsCond.wakeAll();
}
```

这个线程只是检查图像文件是否一直存在，如果存在，它会试图唤醒等待这个等待条件的所有线程。还可以使用 wakeOne 函数而不是 wakeAll，wakeOne 只是试图从所有等待等待条件的线程中，随机地唤醒一个线程。万一希望条件满足时只有一个线程开始工作，则可以采用这种方式。

对线程同步工具（或基本内容）的介绍到此为止。本节介绍了 Qt 框架中最重要的一些类，这些类与线程一起使用可处理线程同步问题。一定要查阅 Qt 文档以了解这些类中存在的可进一步改进多线程应用程序行为的一些其他函数。当使用这些低级方法编写像这样的多线程应用程序时，必须使用刚才本节中介绍的类，以保证线程之间通过某种方式相互知晓。此外，需要注意一点，这些技术不是处理线程同步的唯一方法。随着程序变得越来越复杂，可能需要对上述技术进行融合、调整，甚至创造一些自己的新技术。

8.4 基于 QtConcurrent 的高级多线程

除了上一节介绍的内容以外，Qt 框架还提供了一个高级 API，用于在不需要处理线程同步工具（例如，互斥锁、读写锁等等）的情况下创建多线程程序。QtConcurrent 命名空间（即 Qt 框架中的 Qt Concurrent 模块）提供了一些易用的函数，可用于创建多线程应用程序，也就是并发性，其实现方法是使用任何平台的最优线程数来处理数据列表。在介绍完 QtConcurrent 中的函数以及与之结合使用的类之后，将会对线程同步有一个非常清晰的认识。下面的函数（及其略有不同的变体）通常使用高级 QtConcurrent API，可以用来处理多线程：

- filter：可用于滤波列表，该函数需要提供包含待滤波数据的一个列表以及一个滤波函数。我们提供的滤波函数将被应用到列表中的每一项（使用最优或一个自定义的线程数），并且根据滤波函数的返回值来决定删除还是保留列表中的一项。
- filtered：与 filter 的工作方式相同，区别是 filtered 返回滤波后的列表，而不是更新输入列表。
- filteredReduced：与 filtered 函数的工作方式类似，但是 filteredReduced 还应用第二个函数将每一项传递给滤波器。
- map：可用于将一个特定的函数应用到一个列表中的所有项（使用最优或一个自定义的线程数）。显然，这与 filter 函数类似，还需要为 map 函数输入一个列表和一个函数。
- mapped：与 map 的工作方式相同，只是 mapped 返回了结果列表，而不是更新输入列表。
- mappedReduced：与 mapped 函数的工作方式类似，但是 mappedReduced 还将第二个函数应用到第一个 mapping 函数之后的每一项。
- run：用于在一个单独的线程中轻松地执行这个函数。

每当谈及 Qt Concurrent 模块的返回值时，实际上指的是异步计算的结果。原因很简单，实际上 Qt Concurrent 在不同的线程中启动所有的计算，无论使用 QtConcurrent 命名空间中的哪一个函数，都会立即返回给调用方，并且只有在计算完成之后，结果才可用。这是通过使用称为 future 的变量完成的，或者通过在 Qt 框架中实现的 QFuture 及其附属类来完成。

QFuture 类可用于：检索 QtConcurrent 命名空间中的某个函数启动的计算结果；通过暂停、恢复等诸如此类的方法对计算过程进行控制；监控计算的进度。为了能够使用 Qt 信号和槽以实现对 QFuture 类更为灵活的控制，可以使用名为 QFutureWatcher 的一个便捷的类，它包含一些信号和槽，可以通过使用诸如进度条之类的控件（QProgressBar 或 QProgressDialog），更容易地对计算进行监控。

让我们来总结并阐明真实示例应用程序中涉及的所有内容。在不介绍 QtConcurrent 命名空间函数的情况下，难以对 QFuture 及其附属类的用法进行准确的描述，因此下面通过一个例子来说明：

1. 首先利用 Qt Creator 创建一个 Qt 控件应用程序项目，并将其命名为 ConcurrentCV。将创建一个程序，使用 Qt 并发模块来处理多个图像。为了更多地关注程序的多线程部分，过程将会非常的简单。我们将读取每张图像的日期和时间，并将其写在每张图像的左上角。
2. 在项目创建成功之后，通过向 ConcurrentCV.pro 文件中添加下列代码，将 OpenCV 框架添加到项目中。

```
win32: {
  include("c:/dev/opencv/opencv.pri")
}
unix: !macx{
 CONFIG += link_pkgconfig
  PKGCONFIG += opencv
}
unix: macx{
 INCLUDEPATH += /usr/local/include
 LIBS += -L"/usr/local/lib" \
 -lopencv_world
}
```

3. 为了能够在 Qt 项目中使用 Qt Concurrent 模块以及 QtConcurrent 名称空间，一定要保证通过在 .pro 文件中添加下面的代码行来指定 Qt Concurrent：

```
QT += concurrent
```

4. 现在，需要为应用程序中所需要的几个函数编写代码。第一个函数是在用户选择的文件夹中获取图像的列表（*.jpg 和 *.png 格式的文件已经足够）。要完成这项工作，请将下面的代码行添加到 mainwindow.h 文件的私有成员中：

```
QFileInfoList getImagesInFolder();
```

5. 毋庸置疑，QFileInfoList 必须在 mainwindow.h 文件的 includes 列表里。实际上，QFileInfoList 是一个包含 QFileInfo 元素的 QList，可以利用 QDir 类的 entryInfoList 函数来检索。因此请将它的实现添加到 mainwindow.cpp 中，如下所示。请注意，为了简单起见，只使用文件创建日期，不处理图像 EXIF 数据以及使用相机拍摄的照片的原始日期或时间：

```
QFileInfoList MainWindow::getImagesInFolder()
{
   QDir dir(QFileDialog::getExistingDirectory(this,
   tr("Open Images Folder")));
     return dir.entryInfoList(QStringList()
     << "*.jpg"
     << "*.png",
     QDir::NoDotAndDotDot | QDir::Files,
     QDir::Name);
}
```

6. 需要的下一个函数名为 addDateTime。可以在类的外部定义和实现该函数，稍后，在调用 QtConcurrent 映射函数时，我们将用到该函数。请在 mainwindow.h 文件中像下面这样定义它：

```
void addDateTime(QFileInfo &info);
```

7. 将该函数的实现添加到 mainwindow.cpp 文件中，像下面这样：

```
void addDateTime(QFileInfo &info)
{
  using namespace cv;
  Mat image = imread(info.absoluteFilePath().toStdString());
  if(!image.empty())
  {
   QString dateTime = info.created().toString();
   putText(image,
     dateTime.toStdString(),
     Point(30,30) , // 25 pixels offset from the corner
     FONT_HERSHEY_PLAIN,
     1.0,
     Scalar(0,0,255)); // red
   imwrite(info.absoluteFilePath().toStdString(),
         image);
  }
}
```

8. 现在打开 mainwindow.ui 文件，并在设计模式下，创建一个 UI，与下面类似。如图 8-4 所示，loopBtn 控件是在一个循环中有文本进程的 QPushButton，而 concurrentBtn 控件是同时具有文本进程的 QPushButton。为了能够比较使用多线程或一个单线程与使用一个简单循环来完成该任务的结果，我们将实现这两个实例并度量完成每一个实例所用的时间。另外，确保在继续下一个步骤之前，将 progressBar 控件的值属性设置为 0。

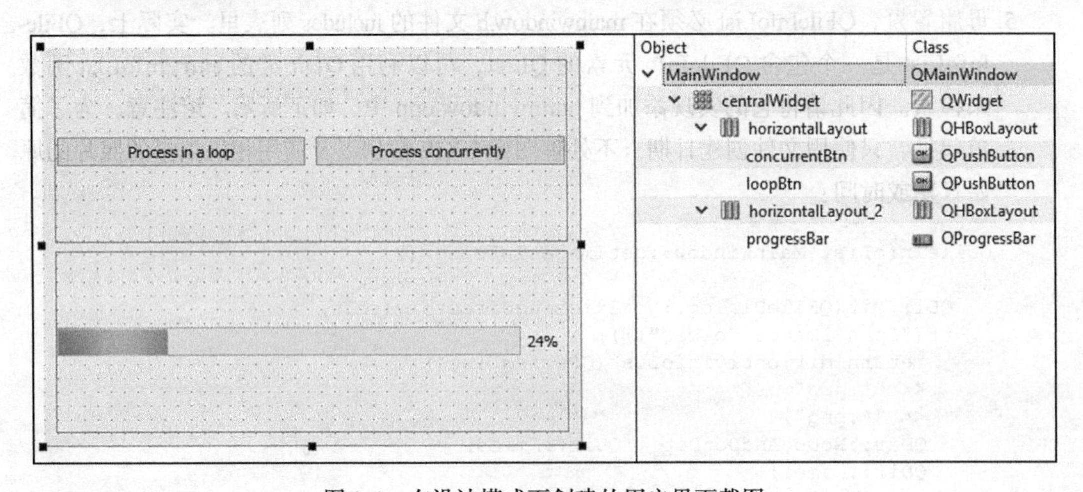

图 8-4　在设计模式下创建的用户界面截图

9. 剩下唯一要做的事情是，使用 QtConcurrent（多线程）在一个循环（用一个单线程）中执行该进程。因此，为 loopBtn 的 pressed 槽编写下面的代码段：

```
void MainWindow::on_loopBtn_pressed()
{
  QFileInfoList list = getImagesInFolder();

  QElapsedTimer elapsedTimer;
  elapsedTimer.start();

  ui->progressBar->setRange(0, list.count()-1);
  for(int i=0; i<list.count(); i++)
  {
   addDateTime(list[i]);
   ui->progressBar->setValue(i);
   qApp->processEvents();
  }

  qint64 e = elapsedTimer.elapsed();

  QMessageBox::information(this,
  tr("Done!"),
  QString(tr("Processed %1 images in %2 milliseconds"))
   .arg(list.count())
   .arg(e));
}
```

这很简单，而且效率低，几分钟内就可以学会。这段代码简单地循环遍历文件列表，并将它们传递给 addDateTime 函数，该函数只读取图像、添加日期时间戳并覆盖图像。

10. 最后，为 concurrentBtn 控件的 pressed 槽添加下面的代码段：

```
void MainWindow::on_concurrentBtn_pressed()
{
  QFileInfoList list = getImagesInFolder();
  QElapsedTimer elapsedTimer;
  elapsedTimer.start();
  QFuture<void> future = QtConcurrent::map(list, addDateTime);
  QFutureWatcher<void> *watcher =
    new QFutureWatcher<void>(this);
  connect(watcher,
      SIGNAL(progressRangeChanged(int,int)),
      ui->progressBar,
      SLOT(setRange(int,int)));
  connect(watcher,
      SIGNAL(progressValueChanged(int)),
      ui->progressBar,
      SLOT(setValue(int)));
  connect(watcher,
      &QFutureWatcher<void>::finished,
      [=]()
  {
    qint64 e = elapsedTimer.elapsed();
```

```
    QMessageBox::information(this,
        tr("Done!"),
      QString(tr("Processed %1 images in %2 milliseconds"))
      .arg(list.count())
      .arg(e));
  });
  connect(watcher,
    SIGNAL(finished()),
    watcher,
    SLOT(deleteLater()));
  watcher->setFuture(future);
}
```

在讨论上面的代码并了解其工作原理之前，请尝试运行该应用程序，并使用两个按钮处理测试图像的文件夹。性能差异（特别是在多核处理器上）非常明显，以至于不需要任何精确的度量。

在一台测试机器上（假设是一个中等水平的系统），使用大约50个随机图像，并发（多线程）版本完成作业的速度至少快了三倍。有一些方法可以进一步提高其效率，比如设置Qt Concurrent模块所创建和使用的线程数，但是，在此之前，来看看代码都做了什么。起始行与之前的相同，但是，这次不是循环遍历文件列表，而是将列表传递给QtConcurrent::map函数。然后，该函数会自动启动多个线程（使用默认和理想的线程数，也可以是可调整的），并将addDateTime函数应用于列表中的每一项。根本就没有定义对象元素处理的顺序，但是结果是相同的。然后将结果传递给由一个QFutureWatcher<void>实例监控的QFuture<void>。如前所述，QFutureWatcher类是监控QtConcurrent计算的一种便捷方法，并将之分配给一个Qfuture类。请注意，在这种情况下，QfutureWatcher被定义为指针并在完成进程之后将其删除。原因是QFutureWatcher必须在进程继续的过程中保持激活状态，并且只有在完成计算之后才能删除。因此，首先建立QFutureWatcher所需的所有连接，然后，设置相应的future变量。在建立所有连接之后，确保设定了future是很重要的。要做的全部事情就是使用以正确方式向GUI发出信号的QtConcurrent进行多线程计算。

注意，还可以定义QFuture类或全局类，然后使用它的线程控制函数来轻松地控制由QtConcurrent运行的计算。QFuture包含以下用于控制计算的函数：

- pause
- resume
- cancel

还可以使用以下函数检索计算的状态：

- isStarted
- isPaused
- isRunning
- isFinished
- isCanceled

这是我们对上面代码的总结。如上所述，只要理解结构以及需要传递和连接的内容，使用 QtConcurrent 就会相当容易，这也是 QtConcurrent 的优势所在。

使用以下函数设置 QtConcurrent 函数的最大线程数：

```
QThreadPool::globalInstance()->setMaxThreadCount(n)
```

请在示例案例中尝试上述操作以了解线程数量的变化对进程时间的影响。如果使用不同数量的线程，会注意到更多的线程数并不一定意味着更高的性能或更快的执行速度。这就是为什么一个理想的线程数总是取决于处理器以及其他一些与系统相关的指标。

可以用一种类似的方式使用 QtConcurrent 筛选器和其他函数。例如，对于筛选函数，需要定义一个函数，每一项返回一个布尔值（Boolean）。假设希望前面的示例程序跳过某个日期（如 2015 年）之前的图像，并从文件列表中删除这些图像，那么，可以像下面这样定义筛选函数：

```
bool filterImage(QFileInfo &info)
{
  if(info.created().date().year() < 2015)
     true;
  else
    false;
}
```

然后，像下面这样调用 QtConcurrent 对列表进行筛选：

```
QtConcurrent::filter(list, filterImage);
```

在这种情况下，需要将筛选后的结果传递给 map 函数，但是有一个更好的方法，那就是调用 filteredReduced 函数，如下所示：

```
QtConcurrent::filteredReduced(list, filterImage, addDateTime);
```

注意，filteredReduced 函数返回 QFuture<T> 结果，其中 T 与输入列表的类型相同。与前面的例子不同，在那里只是接收适合用于监控计算进度的 QFuture<void>，而 QFuture<T> 还包含结果列表。注意，因为并没有真正修改列表中的单个元素（而是正在更新文件），我们只能观察列表中元素个数的变化情况，但是如果尝试以相同的方式更新 Mat 类或 QImage 类（或任何其他此类变量）的列表，那么将会观察到列表中的各项将会按照 reduce 函数中的代码发生更改。

8.5 小结

本章没有介绍有关多线程以及并行编程的全部内容，但是，实事求是地讲，我们已经介绍了能够帮助你编写多线程和高效计算机视觉应用程序（或者任何其他应用程序）的一些最重要的主题。你学习了如何子类化 QThread 以创建执行一个特定任务的新线程类，或者使用 moveToThread 函数将负责复杂且耗时计算的一个对象移动到另一个线程中。还学习了一些最重要的底层多线程术语，例如互斥锁、信号量等。到目前为止，你应该已经完全了解在应用程序中实现和使用多个线程可能出现的问题以及这些问题的解决方法。如果你认为仍然需要练习一下这方面的内容，以确保对所有提出的概念都有更深入的理解，那么你肯定已经认真学习了所有相关主题。尽管多线程可能是一种复杂且难度较大的方法，但是如果愿意用大量的时间来练习和熟悉多线程的不同应用场景，对应用程序开发工作会大有裨益。例如，可以尝试将你之前编写的，或在网上、书中或其他地方看到的程序转换为多线程应用程序。

在第 9 章中，将把本章以及之前章节所学到的内容结合起来，深入研究视频处理这一主题。你将学习如何跟踪一个摄像机或一个文件视频中的运动物体、视频中的运动检测以及更多相关主题，所有这些内容都需要处理连续的帧并保存之前帧的计算结果，也就是说，计算不仅依赖于当前图像，而且还依赖于之前的图像（在时间上）。因此，我们将使用线程以及在本章中学习到的任何方法，在接下来的章节中实现计算机视觉的算法。

CHAPTER 9

第 9 章

视频分析

除了到目前为止在本书中看到的所有内容以外，计算机视觉技术还有另一项任务，那就是处理视频，即对输入帧进行基本上实时的处理。我们有充分的理由认为这是计算机视觉最受欢迎的主题之一，因为这可以为动态的机器或设备提供动力，让这些设备能够监视周围的环境，寻找感兴趣的对象、运动、图案、颜色等。我们已经学习过的所有算法和类（尤其是在第 6 章和第 7 章）是用来处理单个图像的，出于同样原因，可以简单地以完全相同的方式将其应用于单个视频帧。我们只需确保正确地将每一帧都读取到 cv::Mat 类实例（例如，使用 cv::VideoCapture 类），然后作为一个又一个图像传递到这些函数中。但是在处理视频（是指来自网络、相机、视频文件等方式的视频馈入）时，有时候需要对一个特定时间段内连续的视频帧进行处理，才能获得我们需要的结果。这就意味着结果不仅取决于从视频中获取的当前图像，还取决于在此之前获取的帧。

在本章中，我们将学习 OpenCV 中用来处理连续帧（即视频）的一些最重要的算法和类。我们将从这些算法所使用的某些概念开始学习，例如，直方图和反向投影图像，然后将通过使用示例以及获得的亲身体验来深入研究每一个算法。我们将学习如何使用 MeanShift 算法和 CamShift 算法来实现实时对象跟踪，而且将继续对视频进行运动分析。本章将学习的大部分内容都与 OpenCV 框架内的视频分析模块相关，但是同时也会确保梳理一遍其他所需模块的所有相关主题，以便有效地跟进本章的主题，尤其是直方图和反投影图像对于理解本章介绍的视频分析主题是至关重要的。背景 / 前景检测也是本章将要学习的最重要的主题之一。通过使用这些方法组合，你将能够有效地处理视频以检测和分析运动，或者在视频帧中根据颜色分离出部分和片段，并使用现有的 OpenCV 图像处理算法以各种方式对其进行处理。

另外，根据从第 8 章中学到的知识，我们将使用线程来实现在本章中学习到算法。这些线程将独立于任意一种工程项目类型；无论工程项目类型是否是一个独立的应用程序、库、插件等等，都可以简单地包含和使用它们。

本章将介绍以下主题：

- 直方图及其提取、使用与可视化
- 反投影图像
- MeanShift 算法和 CamShift 算法
- 背景 / 前景检测及运动分析

9.1 理解直方图

正如本章引言中介绍的那样，在计算机视觉中有几个概念在进行视频处理以及在涉及本章后面会讲到的算法时尤为重要。其中一个概念是直方图。因为直方图的概念对于理解大多数视频分析主题是至关重要的，所以将在本节详细介绍与直方图相关的内容，然后再讨论下一个主题。通常，直方图是指表示数据分布的方式。这是一个非常简单和完整的描述，但是让我们再来介绍一下直方图在计算机视觉方面的意义。在计算机视觉中，直方图是图像中像素值分布的图形表示。例如，在灰度图像中，直方图图形就表示在灰度图中包含每个可能强度（0 和 255 之间的一个值）的像素数量。在 RGB 彩色图像中，直方图可以是三个图，每个图表示包含所有可能的红色、绿色或者蓝色强度的像素数量。请注意，像素值并不一定表示颜色或强度值。例如，在转换为 HSV 颜色空间的颜色图像中，直方图将包含色调、饱和度以及数值数据。

OpenCV 中的直方图使用 calcHist 函数进行计算，并存储在 Mat 类中，因为可以将其存储为一组数字，并且可能有多个通道。calcHist 函数需要下面的参数来计算直方图：

- images 或 input images，是要用来计算直方图的图像，它是 cv::Mat 类的数组。
- nimages 是第一个参数中的图像数量。注意，也可以为第一个参数传递 cv::Mat 类的 std::vector，在这种情况下，可以忽略这个参数。
- channels 是一个数组，包含用于计算直方图的通道的索引号。
- mask 可以用来掩模图像，以便只用输入图像的一部分计算直方图。如果不需要掩模，则可以传递一个空 Mat 类，否则，需要提供一个单通道的 Mat 类，它包含的零值表示在计算直方图时应该掩模的所有像素，而非零值是应该考虑的所有像素。
- hist 是输出直方图，是 Mat 类，函数返回时，用计算的直方图填充它。
- dims 是直方图的维度，在 1 到 32 之间取值（在当前的 OpenCV 3 实现中），需要根据用来计算直方图的通道数设置该值。
- histSize 是包含的直方图每一维大小的数组，或者称为组（bin）的大小。直方图中的组指的是在计算直方图时将相似值视为相同。稍后，将用一个例子来看看这到底表示什么，但是现在，可以认为直方图的大小和组数是一样的。

- ranges 是数组的数组，包含每通道值的范围。简单地说，这个数组包含通道的一对最小和最大可能值。
- uniform 是布尔标志，用于标记直方图是否均匀。
- accumulate 是布尔标志，用于标记在计算之前是否应该清除直方图。如果要更新之前计算过的直方图，这将是非常有用的。

现在，用两个例子来看看这个函数是如何使用的。首先，作为一个更简单的用例，我们将计算一个灰度图像的直方图：

```
int bins = 256;
int channels[] = {0}; // the first and the only channel
int histSize[] = { bins }; // number of bins

float rangeGray[] = {0,255}; // range of grayscale
const float* ranges[] = { rangeGray };

Mat histogram;

calcHist(&grayImg,
    1, // number of images
    channels,
    Mat(), // no masks, an empty Mat
    histogram,
    1, // dimensionality
    histSize,
    ranges,
    true, // uniform
    false // not accumulate
);
```

在上面的代码中，grayImg 是一个 Mat 类的灰度图像。图像数量为 1，channels 索引数组参数只包含一个值（0，是第一个通道），因为输入的图像是单通道和灰度级的。dimensionality 也是 1，其余的参数与它们的默认值相同（如果省略的话）。

在执行前面的代码之后，将在 histogram 变量内得到灰度图像的结果直方图。这是一个单通道、单列、256 行的 Mat 类，每一行表示像素值与行号相同的像素数。可以用下列代码绘制存储在这个 Mat 类中的每个值，输出将是柱状图中的直方图可视化：

```
double maxVal = 0;
minMaxLoc(histogram,
  Q_NULLPTR, // don't need min
  &maxVal,
  Q_NULLPTR, // don't need index min
  Q_NULLPTR // don't need index max
);

outputImage.create(640, // any image width
  360, // any image height
  CV_8UC(3));
```

```
outputImage = Scalar::all(128); // empty grayish image

    Point p1(0,0), p2(0,outputImage.rows-1);
    for(int i=0; i<bins; i++)
    {
      float value = histogram.at<float>(i,0);
      value = maxVal - value; // invert
      value = value / maxVal * outputImage.rows; // scale
      p1.y = value;
      p2.x = float(i+1) * float(outputImage.cols) / float(bins);
      rectangle(outputImage,
        p1,
        p2,
        Scalar::all(0),
        CV_FILLED);
      p1.x = p2.x;
    }
```

乍看起来，这段代码有点复杂，但是实际上十分简单，它基于这样一个事实，即需要将直方图中的每一个值绘制为一个矩形。对每个矩形来说，左上角的点用图像的 value 变量和宽除以组（bin）数（即 histSize）来计算。在示例代码中，简单地将最高可能值分配给 bins（即 256），得到高分辨率的直方图可视化，因为柱状图中的每一个柱将表示灰度中的一个像素强度。

请注意，这个意义上的分辨率不是指图像的分辨率或者质量，而是指构成我们的柱状图的最小块数的分辨率。

我们还假设输出的可视化高与直方图的峰值（最高点）相同。如果对图 9-1 左边的灰度图运行这些代码，那么将得到图 9-1 右边看到的直方图结果。

图 9-1　左边是一个灰度图像，右边是该灰度图像所对应的直方图

让我们来解释一下输出直方图的可视化，并进一步说明在代码中使用的参数通常会有什么效果。首先，从左到右，每个竖条指的是具有一种特定灰度强度值的像素数量。最左边的竖条（相当低）指的是纯黑色（0 密度值），右边的竖条是纯白色（255），所有的竖条指

的是不同深浅的灰色。实际上这是由输入图像中最浅部分（左上角）形成的。每个竖条的高除以最高竖条值，然后缩放以适应图像的高度。

让我们再来看看 bins 变量的影响。降低 bins 将导致分组强度的聚集，从而导致计算并可视化一个较低的分辨率直方图。如果用值为 20 的 bins 运行同样的代码，将得到图 9-2 的直方图。

图 9-2　值为 20 的 bins 对应的直方图

如果需要简单的图表而不是柱状图视图的话，可以在上面代码的末尾使用下面的代码：

```
Point p1(0,0), p2(0,0);
for(int i=0; i<bins; i++)
{
  float value = histogram.at<float>(i,0);
  value = maxVal - value; // invert
  value = value / maxVal * outputImage.rows; // scale
  line(outputImage,
     p1,
     Point(p1.x,value),
     Scalar(0,0,0));
  p1.y = p2.y = value;
  p2.x = float(i+1) * float(outputImage.cols) / float(bins);
  line(outputImage,
     p1, p2,
     Scalar(0,0,0));
  p1.x = p2.x;
}
```

如果使用值为 256 的 bins，则会产生图 9-3 的输出。

类似地，可以计算并可视化一个彩色（RGB）图像的直方图，这只需为三个单独的通道修改相同的代码。为达该目的，首先需要将输入图像分割成底层通道，然后计算每个通道的直方图，就和单个通道的图像是一样的。下面代码展示如何分割图像得到三个 Mat 类，每个类代表一个单独的通道：

```
vector<Mat> planes;
split(inputImage, planes);
```

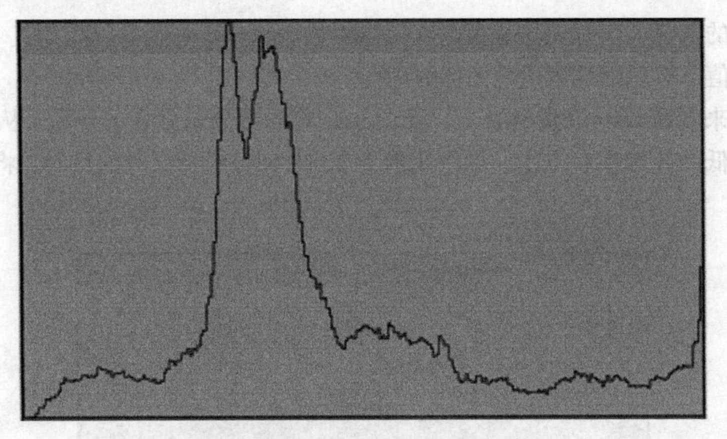

图 9-3 值为 256 的 bins 产生的输出

现在可以在一个循环中使用 planes[i] 或类似的手段，并将每个通道当作一个图像，然后使用上面的代码示例计算并可视化直方图。如果使用它自己的颜色可视化每一个直方图，将得到如图 9-4 所示的结果（生成这个直方图的图像是这本书中使用过的之前例子的彩色图像）。

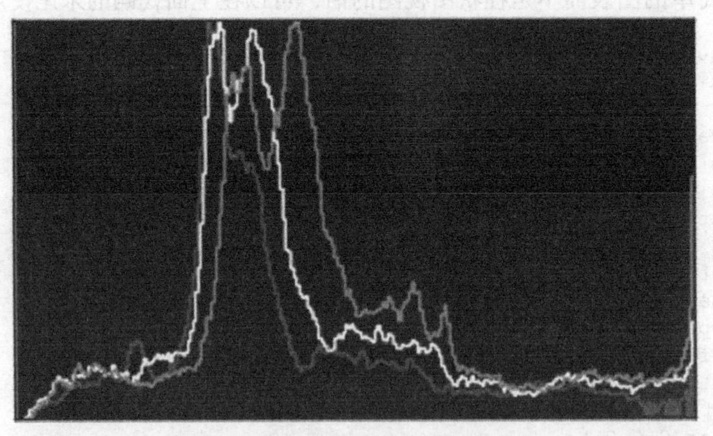

图 9-4 生成的三通道的彩色直方图

同样，结果的内容可以用与之前几乎一样的方式来解释。图 9-4 的直方图图像显示在一个 RGB 图像的不同通道上颜色是如何分布的。但是如何才能真正使用直方图，而不仅仅是获取有关像素值分布的信息呢？下一节将介绍使用直方图来修改图像的方法。

9.2 理解反投影图像

除了直方图中的可视信息之外，直方图还有一个更重要的用途，即直方图的反投影，可以使用它的直方图对图像进行修改，或者如稍后将在本章中看到的那样，通过它在图像内定位感兴趣的对象。让我们进一步详细分析，正如在上一节中学习到的，直方图反映的是图像上像素数据的分布情况，因此如果以某种方式修改生成的直方图，然后将其重新应用到原图像（就好像它是像素值的查找表），生成的图像将被看作反投影图像。需要重点注意的是，反投影图像总是单通道图像，其中每一个像素的值都是从直方图中其对应的 bin 获取的。

让我们把这当作另一个例子。首先，下面展示在 OpenCV 中如何计算反投影：

```
calcBackProject(&image,
  1,
  channels,
  histogram,
  backprojection,
  ranges);
```

calcBackProject 函数与 calcHist 函数的用法非常相似。只需确保传递一个额外的 Mat 类实例，即可获得图像的反投影。因为在反投影图像中，像素值是从直方图获取的，所以很容易溢出标准的 0 到 255（包括）之间的灰度数值范围。这就是为什么在反投影计算之前，需要对直方图的结果进行标准化，如下例所示：

```
normalize(histogram,
  histogram,
  0,
  255,
  NORM_MINMAX);
```

normalize 函数将直方图中的所有值缩放到从最小值 0 到最大值 255 的范围内。再重复一次，必须在 calcBackProject 之前调用该函数，否则，在反投影图像中，将得到溢出的数据，如果尝试使用 imshow 函数查看图像，那么它很可能包含所有的白色像素。

如果没有对生成图像的直方图进行任何修改而只是查看反投影图像，在我们的例子中将得到图 9-5 所示的输出图像。

图 9-5　在对生成的直方图不做任何修改的情况下输出的反投影图像

图 9-5 中每个像素的强度与包含该特定值的图像中的像素数量有关。例如，注意反投影图像的右上角最暗的部分。与较亮区域相比，这个区域包含的像素并不是很多。也就是说，在图像及其不同区域中，明亮区域包含更多的像素值。那么在处理图像和视频帧时如何使用反投影图像呢？

从本质上说，反投影图像可以用来为计算机视觉操作获取有用的掩模图像。到目前为止，我们并没有真正使用 OpenCV 函数中的掩模参数（掩模参数存在于大部分 OpenCV 函数中）。下面用一个例子说明如何使用图 9-5 中的反投影图像。可以用一个简单阈值修改直方图得到一个掩模，以滤除不需要的图像部分。假设想要一个可以用来获取包含最暗值（例如，从 0-39 的像素值）的像素的掩模。为了能够完成这一任务，首先可以通过将前 40 个元素（只是最暗值的一个阈值，可以设置为任意其他值或范围）设置为灰度范围中最大的可能值（255），并将其余设置为最小的可能值（0），来修改直方图并计算反投影图像。下面是举例：

```
calcHist(&grayImg,
    1, // number of images
    channels,
    Mat(), // no masks, an empty Mat
    histogram,
    1, // dimensionality
    histSize,
    ranges);

for(int i=0; i<histogram.rows; i++)
{
  if(i < 40) // threshold
    histogram.at<float>(i,0) = 255;
  else
    histogram.at<float>(i,0) = 0;
}

Mat backprojection;
calcBackProject(&grayImg,
    1,
    channels,
    histogram,
    backprojection,
    ranges);
```

运行上述示例代码后，将在 backprojection 变量中得到图 9-6 的输出图像。实际上，这是一种阈值化技术，通过它可以得到一个合适的掩模，用于将图像中最暗的区域隔离出来，以便使用 OpenCV 进行任意计算机视觉处理。可以将使用该示例代码获得的掩模传递给任意一个 OpenCV 函数，该函数接受掩模并对那些与掩模中白色位置相对应的像素执行操作，而忽略与黑色位置相对应的像素。

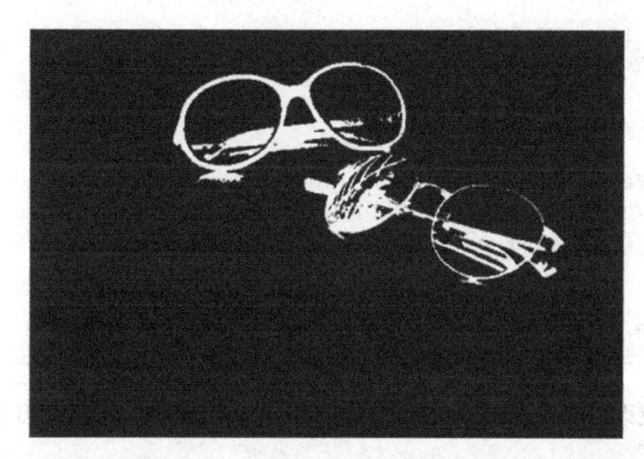

图 9-6　运行上述代码后，在 backprojection 变量中得到的输出图像

另一个类似于刚刚学过的阈值方法的技术，可以用来屏蔽图像中包含特定颜色的区域，因此可以将其用来处理图像的某些部分（例如修改颜色），甚至追踪有特定颜色的对象，这将在本章后面学习。但是在此之前，先来学习 HSV 颜色空间的直方图（使用色调通道），以及如何隔离具有特定颜色的图像部分。让我们再用一个例子来说明这个问题。假设需要找到包含一个特定颜色的图像部分，例如图 9-7 中的红玫瑰。

图 9-7　包含红玫瑰的图像

不能只根据一个阈值滤除红色通道（在 RGB 图像中），因为它可能太亮或太暗，但它仍然可能是红色的不同阴影。另外，可能想要考虑与红色极其相似的颜色，以确保尽可能精确地得到玫瑰。在这种情况下，以及在需要处理颜色的类似情况下，最好使用色调、饱和度、值（三者简称 HSV）颜色空间，其中颜色保存在单个通道（hue 或 h 通道）中。这可以使用 OpenCV 的一个示例实验来演示。只需在一个新应用程序中尝试运行下列代码片段，它可以是一个控制台应用程序或一个控件，但这并不重要：

```
Mat image(25, 180, CV_8UC3);
for(int i=0; i<image.rows; i++)
{
  for(int j=0; j<image.cols; j++)
  {
    image.at<Vec3b>(i,j)[0] = j;
    image.at<Vec3b>(i,j)[1] = 255;
    image.at<Vec3b>(i,j)[2] = 255;
  }
}
cvtColor(image,image,CV_HSV2BGR);
imshow("Hue", image);
```

注意，这里只更改了我们的三通道图像中的第一个通道，其值从0变化到179。这将产生图9-8的输出。

图9-8 三通道图像中的第一个通道的值在0到179之间变化时产生的输出

正如前面介绍的，其原因是色调单独负责每个像素的颜色。另一方面，饱和度和值通道可以用来得到相同颜色的更亮（使用饱和度通道）和更暗（使用值通道）的变化。注意，在HSV颜色空间中，与RGB不同，色调是0到360之间的值。这是因为色调被建模为一个圆。因此，只要其值溢出，颜色就会回到起点。很明显，如果看一下上一个图像的开始和结束，这两个位置都是红色，所以在0或360周围的色调值一定是红色的。

但是，在OpenCV中，色调通常除以2以满足8位（除非我们使用16或更多位）的像素数据，所以颜色的值在0到180之间变化。如果返回之前的代码示例，可以注意到，在Mat类的列上，色调值从0变到180，从而产生上述彩色频谱输出图像。

现在，让我们使用之前学过的内容创建一个彩色直方图，并用其得到反投影图像，以分离出红玫瑰。为了给这个操作设一个目的，甚至可以用一段简单的代码把它变成蓝色玫瑰，但是我们会在后面的章节中学习到，同样的方法还要与MeanShift算法以及CamShift算法相结合使用，才能追踪具有特定颜色的对象。我们的直方图将基于图像的HSV版本中的颜色分布或色调通道。因此，需要首先使用下列代码将它转换成HSV颜色空间。

```
Mat hsvImg;
cvtColor(inputImage, hsvImg, CV_BGR2HSV);
```

然后用与之前例子中完全相同的方法来计算直方图。这次主要的不同（在可视化方面）是：直方图还需要显示每个bin的颜色，因为它是一个颜色分布，否则，输出将会很难解释。为了产生正确的输出，这次将使用HSV到BGR的转换来创建一个包含所有bin的颜色值的缓冲区，然后相应地填入输出柱状图中的每一个竖条。下面是计算之后正确地可视化一个色调通道直方图（即颜色分布图）的源代码：

```
Mat colors(1, bins, CV_8UC3);
for(int i=0; i<bins; i++)
{
  colors.at<Vec3b>(i) =
  Vec3b(saturate_cast<uchar>(
    (i+1)*180.0/bins), 255, 255);
}
cvtColor(colors, colors, COLOR_HSV2BGR);

Point p1(0,0), p2(0,outputImage.rows-1);
for(int i=0; i<ui->binsSpin->value(); i++)
{
  float value = histogram.at<float>(i,0);
  value = maxVal - value; // invert
  value = value / maxVal * outputImage.rows; // scale
  p1.y = value;
  p2.x = float(i+1) * float(outputImage.cols) / float(bins);
  rectangle(outputImage,
   p1,
   p2,
   Scalar(colors.at<Vec3b>(i)),
   CV_FILLED);
  p1.x = p2.x;
}
```

如前面的代码所示，maxVal 是使用 minMaxLoc 函数通过计算直方图数据得到的。bins 只是竖条的个数（或直方图的大小），在本例中不能高于 180。就像我们知道的那样，色调只能在 0-179 之间变化。剩下的几乎是一样的，除了在图中设置每个竖条的填充颜色值。在示例玫瑰图像中，如果使用最大的 bin 大小（即 180）来执行上述代码，将得到图 9-9 的输出。

图 9-9　使用最大的 bin 大小（180）执行上述代码后得到的输出结果

在图 9-9 的直方图中，基本上考虑了直方图中色调精度（8 位）下的所有可能颜色，但在这里大幅降低 bin 的大小来简化该直方图。一个大小为 24 的 bin 足够低，可以简化并将相似的颜色组合在一起，同时提供足够的精度。如果将 bin 的大小变为 24，那么将得到图 9-10 的输出。

图 9-10　将 bin 的大小变为 24 时得到的直方图的输出

通过查看直方图，很明显，直方图的 24 个竖条中第一个（从左向右）和最后两个竖条是最红的颜色。与之前一样，我们只对除此之外的其他像素进行阈值化。方法如下：

```
for(int i=0; i<histogram.rows; i++)
{
  if((i==0) || (i==22) || (i==23)) // filter
    histogram.at<float>(i,0) = 255;
  else
    histogram.at<float>(i,0) = 0;
}
```

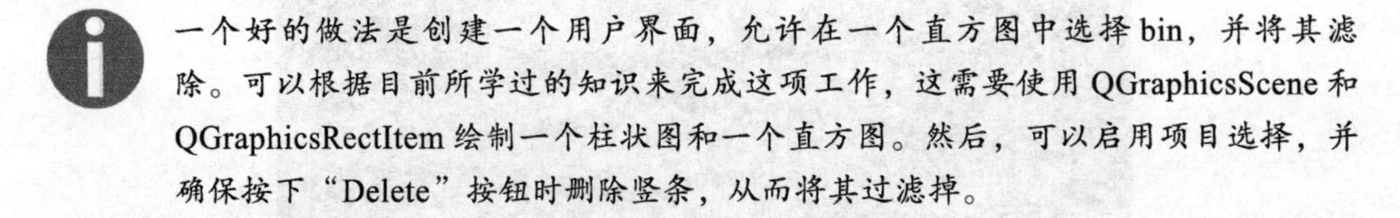

一个好的做法是创建一个用户界面，允许在一个直方图中选择 bin，并将其滤除。可以根据目前所学过的知识来完成这项工作，这需要使用 QGraphicsScene 和 QGraphicsRectItem 绘制一个柱状图和一个直方图。然后，可以启用项目选择，并确保按下“Delete”按钮时删除竖条，从而将其过滤掉。

简单的阈值之后，可以使用下列代码计算反投影。请注意，因为我们的直方图是一个单维直方图，所以只有当输入图像也是单通道时，才能使用反投影重新应用它。这就是为什么需要首先从图像中提取色调通道。mixChannels 函数可以用来将通道从一个 Mat 类复制到另一个 Mat 类。因此，可以使用这个函数将色调通道从 HSV 图像复制到单通道的 Mat 类。只需为 mixChannels 函数提供源和目标 Mat 类（只要有相同的深度，而不一定是相同通道），以及源和目标图像的数量，还有用来确定源通道索引以及目标通道索引的一对整数（下列代码中的 fromto 数组）：

```
Mat hue;
int fromto[] = {0, 0};
hue.create(hsvImg.size(), hsvImg.depth());
mixChannels(&hsvImg, 1, &hue, 1, fromto, 1);
Mat backprojection;
calcBackProject(&hue,
   1,
   channels,
   histogram,
   backprojection,
   ranges);
```

使用原样 imshow 或者 Qt 控件在输出中显示反投影图像，在将其转换为 RGB 颜色空间之后，将看到示例玫瑰图像中红色的完美掩模：

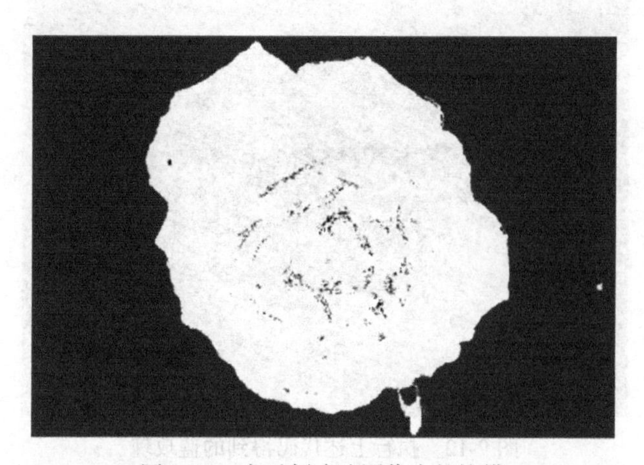

图 9-11 在示例玫瑰图像中的掩模

现在，如果用正确的数量来改变色调通道中的值，那么可以从红色玫瑰得到一朵蓝色玫瑰。它不仅有相同的静态蓝色，而且在所有相应的像素中都有正确的阴影和亮度值。如果返回到之前在本章中创建的彩色光谱图像输出，你会注意到红色、绿色、蓝色和红色刚好与色调值 0、120、240 和 360 一致。当然，如果考虑除数为 2（因为 360 不能刚好放入一个字节，但是 180 可以），它们实际上是 0、60、120 和 180。这就意味着，如果想要在色调通道中将红色转换为蓝色，必须将其变换 120，同样地，也可以将其转换成其他颜色。因此，可以使用与此类似的办法正确地变换颜色，并且只变换被之前的反投影图像突出显示的像素。请注意，我们还需要处理溢出，因为色调的最高可能值应该是 179，而不是更大的值：

```
for(int i=0; i<hsvImg.rows; i++)
{
  for(int j=0; j<hsvImg.cols; j++)
  {
    if(backprojection.at<uchar>(i, j))
    {
```

```
                if(hsvImg.at<Vec3b>(i,j)[0] < 60)
                    hsvImg.at<Vec3b>(i,j)[0] += 120;
                else if(hsvImg.at<Vec3b>(i,j)[0] > 120)
                    hsvImg.at<Vec3b>(i,j)[0] -= 60;
            }
        }
    }

    Mat imgHueShift;
    cvtColor(hsvImg, imgHueShift, CV_HSV2BGR);
```

通过执行上述代码，将得到图9-12的蓝玫瑰，这只是从一个图像转换回来的RGB图像，红色像素变成了蓝色：

图9-12　执行上述代码得到的蓝玫瑰

请用不同大小bin的直方图尝试相同的操作。而且作为一个练习，可以尝试为颜色转换建立一个合适的GUI。甚至可以尝试编写一个程序，在图像中用一个特定颜色（准确地说是颜色直方图）将对象变换成某些其他颜色。在电影和相机编辑程序中广泛使用一个非常类似的技术，以改变图像或连续视频帧中特定区域的颜色（色调）。

9.2.1　直方图比较

使用calcHist函数计算出的两个直方图（也可以从硬盘加载并填充到Mat类中，或用任意一种方法创建），可以通过使用compareHist方法进行相互比较，以找出二者之间的距离或差异（散度）。注意，这需要直方图的Mat结构（即列数、深度以及通道数）与之前看到的一致。

compareHist函数接受存储在Mat类中的两个直方图以及比较方法，后者可以是下列常量之一：

- HISTCMP_CORREL
- HISTCMP_CHISQR

- HISTCMP_INTERSECT
- HISTCMP_BHATTACHARYYA
- HISTCMP_HELLINGER
- HISTCMP_CHISQR_ALT
- HISTCMP_KL_DIV

注意，compareHist 函数的返回值以及如何对其进行解释完全依赖于比较方法，它们的变种很多，所以一定要查看 OpenCV 文档页面，以获得每一种方法中使用的底层比较方程的详细列表。下面是一个示例代码，可以使用所有现存的方法来计算两张图像（或两个视频帧）之间的差异：

```
Mat img1 = imread("d:/dev/Packt/testbw1.jpg", IMREAD_GRAYSCALE);
Mat img2 = imread("d:/dev/Packt/testbw2.jpg", IMREAD_GRAYSCALE);

float range[] = {0, 255};
const float* ranges[] = {range};
int bins[] = {100};

Mat hist1, hist2;

calcHist(&img1, 1, 0, Mat(), hist1, 1, bins, ranges);
calcHist(&img2, 1, 0, Mat(), hist2, 1, bins, ranges);

qDebug() << compareHist(hist1, hist2, HISTCMP_CORREL);

qDebug() << compareHist(hist1, hist2, HISTCMP_CHISQR);

qDebug() << compareHist(hist1, hist2, HISTCMP_INTERSECT);

// Same as HISTCMP_HELLINGER
qDebug() << compareHist(hist1, hist2, HISTCMP_BHATTACHARYYA);

qDebug() << compareHist(hist1, hist2, HISTCMP_CHISQR_ALT);

qDebug() << compareHist(hist1, hist2, HISTCMP_KL_DIV);
```

可以对图 9-13 的两张图像试一下上述代码。

图 9-13 用于上述代码的两张图像

在 Qt Creator 输出中可以查看比较结果，如下所示：

```
-0.296291
1.07533e+08
19811
0.846377
878302
834340
```

总之，用直方图差异来比较图像是一种常见的做法。在视频帧中，也可以使用类似的技术来检测一个场景的散度或场景中存在的对象。要这样做，应该准备好之前的直方图，然后与每一个传入的视频帧的直方图进行比较。

9.2.2 直方图均衡化

图像的直方图可以用来调整图像的亮度和对比度。OpenCV 提供了称为 equalizeHist 的函数，它可以在内部计算一个给定图像的直方图，然后正则化此直方图，并计算直方图的积分（所有 bin 之和），最后使用更新的直方图作为一个查找表来更新输入图像的像素，从而得到输入图像中的标准化亮度和对比度。下面是这个函数的用法：

```
equalizeHist(image, equalizedImg);
```

有些图像有不合适的亮度水平或者对比度，如果在这些图像上尝试这个函数，那么它们在亮度和对比度方面将自动地调整到视觉上的最佳水平，这个过程就称为直方图均衡化。图 9-14 的例子显示两个亮度太低或太高的图像，并显示对应像素值分布的直方图。使用 equalizeHist 函数产生右边的图像，左边的两个图像看起来大致相同。请注意输出图像直方图的变化，这反过来会产生一个更有视觉吸引力的图像。

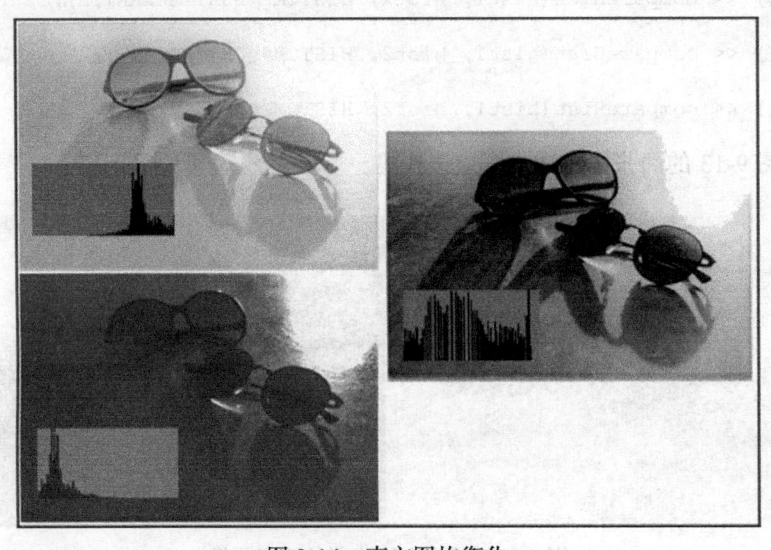

图 9-14　直方图均衡化

在大多数数码相机中，也使用了类似的技术，根据整张图像的分布量来调整像素的黑暗和亮度。你也可以使用任意一个普通智能手机来试试。只要把相机指向一个明亮的区域，智能手机上的软件就开始降低亮度水平，反之亦然。

9.3 MeanShift 算法和 CamShift 算法

除了已经看到的用例之外，在本章所学的内容都是为了能够正确地使用 MeanShift 和 CamShift 算法，因为这两个算法完全受益于直方图和反投影图像。但什么是 MeanShift 算法和 CAMShift 算法呢？

让我们先从 MeanShift 开始，然后再学习 CamShift，后者基本上是同一个算法的增强版本。因此，MeanShift 的一个非常实用的定义（正如当前 OpenCV 文档所述那样）如下：

查找反投影图像上的对象

这是一个十分简单但却实用的 MeanShift 算法定义，也是我们使用时一直坚持使用的定义。但是，值得注意的是底层算法，因为底层算法有助于更轻松、更有效地对其进行使用。为描述 MeanShift 的工作原理，首先，我们需要把一个反投影图像中的白色像素（或一般的二值图像）看成二维平面上的散点，这应该是很简单的。有了这个作为前提条件，我们可以说，实际上 MeanShift 是一个迭代方法，用来寻找在平面上点分布的最密集位置。这个算法提供了一个初始窗口（一个指定整个图像中部分区域的矩形），用来搜索质量中心，然后将窗口的中心移到新发现的质量中心。这个过程重复地寻找质量中心并移动窗口中心，直到需要的移动小于给定的阈值（极小值）或达到迭代的最大次数。图 9-15 显示了 MeanShift 算法每次迭代之后的窗口移动方式，直到到达最密集的位置（或者甚至是在达到迭代计数之前）。

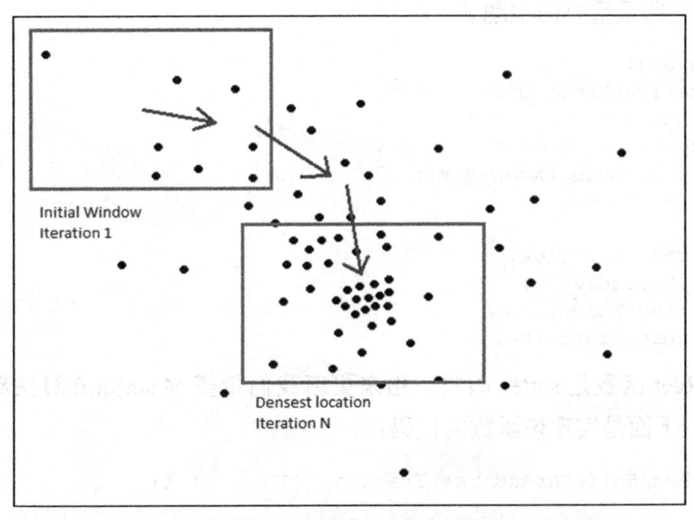

图 9-15 MeanShift 算法每次迭代之后的窗口移动方式

基于此，MeanShift算法可以用来跟踪视频中的对象，方法是确保对象在每一帧的反投影中是可区分的。当然，需要使用一个与之前使用的方法类似的阈值方法。最常见的方法就是应用一个已经准备好的直方图，并用其计算反投影（在前面的例子中，只修改了输入直方图）。让我们用一个例子来逐步学习。出于这个原因，我们将创建一个QThread的子类，可以在任意一个独立的Qt应用程序中创建，或者在一个DLL内使用，也可以从一个插件中使用，在computer_vision工程项目中将使用这个插件。无论如何，这个线程对于所有的工程项目类型都是完全相同的。

正如第8章中所讨论的那样，应该在一个单独的线程中完成视频的处理，这样就不会阻碍GUI线程，并让其自由地响应用户的操作。注意，同样的线程也可以用作创建任何其他（类似）视频处理线程的模板。

1. 我们将创建一个Qt控件应用程序，用于跟踪一个对象（在本例中，可以是任意颜色，但不是全白或全黑），该对象一开始使用鼠标在实时直播的相机中被选择，在此过程中使用MeanShift算法。在实时直播的相机中进行初始选择之后，能够切换到场景中的另外一个对象。第一次选择对象之后每次选择对象发生变化时，都会提取视频帧的色调通道，并使用直方图和反投影图像对其进行计算并提供给MeanShift算法，从而对对象进行跟踪。因此，我们需要首先创建一个Qt控件应用程序，并对其进行命名，如MeanShiftTracker，然后继续执行实际的跟踪器实现。
2. 创建一个QThread子类，与在第8章中学习到的内容一样。请将其命名为QCvMeanShiftThread，并确保在私有和公共成员区域包含了下列代码。我们将使用setTrackRect函数设置初始MeanShift跟踪窗口，而且还将使用该函数将跟踪对象更改为另一个对象。会在处理每一帧之后发出一个newFrame，这样GUI就可以显示它。私有区域中的成员和GUI将会在随后使用时再进行介绍，但它们包含了我们迄今为止学习过的一些最重要的主题。

```
public slots:
  void setTrackRect(QRect rect);

signals:
  void newFrame(QPixmap pix);

private:
  void run() override;
  cv::Rect trackRect;
  QMutex rectMutex;
  bool updateHistogram;
```

3. setTrackRect函数是setter函数，用来更新我们希望MeanShift算法跟踪的矩形（初始窗口）。下面是实现该函数的代码：

```
void QCvMeanShiftThread::setTrackRect(QRect rect)
{
  QMutexLocker locker(&rectMutex);
```

```
  if((rect.width()>2) && (rect.height()>2))
  {
     trackRect.x = rect.left();
     trackRect.y = rect.top();
     trackRect.width = rect.width();
     trackRect.height = rect.height();
     updateHistogram = true;
  }
}
```

QMutexLocker 和 rectMutex 一起使用，为 trackRect 提供访问序列化。因为我们还将以一种实时的方式实现跟踪方法，所以需要确保 trackRect 在处理过程中不会被更新。还要确保其大小是合理的，否则就将其忽略。

4. 至于跟踪器线程的 run 函数，需要使用 VideoCapture 打开电脑上的默认摄像头，并传送帧。注意，如果帧是空的（断开），或摄像头已关闭，或者从线程外部请求线程中断，那么将退出循环：

```
VideoCapture video;
video.open(0);
while(video.isOpened() && !this->isInterruptionRequested())
{
  Mat frame;
  video >> frame;
  if(frame.empty())
  break;
  // rest of the process ...
  ....
 }
```

在循环中标记为“rest of the process”的地方，首先将使用 cv::Rect 类中的 area 函数来看是否已经设置了 trackRect。如果是，那么将锁定访问并继续跟踪操作：

```
if(trackRect.size().area() > 0)
{
  QMutexLocker locker(&rectMutex);
  // tracking code
 }
```

至于 MeanShift 算法和实际跟踪，可以使用下列源代码：

```
Mat hsv, hue, hist;
cvtColor(frame, hsv, CV_BGR2HSV);
hue.create(hsv.size(), hsv.depth());
float hrange[] = {0, 179};
const float* ranges[] = {hrange};
int bins[] = {24};
int fromto[] = {0, 0};
mixChannels(&hsv, 1, &hue, 1, fromto, 1);

if(updateHistogram)
{
```

```
    Mat roi(hue, trackRect);
    calcHist(&roi, 1, 0, Mat(), hist, 1, bins, ranges);

    normalize(hist,
        hist,
        0,
        255,
        NORM_MINMAX);

    updateHistogram = false;
}
Mat backProj;
calcBackProject(&hue,
    1,
    0,
    hist,
    backProj,
    ranges);

TermCriteria criteria;
criteria.maxCount = 5;
criteria.epsilon = 3;
criteria.type = TermCriteria::EPS;
meanShift(backProj, trackRect, criteria);

rectangle(frame, trackRect, Scalar(0,0,255), 2);
```

上述代码按照以下顺序执行下列操作：

- 使用 cvtColor 函数，将输入帧从 BGR 转换到 HSV 颜色空间。
- 使用 mixChannels 函数，只提取色调通道。
- 如果需要的话，使用 calcHist 函数和 normalize 函数计算和正则化直方图。
- 使用 calcBackproject 函数，计算反投影图像。
- 通过提供迭代条件，对反投影图像运行 MeanShift 算法。这是使用 TermCriteria 类和 meanShift 函数来完成的。meanShift 将简单地更新所提供的矩形（在每一帧中的新 trackRect）。
- 在原始图像上绘制检索到的矩形。

除了 TermCriteria 类和 meanShift 函数自身之外，刚才看到的任何代码都没有什么新的内容。正如前面介绍的那样，MeanShift 算法是一个迭代方法，需要一些停止条件，这些条件基于移动的数量（极小值）和迭代次数。简单地说，增加迭代的次数可以降低算法的速度，但是也会让算法更加准确。另一方面，提供更小的极小值意味着更敏感的行为。

在处理完每一帧之后，线程仍然需要使用专用的信号将其发送给另一个类。如下所示：

```
emit newFrame(
    QPixmap::fromImage(
```

```
QImage(
  frame.data,
  frame.cols,
  frame.rows,
  frame.step,
  QImage::Format_RGB888)
  .rgbSwapped()));
```

请注意，除了发送 QPixmap 或 QImage 之外，还可以发送不是 QObject 子类的类。为了能够通过 Qt 信号发送非 Qt 的类，它必须有一个公共的默认构造函数，和一个公共副本构造函数，以及一个公共析构函数。还必须首先将它注册。例如，Mat 类包含了所需的方法，但不是注册类型，因此可以这样注册它：

```
qRegisterMetaType<Mat>("Mat");
```

之后，可以在 Qt 信号和槽中使用这个 Mat 类。

5. 除非完成该线程所需的用户界面，否则仍然看不到任何结果。我们用 QGraphicsView 来完成该任务，只需使用设计器将它拖放到 mainwindow.ui 上，然后将下列内容添加到 mainwindow.h。我们将使用 QGraphicsView 类的橡皮筋功能，来轻松地实现对象选择：

```
private:
  QCvMeanShiftThread *meanshift;
  QGraphicsPixmapItem pixmap;

private slots:
 void onRubberBandChanged(QRect rect,
 QPointF frScn, QPointF toScn);
 void onNewFrame(QPixmap newFrm);
```

6. 在 mainwindow.cpp 文件以及 MainWindow 类的构造函数中，确保添加下列代码：

```
ui->graphicsView->setScene(new QGraphicsScene(this));
ui->graphicsView->setDragMode(QGraphicsView::RubberBandDrag);
connect(ui->graphicsView,
SIGNAL(rubberBandChanged(QRect,QPointF,QPointF)),
this,
SLOT(onRubberBandChanged(QRect,QPointF,QPointF)));

meanshift = new QCvMeanShiftThread();
connect(meanshift,
  SIGNAL(newFrame(QPixmap)),
  this,
  SLOT(onNewFrame(QPixmap)));
  meanshift->start();

ui->graphicsView->scene()->addItem(&pixmap);
```

第 5 章中详细介绍过如何使用 Qt 图形视图框架。

7. 还要确保关闭应用程序时处理好线程，如下所示：

```
meanshift->requestInterruption();
meanshift->wait();
delete meanshift;
```

8. 剩下唯一的一件事情就是在 GUI 上设置传入的 QPixmap，并传递在更新被跟踪的对象时所需的矩形：

```
void MainWindow::onRubberBandChanged(QRect rect,
  QPointF frScn,
  QPointF toScn)
  {
    meanshift->setTrackRect(rect);
  }

void MainWindow::onNewFrame(QPixmap newFrm)
{
  pixmap.setPixmap(newFrm);
}
```

请尝试运行应用程序，并选择一个在相机中可见的对象。无论用鼠标选择的对象在屏幕上的什么地方，在图形视图上用鼠标绘制的矩形都会一直跟着所选择的对象。图 9-16 是从视图中选择要跟踪的 Qt 图标的几个截图：

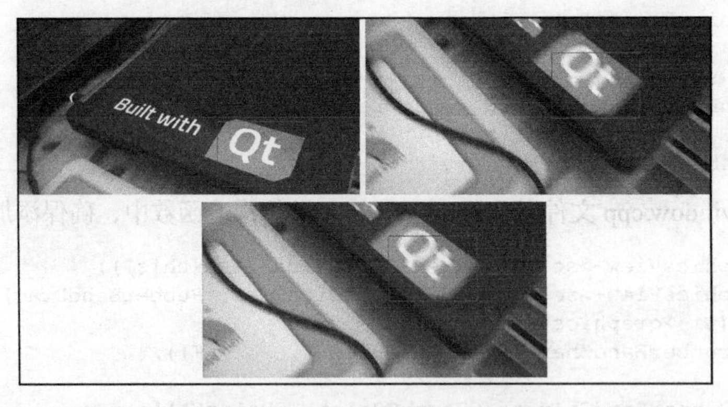

图 9-16 从视图中选择的要跟踪的 Qt 图标的几个截图

可视化反投影图像并看看后台的神奇之处，也是一个好主意。记住，正如前面介绍过的那样，MeanShift 算法正在搜索质量中心，如果在反投影图像中观察，这是十分容易看到的。要这样做，只需在线程内用下列代码替换用来可视化图像的最后几行：

```
cvtColor(backProj, backProj, CV_GRAY2BGR);
frame = backProj;
rectangle(frame, trackRect, Scalar(0,0,255), 2);
```

现在再试一次，在图形视图中应该有一个反投影图像，如图 9-17 所示。

图 9-17 图形视图中的反投影图像

从图 9-17 的结果中可以看出，只要为其提供一个灰度图像，就可以很容易地使用 MeanShift 算法即 meanShift 函数，因为灰度图像可以使用任何阈值方法分离出感兴趣对象。所以，反投影也类似于阈值化，它可以基于颜色、强度或其他条件允许某些像素通过，或者某些其他的像素不能通过。现在，如果回到 MeanShift 算法的初始描述，那么基于反投影图像可以找到并追踪对象的说法就是完全有意义的。

尽管 meanShift 函数的使用很简单，但是仍然缺少一些非常重要的功能，即对被跟踪对象的缩放和方向变化的容忍度。无论对象的大小或方向是什么，camShift 函数都将提供大小和旋转完全相同的窗口，并尝试将中心放到感兴趣的对象上。在 MeanShift 算法的增强版本中解决了这些问题，该算法称为连续自适应 MeanShift 算法，或简称为 CamShift。

CamShift 函数是 CamShift 算法在 OpenCV 中的实现，与 MeanShift 算法有很大的关系，出于同样的原因，使用方式几乎相同。为了证明这一点，可以简单地用 CamShift 替换前面代码中的 meanShift 算法，如下所示：

```
CamShift(backProj, trackRect, criteria);
```

如果再次运行这个程序，将会发现什么都没有发生改变。但是该函数还提供了 RotatedRect 类型的一个返回值，这是一个有中心、大小和角度属性的矩形。可以保存返回的 RotatedRect，并将它绘制在原始图像上，如下所示：

```
RotatedRect rotRec = CamShift(backProj, trackRect, criteria);
rectangle(frame, trackRect, Scalar(0,0,255), 2);
ellipse(frame, rotRec, Scalar(0,255,0), 2);
```

注意，在该代码片段中，实际上绘制了一个满足 RotatedRect 类属性的一个椭圆形。为了与旋转的矩形进行比较，还绘制了之前存在的矩形。图 9-18 是再次运行这个程序的结果。

注意绿色椭圆形的旋转，与红色矩形形成对比，这是 CamShift 函数的结果。试着移动追踪的彩色对象，远离或靠近相机，看看 CamShift 如何适应这些变化。另外，试一下非正方形的对象，观察由 CamShift 提供的旋转不变性的跟踪。

图 9-18　绘制绿色的椭圆形和红色的矩形之后运行 CamShift 函数的结果

当然，如果对象与周围环境有区别的话，CamShift 函数还可以基于对象的颜色来检测对象。要这样做，需要设置一个预先准备好的直方图，而不是像在例子中那样在运行时对其进行设置。还需要将初始窗口的大小设置为足够大，比如整张图像的大小，或在图像中期望出现对象的最大区域。运行同样的代码，你将注意到每执行一帧之后，窗口都会变得越来越小，直到只能覆盖所提供的直方图中的感兴趣对象。

9.4　背景 / 前景检测

背景 / 前景检测（或分割）通常也有充分的理由称为背景差分，该方法可以在图像（前景）中区分运动或变化区域，而不是那些或多或少的恒定或静态的区域（背景）。该方法在检测图像中的运动时也是非常有效的。OpenCV 包含很多不同的背景差分方法，其中有两个方法在当前的 OpenCV 中是默认安装的，即 BackgroundSubtractorKNN 和 BackgroundSubtractor-MOG2。与我们在第 7 章中学习到的特征检测器类相似，这些类也来自 cv:: Algorithm 类，它们使用起来都很方便，而且使用方法也很相似，因为这些类的使用或结果没有不同，只不过实现各不相同。

通过使用高斯混合模型，可以利用 BackgroundSubtractorMOG2 来检测背景 / 前景。另一方面，通过使用 KNN 或 k- 最近邻方法，可以利用 BackgroundSubtractorKNN 来实现同样的目标。

如果对这些算法的内部细节或者如何实现这些算法有兴趣，可以参考下列文献以获得更多信息：

- Zoran Zivkovic and Ferdinand van der Heijden. Efficient adaptive density estimation per image pixel for the task of background subtraction. Pattern recognition letters, 27(7): 773-780, 2006.
- Zoran Zivkovic. Improved adaptive gaussian mixture model for background subtraction. In Pattern Recognition, 2004. ICPR 2004. Proceedings of the 17th International Conference on, volume 2, pages 28-31. IEEE, 2004.

首先来看看如何使用这两个算法，然后再浏览一下它们中的一些重要函数。与在上一节中创建的 QCvMeanShiftThread 类相似，可以通过子类化 QThread 创建一个新的线程。让我们这样做，并将其命名为 QCvBackSubThread，或者是任意名称。唯一不同的部分将是重载 run 函数，它应该与下面相似：

```
void QCvBackgroundDetect::run()
{
  using namespace cv;

  Mat foreground;
  VideoCapture video;
  video.open(0);

  Ptr<BackgroundSubtractorMOG2> subtractor =
        createBackgroundSubtractorMOG2();

  while(video.isOpened() && !this->isInterruptionRequested())
  {
    Mat frame;
    video >> frame;
    if(frame.empty())
        break; // or continue if this should be tolerated

    subtractor->apply(frame, foreground);

    Mat foregroundBgr;
    cvtColor(foreground, foregroundBgr, CV_GRAY2BGR);

    emit newFrame(
       QPixmap::fromImage(
           QImage(
             foregroundBgr.data,
             foregroundBgr.cols,
             foregroundBgr.rows,
             foregroundBgr.step,
             QImage::Format_RGB888)
           .rgbSwapped()));
  }
}
```

请注意，背景差分只需构造 BackgroundSubtractorMOG2 类和调用 apply 函数，在使用时再没有其他操作，这使其非常简单易用。在每一帧中，前景（Mat 类）会按照图像所有区域中的变化历史进行更新。因为调用 createBackground-SubtractorMOG2 函数只使用默认参数，所以在这里没有更改任何参数，并继续使用默认值，但如果想要更改算法的行为，则需要对其提供下列参数：

- history 默认情况下设置为 500，是影响背景差分算法的最后帧数。在例子中，在一个 30 帧 / 秒的摄像头或视频上，我们还使用了默认值大约是 15 秒。这意味着，如果在过去的 15 秒内一个区域完全没有变化，那么该区域将是完全黑色的。
- varThreshold 默认情况下设置为 16，是算法的方差阈值。
- detectShadows 默认情况下设置为 true，可用于忽略或计算检测到的阴影变化。

请尝试使用默认参数运行上面的示例程序并观察结果。如果镜头前没有任何移动，那么应该看到一个全黑的屏幕，但即使是最轻微的运动，都可以在输出上显示为白色区域，你应该看到与图 9-19 相似的画面。

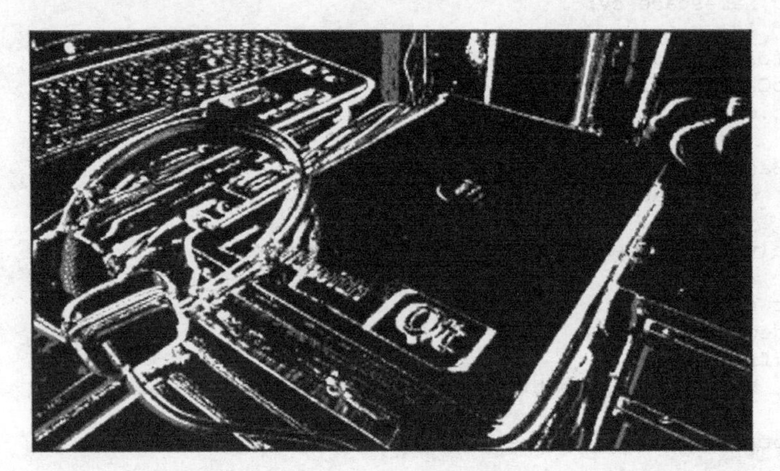

图 9-19　黑色区域表示镜头前的对象没有任何移动，白色区域表示有移动

切换到 BackgroundSubtractorKNN 类很容易，只需用下列代码替换构造函数行：

```
Ptr<BackgroundSubtractorKNN> subtractor =
   createBackgroundSubtractorKNN();
```

没有什么需要修改的。但是可以使用下列参数修改这个算法的行为，某些参数与 BackgroundSubtractorMOG2 类相同：

- ❑ history 与之前的算法完全相同。
- ❑ detectShadows 也与之前的算法完全相同。
- ❑ dist2Threshold 默认设置为 400.0，是像素和样本之间距离平方的阈值。为了更好地理解这个参数，最好在线浏览一下 k- 最近邻算法。当然，可以只使用默认值，并在不提供任何参数的情况下使用该算法。

通过尝试各种参数并观察结果可以更有效地掌握这些算法。例如，你可能注意到增加 history 值将会有助于检测更小的运动。请尝试改变其余的参数，亲自观察并比较结果。

在前面的例子中，我们试过输出用背景差分类提取的前景掩模图像。在这里，也可以在 copyTo 函数中使用相同的前景掩模来输出前景的实际像素。方法如下：

```
frame.copyTo(outputImage, foreground);
```

此处，frame 是来自相机的输入帧，从背景差分算法获得 foreground，这与前面的例子一样。如果显示输出图像，将会得到与图 9-20 类似的画面。

注意，在图 9-20 中看到的输出是相机有轻微移动的结果，这与视频中的对象移动基本上是相同的。但是，如果用一个视频尝试相同的例子，在该视频中，在静态背景下所有其他颜色的对象都在发生移动，那么可以使用 CamShift 算法在移动对象周围获得一个用来提取该对象的边框，或者出于任何原因对其做进一步处理。

图 9-20 相机移动的结果

在 OpenCV 中使用现有的视频分析类编写应用程序的机会是很多的，这取决于对其用法的熟悉程度。例如，通过使用背景差分算法可以尝试编写一个能够发出警报的应用程序，或者在进行运动检测时执行另一个进程。通过对前面例子所提取的前景图像中的像素总和或平均值进行测量，然后检测超出特定阈值的突然增加，可以很容易实现这些目的。我们不能列出所有的可能性，但有一件事情是肯定的，那就是可以将这些算法结合起来解决特定的任务，包括这本书在内的任何指南也仅仅是一个关于如何使用现有算法的路牌。

9.5 小结

编写用于图像实时处理的计算机视觉应用程序是当今最热门的话题之一，OpenCV 包含很多类和函数，可以帮助简化此类应用程序的开发。本章介绍了一些由 OpenCV 提供并可用于实时视频和图像处理的重要的类和函数。我们学习了 OpenCV 中的 MeanShift、CamShift 以及背景差分算法，这些内容被封装为快速而高效的类，同时，也很容易使用，前提是你熟悉其中大多数基本概念，比如直方图和反投影图像。这就是为什么一开始我们要学习有关直方图的所有知识，以及如何计算、可视化和比较直方图。我们还学习了如何计算反投影图像，并将其用作更新图像的查找表。我们还在 MeanShift/CamShift 算法中使用相同的方法来追踪特定颜色的物体。到目前为止，读者应该能够高效地编写基于其中片段和部分的运动来处理视频和图像的应用程序。

本章是介绍有关 OpenCV 和 Qt 框架细节的最后一章。一本书，甚至一堆书，永远都不足以覆盖 OpenCV 和 Qt 框架中的全部现有材料，但我们尽量尝试将其完整呈现，这样你就可以自己学习其他的现有类和函数，并开发出有趣的计算机视觉应用程序。请务必跟进 OpenCV 和 Qt 框架的新进展，因为 OpenCV 和 Qt 框架中的项目一直在不断地发展进步，而且应该不会很快就停止更新。

本书的下一章将介绍如何对 Qt 和 OpenCV 应用程序进行调试、测试以及为用户部署。首先，将学习 Qt Creator 的调试功能，然后将继续使用 Qt 测试命名空间及其可用于对 Qt 应用程序进行简单单元测试的底层函数。下一章，还将介绍 Qt 安装程序框架，甚至还会为我们的应用程序创建一个简单的安装程序。

CHAPTER 10

第 10 章

调试与测试

自从以 OpenCV 3 与 Qt5 框架开启计算机视觉之旅以来，我们已经取得了长足的进步。我们现在可以很容易地安装这些强大的框架，并配置运行 Windows、macOS 或 Linux 操作系统的计算机，以设计和构建计算机视觉应用程序。在前几章中，我们学习了如何使用 Qt 插件系统来构建模块化和基于插件的应用程序。我们学习了如何使用 Qt 样式表对应用程序进行样式化，并使用 Qt 中的国际化技术支持多种语言。利用 Qt 图形视图框架构建了功能强大的图形查看器应用程序，Qt 图形视图框架中的类能够帮助我们更高效和灵活地显示图形对象元素。我们能够构建图形查看器（得益于场景 – 视图 – 对象元素架构），它可以在不需处理源图像本身的情况下对图像进行放大或缩小操作。随后，我们开始深入研究 OpenCV 框架，学习该框架下的许多类和函数，这些类和函数能够帮助我们以多种方式对图像进行转换和处理，以实现特定的计算机视觉目标。我们学习了可以用来在场景中检测对象的特征检测和描述符提取。我们讨论了 OpenCV 中的许多现有算法，这些算法的目的是以一种更智能的方式对图像内容进行处理，而不仅仅是对它们的原始像素值进行处理。在最近的几章中，我们学习了 Qt 提供的多线程和线程同步工具，学习了 Qt 框架提供的与平台无关的用于处理应用程序中的多线程的底层（QThread）和高级（QtConcurrent）技术。在最后一章，我们学习了视频的实时图像处理以及用于跟踪特定颜色对象的 OpenCV 算法。至此，我们对 Qt 和 OpenCV 框架诸多方面有了深入的了解，在此基础上并借助于文档，我们已经可以独立学习其他更高级的主题。

除了前面提到的内容以及在前几章中所学习到的内容之外，我们还没有介绍软件开发的一个非常重要的内容——测试过程，以及如何在使用 Qt 和 OpenCV 时进行测试。一个计算机程序，无论是简单的小型二进制文件，还是庞大的计算机视觉应用程序，或者是任何一般的应用程序，在交付用户部署使用之前，都要进行测试。测试是开发过程中一个永无止境的阶段，并且要在开发应用程序之后随即执行，在解决了一个问题或添加新特性时，也要不时地进行测试。本章中，我们将学习用现有的技术对基于 Qt 和 OpenCV 构建的应用程序进行测试。我们将学习开发时的测试与调试，还将学习如何使用 Qt 测试框架对应用程序进行单元测试。在将应用程序交付给最终用户之前，这是最重要的过程。

本章将介绍以下主题：

- Qt Creator 的调试特性
- 如何使用 Qt Test Namespace 进行单元测试
- 数据驱动的测试
- GUI 测试以及回放 GUI 事件
- testcase 工程项目的创建

10.1　Qt Creator 调试

调试器是一种可用于测试和调试其他程序的程序，目的是防止程序执行过程中突然崩溃或程序逻辑中的意外行为。大多数情况下（如果不总是这样），调试器需要在开发环境中与 IDE 结合使用。在这里，我们将学习如何在 Qt Creator 中使用调试器。需要注意的是，调试器不是 Qt 框架的一部分，而且与编译器一样，通常它们是由操作系统 SDK 提供的。如果在系统上存在调试器，Qt Creator 可以自动检测并使用这些调试器。这可以通过选择主菜单“Tools”，然后选择“Options”并导航到 Qt Creator 选项页面进行勾选。确保从左侧的列表中选择“Build & Run”，然后从顶部切换到“Debuggers”选项卡。此时，窗口在列表中应该可以看到一个或多个自动检测到的调试器。

Windows 用户：应该可以看到与图 10-1 类似的窗口。没有的话，就表示还没有安装任何调试器。你可以轻松地使用这里提供的地址下载和安装它：

```
https://docs.microsoft.com/en-us/windows-hardware/drivers/
debugger/
```

也可以在网上单独搜索以下主题：Windows 调试工具（WinDbg、KD、CDB、NTSD）。尽管如此，在安装调试器之后（假设是 Microsoft Visual C++ 编译器的 CDB 或 Microsoft 控制台调试器以及 GCC 编译器的 GDB 等），可以重启 Qt Creator，并返回图 10-1 所示的窗口。你应该能够有一个或多个与下面内容类似的项。因为已经安装了 Qt 的 32 位版本和 OpenCV 框架，请选择名称中含有 x86 的项来查看其路径、类型以及其他一些属性。

macOS 和 Linux 用户：

不必进行任何其他的操作，根据操作系统的不同，将可以看到 GDB、LLDB 或其他一些调试器。

图 10-1 是“Options”页面上的“Build & Run”选项卡的截图。

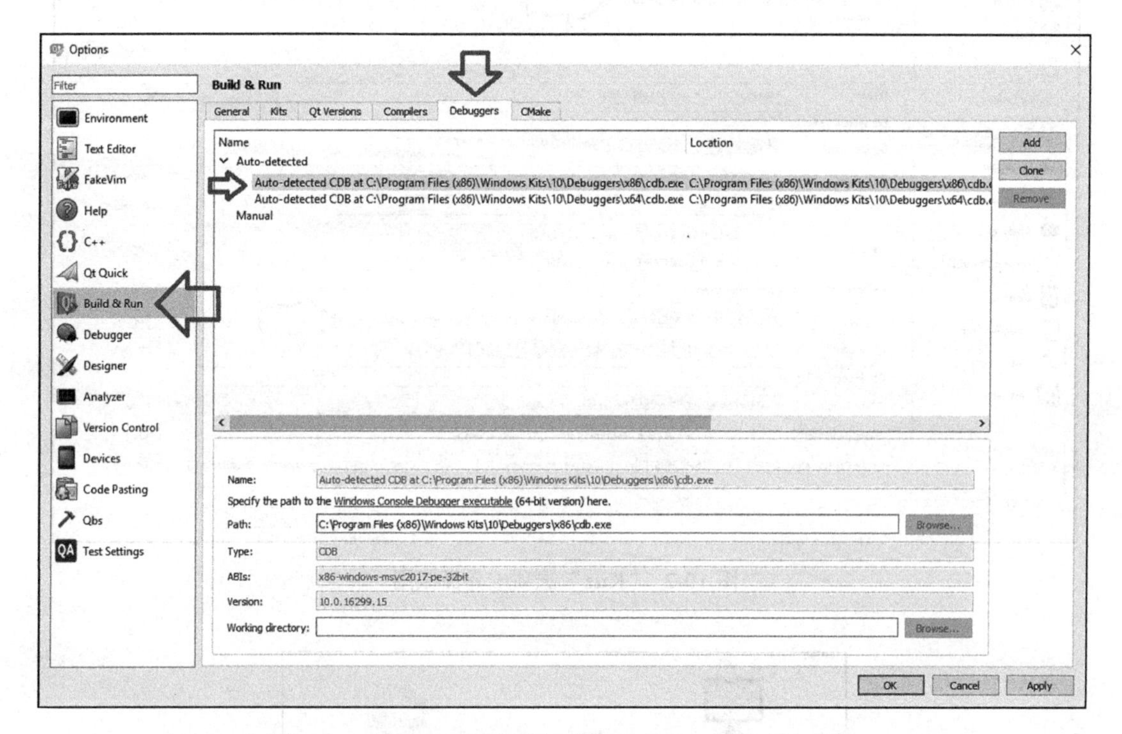

图 10-1 “Options”页面上“Build & Run”选项卡截图

取决于操作系统和安装的调试器，图 10-1 选项卡的截图可能略有不同。不过，需要确保将一个已有的调试器正确地设置为正在使用的 Qt 工具包的调试器。因此，请记录下这个调试器的路径和名称，并切换到“Kits”选项卡，然后选择正在使用的 Qt 工具包，确保已为其设置正确的调试器，如图 10-2 所示。

不用担心会选错调试器或其他一些选项，因为在顶部选择的 Qt 工具包图标旁会有相关图标发出警告。当工具箱的一切都正常的时候，会看到图 10-3 中左边所示的图标，而当左边第二个图标出现时，就表示有些内容是不正确的。当出现最右边的图标时，表示存在严重错误。将鼠标移动到相应的图标上，可看到有关修复问题所需操作的更多相关信息：

如果 Qt 工具包出现严重问题，则可能是很多不同原因造成的，比如缺少编译器，在问题得到解决之前，会使工具包完全无法使用。Qt 工具包中出现警告信息的一个例子也可能是缺少调试器，此时工具包可用，但仍将无法使用调试器。因此，这意味着比完全配置的 Qt 工具包的功能更少。

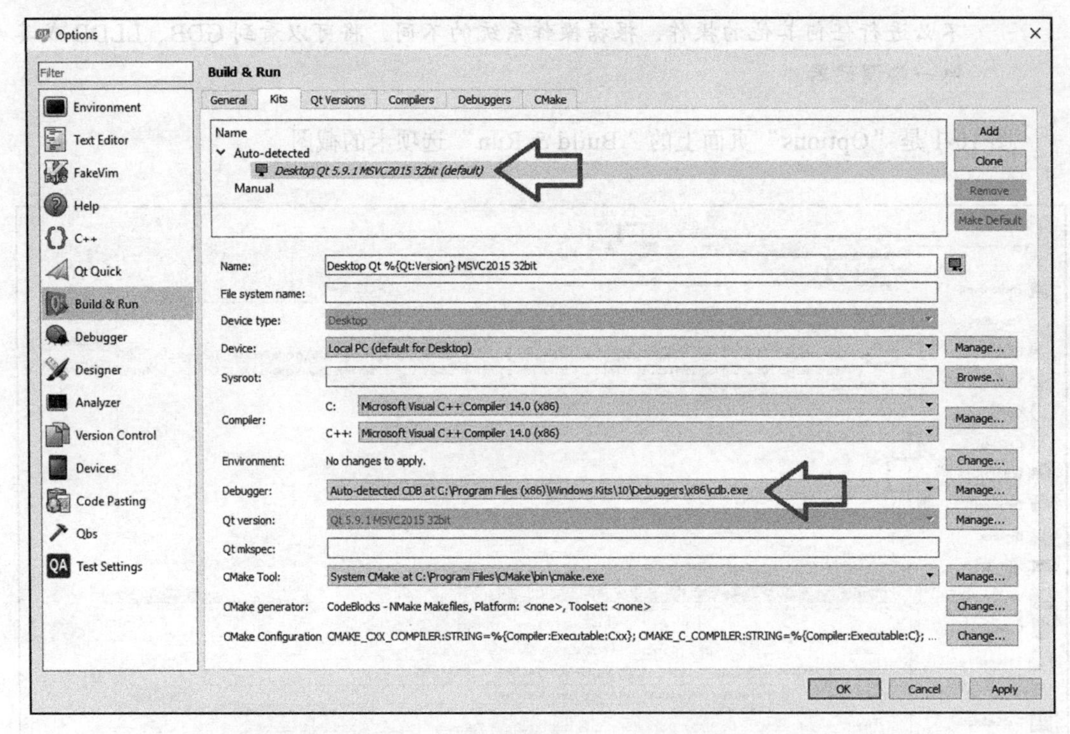

图 10-2　“Kits”选项卡界面截图

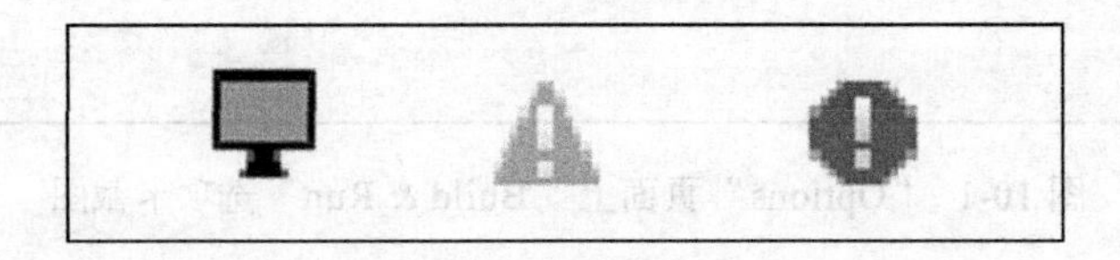

图 10-3　相关图标截图

在正确设置调试器之后，可以以下列方式之一进入 Qt Creator 的调试器视图，开始调试应用程序：

- 在调试模式下启动应用程序
- 连接到正在运行的应用程序（或进程）

请注意，可通过多种方式（比如远程）来启动调试过程，方法是连接到一台独立的机器上运行的进程，等等。但是，上述方法适用于大多数情况，特别是对于那些与 Qt+OpenCV 应用程序开发以及在本书中学到的知识相关的情况。

调试模式入门

在打开 Qt 工程项目之后，若要在调试模式中启动应用程序，可以使用下列方法之一：

- ❑ 按下 F5 键
- ❑ 使用“Start Debugging”按钮，它是常规的“Run”按钮下方一个类似的图标，但上面有一只小虫子
- ❑ 按以下顺序使用主菜单项：Debug/Start Debugging/Start Debugging

要将调试器连接到正在运行的应用程序，可以按照以下顺序使用主菜单项：Debug/Start Debugging/Attach to Running Application。此时将打开“List of Processes”窗口，可以从中选择想要使用其进程 ID 或可执行文件名称进行调试的应用程序或任何其他进程。进程列表可能会很长，还可以使用“Filter”字段（如图 10-4 所示）查找应用程序。选择正确的进程后，确保按下“Attach to Process”按钮。

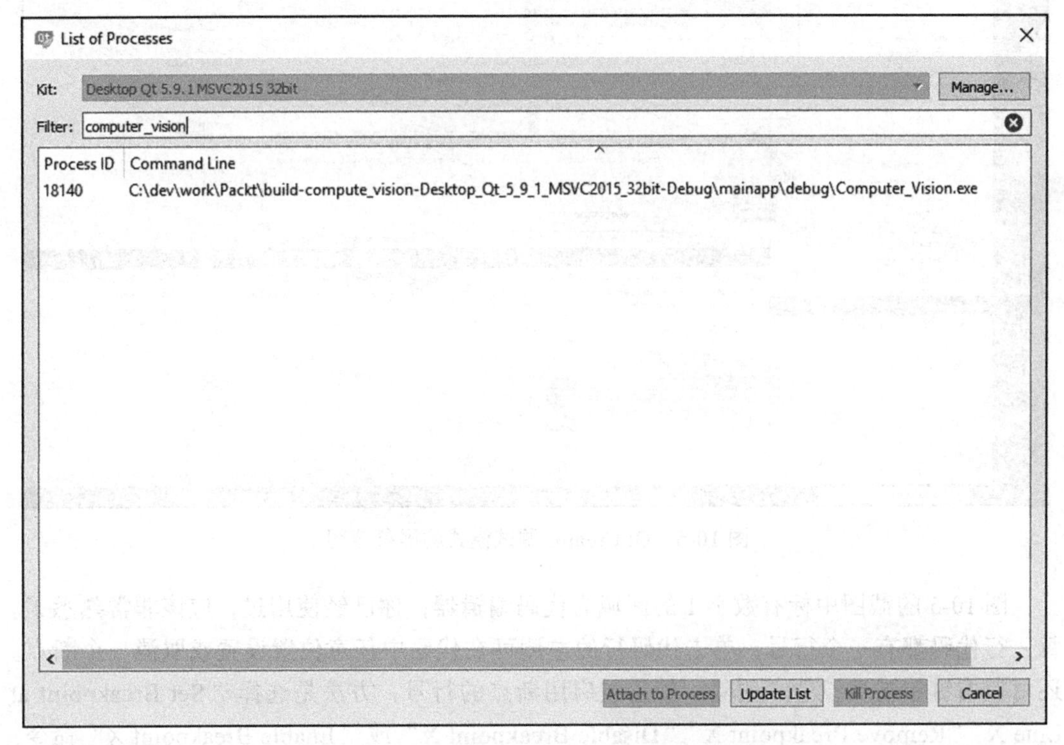

图 10-4 “List of Processes”窗口的界面截图

无论你使用哪一种方法，最终都将进入 Qt Creator 调试模式，调试模式与编辑模式非常相似，但它还允许执行以下操作：

- ❑ 在代码中添加、启用、禁用以及查看断点（断点只是在代码中的一个点或行，我们希望调试器在进程中暂停在这里，并对程序状态进行更详细的分析）
- ❑ 中断正在运行的程序和进程来查看和检查代码
- ❑ 查看和检查函数的调用堆栈（调用堆栈是一个包含产生断点或中断状态的函数的层次列表的堆栈）

❑ 查看和检查变量

❑ 反汇编源代码（这里，反汇编是指提取与函数调用以及程序中其他 C++ 代码相对应的精确指令）

在调试模式下启动应用程序时，因为代码被调试器监测和跟踪，将导致性能有所下降。图 10-5 是 Qt Creator 调试模式的屏幕截图，前面介绍的所有功能都可以在一个窗口以及 Qt Creator 的调试模式中看到。

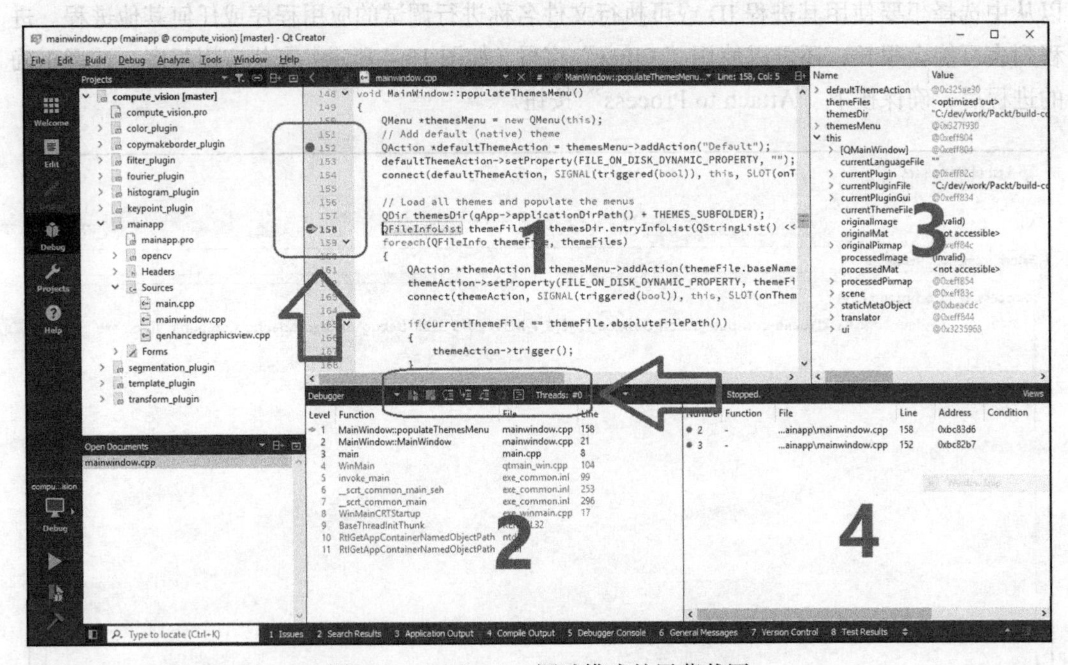

图 10-5　Qt Creator 调试模式的屏幕截图

图 10-5 的截图中标有数字 1 的区域为代码编辑器，你已经使用过，应该非常熟悉了。每一行代码都有一个行号，单击代码行的左侧可在代码中任意位置设置或取消一个断点。还可以右键单击要设置、删除、禁用或启用断点的行号，方法是选择“Set Breakpoint at Line X”“Remove Breakpoint X”“Disable Breakpoint X”或“Enable Breakpoint X”命令，其中需要将 X 替换为相应的行号。除了代码编辑器之外，还可以使用图 10-5 中标有数字 4 的区域来添加、删除、编辑和进一步修改代码中的断点。

在代码中设置了断点之后，无论何时程序到达代码中的该行，程序都将中断。此时，将允许使用代码编辑器下面的控件执行下列任务：

❑ Continue：继续执行该程序的剩余部分（或者再次按 F5）。

❑ Step Over：用于在不进入可能会改变调试指针当前位置的函数调用或者类似代码的情况下，执行下一代码行。注意，调试指针只是当前正在执行的代码行的指示器（这也可以通过按 F10 来完成）。

- Step Into：与 Step Over 相反，可以用来进一步深入到函数调用中，以便能够对代码和调试进行更详细的分析（这与按下 F11 是一样的）。
- Step Out：可以用来退出函数调用，返回到调试时的调用点（与按下 Shift + F11 是一样的）。

还可以在包含调试器控件的代码编辑器下面的同一个工具栏上右键单击，打开图 10-6 所示的菜单，并添加或删除更多的窗体，来显示额外的调试与分析信息。我们将介绍默认的调试器视图，但是，你必须查看下列每一个选项，以增加对调试器的熟悉程度。

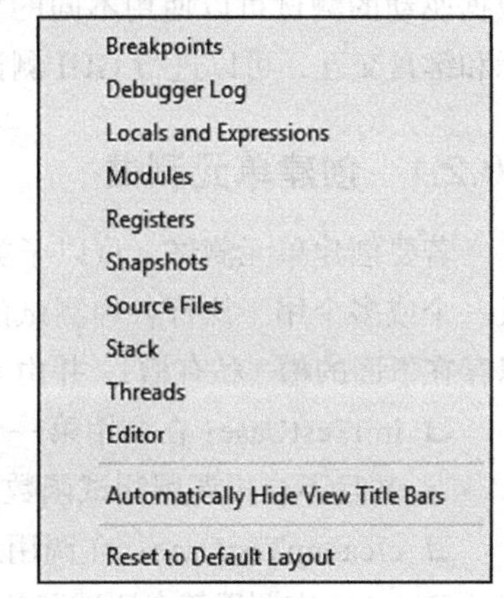

图 10-6　调试器控件菜单项界面截图

在图 10-5 中，数字 2 所指示的区域可以用来查看调用堆栈。不管是在程序正在运行时通过按下“Interrupt”按钮或从菜单中选择“Debug/Interrupt”来中断程序，还是在一个特定的代码行设置断点并停止程序，或者是一段出现故障的代码导致程序落入陷阱并使进程暂停（因为调试器将捕获崩溃和异常），总是可以随时查看导致中断状态的函数调用的层次结构，或者通过检查图 10-5 的 Qt Creator 屏幕截图中的区域 2 进行进一步分析。

最后，可以借助图 10-5 中的第三个区域，在被中断的代码位置中查看程序的局部和全局变量。可以看到变量的内容，不管它们是否是标准数据类型（如整数、浮点数、结构体或者类），还可以进一步扩展和分析其内容来测试和分析代码中任何可能存在的问题。

高效地使用调试器可以提高测试以及解决代码问题的效率。对调试器的使用，没有其他捷径，只能尽可能多地使用调试器并培养良好的习惯，熟能生巧。如果感兴趣的话，还可以在网上查阅其他可能的调试方法，例如远程调试、基于崩溃转储文件（在 Windows 上）进行调试等等。

10.2　Qt 测试框架

应用程序开发过程中对应用程序的调试与测试是完全不可避免的，但是很多开发人员往往忽略单元测试。单元测试很重要，尤其是在大型项目和应用程序中，每次在建立这些项目和程序时，或者在代码中的某个地方存在 bug 时，很难完全手动对其进行全面测试。单元测试是指对应用程序的控件和部分（单元）进行测试，以确保它们能够按预期进行工作。值得注意的是，自动化测试是当今软件开发的热点之一，其实质是使用第三方软件或者编程进行自动单元测试。

在本节中，将学习如何使用 Qt 测试框架（更准确地说，即 Qt 测试命名空间，连同一些附加的测试相关类），它可以用来为用 Qt 构建的应用程序开发单元测试。与第三方测试框架相反，Qt 测试框架是基于 Qt 框架本身的轻量级测试框架，提供了基准测试、数据驱动测试和 GUI 测试等多种功能。基准测试可以用来测量一个函数或一段特定代码段的性能，而数据驱动的测试可以使用不同的数据集作为输入来运行单元测试。另一方面，通过模拟鼠标和键盘交互，可以进行 GUI 测试，这是 Qt 测试框架包含的另一个内容。

10.2.1　创建单元测试

若要创建单元测试，可以子类化 QObject 类，并向其中添加 Qt 测试框架所需的槽，以及一个或多个用于执行各种测试的槽（测试函数）。除了测试函数之外，在每个测试类中可以存在下面的槽（私有槽），并由 Qt Test 调用：

- initTestCase：在调用第一个测试函数之前调用。若该函数失败，则整个测试将失败，并且不会再调用测试函数。
- cleanupTestCase：在调用最后一个测试函数之后调用。
- init：在调用每个测试函数之前调用。如果该函数失败，将不再执行前面的测试函数。
- cleanup：在调用每个测试函数之后调用。

下面借助一个真实的例子来创建我们的第一个单元测试，并深入了解如何将上述函数添加到一个测试类中，以及如何编写测试函数。为了确保示例简单易行且易于理解，将尽量避免过多地考虑待测试类的实现细节，而主要关注如何对它们进行测试。基本上，同样的方法可用于测试任何复杂级别的几乎任何类。

因此，作为第一个例子，假设一个类能够返回图像中像素的数量（图像宽度乘以高度），而我们想要对该类进行单元测试。

1. 利用 Qt Creator 创建一个单元测试，类似于创建 Qt 应用程序或库，在欢迎模式中使用“New Project”按钮或从“File”菜单中选择“New File or Project”，确保选择如图 10-7 所示的选项作为工程项目模板。

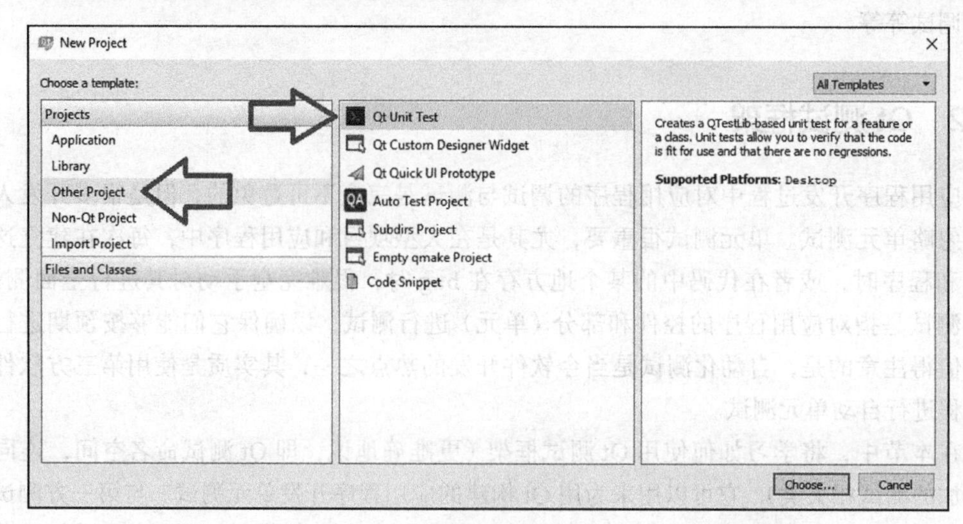

图 10-7　在 New Project 界面下创建单元测试选项界面截图

2. 单击“Choose”并输入“HelloTest”作为单元测试的项目名称，然后单击“Next”。
3. 与 Qt 项目完全一样，选择工具包“Kit”，然后再次单击“Next”。
4. 在图 10-8 中的 Modules 页面中，你会注意到 QtCore 和 QtTest 模块是默认选中的，不能取消。该页面只是一个助手或者说是向导，帮助你交互式地选择所需的模块。如果忘记添加类正确工作所需要的模块，还可以使用工程项目 *.pro 文件来添加或移除模块。这里需要强调一点，单元测试其实就像一个使用类和函数的应用程序。唯一的区别在于只需用它来进行测试，它的存在只是为了确保事情按预期正常工作，而且不会有返工。

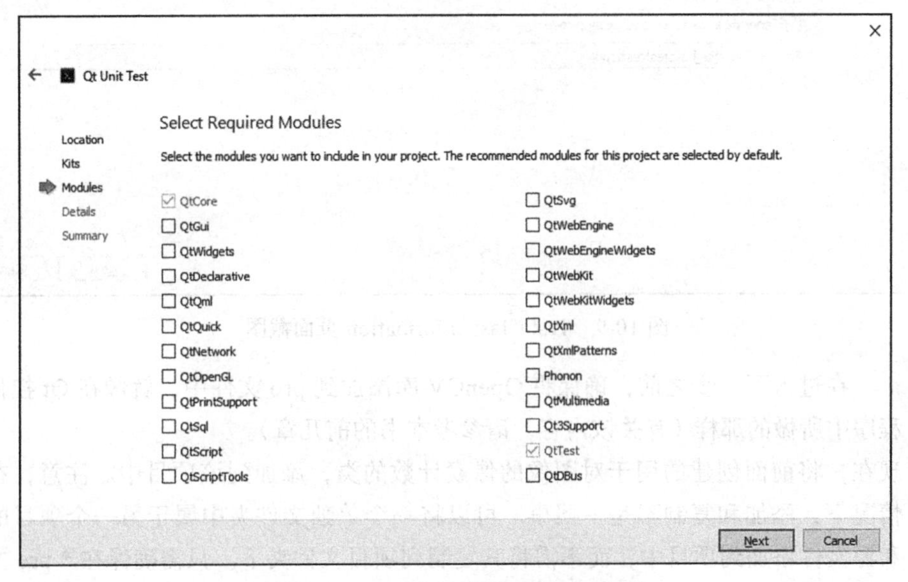

图 10-8　单元测试模块选项界面截图

5. 选择模块后单击“Next”，将出现“Details”页面或“Test Class Information”页面。在图 10-9 所示的“Test Slot”字段中输入“testPixelCount”，然后单击“Next”。剩下的选项与前面的窗口一样，可以很容易交互式地添加所需的功能，并将指令包括到测试单元中，也可以随后在源文件中予以添加。尽管如此，将在本章后面对它们的含义及其用法进行学习。
6. 在确认所有对话框之后，最后将进入 Qt Creator 编辑模式下的代码编辑器。检查 HelloTest.pro 文件，会发现它与标准 Qt 工程项目（控件或控制台应用程序）的 *.pro 文件非常相似，并包含下面的模块定义，用于将 Qt 测试模块导入到工程项目中。这就是在任意一个单元测试项目中使用 Qt 测试的方法。但是，如果不使用“New File or Project”向导，那么就将会自动添加下面的代码：

```
QT += testlib
```

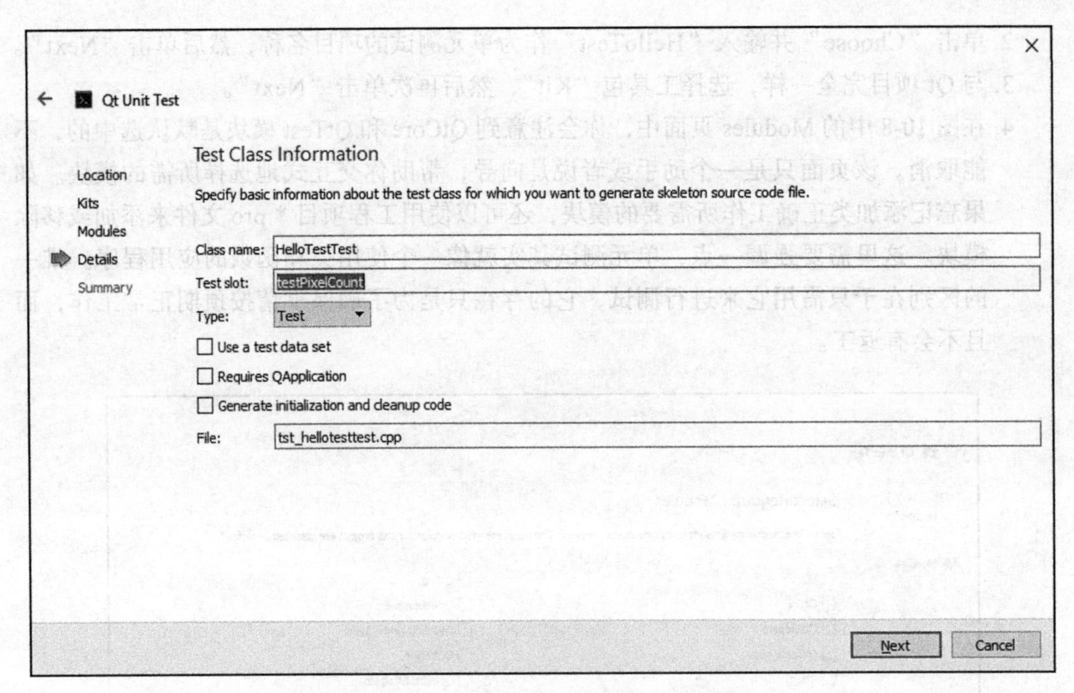

图 10-9　Test Class Information 页面截图

在进入下一步之前，确保将 OpenCV 库添加到 pro 文件中，就像在 Qt 控件应用程序中所做的那样（有关该内容，请参考本书的前几章）。

7. 现在，将前面创建的用于对图像的像素计数的类，添加到该项目中。注意，在这种情况下，添加和复制不是一回事。可以将一个单独文件夹中属于另一个项目的类头和源文件添加到项目中，而不需将其复制到项目文件夹下。只需确保在 *.pro 文件的 HEADERS 和 SOURCES 列表中包含它们，并且，还可以选择将类所在的文件夹添加到 INCLUDEPATH 变量中。

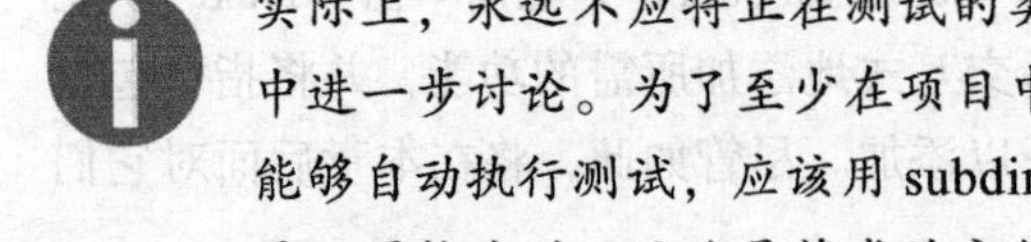

实际上，永远不应将正在测试的类的源文件复制到测试项目中，该内容将在本节中进一步讨论。为了至少在项目中添加一个单元测试，并且每次在构建主项目时能够自动执行测试，应该用 subdirs 模板创建工程项目，即使只包含一个项目。但是，严格地说，无论是将类的文件复制到单元测试中，还是不复制添加它们，单元测试都将以相同的方式工作。

8. 现在开始编写测试类，请在 Qt Creator 代码编辑器中打开 tst_hellotesttest.cpp 文件。除了明显的 #include 指令之外，还有一些需要注意的事项：一个是 HelloTestTest 类，这是在“New File or Project”向导中提供的类名，它只不过是一个 QObject 子类，所以不要在此处查找任何隐藏的内容。它有一个名为 testPixelCount 的私有槽，也是在向导期间设置的，其实现包括一个带有 QVERIFY2 宏的单行代码，我们将在后面的步骤中进一步介绍。但是，最后两行是新添加的，如下所示：

```
QTEST_APPLESS_MAIN(HelloTestTest)
#include "tst_hellotesttest.moc"
```

QTEST_APPLESS_MAIN 是一个宏，将由 C++ 编译器和 moc（有关 moc 的更多信息，请参见第 3 章）展开，用以创建一个恰当的 C++ main 函数，来执行在 HelloTestTest 类中编写的测试函数。它仅仅创建测试类的实例，并调用 QTest::qExec 函数来启动测试进程。测试进程中将会自动调用测试类中的所有私有槽，并输出测试结果。最后，当在单个 cpp 源文件中，而不是在单独的头文件和源文件中，创建测试类时，Qt 框架需要上面的第二行代码。请确保使用 include 指令将待测试的类添加至 tst_hellotesttest.cpp 文件中（为易于查找，假设将其命名为 PixelCounter）。

9. 现在，可以使用其中一个合适的测试宏来测试该类中负责对图像像素计数的函数。假设它是一个输入文件名和路径（QString 类型）并返回整数的函数。让我们在 testPixelCount 槽内使用现有的 VERIFY2 宏，如下所示：

```
void HelloTestTest::testPixelCount()
{
    int width = 640, height = 427;
    QString fname = "c:/dev/test.jpg";
    PixelCounter c;
    QVERIFY2(c.countPixels(fname) == width*height, "Failure");
}
```

在该测试中，我们提供了一个已知像素计数（宽度乘以高度）的图像文件，来测试函数是否能够正常工作。然后，创建 PixelCounter 类的实例，并最终执行 QVERIFY2 宏，它将执行 countPixels 函数（假设这是想测试的公有函数的名称），并基于比较的结果决定测试失败还是通过。测试失败的情况下，还会输出“Failure”字符串。

我们刚刚建立了第一个单元测试项目。单击 Run 按钮运行此测试并在 Qt Creator 输出窗体中查看结果。如果测试通过，那么将看到与下面类似的内容：

```
********* Start testing of HelloTestTest *********
Config: Using QtTest library 5.9.1, Qt 5.9.1 (i386-
little_endian-ilp32 shared (dynamic) debug build; by MSVC 2015)
PASS   : HelloTestTest::initTestCase()
PASS   : HelloTestTest::testPixelCount()
PASS   : HelloTestTest::cleanupTestCase()
Totals: 3 passed, 0 failed, 0 skipped, 0 blacklisted, 26ms
********* Finished testing of HelloTestTest *********
```

如果失败，将输出以下内容：

```
********* Start testing of HelloTestTest *********
Config: Using QtTest library 5.9.1, Qt 5.9.1 (i386-little_endian-
ilp32 shared (dynamic) debug build; by MSVC 2015)
PASS   : HelloTestTest::initTestCase()
FAIL!  : HelloTestTest::testPixelCount() 'c.countPixels(fname) ==
```

```
width*height' returned FALSE. (Failure)
..HelloTesttst_hellotesttest.cpp(26) : failure location
PASS   : HelloTestTest::cleanupTestCase()
Totals: 2 passed, 1 failed, 0 skipped, 0 blacklisted, 26ms
********* Finished testing of HelloTestTest *********
```

结果不言自明，但有一点需要注意，即在所有测试函数之前都调用了 initTestCase，并且在所有的测试函数之后都调用了 cleanupTestCase，这与前文的介绍一致。然而，由于这些函数实际上并不存在，因此只是将它们标记为 PASS。如果实现了这些函数并进行了真正的初始化和终结任务，那么情况就会有所不同。

前面的示例介绍了单元测试最简单的形式，但是在实际中，编写一个能够处理所有可能问题的高效且可靠的单元测试，是一项艰巨的任务，与我们所遇到的问题相比要复杂得多。为了能够编写适当的单元测试，可以在每一个测试函数中使用下面的宏。这些宏是在 QTest 中定义的，如下所示：

- QVERIFY：可用于检查是否满足一个条件。条件只是一个布尔值或任何计算值为布尔值的表达式。如果条件未满足，则测试停止、失败，并在输出中记录。否则，测试将继续。
- QTRY_VERIFY_WITH_TIMEOUT：与 QVERIFY 类似，但是该函数试图检查给定的条件，要么直到达到指定的超时（以毫秒为单位），要么满足条件。
- QTRY_VERIFY：类似于 QTRY_VERIFY_WITH_TIMEOUT，但是超时默认设置为 5 秒。
- QVERIFY2、QTRY_VERIFY2_WITH_TIMEOUT 和 QTRY_VERIFY2：这些宏与前面的宏非常相似，名称也惊人地相似，只不过在测试失败的情况下，函数还将输出给定的消息。
- QCOMPARE：用来比较实际值和期望值。该宏除了还输出实际值和期望值供以后参考之外，与 QVERIFY 类似。
- QTRY_COMPARE_WITH_TIMEOUT：类似于 QCOMPARE，但是该函数尝试比较实际值和期望值，要么直到达到给定的超时（以毫秒为单位），要么它们相等。
- QTRY_COMPARE：与 QTRY_COMPARE_WITH_TIMEOUT 类似，但是将超时设置为默认的 5 秒。

10.2.2　数据驱动的测试

除了与每个测试函数内部提供的输入数据进行简单的比较之外，QTest 还提供了一种方法，可以用更组织化和结构化的一组输入数据来执行单元测试，以执行数据驱动的测试，也就是说，用不同的输入数据集对功能进行测试，这可通过 QFETCH 宏与 QTest::addColumn、QTest::newRow 函数一起共同完成。QFETCH 函数可以在一个测试函数内部使用，以获取所需的测试数据。这需要为测试函数创建数据函数。数据函数也是另一个具有与测试函数相同名称的私有槽，只是其名称后附加了“ _data”。因此，如果回到前面的例子，为了进行一个数据驱动的测试，则需要为测试类添加一个新的私有槽，类似于下面这样：

```
void HelloTestTest::testPixelCount_data()
{
    QTest::addColumn<QString>("filename");
    QTest::addColumn<int>("pixelcount");

    QTest::newRow("huge image") <<
        "c:/dev/imagehd.jpg" << 2280000;
    QTest::newRow("small image") <<
        "c:/dev/tiny.jpg" << 51200;
}
```

注意，数据函数名称的末尾有一个附加的“ _data”。可将 QTest 中的测试数据看作一个表，这就是为什么在数据函数中使用 addColumn 函数来创建新的列（或字段），并使用 addRow 向其添加新的行（或记录）。前面的代码可得到与表 10-1 类似的测试数据表：

表 10-1 测试数据表

索引	名称（或标签）	文件名	像素数
0	huge image	c:/dev/imagehd.jpg	2 280 000
1	small image	c:/dev/tiny.jpg	51 200

现在，可以修改测试函数 testPixelCount，以使用该测试数据而不是在同一个函数内提供的单个文件名。新的 testPixelCount 函数与下面类似（同时，用 QCOMPARE 替换 QVERIFY，以得到更好的测试日志输出）：

```
void HelloTestTest::testPixelCount()
{
    PixelCounter c;
    QFETCH(QString, filename);
    QFETCH(int, pixelcount);
    QCOMPARE(c.countPixels(filename), pixelcount);
}
```

请重点注意，对于数据函数内创建的测试数据中的每一列，必须为 QFETCH 提供它们的准确数据类型和元素名称。如果再次执行测试，测试框架将调用 testPixelCount，调用次数与测试数据的行数相同，每次都通过获取和使用一个新行并记录输出来运行测试函数。使用数据驱动测试功能有助于保持实际测试函数的完整性，测试数据不是在测试函数中创建，而是从简单且结构化的数据函数中获取。可以将其扩展为从磁盘上的文件或其他输入方法（如网络位置）来获取测试数据。当数据函数存在时，无论数据来自何处，数据都应该能够完全呈现且能够正确地进行结构化。

10.2.3　基准测试

QTest 提供了 QBENCHMARK 和 QBENCHMARK_ONCE 宏，来评估函数调用或任何其他代码片段的性能（基准）。这两个宏的唯一不同之处是，对一段代码的性能进行评估时重复这段代码的次数不同，显然第二个宏只运行一次代码。可以按下列方式使用这两个宏：

```
QBENCHMARK
{
    // Piece of code to be benchmarked
}
```

同样，可以在前面的示例中使用这两个宏来度量 PixelCounter 类的性能。可以将下列代码添加到 testPixelCount 函数的末尾处：

```
QBENCHMARK
{
    c.countPixels(filename);
}
```

如果再次运行测试，在测试日志输出中，会看到类似于下面内容的输出。注意，这些数字只是在随机测试 PC 上运行的示例，在不同的系统上可能会有显著的不同：

```
23 msecs per iteration (total: 95, iterations: 4)
```

上面的测试输出意味着每次用一个特定的测试图像来测试函数时用了 23 毫秒。此外，迭代次数为 4，基准测试所用的总时间大约是 95 毫秒。

10.2.4　GUI 测试

类似于执行特定任务的测试类，还可以创建用于测试 GUI 功能或控件行为的单元测试。在这种情况下，唯一的区别是：GUI 需要鼠标单击、按键以及类似的用户交互。QTest 支持用 Qt 创建的 GUI 测试，即通过模拟鼠标单击以及其他用户交互进行测试。可以用 QTest 命名空间中的以下函数来编写用于执行 GUI 测试的单元测试。请注意，几乎所有这些函数都依赖于这样一个事实：Qt 中的所有控件和 GUI 组件都是 QWidget 的子类：

- keyClick：用来模拟在键盘上按键。这个函数有许多重载版本。可以有选择地提供修改键（ALT、CTRL 等）和 / 或按键之前的延迟时间。keyClick 不应该和 mouseClick 混淆，这个内容稍后会介绍，keyClick 指的是单个按键和释放操作，这就产生了一次单击。
- keyClicks：与 keyClick 十分相似，但是可用来模拟一个按键序列，同样可用可选的修改键或延迟。
- keyPress：与 keyClick 非常相似，但是它只模拟按下按键，不模拟释放按键。如果需要模拟按住一个键，这是非常有用的。
- keyRelease：与 keyPress 相反，只模拟按键的释放，不模拟按下按键。如果想要模拟释放一个之前使用 keyPress 按住的键，则使用 keyRelease。

- keyEvent：这是键盘模拟函数的更高级版本，有一个额外的动作参数，该参数定义了按键是否被按下、释放、单击（按下和释放），或是否是快捷键。
- mouseClick：与 keyClick 类似，但它模拟鼠标单击。这就是为什么给这个函数提供的键是鼠标按键，比如左、右、中等等。键值应该是 Qt::MouseButton 枚举的一项。在模拟单击之前，它还支持键盘修改键和延迟时间。此外，该函数和所有其他鼠标模拟函数，还会接收一个可选的点（QPoint），该点包含控件（或窗口）中将要单击的位置。如果提供空点，或者忽略这个参数，那么模拟单击将发生在控件的中间位置。
- mouseDClick：是 mouseClick 函数的双击版本。
- mousePress：与 mouseClick 非常相似，但是只模拟鼠标按钮按下而不释放。如果想要模拟按住一个鼠标按钮时，mousePress 是非常有用的。
- mouseRelease：与 mousePress 相反，它只模拟的释放，而不模拟按下。可以用来模拟在一段时间后释放一个鼠标按钮。
- mouseMove：可用来模拟鼠标光标在控件上移动。必须为该函数输入一个点和一个延迟。与其他鼠标交互函数类似，如果没有设置点，那么就会将鼠标移动到控件的中间点。当与 mouseMove 与 mousePress 以及 mouseRelease 共同使用时，该函数可以用来模拟和测试拖放。

让我们创建一个简单的 GUI 测试，以熟悉上面这些函数在实践中是如何使用的。假设想要测试一个已经创建的窗口或控件，必须首先在一个 Qt 单元测试项目中包含该窗口或控件。因此，从创建单元测试项目开始，类似于在前面的例子以及在第一个测试项目中所做的工作。在项目创建过程中，确保还选择了 QtWidgets 作为所需的模块之一。然后，将控件类文件（可能是头文件、源文件以及 UI 文件）添加到测试项目中。在我们的例子中，假设有一个简单的 GUI，上面有一个按钮和标签。每次按下按钮，标签上的数字就会乘以 2。为测试该功能或者其他的 GUI 功能，必须首先保证能够公开表单、容器控件或窗口上的控件，让测试类可以访问它们。在实现这一目标的众多方法中，最快速和最简单的方法是在类声明中作为公共成员定义相同的控件。然后，只需将 ui 变量（在使用“New File or Project”向导创建的所有 Qt 控件中都可以找到）中的类赋给类范围成员。假设分别将窗口上的按钮和标签命名为 nextBtn 和 infoLabel（当使用设计器对它们进行设计时），则必须在类声明的公共成员中定义以下内容：

```
QPushButton *nextBtn;
QLabel *infoLabel;
```

必须在构造函数中对它们进行赋值，如下所示：

```
ui->setupUi(this);
this->nextBtn = ui->nextBtn;
this->infoLabel = ui->infoLabel;
```

确保总是在 setupUi 调用之后对使用设计器和 UI 文件创建的控件进行赋值。否则，应用程序肯定会崩溃，因为在调用 setupUi 之前并没有真正创建控件。现在，假设将我们的控件类命名为 TestableForm，在测试类中有一个私有的 testGui 槽。记住，每次按下 nextBtn 时，infoLabel 上的数字就会乘以 2，因此在 testGui 函数中包含以下代码：

```
void GuiTestTest::testGui()
{
    TestableForm t;

    QTest::mouseClick(t.nextBtn, Qt::LeftButton);
    QCOMPARE(t.infoLabel->text(), QString::number(1));

    QTest::mouseClick(t.nextBtn, Qt::LeftButton);
    QCOMPARE(t.infoLabel->text(), QString::number(2));

    QTest::mouseClick(t.nextBtn, Qt::LeftButton);
    QCOMPARE(t.infoLabel->text(), QString::number(4));

  // repeated until necessary
}
```

非常重要的是，还必须替换下列代码行：

```
QTEST_APPLESS_MAIN(GuiTestTest)
```

增加下列代码行：

```
QTEST_MAIN(GuiTestTest)
```

否则，不会在后台创建 QApplication，测试将会失败。用 Qt 测试框架测试 GUI 时，记住这一点很重要。现在，如果尝试运行单元测试，那么将单击 nextBtn 控件三次，每次都要检查由 infoLabel 显示的值是否正确。万一失败的话，在输出中将记录相关信息。这很简单，但问题是，如果需要交互的次数增加了怎么办？如果必须执行一长串的 GUI 交互，该怎么办呢？为了解决这个问题，可以使用数据驱动测试和 GUI 测试来轻松地重放 GUI 交互（或事件，这是在 Qt 框架中的叫法）。请记住，为了在测试类中让测试函数有数据函数，必须创建一个新函数，该函数的名称与测试函数相同但带有后缀“_data”。因此，可以创建一个名为“testGui_data”的新函数，它将准备一组交互和结果，并使用 QFETCH 将其传递给测试函数，就像前面示例中使用的那样：

```
void GuiTestTest::testGui_data()
{
    QTest::addColumn<QTestEventList>("events");
    QTest::addColumn<QString>("result");

    QTestEventList mouseEvents; // three times
    mouseEvents.addMouseClick(Qt::LeftButton);
    mouseEvents.addMouseClick(Qt::LeftButton);
    mouseEvents.addMouseClick(Qt::LeftButton);
    QTest::newRow("mouse") << mouseEvents << "4";
```

```
    QTestEventList keybEvents; // four times
    keybEvents.addKeyClick(Qt::Key_Space);
    keybEvents.addDelay(250);
    keybEvents.addKeyClick(Qt::Key_Space);
    keybEvents.addDelay(250);
    keybEvents.addKeyClick(Qt::Key_Space);
    keybEvents.addDelay(250);
    keybEvents.addKeyClick(Qt::Key_Space);
    QTest::newRow("keyboard") << keybEvents << "8";
}
```

QTestEventList 类是 Qt 测试框架中的一个便捷的类，可以用来轻松地创建 GUI 交互列表并对它们进行模拟。它包含的函数可以用来添加之前介绍过的所有可能的交互，这些交互是可以使用 Qt 测试执行的可能事件的一部分。

要使用这个数据函数，需要重写 testGui 函数，如下所示：

```
void GuiTestTest::testGui()
{
    TestableForm t;
    QFETCH(QTestEventList, events);
    QFETCH(QString, result);
    events.simulate(t.nextBtn);
    QCOMPARE(t.infoLabel->text(), result);
}
```

与任意一个数据驱动测试类似，QFETCH 获取由数据函数提供的数据。然而，在这种情况下，存储的数据是一个 QEventList，而且它被填充了一系列必需的交互。从错误报告中重放一系列事件，以重现、修复并进一步测试一个特定问题时，这种测试方法是非常有效的。testcase projects

10.2.5 测试用例项目

在前文及其对应的示例中，我们看到了一些简单的测试用例，并使用 Qt 测试函数解决这些测试用例。我们学习了数据驱动和 GUI 测试，以及如何将这两者结合起来回放 GUI 事件并执行更复杂的 GUI 测试。我们在每一种情况下学习到的相同方法都可以进一步扩展，以应用于更复杂的测试用例。在本节中将学习如何确保在构建项目时自动执行测试。当然，这取决于测试所需的时间以及我们的偏好，我们可能希望暂时跳过自动测试，但是最终，我们需要在构建项目时轻松地执行测试。为了能够自动运行 Qt 项目的测试单元（让我们将其称为主项目），首先，需要确保一直使用 subdirs 模板来创建它们，然后将单元测试项目配置为测试用例项目。这也可以通过已经存在且不在 subdirs 模板中的项目来实现。只需按照本节介绍的步骤，将一个现有的项目添加到一个 subdirs 模板，并创建一个单元测试（配置为测试用例），以便在一旦建立主项目时就自动运行该单元测试：

1. 首先，在 Qt Creator 的欢迎模式下使用“New Project”按钮创建一个新项目，或者从“File”菜单中选择“New File or Project”。

2. 如图 10-10 所示，确保选择了“Subdirs Project”，单击“Choose”：

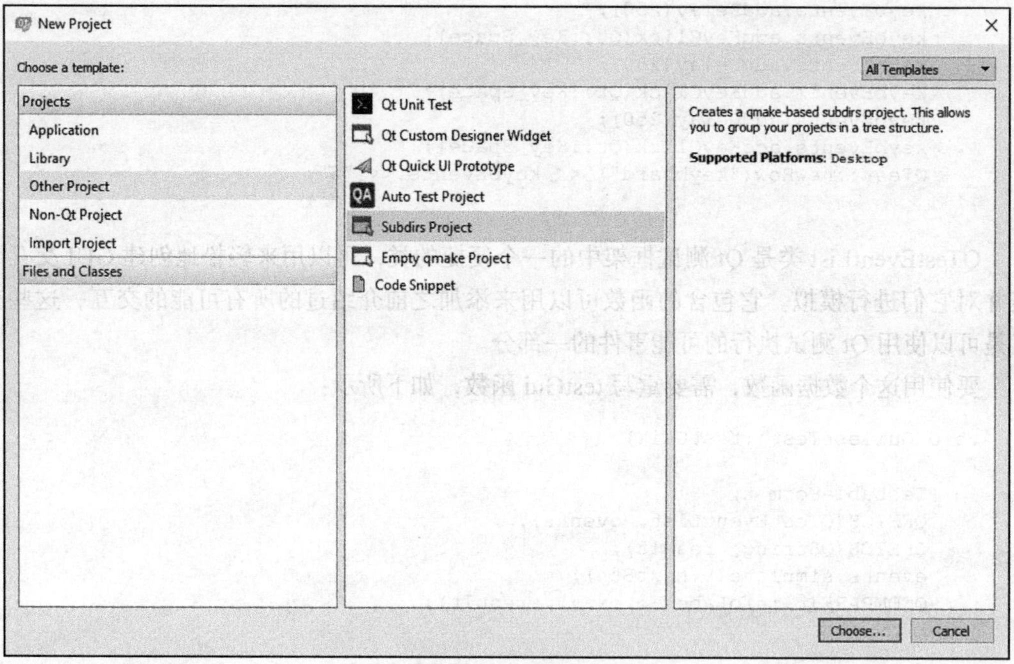

图 10-10　新建项目界面截图

3. 为项目选择一个名称，可以与主项目名称相同。假设将其称为“computer_vision”。继续前进，在最后一个对话框中，单击“Finish & Add Subproject”按钮。如果正在从头开始创建一个项目，那么只需按照本书介绍的方法创建自己的项目。否则，如果想添加现有的项目（假设在名为“src”的文件夹中），只要单击“Cancel”，然后将要为其构建测试的现有项目复制到新创建的 subdirs 项目文件夹中。然后，打开“computer_vision.pro”文件，将它修改成类似下面的代码行：

```
TEMPLATE = subdirs
SUBDIRS += src
```

4. 现在可以创建一个单元测试项目，它也是“computer_vision subdirs”项目的子项目，并对其进行编程，以测试在 src 文件夹（主项目，也就是实际的应用程序本身）中存在的类。因此，在项目窗体中再次在“computer_vision”上单击右键，选择“New Subproject”，使用前几节中学到的所有知识，开始创建单元测试。
5. 创建测试之后，应该能够在不考虑主项目的情况下单独运行它，并查看测试结果。但是，为了确保将它标记为测试用例项目，需要将下面的代码行添加到单元测试项目的 *.pro 文件：

```
CONFIG += testcase
```

6. 最后，需要切换到 Qt Creator 中的项目模式，并在“Make arguments”字段中添加“check”，如图 10-11 所示。请先使用“Details”扩展按钮展开“Make”部分，否则它不可见。

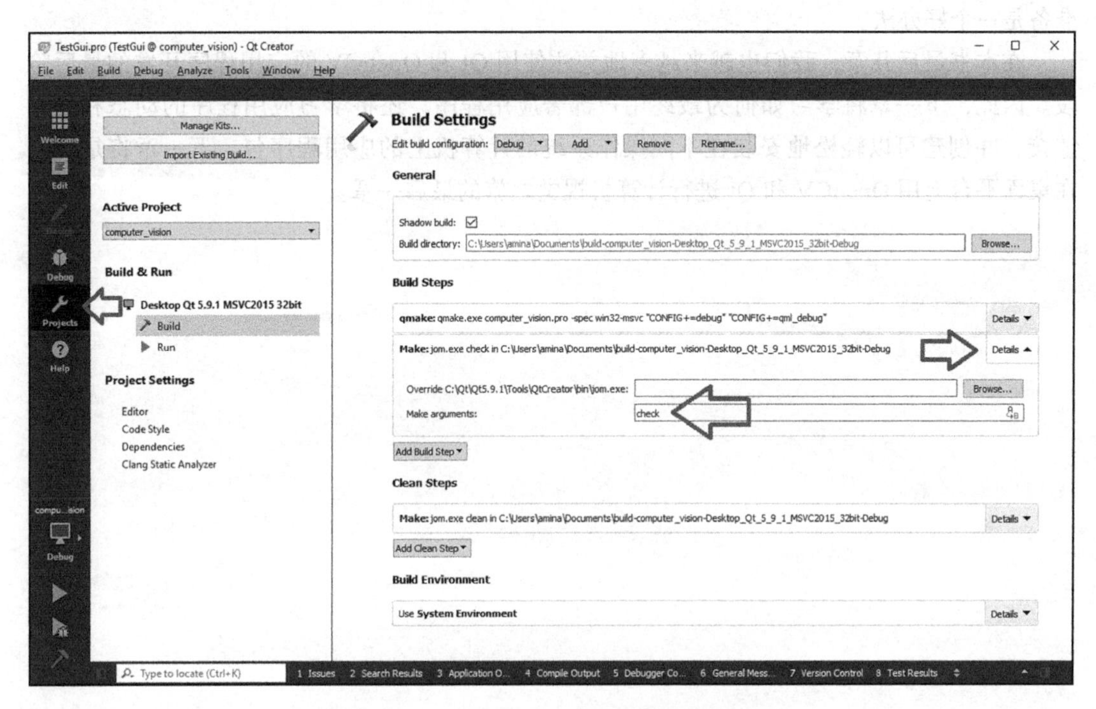

图 10-11　Qt Creator 中的项目模式界面截图

现在，不管是否明确运行单元测试项目，每次运行或尝试构建主项目时，测试都会自动执行。这是一个非常有用的技术，可以确保一个库的更改不会对另一个库产生负面影响。关于这项技术最需要注意的一点是，实际上测试结果会影响构建结果。也就是说，当构建项目时，你将注意到在自动测试中是否有失败，并且测试结果将会在 Qt Creator 的编译器输出窗体中可见，可以使用底部栏或按“ALT + 4”键激活该窗体。

10.3　小结

在本章中，你学习了如何使用 Qt Creator 进行调试及其提供的功能，以便进一步分析代码、查找问题并尝试使用断点、调用堆栈查看器等对问题进行修复。这只是对使用调试器所完成的一小部分功能的体验，其目的是引导读者独立使用调试器，养成自己的编程和调试习惯，以便更轻松地克服编程问题。除了调试和开发人员级别的测试之外，还学习了 Qt 中的单元测试，随着使用 Qt 框架编写的应用程序和项目的数量不断增长，Qt 单元测试变得尤为重要。测试自动化是当今应用程序开发行业的热门话题之一，对 Qt 测试框架有一个清晰的认识将帮助你开发更好、更可靠的测试。习惯为项目编写单元测试是很重要的，即使对于很小的项目也是如此。对于初学者或者业余爱好者来说，测试一个应用程序并避免返工的成本是不容易看到的，因此，为你的开发生涯的后期阶段肯定会遇到的问题做好准备是一个好办法。

在本书最后几章，我们也越来越多地关注使用 Qt 和 OpenCV 的应用程序开发的最后阶段。因此，下一章将学习如何为最终用户部署应用程序。还将学习应用程序的动态和静态链接，并创建可以轻松地安装在不同操作系统的计算机上的应用程序包。下一章将是我们在桌面平台上用 OpenCV 和 Qt 进行计算机视觉之旅的最后一章。

CHAPTER 11

第 11 章

链接和部署

在前面学习了使用 Qt Creator 和 Qt 测试框架来调试和测试应用程序之后，我们已经步入应用程序开发的最后一个阶段，这就是为最终用户部署应用程序。取决于目标平台，该过程本身有很多种情况，而且可以有很多不同的形式，但是它们都有一个共同点就是应用程序要以某种方式进行打包，使其能以一种简单的方式在目标平台上执行，而不需要考虑应用程序的依赖项。请记住，并不是所有目标平台（无论是 Windows、macOS 还是 Linux）上都有 Qt 和 OpenCV 库。因此，如果仅仅向用户提供应用程序的可执行文件，那么很可能根本不能执行。

本章将完全解决这个问题，即学习以正确的方式创建一个应用程序包（通常是包含所有所需文件的文件夹），使它可以在除我们自己以及开发环境之外的计算机上执行，而不需要用户准备任何所需库。为了能够理解本章介绍的一些概念，需要首先了解一下在创建应用程序可执行文件时后台会发生的一些基本情况。我们将讨论构建过程的三个主要阶段，即应用程序可执行文件（或库）的预处理、编译以及链接。然后，将学习完成链接的两种不同方式，即动态链接和静态链接。我们将讨论这两种链接方式有何不同，以及它们如何影响部署，还会讨论在 Windows、macOS 和 Linux 操作系统上如何动态或静态地构建 Qt 和 OpenCV 库。在此之后，我们将为上述所有平台创建并部署一个简单的应用程序。我们将利用这个机会了解 Qt 安装程序框架，并学习如何创建能够通过网站下载链接、闪存驱动器或任何其他媒体交付给最终用户的安装程序。在本章的最后，将能够为最终用户提供执行我们的应用程序所需要的文件，不多也不少。

本章将介绍以下主题：

- Qt 和 OpenCV 框架的动态和静态链接
- 配置 Qt 工程项目以使用静态库

- ❑ 部署用 Qt 和 OpenCV 编写的应用程序
- ❑ 用 Qt 安装程序框架创建跨平台的安装程序

11.1　后台构建过程

编写应用程序时需要编辑某些 C++ 头文件或源文件，然后在工程项目文件中添加某些模块，最终按下“ run”按钮，这一切看起来都是很自然而然的事情。但是有些过程是在后台按顺序进行的，由 IDE（在我们的例子中是 Qt Creator）执行，这些过程使得自然流畅的开发过程成为可能。通常，在 Qt Creator 或任何其他的 IDE 中按下“ run”或“ Build”按钮时，有三个主要过程会导致可执行文件（例如 *.exe）的创建。下面列出这三个过程：

- ❑ 预处理
- ❑ 编译
- ❑ 链接

这是对从源文件创建应用程序时所经历的过程和阶段的一个非常高级的分类。该分类允许对这些过程进行更简单的概述，并以更简单的方式理解它们的通用目标。但是，这些过程包括很多子过程和阶段，这不在本书的范围之内，因为我们主要感兴趣的是以某种方式影响部署流程的过程。但是，你可以通过网络或任何有关编译和链接的书籍来了解相关知识。

11.1.1　预处理

该阶段是在将源代码送入实际的编译器之前，将源代码变换为最终状态的过程。为了进一步解释该阶段，请考虑所有包含文件和各种编译器指令，最重要的是在 Qt 框架中那些不是标准 C++ 语言组成部分的特定于 Qt 的宏和代码。在第 3 章中，我们学习了 uic 和 moc，它们可以将那些用特定于 Qt 宏和指南编写而成的 UI 文件和 C++ 代码转换为标准 C++ 代码（更确切地说，在 Qt 的最新版本中，转换为 C++11 或更高版本）。即使这些过程并不是 C++ 源代码上执行的标准预处理的一部分，但是当我们使用 Qt 框架或基于自身规则集生成代码的框架工作时，它们仍处于相同的阶段。

图 11-1 是对预处理阶段与使用 uic、moc 等特定于 Qt 代码的生成相结合时的描述。

该过程的输出在图 11-1 中标记为编译器的单输入文件（Single Input File for Compiler），很显然，这个文件包含编译源代码所需的所有标记和信息。然后，该文件将送入编译器并进入编译阶段。

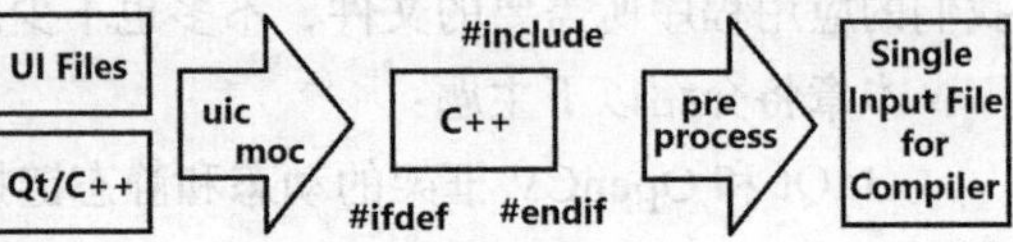

图 11-1　预处理阶段的描述

11.1.2　编译

在构建过程的第二个主要阶段，编译器

获取预处理程序（或者在我们的例子中是预处理阶段）的输出，其中还包括由 uic 和 moc 生成的代码，并将其编译成机器代码。在构建过程中可以保存并重用该机器代码，因为只要不改变源文件，那么生成的机器代码也会保持不变。通过在构建应用程序时确保重用单个独立的编译对象（例如，*.obj 或 *.lib 文件），而不是每一次构建工程项目时都要生成编译对象，该过程有助于节省大量时间。其好处在于，这是由 IDE 来处理的，不需要我们为此烦恼。由编译器产生的输出文件将送入链接器，由此进入链接阶段。

11.1.3 链接

链接器是在构建过程中调用的最后一个程序，其目标是链接编译器产生的对象以产生可执行文件或库。该过程对于我们来说是最重要的，因为它可以对部署应用程序的方式、可执行文件的大小等产生巨大影响。为了更好地理解这一点，首先需要讨论两种可能的链接类型的区别：

- ❑ 动态链接
- ❑ 静态链接

动态链接是将编译器生成的对象链接起来的过程，方法是在生成的可执行文件或库中放入函数名称，以便特定函数的实际代码驻留在共享库（例如，*.dll 文件）中，而且库的实际链接和加载在运行时完成。动态链接最明显的优点和缺点是：

- ❑ 应用程序在运行时将需要访问共享库，因此必须将这些共享库与应用程序的可执行文件一起部署，并确保应用程序能够访问共享库。例如，在 Windows 上，可以将其复制到应用程序的可执行文件所在的相同文件夹中，或者在 Linux 上，将其放入默认的库路径中，如 /lib/。
- ❑ 动态链接允许在独立的共享库文件中保留应用程序的独立部分，从而获得极大的灵活性。通过这种方式，可以单独更新共享库，而不需要重新编译应用程序的所有部分。

与动态链接相反，静态链接可用于将所有需要的代码链接到生成的可执行文件中，从而创建一个静态库或可执行文件。你可能猜到了使用静态库与使用共享库具有完全相反的优点和缺点：

- ❑ 无须部署用于构建应用程序的静态库，因为所有的代码实际上都被复制到生成的可执行文件中了。
- ❑ 应用程序的可执行文件的大小将会增加，这就意味着更长的初始加载时间以及更大的部署文件。
- ❑ 一旦库或应用程序任意部分发生任何更改，都需要对其所有组成部分执行完整的重建过程。

在本书全部地方，特别是在为一个完整计算机视觉应用程序开发插件时，都使用了共享库和动态链接。这是因为当我们用所有默认的 CMake 设置构建 OpenCV，并用第 1 章中使用的官方安装程序来安装 Qt 框架时，它们都是动态链接的和共享的库（在 Windows 上是

*.dll，在 macOS 上是 *.dylib，等等）。在接下来的章节中，将学习如何使用其源代码静态地构建 Qt 和 OpenCV 库。通过使用静态链接库，可以创建在目标系统上不需要任何共享库的应用程序。这可以大大减少部署应用程序所需的工作量。尤其是在 macOS 和 Linux 操作系统的 OpenCV 中，用户除了复制和运行应用程序之外，无须做任何事情，但是，用户需要执行一些操作，或者你必须写一些脚本，以确保在执行应用程序时，所有必需的依赖项都已经就绪。

11.2　构建 OpenCV 静态库

先从 OpenCV 开始，它遵循的建立静态库的操作步骤与构建动态库几乎是一样的。有关这方面的更多信息，可以参考第 1 章。就像在第一章中介绍过的那样，只需下载源代码、提取并使用 CMake 来配置构建。但这次，除了选中“BUILD_opencv_world”选项旁边的复选框之外，还要确保不选中下列每一个选项旁边的复选框以关闭这些选项：

- ❑ BUILD_DOCS
- ❑ BUILD_EXAMPLES
- ❑ BUILD_PERF_TESTS
- ❑ BUILD_TESTS
- ❑ BUILD_SHARED_LIBS
- ❑ BUILD_WITH_STATIC_CRT（只在 Windows 上适用）

关闭前四个参数只是为了加速构建过程，而且这完全是可选的。禁用“BUILD_SHARED_LIBS”只支持 OpenCV 库的静态（非共享）构建模式，最后一个参数（在 Windows 上）有助于避免不兼容的库文件。现在，如果使用与第 1 章中相同的操作步骤开始构建过程，那么这次在安装文件夹中最终得到的不是共享库（例如，Windows 上的 *.lib 和 *.dll 文件），而是静态链接的 OpenCV 库（在 Windows 上，只有 *.lib 文件，而没有任何 *.dll 文件）。接下来要做的就是配置工程项目，以使用 OpenCV 静态库。要么用 *.pri 文件，要么直接将这些库添加到 Qt 工程项目的 *.pro 文件中，为了让工程项目可以使用 OpenCV 静态库，需要下列代码行：

```
win32: {
  INCLUDEPATH += "C:/path_to_opencv_install/include"
  Debug: {
    LIBS += -L"C:/path_to_opencv_install/x86/vc14/staticlib"
        -lopencv_world330d
        -llibjpegd
        -llibjasperd
        -littnotifyd
        -lIlmImfd
        -llibwebpd
        -llibtiffd
```

```
        -llibprotobufd
        -llibpngd
        -lzlibd
        -lipp_iw
        -lippicvmt
  }
  Release: {
    LIBS += -L"C:/path_to_opencv_install/x86/vc14/staticlib"
        -lopencv_world330
        -llibjpeg
        -llibjasper
        -littnotify
        -lIlmImf
        -llibwebp
        -llibtiff
        -llibprotobuf
        -llibpng
        -lzlib
        -lipp_iw
        -lippicvmt
  }
}
```

在上述代码中，库的顺序不是随机的，需要以其依赖项的正确顺序包含这些库。在Visual Studio 2015中，从主菜单选择“Project”，然后选择“Project Build Order…”，可以自己查看这个顺序。对于macOS用户来说，必须用“unix: macx”替换上述代码中的win32，而且库的路径必须与build文件夹中的路径匹配。至于Linux，则可以使用我们在动态库中曾经使用过的pkgconfig代码行，如下所示：

```
unix: !macx{
  CONFIG += link_pkgconfig
  PKGCONFIG += opencv
}
```

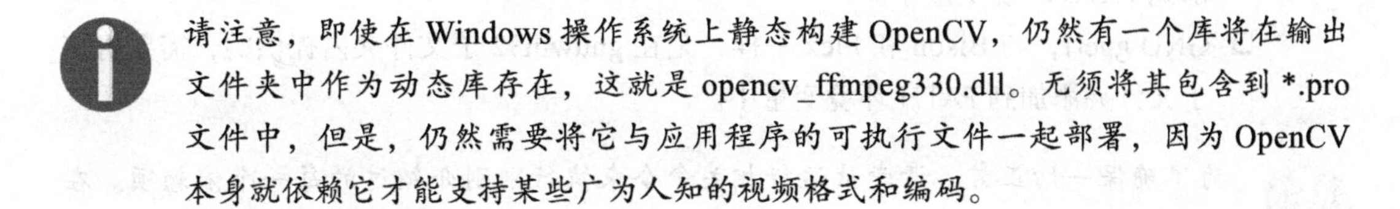

请注意，即使在Windows操作系统上静态构建OpenCV，仍然有一个库将在输出文件夹中作为动态库存在，这就是opencv_ffmpeg330.dll。无须将其包含到*.pro文件中，但是，仍然需要将它与应用程序的可执行文件一起部署，因为OpenCV本身就依赖它才能支持某些广为人知的视频格式和编码。

11.3 构建Qt静态库

默认情况下，官方Qt安装程序只提供动态Qt库。在第1章中使用下列链接提供的安装程序在我们的开发环境中安装Qt时，也是如此：

```
https://download.qt.io/official_releases/qt/5.9/5.9.1/
```

因此，简单地说，如果想要使用静态Qt库，则必须使用它们的源代码自己构建这些库。可以按照下面的步骤配置、构建和使用静态 Qt 库：

1. 为了能够建立一组静态 Qt 库，需要先从 Qt 下载网站下载源代码。通常，所有需要的源代码已打包成一个压缩文件（*.zip、*.tar.xz，等等）。在我们的例子中（Qt5.9.1 版本），可以使用下列链接下载 Qt 的源代码：

```
https://download.qt.io/official_releases/qt/5.9/5.9.1/single/
```

请下载“qt-everywhere-opensource-src-5.9.1.zip (或 *.tar.xz)”，并继续下一步。

2. 将源代码解压到你选择的一个文件夹中。我们假设解压文件夹为“Qt_Src”，并且位于“c:/dev”文件夹中（在 Windows 操作系统上）。因此，解压的 Qt 源代码的完整路径是“c:/dev/Qt_Src”。

   对于 macOS 和 Linux 用户来说，路径可能类似于“Users/amin/dev/Qt_Src”，所以如果使用上述提到的操作系统之一，而不是 Windows 操作系统的话，就需要在引用它的所有操作步骤中替换此路径，这应该是很明显的。

3. 现在，在进行下一步之前，需要处理一些依赖项；macOS 和 Linux 用户通常在这一步不需要做任何事情，因为在这些操作系统上默认情况下都存在所有必需的依赖项。但是，同样的情况并不适用于 Windows 用户。通常，下面这些依赖项必须在计算机上存在，然后才能从源代码建立 Qt：

- ActivePerl (https://www.activestate.com/activeperl/downloads)。
- Python (https://www.python.org)，你需要 2.7.X 版本，可以用最新的现有版本替换 X，我们编写本书的时候是 14。
- 为了方便 Windows 用户，在 Qt 源代码 ZIP 文件中的 gnuwin32 子文件夹内提供了 Bison。请务必将“c:/dev/Qt_Src/gnuwin32/bin”添加到 PATH 环境变量中。
- Flex，与 Bison 一样，也是在 gnuwin32 子文件夹内提供的，需要将该子文件夹添加到 PATH 环境变量中。
- GNU gperf，与 Bison 和 Flex 一样，是在 gnuwin32 子文件夹内提供的，需要将该子文件夹添加到 PATH 环境变量中。

为了确保一切正常，请尝试运行相关命令来执行刚刚介绍过的每一个依赖项。在某些条件下，需要这样做，比如你可能忘记将其中一个依赖项添加到 PATH，或者在 macOS 和 Linux 用户情况下，因为各种可能的原因依赖项被删除而不存在。如果在命令提示符（或终端）中执行下列每一个命令，并确保没有遇到未识别或未发现类型的错误，就已经足够了。

```
perl
python
bison
flex
gperf
```

4. 现在，在 Windows 上运行“Developer Command Prompt for VS2015”，在 macOS 或 Linux 上运行“Terminal”。然后还需要运行一组连续的命令，才能从源代码配置并建立 Qt。配置是这一步骤中最关键的部分，是使用 configure 命令来完成的。configure 命令存在于 Qt 源文件夹的根目录中，它接受下列参数（请注意，实际的参数集是一个非常长的列表，因此这里只列出经常使用的部分）：
   - –help 或 –h：该参数可用来显示配置命令的帮助内容。
   - –verbose 或 –v：该参数可用来在构建时显示更多的细节消息。
   - -opensource：该参数用来建立 Qt 框架的开源版本。
   - -commercial：该参数用来建立 Qt 框架的商业版。
   - -confirm-license：该参数可以用来自动确认选择的 Qt 框架的许可证书或版本。
   - –shared：该参数可以用来动态地建立 Qt，即共享的 Qt 库。
   - -static：该参数可以用来静态地建立 Qt。
   - -platform：该参数用来设置目标平台。该参数后必须跟着一个支持的平台。默认情况下，Qt 支持很多平台，可以在 qtbase/mkspecs 文件夹中进行查看，该文件夹是解压 Qt 源代码后的一个子文件夹。如果省略这个参数，就会自动检测平台。
   - -prefix：该参数后跟着一个路径，可以用来设置构造库的安装文件夹。
   - -skip：该参数后跟着一个资源库名称，可以用来跳过一个特定的 Qt 模块的构建。默认情况下，也就是说如果省略这个参数，那么将建立 Qt 源文件夹内所有的资源库。不管出于何种原因，如果想要跳过一个模块的构建，那么可以使用“–skip”参数，将其传递给 configure 命令，并确保从资源库的名称中删除起始 qt。例如，如果想要跳过 Qt WebEngine 模块的建立，该模块在 Qt 源代码文件夹内有一个名为 qtwebengine 的文件夹，则需要将“-skip webengine”传递给配置命令。
   - -make：该参数可以用来在 Qt 构建中包含一个所谓的部分。这个部分可以是库的 libs，测试的 tests，例子的 examples，等等。
   - -nomake：该参数与 -make 参数相反，可以用来从 Qt 构建中排除一部分。在需要加速构建过程的情况下，这可能是非常有用的，因为通常不需要构建测试或示例。

   这里所提供的参数列表对于建立一个具有更多或更少默认设置的 Qt 框架的静态版本应该是足够了。
5. 现在开始配置 Qt 构建。首先，需要使用下列命令切换到 Qt 源代码的文件夹：
```
cd c:/dev/Qt_Src"
```
6. 然后键入下列命令启动配置：
```
configure -opensource -confirm-license -static -skip webengine
    -prefix "c:devQtStatic" -platform win32-msvc
```

提供“-skip webengine”是因为在编写本书时不支持静态地建立 Qt WebEngine 模块。还要注意，提供了“ -prefix”参数，这是我们想要在其中得到静态库的文件夹。需要留意这个参数，因为你不能在此之后再对其进行复制，并且由于构建配置，静态库只有保持在磁盘上该位置时才会起作用。在参数列表中已经描述了其余参数。

还可以将下列代码添加到配置命令，以跳过可能不需要的部分，并加速构建过程，因为它会花费很长时间：

```
-nomake tests -nomake examples
```

在 macOS 和 Linux 上，必须从 configure 命令中省略下列部分。这样做的原因很简单：平台会被自动检测到。当然，在 Windows 上也是如此，但是因为我们想要强制构建 Qt 库的 32 位版本（以支持更广泛的 Windows 版本），因此将继续使用这个参数：

```
-platform win32-msvc
```

取决于电脑的规格，配置过程不应该花费太长时间。在完成配置之后，应该看到与下列内容类似的输出，否则，需要再仔细检查一下之前的步骤：

```
Qt is now configured for building. Just run 'nmake'.
Once everything is built, you must run 'nmake install'.
Qt will be installed into 'c:devQtStatic'.

Prior to reconfiguration, make sure you remove any leftovers
from
the previous build.
```

请注意在 macOS 和 Linux 上，在上述输出中将用 make 替换 nmake。

7. 就像在配置输出中介绍的那样，需要键入构建和安装命令。

在 Windows 上，使用下列命令：

```
nmake
nmake install
```

在 macOS 和 Linux 上，使用下列命令：

```
make
make install
```

注意，第一条命令通常需要很长时间才能完成（取决于电脑的规格），因为 Qt 框架包含了很多需要构建的模块和库，所以在这一步骤需要有点耐心。在任何情况下，如果一直完全遵从所有提供的步骤，那么在构建时不会有任何问题。

值得注意的是，如果使用计算机上限制区域中的安装文件夹（-prefix 参数），那么必须确保使用管理员级别（如果正在使用 Windows）运行命令提示符实例，或用 sudo 前缀执行构建和安装命令（如果在 macOS 或 Linux 上）。

8. 运行 install 命令之后，应该在配置期间作为前缀参数提供的文件夹中得到静态 Qt 库，这个文件夹也就是安装文件夹。因此，在这一步，需要将这个新构建的 Qt 静态库集添加为 Qt Creator 中的一个工具包。为此，打开 “Qt Creator”，从主菜单选择 “Tools”，然后选择 “Options”。在左侧列表中，选择 “Build & Run”，然后选择 “Qt Versions” 选项卡。现在，单击 “Add” 按钮，并浏览到 “Qt build installation” 文件夹，选择 “qmake.exe”，在我们的例子中，应该是在 “C:devQtStaticbin” 文件夹内。图 11-2 显示在正确添加新的 Qt 构建版本之后 “Qt Versions” 选项卡的状态。

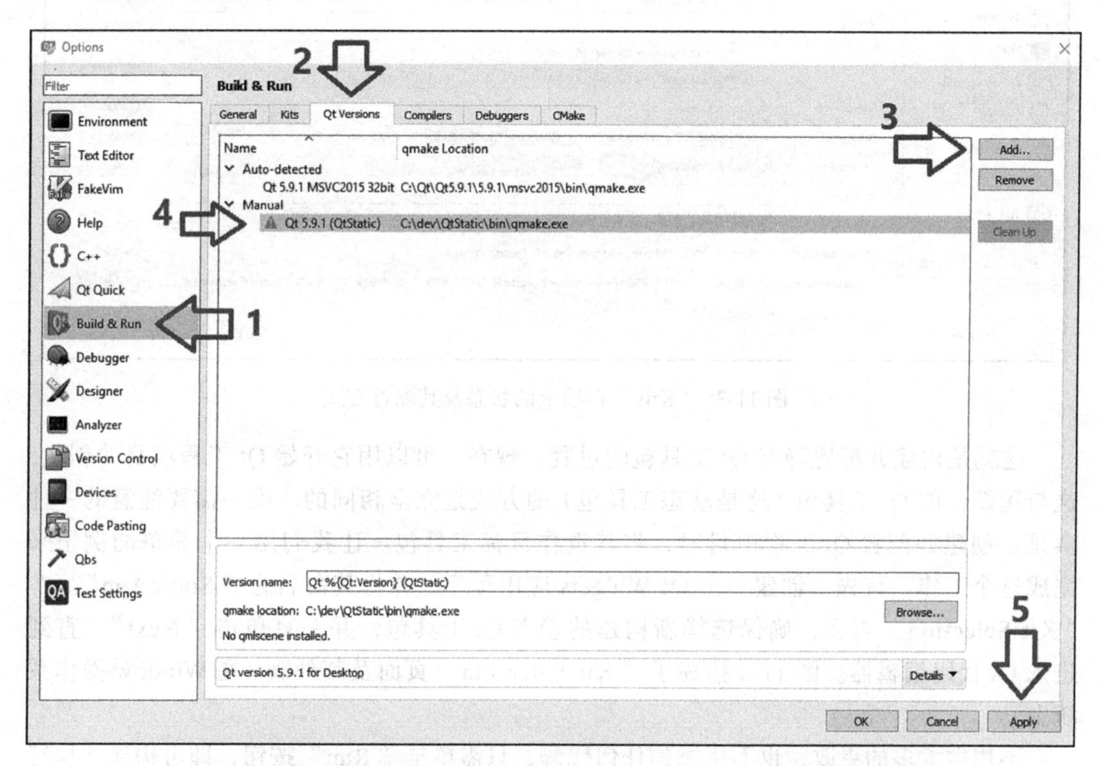

图 11-2　正确添加新的 Qt 构建之后“Qt Versions”选项卡的状态界面截图

9. 现在，切换到 “Kits” 选项卡。应该能够看到在本书中一直使用以构建 Qt 应用程序的工具包。例如，在 Windows 上，它应该是 “Desktop Qt 5.9.1 MSVC2015 32bit”。选择此选项，并单击 “Clone” 按钮，然后选择在上一步的 “Qt Versions” 选项卡中设置的 “Qt Version”（如果在那儿没有看到新构建的版本，可能需要单击一下 “Apply” 按钮，然后就会出现在组合框中了）。另外，请确保从其名称中删除 “Clone of” 并在末尾添加 “Static” 这个词，以便可以很容易地对其进行分区。图 11-3 显示 “Kits” 选项卡的状态，以及对其进行配置的方式。

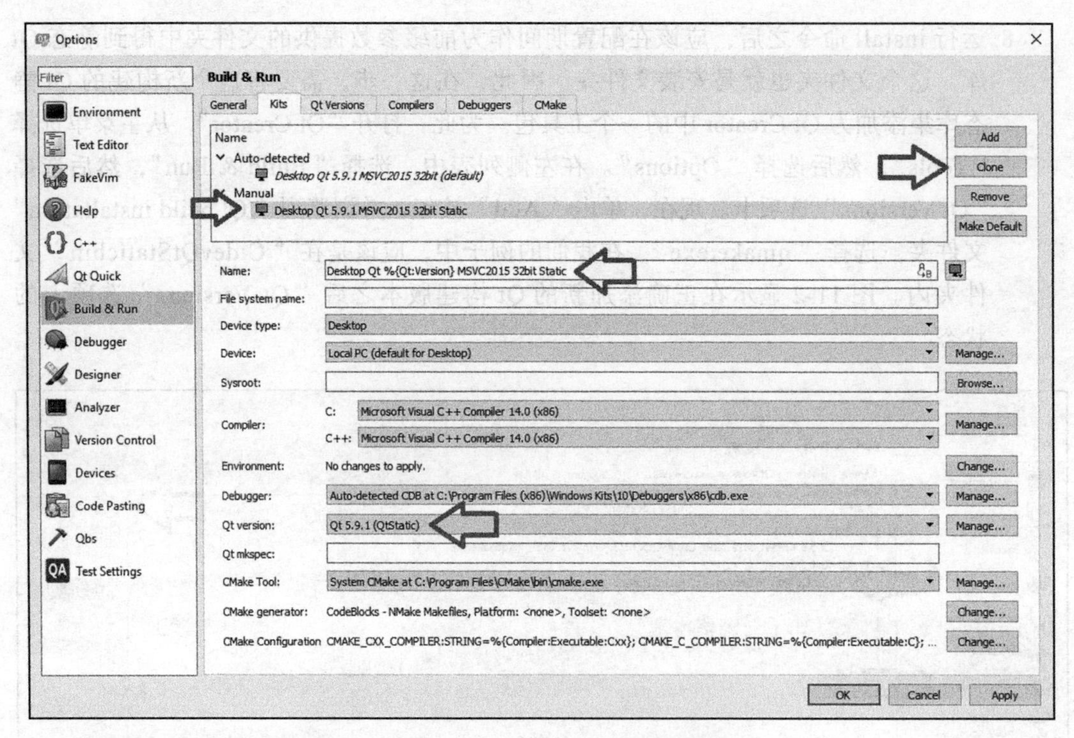

图 11-3　“Kits”选项卡的状态及其配置方式

这就是构建并配置静态 Qt 工具包的过程。现在，可以用它开始 Qt 工程项目的创建，这与用默认的 Qt 工具包（这是动态工具包）的方式是完全相同的。唯一需要注意的一件事是：创建并配置 Qt 工程项目时，将其选作目标工具包。让我们用一个简单的例子来完成这个工作。首先，创建一个 Qt Widgets 应用程序，并将其命名为“StaticApp”。在“Kit Selection”页面，确保选择新构建的静态 Qt 工具包，并一直单击“Next”，直到进入 Qt 代码编辑器。图 11-4 描述了“Kit Selection”页面及其外观（在 Window 操作系统上）。

不用做太多的更改，也不用添加任何代码，只需单击“Run”按钮，即可构建并执行这个工程项目。现在，如果浏览到这个工程项目的构建文件夹，就会注意到：可执行文件的大小比之前使用默认的动态工具包进行建立时要大得多。为了做个比较，在 Windows 操作系统和调试模式下，动态构建的版本应该远小于 1 兆字节，而静态构建的版本大约是 30 兆字节，这要多得多。这是因为，正如之前介绍过的那样，所有需要的 Qt 代码现在都被链接到可执行文件。尽管严格地说，这在技术上是不正确的，但是可以将其看成在可执行文件自身内部嵌入库（*.dll 等文件）。

现在，来试试在示例工程项目中也使用静态 OpenCV 库。只需将需要添加的内容添加到 StaticApp.pro 文件中即可，另外尝试一些简单的 OpenCV 函数，如 imread、dilate、 imshow，来测试静态 OpenCV 库。现在，如果查看静态链接的可执行文件的大小，就会注意到文件的大小现在更大了。明显的原因是，所有需要的 OpenCV 代码都被链接到可执行文件自身中。

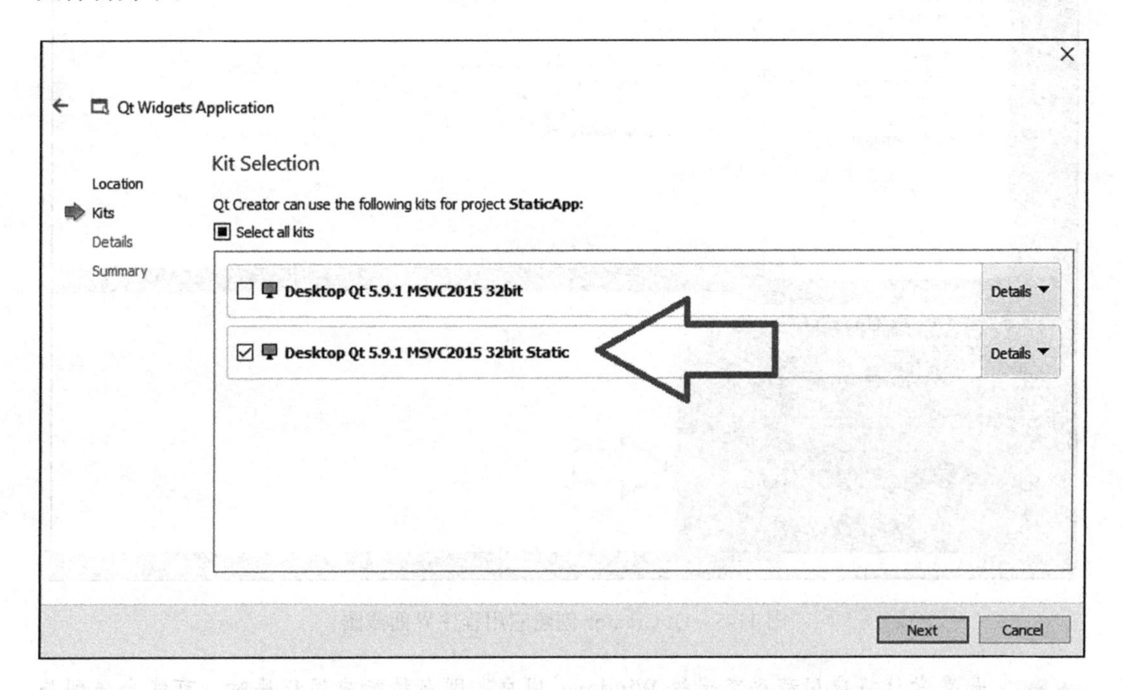

图 11-4　Window 操作系统上的“Kit Selection”页面的截图

11.4　部署 Qt+OpenCV 应用程序

向最终用户提供一个包含能够在目标平台上运行所需的所有内容的应用程序包，并且在处理所需依赖项方面几乎不需要用户的任何努力，这是非常重要的。要实现这种立刻就可以工作的应用程序，主要依赖于创建应用程序所用的链接类型（动态或静态），还依赖于目标操作系统的具体配置。

11.4.1　使用静态链接部署

静态地部署应用程序意味着应用程序将独立运行，不必考虑几乎所有需要的依赖项，因为它们已经在可执行文件中了。在构建应用程序时，只要保证选择“Release”模式就足够了，如图 11-5 所示。

在“Release”模式中建立应用程序时，可以直接将生成的可执行文件交付给用户。

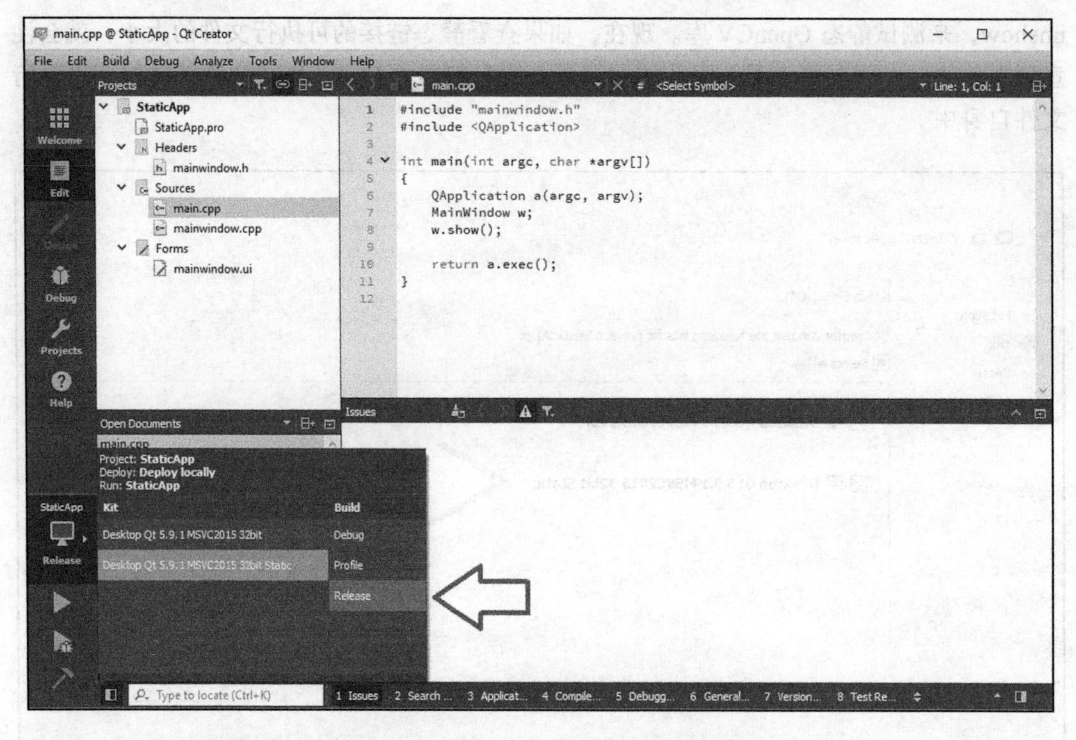

图 11-5　Qt Creator 创建应用程序界面截图

如果尝试将应用程序交付给 Windows 用户，则在执行应用程序时，可能会遇到与图 11-6 类似的错误。

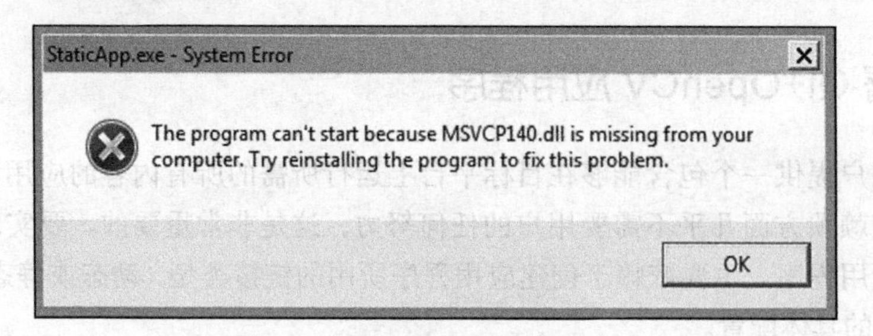

图 11-6　错误提示界面截图

出现这个错误的原因是，在 Windows 上，即使是静态构建 Qt 应用程序时，仍然需要确保在目标系统上存在 Visual C++ 可重分发包。这是使用 Microsoft Visual C++ 构建 C++ 应用程序所必需的，所需的可重分发包版本与安装在计算机上的 Microsoft Visual Studio 相对应。在我们的例子中，这些库的安装程序的正式名称是“Visual C++ Redistributables for Visual Studio 2015”，可以从以下链接下载：https://www.microsoft.com/en-us/download/details.aspx? id=48145。

常见做法是，在应用程序的安装程序内包含可重分发包安装程序，如果还没有安装它们，那么就静默安装它们。该过程发生在 Windows 个人计算机上使用的大多数应用程序上，只是很多时候，没有被注意到。

我们已经简要地介绍了静态链接的优点（部署的文件更少）和缺点（更大的可执行文件）。但是，如果在部署环境中讨论，就会有一些更复杂的问题需要考虑。因此，下面列出在使用静态链接来部署应用程序时的另外一些（更完整的）缺点：

- 构建过程需要更多时间，而且可执行文件变得越来越大。
- 不能将静态和共享（动态）Qt 库混合，这就意味着不能借用插件的功能，无法通过从头开始构建所有的内容来扩展应用程序。
- 从某种意义上讲，静态链接意味着隐藏用于构建应用程序的库。遗憾的是，该选项并不是所有库都提供，从而会导致应用程序的许可权问题。这种复杂性的出现一部分是因为 Qt 框架使用了一些第三方库，而它们没有提供像 Qt 那样的许可选项集。有关许可的问题并不适合在本书中进行讨论，所以只简单地提一下就够了，打算使用 Qt 库的静态链接创建商业应用程序时，一定要慎重。关于 Qt 内第三方库使用许可的详细列表，可以随时在下面链接的 Qt 页面中看到：

```
http://doc.qt.io/qt-5/licenses-used-in-qt.html
```

关于各种 LGPL 许可的完整参考及其在 Qt 模块（以及可以在网上找到的其他开源软件）中使用的版本，可以参考下列链接：https://www.gnu.org/licenses/。

还可以使用以下链接了解在选择 Qt 开源许可之前需要知道的内容：https://www.qt.io/qt-licensing-terms/。

静态链接，即使存在刚才所说的所有缺点，在某些情况下，仍然是一个很好的选择，前提是你可以遵守 Qt 框架的许可选项。例如，在 Linux 操作系统中，为应用程序创建一个安装程序需要的一些额外工作和处理，而静态链接可以有助于极大地减少部署应用程序所需的工作量（只复制和粘贴）。因此，最终确定是否使用静态链接取决于你以及你打算如何部署应用程序。在本章末尾，对可能的链接和部署方法都了解之后，再做出这个重要的决定就会容易得多。

11.4.2 使用动态链接部署

使用共享库（或动态链接）部署用 Qt 和 OpenCV 构建的应用程序时，需要保证应用程序的可执行文件能够访问 Qt 和 OpenCV 的运行时库，以便对其进行加载和使用。运行时库的可访问性或可见性根据操作系统的不同可以有不同的含义。例如，在 Windows 上，需要将运行时库复制到应用程序可执行文件所在的文件夹中，或将其添加到已记入 PATH 环境值的文件夹中。

Qt框架提供了命令行工具来简化Windows和macOS上的Qt应用程序的部署。如上所述，需要做的第一件事情是确保在“Release”模式下，而不是在“Debug”模式下构建应用程序。然后，如果是在Windows上，首先将可执行文件（假设将其命名为“app.exe”）从构建文件夹复制到一个单独的文件夹（我们将其称为“deploy_path”）中，并使用命令行实例执行下列命令：

```
cd deploy_path
QT_PATHbinwindeployqt app.exe
```

windeployqt工具是一个部署助手工具，它简化了将所需的Qt运行时库复制到应用程序可执行文件所在文件夹的过程。windeployqt工具接受可执行文件作为参数，然后确定用于创建它的模块，之后复制所有必需的运行时库以及所有额外的必需依赖项，例如，Qt插件、翻译等等。这将处理所有必需的Qt运行时库，但是我们仍然需要处理OpenCV运行时库。如果遵从第1章中建立OpenCV动态库的所有步骤，那么只需手动将“opencv_world330.dll”和“opencv_ffmpeg330.dll”文件从OpenCV安装文件夹（在x86vc14bin文件夹内）复制到应用程序可执行文件所在的文件夹。

本书的前几章建立OpenCV时，并没有真正地去研究打开“BUILD_opencv_world”选项的优点，但是，现在应该清楚的是，这简化了OpenCV库的部署和使用，在部署OpenCV应用程序时，只需在*.pro文件中设置LIBS的一个条目，并手动复制一个文件（不包含ffmpeg库）。还应该注意，这种方法的缺点是，需要随应用程序一起复制所有OpenCV代码（在单个库中），即使在项目中不需要或者不使用所有模块。

还要注意，在Windows上，正如在使用静态链接部署的章节中介绍过的那样，仍然需要为应用程序的最终用户提供Microsoft Visual C++可重分发文件。

在macOS操作系统上，也可以轻松地部署使用Qt框架编写的应用程序。因为这个原因，可以使用Qt提供的macdeployqt命令行工具。与windeployqt类似，它接受一个Windows的可执行文件，并将所需的库放入相同的文件夹，而macdeployqt接受一个macOS应用程序包，并通过将所有需要的Qt运行时文件作为私有框架复制到包内，来使其可以部署。下面是一个例子：

```
cd deploy_path
QT_PATH/bin/macdeployqt my_app_bundle
```

此外，还可以提供一个额外的-dmg参数，这将创建一个macOS *.dmg（磁盘镜像）文件。至于使用动态链接时OpenCV库的部署，可以使用Qt安装程序框架（将在下一节中学习）、第三方提供者或者脚本创建安装程序，用于确保所需的运行时库被复制到所需的文件夹中。这是因为如果只将运行时库（无论是OpenCV，还是其他什么）复制到应用程序可执行文件所在的相同文件夹中，这对使其在macOS上能够被应用程序中“看见”并没有帮助。同样的情况也适用于Linux操作系统，不幸的是，在这里甚至连部署Qt运行时库的工具也不存在（至少目前是这样），因此除了OpenCV库，还需要照顾Qt库，即通过使用可信的第三方供应商（可以在网上搜索）或通过使用Qt自身提供的跨平台安装程序，并与一些脚本结合，来确保执行我们的应用程序时一切就绪。

11.4.3 Qt安装程序框架

Qt安装程序框架允许为Windows、macOS以及Linux操作系统创建一个跨平台的Qt应用程序的安装程序。它允许创建标准的安装向导，在其中，用户经历连续的对话框以访问所有必需的信息，并看到应用程序的安装进度等等，类似于你可能遇到的大多数安装程序，特别是Qt框架自身的安装程序。基于Qt框架自身的Qt安装程序框架作为一个不同的包提供，并且在一台计算机上并不需要出现Qt SDK（Qt框架、Qt Creator等等）。还可以使用Qt安装程序框架为不仅仅是Qt应用程序的其他任何应用程序创建安装包。

本节将学习如何使用Qt安装程序框架创建一个基本的安装程序，由它负责在一个目标计算机上安装应用程序并复制所有必要的依赖项。结果将会是一个可执行的安装文件，可以将其放在服务器上以便下载，还可以通过U盘、CD或任何其他媒体类型中提供。这个示例工程项目将帮助你以自己的方式开始处理Qt安装程序框架的很多强大的功能。

可以使用下面的链接下载并安装Qt安装程序框架。使用这个链接或者任何其他下载源时，请务必下载最新的版本。目前的最新版本是3.0.2：

```
https://download.qt.io/official_releases/qt-installer-framework
```

在下载并安装Qt安装程序框架之后，可以开始创建那些Qt安装程序框架在创建安装程序时所需的文件。可以通过简单地浏览到Qt安装程序框架，并从“examples”文件夹复制“tutorial”文件夹，来完成这个工作，如果想要快速重命名并重新编辑所有文件并快速创建安装程序，那么这也是一个模板。我们将用另一种方式手动创建它们，首先，因为我们想要了解Qt安装框架所需要的文件和文件夹的结构，第二，因为这仍然十分简单而容易。下面是创建安装程序所需要的步骤：

1. 假设已经完成Qt和OpenCV应用程序的开发，那么可以开始创建包含安装文件的一个新文件夹，假设这个文件名为“deploy”。
2. 在“deploy”文件夹内创建一个XML文件，并将其命名为“config.xml”。这个XML文件必须包含下列内容：

```
<?xml version="1.0" encoding="UTF-8"?>
<Installer>
    <Name>Your application</Name>
    <Version>1.0.0</Version>
    <Title>Your application Installer</Title>
```

```
    <Publisher>Your vendor</Publisher>
    <StartMenuDir>Super App</StartMenuDir>
    <TargetDir>@HomeDir@/InstallationDirectory</TargetDir>
</Installer>
```

务必在上述代码中用与应用程序相关的信息替换所需的 XML 字段，然后保存并关闭该文件。

1. 现在，在“deploy”文件夹中内创建名为“packages”的文件夹。该文件夹将包含你希望用户能够安装的各个软件包，或者使它们强制或可选安装，以便用户可以查看并决定要安装的内容。
2. 用 Qt 和 OpenCV 编写简单的 Windows 应用程序的例子中，通常只需要一个软件包就可以包含运行应用程序所需的文件，甚至可以对 Microsoft Visual C++ 可重分发文件进行静默安装。但是对于更复杂的情况，特别是当你希望对应用程序的各个安装元素有更多的控制时，还可以选择两个或多个软件包，甚至是子包。这是通过为每个软件包使用类似于域的文件夹名称来完成的。每一个软件包文件夹都可以有一个像“com.vendor.product”这样的名称，此处用开发人员或公司以及应用程序的名称来替代 vendor 和 product。通过将“.subproduct”添加到父包的名称中，可以识别一个包的子包（或子分量）。例如，可以在“packages”文件夹内有下列文件夹：

```
com.vendor.product
com.vendor.product.subproduct1
com.vendor.product.subproduct2
com.vendor.product.subproduct1.subsubproduct1
...
```

这样就可以按我们喜欢的方式继续处理很多产品（包）和子产品（子包）。在我们的例子中，将创建一个包含可执行文件的文件夹，因为这描述了所有的内容，可以通过简单地将其添加到“packages”文件夹中来创建额外的包。让我们将其命名为“com.amin.qtcvapp”。现在，执行这些所需步骤：

1. 在创建的新软件包文件夹（com.amin.qtcvapp）内创建两个文件夹。将其重命名为 data 和 meta。这两个文件夹必须在所有的软件包中存在。
2. 复制你的应用程序文件到 data 文件夹内。该文件夹将被提取到目标文件中（将在后续步骤中讨论软件包的目标文件夹的设置）。如果计划创建多个软件包，那么请确保正确地分离它们的数据，并以一种有意义的方法进行。当然，如果不这样做，也不会遇到任何错误，但是应用程序的用户可能会感到困惑，例如跳过一个应该在任何时候安装的软件包，最后以一个不工作的安装应用程序作为结束。
3. 现在，切换到 meta 文件夹，并在该文件夹内创建下面的两个文件，然后为每一个文件填入所提供的代码。

package.xml 文件应该包含以下内容。必须在 XML 字段内填入与软件包相关的值：

```
<?xml version="1.0" encoding="UTF-8"?>
<Package>
    <DisplayName>The component</DisplayName>
    <Description>Install this component.</Description>
    <Version>1.0.0</Version>
    <ReleaseDate>1984-09-16</ReleaseDate>
    <Default>script</Default>
    <Script>installscript.qs</Script>
</Package>
```

上面的 XML 文件中的脚本可能是安装程序创建过程中最重要的一部分，它指向一个名为“installerscript.qs”的 Qt 安装程序脚本（*.qs 文件），该文件可用来进一步自定义包、目标文件夹等等。让我们在 meta 文件夹内创建一个同名文件（installscript.qs），并在该文件内使用下列代码：

```
function Component()
{
  // initializations go here
}


Component.prototype.isDefault = function()
{
  // select (true) or unselect (false) the component by default
  return true;
}


Component.prototype.createOperations = function()
{
  try {
    // call the base create operations function
    component.createOperations();
  } catch (e) {
    console.log(e);
    }
}
```

这是最基本的组件脚本，用来自定义我们的包（它只执行默认动作），可以选择性地对其进行扩展，以便更改目标文件夹，在开始菜单或桌面（Windows 上）创建快捷方式等等。密切关注 Qt 安装框架文档并学习它的脚本是一个不错的想法，这样可以创建更强大的安装程序，可以将应用程序的所有必需的依赖项都放在适当的位置，并自动完成。还可以浏览 Qt 安装框架的 examples 文件夹内所有示例，并学习如何处理不同的部署案例。例如，可以尝试为 Qt 和 OpenCV 的依赖项创建单独的包，如果用户的计算机上已经有 Qt 运行时库，则允许用户取消对它们的选择。

1. 最后一步是使用 binarycreator 工具创建单个独立的安装程序。只需用一个命令提示符：(或终端）实例运行下列命令：

```
binarycreator -p packages -c config.xml myinstaller
```

binarycreator 位于 Qt 安装框架的 bin 文件夹内。它需要在前面已经准备好的两个参数。-p 必须后跟包文件夹，而 -c 必须后跟配置文件（即 config.xml 文件）。在执行这个命令之后，将得到 myinstaller（在 Windows 上，可以对其追加 *.exe），可以执行它来安装应用程序。这个文件应该包含运行应用程序所需的所有必需文件，其余的都将被照顾。只需要为该文件提供下载链接，或者将其放在 CD 上提供给用户。

图 11-7 是在默认及最基本的安装程序中将会遇到的对话框，该安装程序包含在安装应用程序时会遇到的大多数常见对话框：

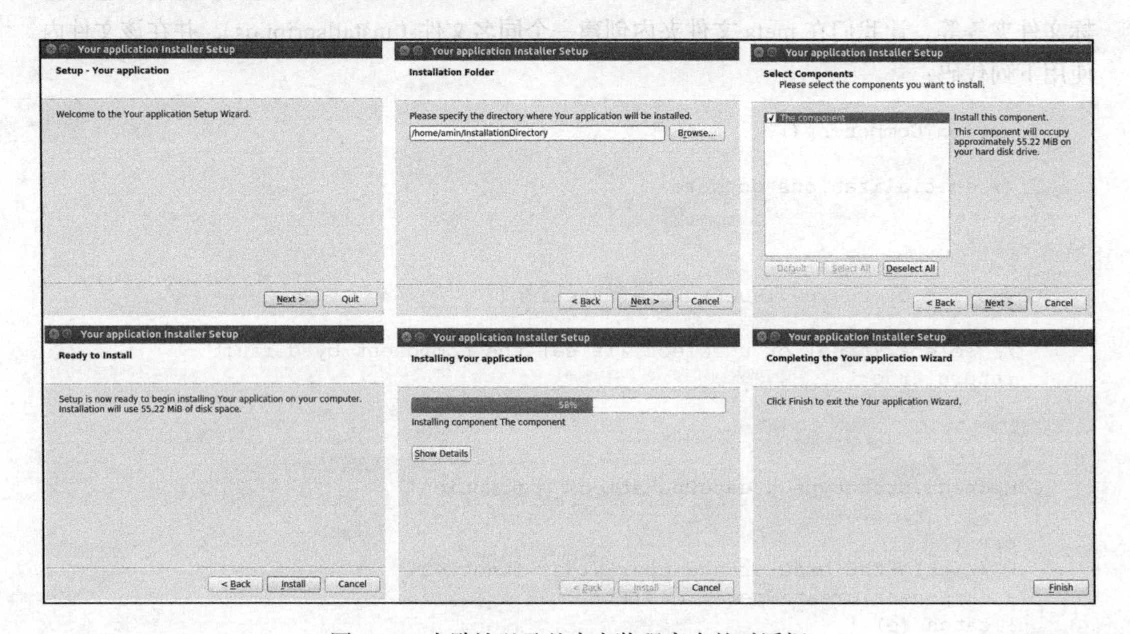

图 11-7　在默认以及基本安装程序中的对话框

如果转到安装文件夹，就会注意到其中包含的文件比放入软件包的 data 文件夹中的文件多了几个。安装程序需要这些文件来处理修改和卸载应用程序。例如，应用程序的用户可以通过执行 maintenancetool 可执行文件来轻松地卸载你的应用程序，这将产生另一个简单并且对用户友好的对话框来处理卸载过程如图 11-8 所示。

11.5　小结

应用程序是否能够方便地在目标计算机上安装和使用，会影响到用户的体验，从而可能赢得或丢失大量的用户。特别是对于那些非专业的用户来说，必须保证创建和部署的安装程序包含所有所需的依赖项，并能够在目标平台上立刻工作。本章对与此相关的很多内容进行了讨论。我们学习了构建过程，以及链接方法如何完全改变部署体验。我们学习了用现有的 Qt 工具简化 Windows 和 macOS 上的部署过程。请注意，这些工具包含的参数比在本章看到的要多得多，它们值得你进行深入的研究，并试试各种参数，看看这些参数产生的影响。本章的最后一节，我们学习了 Qt 安装框架，并且还用它创建了一个简单的安装程序。我们学习了如何使用安装程序在目标系统上创建提取程序的包，同样的方法可用于将所有依赖项放入它们所需的文件夹中。例如，在安装时，可以将 OpenCV 库添加到一个包中，在 Linux 操作系统上将其放入 /usr/lib/ or /usr/local/lib/，这样，应用程序就可以对其进行访问，而不会有任何问题。有了这些技巧，我们已经对开发周期的大多数现有阶段有了一定的了解，而开发人员（尤其是计算机视觉开发人员）应当熟悉这些阶段。

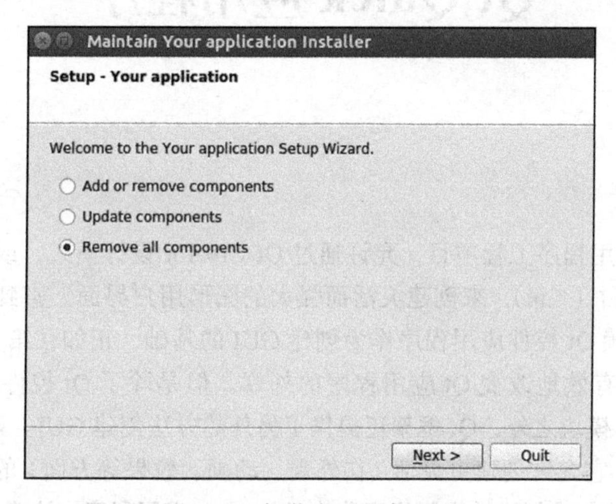

图 11-8　卸载应用程序页面

在本书的最后一章，将介绍 Qt Quick 和 QML。我们将学习如何用强大的 Qt 以及简洁的 QML 创建漂亮的用户界面。我们还将学习如何将 C++ 与 QML 代码相结合，以便编写能够使用像 OpenCV 这样的第三方框架的类，这些框架在 QML 代码中很容易使用。本书的最后一章还将初步介绍如何使用 OpenCV 与极其易用和美观的 Qt Quick 控件相结合，开发用于移动设备（Android 和 iOS）的计算机视觉应用程序。

CHAPTER 12

第 12 章

Qt Quick 应用程序

使用 Qt 控件应用程序工程项目，允许通过 Qt Creator 设计模式，或通过在文本编辑器中手动修改 GUI 文件（*.ui)，来创建灵活而强大的图形用户界面。直到现在，在本书的所有章节中，我们依赖 Qt 控件应用程序作为创建 GUI 的基础，正如在第 3 章中学到的那样，可以使用样式表来有效地改变 Qt 应用程序的外观。但是除了 Qt 控件应用程序以及使用 QtWidgets 和 QtGui 模块之外，Qt 框架还提供了另外的方法创建 GUI。该方法基于 QtQuick 模块和 QML 语言，它允许创建更灵活（在外观、动画、效果等方面）的 GUI，并采用更轻松的方式。通过这种方式创建的应用程序称为 Qt Quick 应用程序。注意，在最新的 Qt 版本（5.7 之后）中，也可以创建 Qt Quick Controls 2 应用程序，它为 Qt Quick 应用程序的创建提供了更多改进的类型，我们还将重点关注它。

QtQuick 模块和 QtQml 模块包含了在 C++ 应用程序中使用 Qt Quick 和 QML 编程所必需的所有类。另一方面，QML 本身是一种高度可读的声明性语言，它使用一种 JSON 式语法（结合脚本），通过把握不同的组件及其相互之间的交互方式来描述用户界面。本章将介绍 QML 语言，以及如何使用它来简化创建 GUI 应用程序的过程。我们将学习有关它的简单易读的语法，并通过创建一个基于 QML 的 GUI 应用程序，或者更精确地说是 Qt Quick Controls 2 应用程序，学习如何在实践中使用它。尽管使用 QML 语言并不需要对 C++ 语言有深入地了解，但理解 Qt Quick 工程项目的结构仍然是很有用的，因此将简要介绍最基本的 Qt 快速应用程序的结构。还将通过浏览一些最重要的 QML 库，学习现有的可视和非可视的 QML 类型，这些类型可以用来创建用户界面，向其添加动画、访问硬件等等。我们还将学习如何使用 Qt Quick Designer（已集成到 Qt Creator 中），通过图形化设计器修改 QML 文件。稍后，通过学习 C++ 和 QML 的集成，我们将它们连接起来，并学习如何在 Qt Quick 应用程序内使用 OpenCV 框架。在这一章的最后，还将学习如何使用与 Qt 和

OpenCV 相同的桌面工程项目来创建移动计算机视觉应用程序，并将我们的跨平台扩展到桌面平台以外，进入移动世界。

本章将介绍以下主题：

- QML 介绍
- Qt Quick 应用程序工程项目的结构
- 创建 Qt Quick Controls 2 应用程序
- Qt Quick Designer 的使用
- C++ 和 QML 集成
- 在 Android 和 iOS 上运行 Qt 和 OpenCV 应用程序

12.1 QML 介绍

正如在简介中介绍的那样，QML 有一个类似于 JSON 的结构，可以用来描述用户界面上的元素。QML 代码可以导入一个或多个库，并且有一个根元素，其中包含所有其他可视和非可视的元素。下面是 QML 代码的一个例子，其结果将创建一个有指定的宽、高和标题的空窗口（ApplicationWindow 类型）：

```
import QtQuick 2.7
import QtQuick.Controls 2.2

ApplicationWindow
{
  visible: true
  width: 300
  height: 500
  title: "Hello QML"
}
```

每一个 import 语句后面必须是 QML 库名和版本。上述代码中，导入的两个主要的 QML 库包含了大多数默认类型。例如，在 QtQuick.Controls 2.2 库内定义了 ApplicationWindow。对于现有的 QML 库及其正确的版本，唯一的了解渠道是 Qt 文档，所以如果要使用任何其他类，一定要查阅 Qt 文档。如果使用 Qt Creator 帮助模式搜索 ApplicationWindow，就会发现必需的 import 语句就是我们刚刚使用过的。另一个值得注意的是，上面代码中的 ApplicationWindow 是一个根对象元素，所有其他用户界面（UI）的对象元素都必须在其内部创建。让我们进一步扩展代码，添加一个标签（Label）元素以显示一些文本：

```
ApplicationWindow
{
  visible: true
  width: 300
  height: 500
  title: "Hello QML"
```

```
  Label
  {
    x: 25
    y: 25
    text: "This is a label<br>that contains<br>multiple lines!"
  }
}
```

因为import语句与之前一样，所以在上面的代码中跳过了import语句。请注意，新添加的标签（Label）有一个文本属性，这就是在标签上显示的文本。x和y指的是ApplicationWindow内的标签位置。可以以一种十分类似的方式添加诸如分组框这样的容器项。下面添加一个分组框，看看是如何实现的：

```
ApplicationWindow
{
  visible: true
  width: 300
  height: 500
 title: "Hello QML"
  GroupBox
  {
    x: 50
    y: 50
    width: 150
    height: 150
    Label
    {
      x: 25
      y: 25
      text: "This is a label<br>that contains<br>multiple lines!"
    }
  }
}
```

这段QML代码将产生一个类似于图12-1的窗口。

请注意，每一个元素的位置都是其父元素的偏移量。例如，GroupBox内提供给标签（Label）的x和y值需要加上GroupBox自身的x和y属性，才能得到这个用户界面（UI）元素在根元素内的最终位置（在该例中，根元素是ApplicationWindow）。

与Qt控件类似，还可以使用QML代码中的布局来控制和组织UI元素。出于此目的，可以使用GridLayout、ColumnLayout和RowLayout QML类型，但是，首先需要使用下面的语句将其导入：

```
import QtQuick.Layouts 1.3
```

现在，可以将QML用户界面元素作为子对象元素添加到一个布局中，并且布局会对它们进行自动管理。让我们在一个ColumnLayout中添加几个按钮，并看看这是如何工作的：

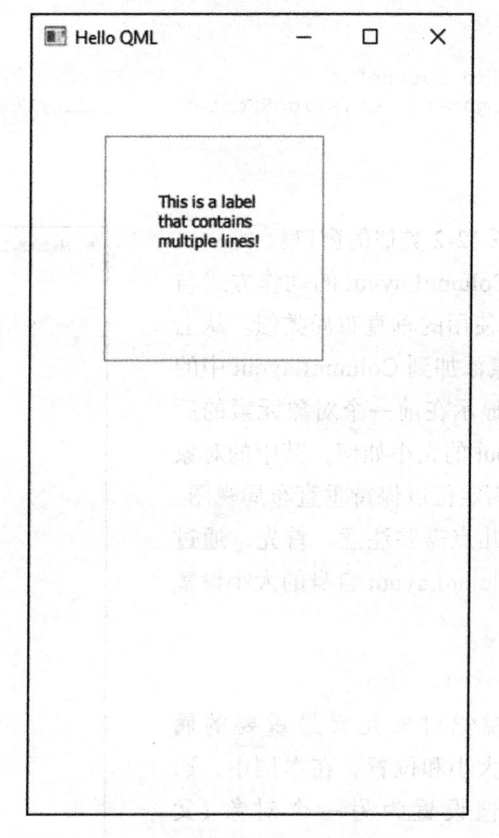

图 12-1　QML 代码生成的结果

```
ApplicationWindow
{
  visible: true
  width: 300
  height: 500
  title: "Hello QML"

  ColumnLayout
  {
    anchors.fill: parent
    Button
    {
      text: "First Button"
      Layout.alignment: Qt.AlignHCenter | Qt.AlignVCenter
    }
    Button
    {
      text: "Second Button"
      Layout.alignment: Qt.AlignHCenter | Qt.AlignVCenter
    }
```

```
      Button
      {
        text: "Third Button"
        Layout.alignment: Qt.AlignHCenter | Qt.AlignVCenter
      }
    }
  }
```

这会生成一个与图 12-2 类似的窗口：

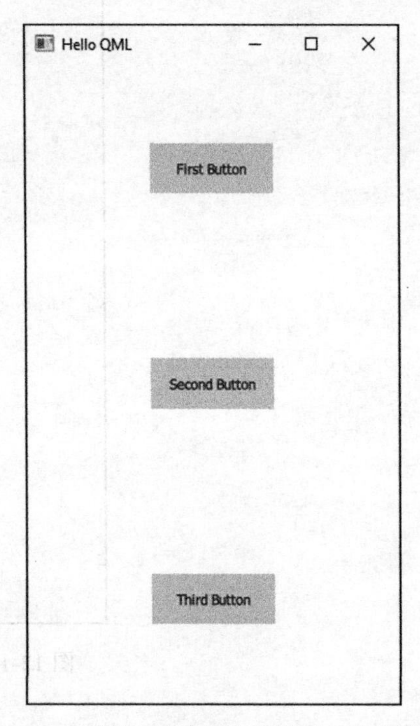

图 12-2　运行上述代码生成的窗口界面截图

在上述代码中，ColumnLayout 的动作方式与在 Qt 控件应用程序中使用的垂直布局类似。从上到下，作为子对象元素添加到 ColumnLayout 中的每一个对象元素都会显示在前一个对象元素的后面，不管 ColumnLayout 的大小如何，其中的对象元素始终会调整和重新定位以保持垂直布局视图。关于上述内容，还有几点需要注意。首先，通过使用下面的代码将 ColumnLayout 自身的大小设置为其父对象的大小：

```
anchors.fill: parent
```

anchors 是 QML 视觉对象元素最重要的属性之一，负责元素的大小和位置。在本例中，通过将 anchors 的填充值设置为另一个对象（父对象），将 ColumnLayout 的大小、位置设置为与 ApplicationWindow 一样。通过正确地使用 anchors，可以用更强大而灵活的方式处理对象大小和位置。另一个例子中，用下面的代码行替换 anchors.fill 代码行，看看会发生什么：

```
width: 100
height: 100
anchors.centerIn: parent
```

显然，ColumnLayout 现在有一个固定的大小，当调整 ApplicationWindow 的大小时，ColumnLayout 的大小并没有变化，但是，它始终在 ApplicationWindow 的中心位置。前面代码段的最后一行如下：

```
Layout.alignment: Qt.AlignHCenter | Qt.AlignVCenter
```

每一个添加到 ColumnLayout 中的对象元素内的这段代码行，都会让对象元素位于其单元格的垂直和水平中心位置。请注意，从某种意义上说，单元格不包含任何可见的边界，就像布局那样，布局中的单元格也是对其中的对象元素进行组织的不可见方式。

无论添加或需要多少个对象元素，QML 代码的扩展都遵循相同的模式。但是，当 UI

元素数量变得越来越大，最好将用户界面分成单独的文件。在同一个文件夹中的 QML 文件可以当作预定义的及重要的对象元素来使用。假设有一个名为 MyRadios.qml 的 QML 文件，包含了下列代码：

```
import QtQuick 2.7
import QtQuick.Controls 2.2
import QtQuick.Layouts 1.3

Item
{
  ColumnLayout
  {
    anchors.centerIn: parent

    RadioButton
    {
        text: "Video"
    }
    RadioButton
    {
        text: "Image"
    }
  }
}
```

你可以在同一个文件夹中的另一个 QML 文件内使用这个 QML 文件及其对象元素。假设有一个 main.qml 文件与 MyRadios.qml 文件在同一个文件夹中。然后，可以这样使用它：

```
import QtQuick 2.7
import QtQuick.Controls 2.2
import QtQuick.Layouts 1.3

ApplicationWindow
{
  visible: true
  width: 300
  height: 500
  title: "Hello QML"
  ColumnLayout
  {
    anchors.fill: parent

    MyRadios
    {
        width: 100
        height: 200
    }
  }
}
```

请注意，只要 QML 文件都在同一个文件夹，就不需要 import 语句。如果想在代码中使用的 QML 文件位于一个单独文件夹（同一个文件夹中的子文件夹）中，那么，必须用一条语句将其导入，像这样：

```
import "other_qml_path"
```

显然，在上面的代码中，other_qml_path 是 QML 文件的相对路径。

12.2 QML 中的用户交互和脚本

在 QML 代码中对用户操作和事件的响应是通过将脚本添加到对象元素的槽来完成的，这与 Qt 控件非常类似。此处主要的不同是，在 QML 类型内部定义的每一个信号都有一个对应的槽，该槽自动地生成，并且可以用一个脚本填充来在发送一个相关的信号时执行一个动作。让我们用另一个例子来了解一下该内容。一个 QML Button 类型有一个按下信号。这自动意味着有一个 onPressed 槽，可以用来编码特定按钮所需的动作。下面是示例代码：

```
Button
{
  onPressed:
  {
    // code goes here
  }
}
```

关于 QML 类型中可用槽的列表，可以参考 Qt 文档。如前所述，通过将信号名称的首字母大写并在前面添加 on，可以轻松地猜到每一个信号的槽名。因此，对于按下（pressed）信号，将有一个 onPressed 槽，对于释放（released）信号，将有一个 onReleased 槽，等等。

要想能够从一个脚本或一个槽中访问其他 QML 对象元素，首先，必须为它们分配唯一的标识符。请注意，这只针对你想要访问、修改或与之交互的对象元素。在本章前面的所有例子中，只是创建了对象元素，而没有为其分配任何标识符。通过将唯一的标识符分配给对象元素的 id 属性，就可以很容易地完成对象元素的标识符分配。id 属性值遵循变量的命名约定，就是说要区分大小写，不能以数字作为开始，等等。下面是一个示例代码，展示了如何在 QML 代码中分配和使用 id。

```
ApplicationWindow
{
  id: mainWindow
  visible: true
  width: 300
  height: 500
  title: "Hello QML"
```

```
    ColumnLayout
    {
      anchors.fill: parent
      Button
      {
        text: "Close"
        Layout.alignment: Qt.AlignVCenter | Qt.AlignHCenter

        onPressed:
        {
          mainWindow.close()
        }
      }
    }
}
```

在上面的代码中，ApplicationWindow 有一个分配给它的 ID，即 mainWindow，用于在按钮（Button）的 onPressed 槽内对其进行访问。可以猜到，在上面的代码中按下“Close”按钮，将会关闭 mainWindow。在一个 QML 文件中无论在哪里定义一个 ID，都可以在这个特定的 QML 文件内的任何位置访问它。这就意味着，ID 的作用范围不局限于同一组对象元素，或对象元素的子元素，等等。简单地说，任何 ID 对于 QML 文件中的所有对象元素都是可见的。但是在单独的 QML 文件中的对象元素的 id 怎么访问呢？为了能够访问在一个单独的 QML 文件中的对象元素，需要为其分配给属性别名来导出该对象元素，如下面的例子所示：

```
Item
{
  property alias videoRadio: videoRadio
  property alias imageRadio: imageRadio
  ColumnLayout
  {
    anchors.centerIn: parent
    RadioButton
    {
      id: videoRadio
      text: "Video"
    }
    RadioButton
    {
      id: imageRadio
      text: "Image"
    }
  }
}
```

上述代码与 MyRadios.qml 文件一样，但是这次，通过使用根对象元素的别名属性导出了其中两个 RadioButton 对象元素。通过这种方式，可以在使用 MyRadios 的另一个单独的 QML 文件中访问这些对象元素。除了在一个对象元素内导出对象元素之外，还可以使用属性来包含特定对象元素所需的任何其他值。下面是在 QML 对象元素内用于定义附加属性的一般语法：

```
property TYPE NAME: VALUE
```

TYPE 可以包含任意的 QML 类型，NAME 是属性的给定名称，VALUE 是属性值，它必须与所提供的类型兼容。

12.3　Qt Quick Designer 的使用

因为简单易读的语法，QML 文件很容易用任何代码编辑器进行修改和扩展。但是，还可以使用 Qt Creator 中集成的 Quick Designer 来简化对 QML 文件的设计和修改。如果在 Qt Creator 中试着打开一个 QML 文件，并切换到“Design”模式，将会看到图 12-3 的设计模式，这与标准 Qt 控件设计器（使用 *.ui 文件）非常不同，它包含使用 QML 文件快速设计用户界面所需的大部分功能：

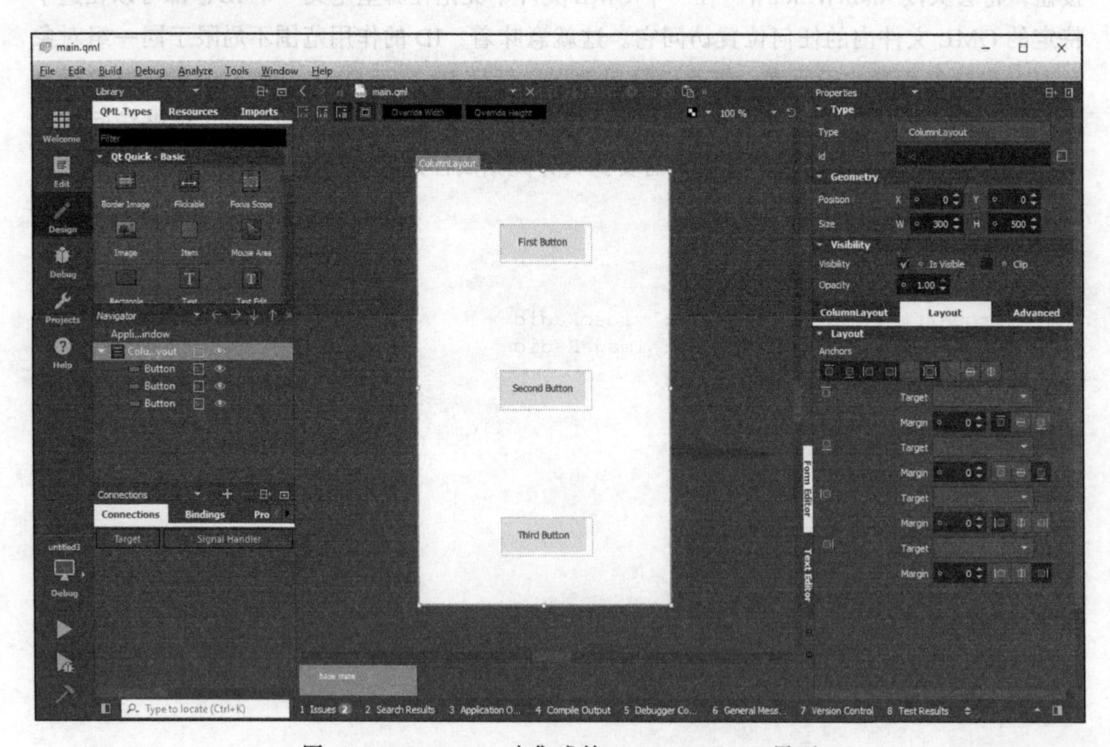

图 12-3　Qt Creator 中集成的 Quick Designer 界面

在 Qt Quick Designer 屏幕的左侧，可以看到在 Library 窗体中添加到用户界面的 QML 类型库。这与 Qt 控件工具箱类似，但是肯定有更多的可以用来设计应用程序用户界面的组件。在用户界面上拖拽其中的每一个组件，它们就会自动添加到 QML 文件中：

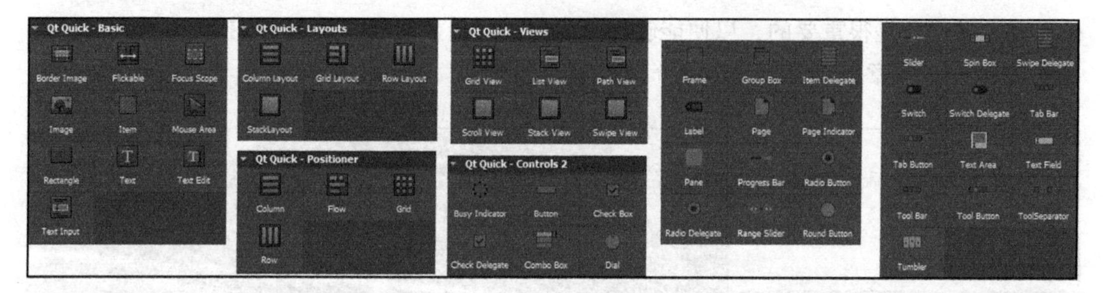

图 12-4　在 Library 窗体中添加到用户界面的 QML 类型库

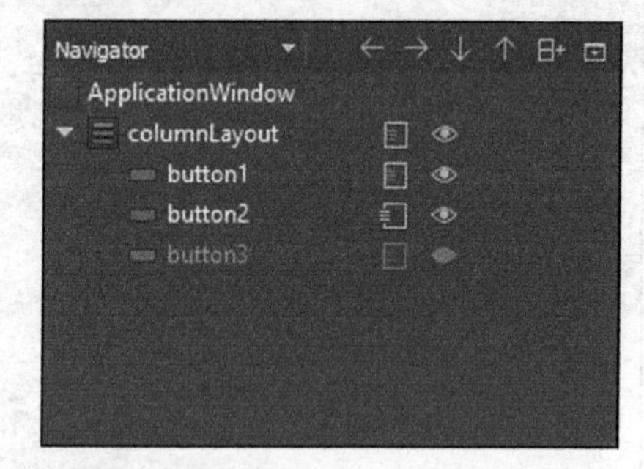

图 12-5　导航（Navigator）窗体界面截图

Library 窗体右下方的是导航（Navigator）窗体，它显示用户界面上组件的层次化视图。可以使用导航窗体在 QML 文件上快速设置对象元素的 ID，这只需在其上双击即可。此外，可以将一个对象元素导出为别名，以便可以在其他 QML 文件中使用，或者在设计时对其进行隐藏（为了能够查看重叠的 QML 对象元素）。在图 12-5 的导航窗体上，请注意在设计期间，将 button2 导出为一个别名以及将 button3 隐藏之后，组件旁边的小图标是如何变化的。

在 Qt Quick Designer 的右侧，可以看到属性（Properties）窗体。类似于标准的 Qt 设计模式中的属性窗体，该窗体可以用来对 QML 对象元素的属性进行详细的操作和修改。该窗体的内容会根据用户界面上所选择的对象元素发生变化。除了 QML 对象元素的标准属性之外，该窗体还允许修改与单个对象元素的布局相关的属性。图 12-6 描述了在用户界面上选择一个 Button 对象元素时，属性（Properties）窗体的不同视图。

除了作为设计 QML 用户界面的助手工具之外，Qt Quick Designer 还可以帮助你学习 QML 语言本身，因为设计器中完成的所有修改都被转换成 QML 代码并存储在同一个 QML 文件中。你一定要通过设计你的用户界面来熟悉如何用这个助手工具。例如，可以尝试设计一些与在创建 Qt 控件应用程序时所设计的用户界面一样的界面，但是这次使用 Qt Quick Designer 以及 QML 中的文件来创建。

12.4　Qt Quick 应用程序的结构

本节将继续学习 Qt Quick 应用程序工程项目的结构。与 Qt 控件应用程序工程项目类似，在使用 Qt Creator 创建新的工程项目时，会自动创建 Qt Quick 应用程序工程项目所需要的大多数文件，因此实际上不需要记住所有需要的步骤，但是理解 Qt Quick 应用程序的一些基本概念还是很重要的，以便能够进一步对其进行扩展，或者在 QML 文件内集成并使用 C++ 代码，本章后面会学习这部分内容。

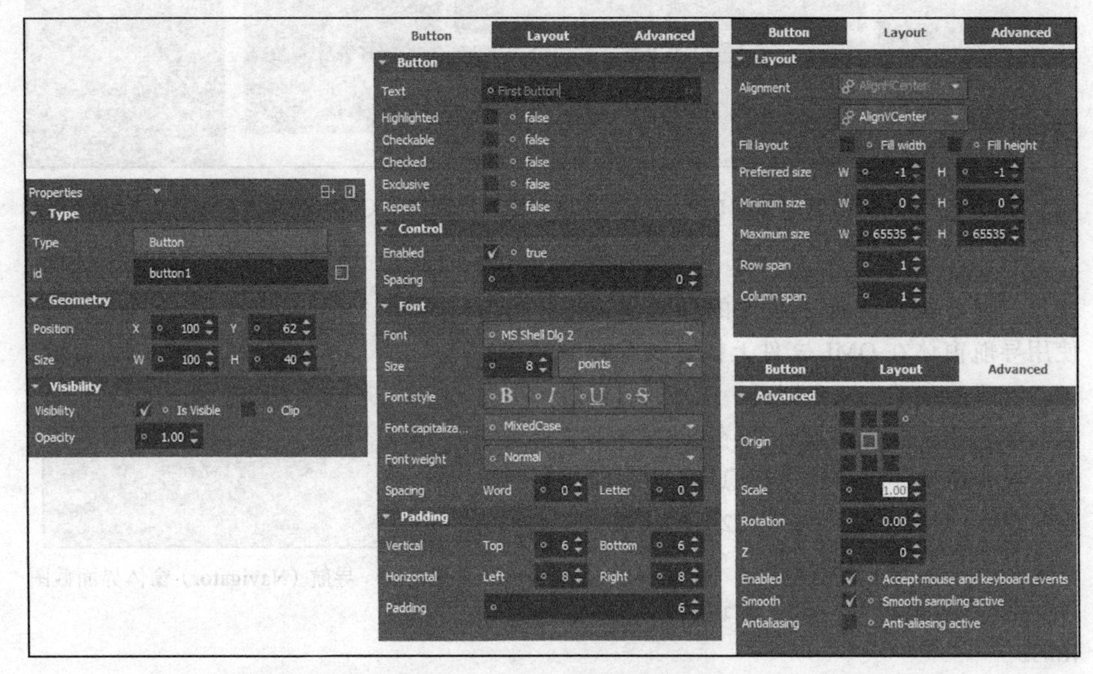

图 12-6　在用户界面上选择一个 Button 对象元素时 Properties 窗体的不同视图

让我们通过创建一个示例应用程序来完成该内容的学习。首先，打开 Qt Creator 并从欢迎屏幕界面上按下“ New Project” 按钮，或者从“ File” 菜单选择“ New File or Project”。选择“Qt Quick Controls 2 Application” 作为模板类型，单击“Choose”，如图 12-7 所示。

将工程项目的名称设置为 CvQml，并点击“ Next”。在“ Define Build System” 页面，保留“ Build system as qmake”，在默认情况下应该已选择它。在“ Define Project Details” 页面，对于 Qt Quick Controls 2 样式，可以选择下面中的一个：

- Default
- Material
- Universal

在该屏幕中选择的选项会影响应用程序的整体样式。Default 选项产生默认样式，这使得 Qt Quick Controls 2 产生最佳性能，因此也适用于我们的 Qt Quick 应用程序。Material 样式可以用来创建基于谷歌素材设计（Google Material Design）准则的应用程序。这就提供了更令人满意的组件，但也需要更多的资源。最后，Universal 样式可以用来创建基于微软通用设计（Microsoft Universal Design）准则的应用程序。类似于素材 Material 样式，这也需要更多的资源，但是提供了另一个理想的用户界面组件集合。

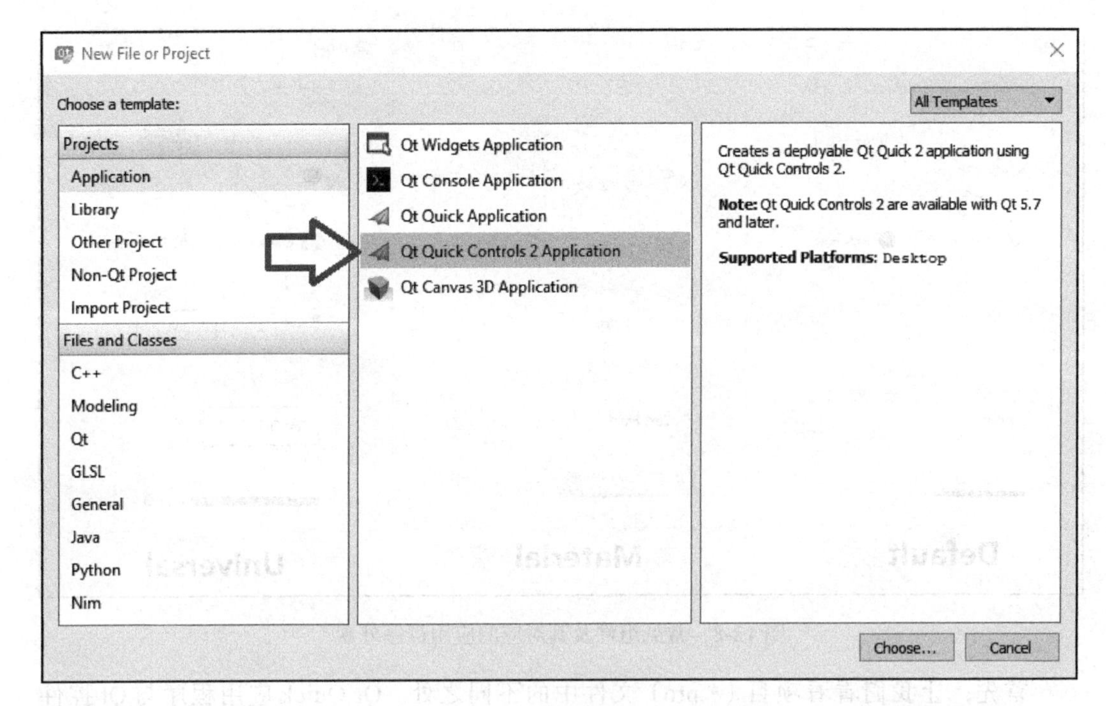

图 12-7　创建新文件或工程项目的图形界面

可以参考下面的链接，了解有关用于创建 Material 和 Universal 样式准则的更多信息：

https://goo.gl/TiQEYB

https://dev.windows.com/design

图 12-8 描述了一些常见组件之间的区别，以及选择三个可能样式选项中的每一个样式时，应用程序的外观。

无论选择哪种样式，都可以在自动包含到新工程项目中的一个名为“qtquickcontrols2.conf”的专用设置文件中很轻松地更改样式。甚至为了匹配一个暗色主题或亮色主题，或任何其他的颜色集，也可以在以后更改颜色。在任何情况下，请选择一个喜欢的（或使用默认的）样式，并继续点击“Next”，直到最终进入 Qt 代码编辑器（Qt Code Editor）。工程项目现在包含了 Qt Quick 应用程序的几乎最低程度的必需文件。

注意，只要在这一章提到 Qt Quick 应用程序，实际上都指的是 Qt Quick Controls 2 应用程序，这是 Qt Quick 应用程序的一个新的增强类型（适用于 Qt 5.7 及后续版本），我们刚刚创建它并将继续扩展成一个完整而漂亮的跨平台计算机视觉应用程序。

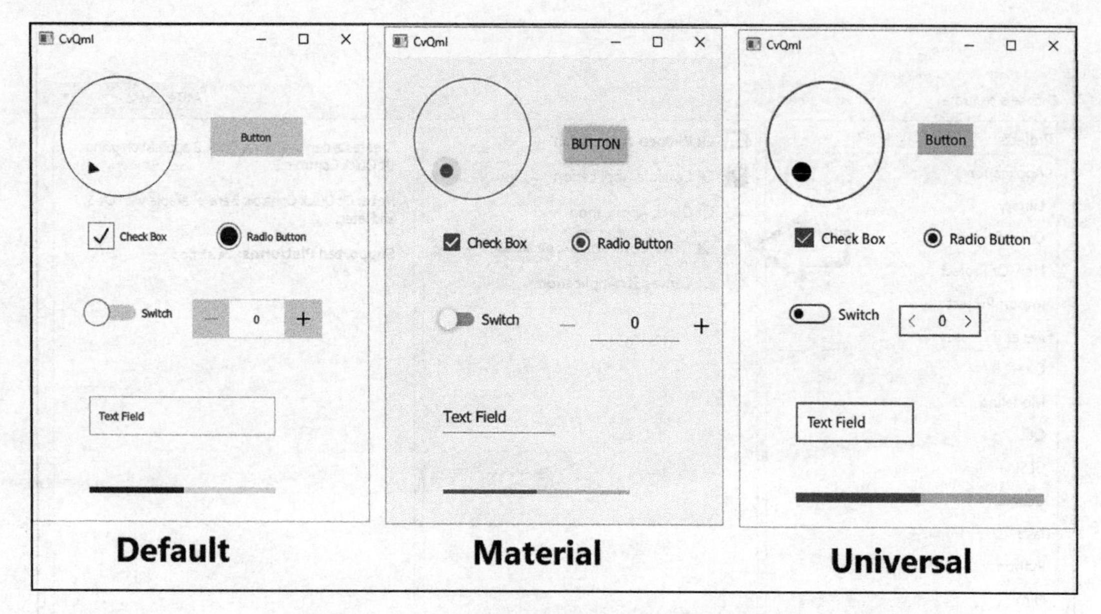

图 12-8　常见组件及其对应的应用程序外观

首先，让我们看看项目（*.pro）文件中的不同之处。Qt Quick 应用程序与 Qt 控件应用程序截然相反，不使用 QtCore、QtGui 和 QtWidgets 模块，而使用默认的 QtQml 和 QtQuick 模块。可以通过打开 CvQml.pro 来查看这个内容，顶部有下面这个代码行：

```
QT += qml quick
```

在 Qt 工程项目中，无论是 Qt 控件应用程序，还是 Qt Quick 应用程序，都有一个工程项目文件和一个包含主函数的 C++ 源文件。因此，除了 CvQml.pro 文件，还有一个包含下列内容的 main.cpp 文件：

```
#include <QGuiApplication>
#include <QQmlApplicationEngine>
int main(int argc, char *argv[])
{
  QCoreApplication::setAttribute(Qt::AA_EnableHighDpiScaling);
  QGuiApplication app(argc, argv);
  QQmlApplicationEngine engine;
  engine.load(QUrl(QLatin1String("qrc:/main.qml")));
  if (engine.rootObjects().isEmpty())
    return -1;
  return app.exec();
}
```

main.cpp 与我们在创建 Qt 控件应用程序时看到的完全不同。在 Qt 控件应用程序中，将在 main.cpp 内以及主函数中创建一个 QApplication，然后显示主窗口，之后程序进入事件循环，以便窗口保持活跃状态，并处理所有事件，如下所示：

```
#include "mainwindow.h"
#include <QApplication>

int main(int argc, char *argv[])
{
  QApplication a(argc, argv);
  MainWindow w;
  w.show();

  return a.exec();
}
```

类似地，在 Qt Quick 应用程序中，将创建 QGuiApplication，但是这次不加载任何窗口，而是使用 QQmlApplicationEngine 加载 QML 文件，如下所示：

```
QQmlApplicationEngine engine;
engine.load(QUrl(QLatin1String("qrc:/main.qml")));
if (engine.rootObjects().isEmpty())
  return -1;
```

这表明 QML 文件实际上是在运行时加载的，因此可以从磁盘加载，或者在我们的例子中，从 main.qml 文件加载（该文件存储为 qml.qrc 文件内的一个资源类型，并嵌入到可执行文件中）。实际上，这是开发 Qt Quick 应用程序的常用方法，如果检查新创建的 CvQml 工程项目，就会注意到该工程项目内包含一个名为“qml.qrc”的 Qt 资源文件，其中包含所有工程项目的 QML 文件。在 qml.qrc 文件中包含下列文件：

- main.qml 这是在 main.cpp 文件中加载的 QML 文件，而且是我们的 QML 代码的入口点。
- Page1.qml 包含 Page1Form QML 类型的交互以及脚本。
- Page1Form.ui.qml 包含 Page1Form 类型内的用户交互以及 QML 对象元素。请注意，一组 Page1.qml 和 Page1Form.ui.qml 是将用户界面及其底层代码分开的常用方法，与开发 Qt 控件应用程序时使用 mainwindow.ui、mainwindow.h 和 mainwindow.cpp 文件类似。
- qtquickcontrols2.conf 文件是可以用来改变 Qt Quick 应用程序样式的配置文件。包含以下内容：

```
; This file can be edited to change the style of the application
; See Styling Qt Quick Controls 2 in the documentation ...
; http://doc.qt.io/qt-5/qtquickcontrols2-styles.html

[Controls]
Style=Default

[Universal]
```

```
Theme=Light
;Accent=Steel

[Material]
Theme=Light
;Accent=BlueGrey
;Primary=BlueGray
```

以分号“;”开头的每一行表示该行只是注释。可以将上述代码中“Style”变量的值改为“Material”和“Universal”，以改变应用程序的整体样式。取决于所设置的样式，在上面的代码中，可以使用“Theme”、“Accent”或“Primary”值来更改应用程序中的主题。

关于主题和颜色的完整列表，以及如何在每一个主题中使用可自定义的附加信息，可以参考下面的链接：

https://goo.gl/jDZGPm（对于Default style）

https://goo.gl/Um9qJ4（对于Material style）

https://goo.gl/U6uxrh（对于Universal Style）

这就是Qt Quick应用程序的一般结构。这种结构可以用来为任何平台开发任何类型的应用程序。请注意，不必一定使用自动创建的文件，可以只从一个空项目开始，或移除不必要的默认文件，然后从头开始。例如，在我们的示例Qt Quick应用程序（标题为CvQml）中，我们不需要Page1.qml和Page1Form.ui.qml文件，因此只需从qml.qrc文件内进行选择，并通过单击右键并选择“Remove”文件删除。当然，这将导致main.qml文件中的代码丢失。因此，在继续下一节之前，确保将其更新为下列代码：

```
import QtQuick 2.7
import QtQuick.Controls 2.0
import QtQuick.Layouts 1.3

ApplicationWindow
{
  visible: true
  width: 300
  height: 500
  title: qsTr("CvQml")
}
```

12.5 集成C++和QML代码

即使QML库已经成长为成熟的类型集合，可以处理视觉效果、网络、相机等等，但是通过使用强有力的C++类，对其进行扩展仍然是很重要的。幸运的是，QML和Qt框架提供了足够的规则来轻松地处理这个问题。本节将学习如何创建非可视的C++类，将其用在

QML 代码内通过使用 OpenCV 来处理图像。然后，将创建一个 C++ 类，可以作为 QML 代码内的视觉对象元素来显示图像。

请注意，在 QML 中有一个默认的 Image 类型，通过将 URL 提供给 Image 对象元素，可以用来显示保存在磁盘上的图像。但是，我们将创建一个 QML 类型的图像查看器，用来显示 QImage 对象，并利用这个机会学习 QML 代码中 C++ 类（可视）的集成。

首先将 OpenCV 框架添加到上一节中我们创建的项目。这与创建 Qt 控件应用程序时所做的完全一样，也要将所需的代码行包含进 *.pro 文件。然后，在工程项目窗体上右键单击，并选择 “Add New”，将一个新的 C++ 类添加到项目中。确保类名是 “QImageProcessor”，基类是 “QObject”，如图 12-9 所示。

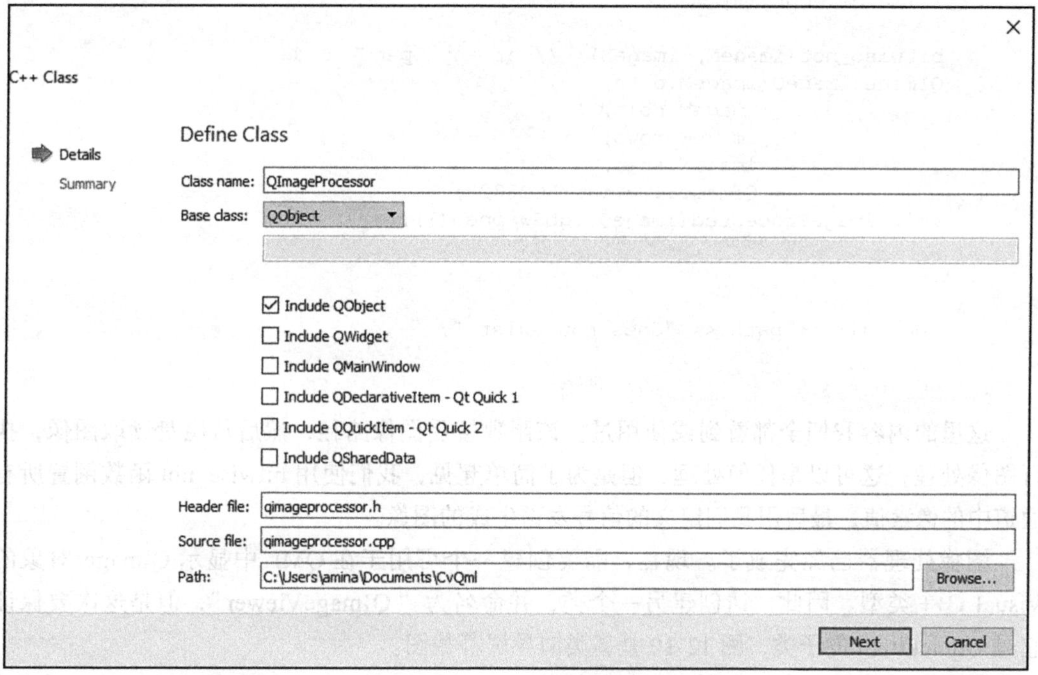

图 12-9　添加 C++ 类的界面截图

将下列 #include 指令添加到 qimageprocessor.h 文件：

```
#include <QImage>
#include "opencv2/opencv.hpp"
```

然后将下面的函数添加到 QImageProcessor 类的公共成员区域：

```
Q_INVOKABLE void processImage(const QString &path);
```

Q_INVOKABLE 是一个 Qt 宏，它允许使用 Qt 元对象（Qt Meta Object）系统调用一个函数。因为 QML 使用同样的 Qt 元对象来实现对象之间的底层通信机制，所以用 Q_INVOKABLE 宏标记函数就足以从 QML 代码对其进行调用。另外，将下列信号添加到 QImageProcessor 类：

```
signals:
    void imageProcessed(const QImage &image);
```

我们使用该信号将一个经过处理的图像传递给稍后将创建的图像查看器类。最后，对于 processImage 函数的实现，将下面的内容添加到 qimageprocessor.cpp 文件中：

```
void QImageProcessor::processImage(const QString &path)
{
  using namespace cv;
  Mat imageM = imread(path.toStdString());
  if(!imageM.empty())
  {
    bitwise_not(imageM, imageM); // or any OpenCV code
    QImage imageQ(imageM.data,
                  imageM.cols,
                  imageM.rows,
                  imageM.step,
                  QImage::Format_RGB888);
    emit imageProcessed(imageQ.rgbSwapped());
  }
  else
  {
    qDebug() << path << "does not exist!";
  }
}
```

这里的内容我们全都看到或使用过。该函数接受图像路径，然后从磁盘读取图像，执行图像处理，这可以是任何处理，但是为了简单起见，我们使用 bitwise_not 函数倒置所有通道中的像素值，最后用我们定义的信号发送生成的图像。

图像处理器已经完成了。现在，需要创建一个可用于在 QML 中显示 QImage 对象的 Visual C++ 类型。因此，请创建另一个类，并命名为“QImageViewer”，但是这次要保证它是 QquickItem 的子类，图 12-10 是新类向导屏幕截图。

修改 qimageviewer.h 文件，如下所示：

```
#include <QQuickItem>
#include <QQuickPaintedItem>
#include <QImage>
#include <QPainter>

class QImageViewer : public QQuickPaintedItem
{
  Q_OBJECT
```

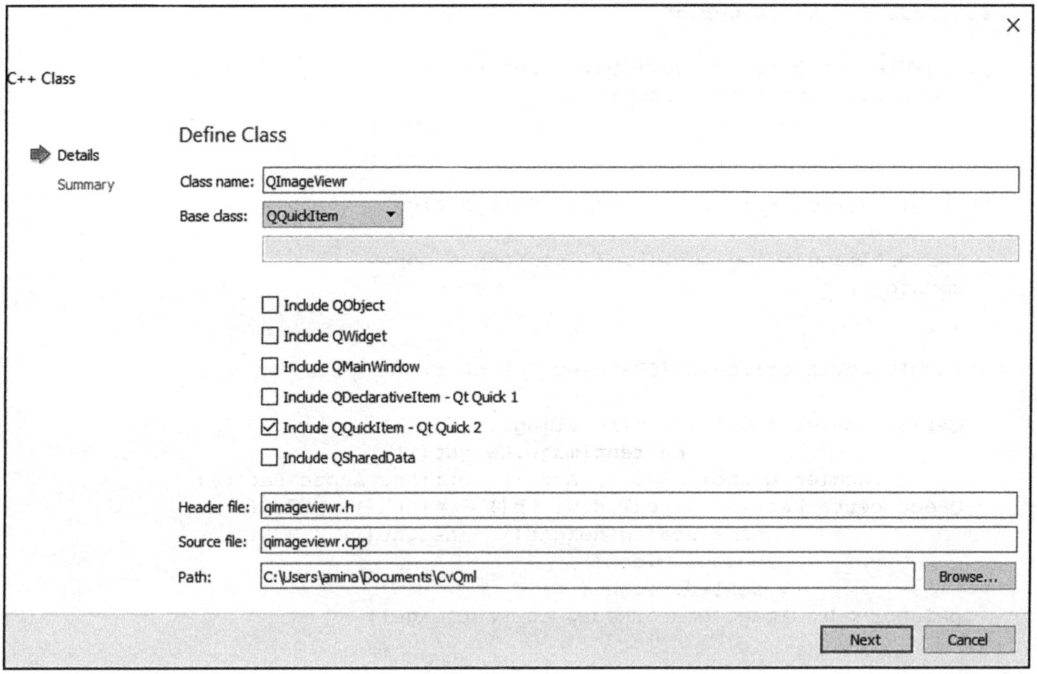

图 12-10　创建新类的向导界面

```
public:
    QImageViewer(QQuickItem *parent = Q_NULLPTR);
    Q_INVOKABLE void setImage(const QImage &img);

  private:
    QImage currentImage;
    void paint(QPainter *painter);

};
```

我们已经让 QImageViewer 类成为 QQuickPaintedItem 类的子类。而且，已更新构造函数来匹配这个更改。我们还在该类中用 Q_INVOKABLE 宏定义了另一个函数，用于设置想要在该类的实例上显示的 QImage，或者更确切地说，是在用该类型创建的 QML 对象元素上。QQuickPaintedItem 提供了一种创建新的可视 QML 类型的简单方法，也就是通过对其进行子类化，并重新实现 paint 函数，如上面的代码所示。该类中传递给 paint 函数的 painter 指针可以用来绘制我们所需的任何内容。在该例中，我们只想在其上绘制一个图像，也就是说，我们定义了 currentImage，这是一个 QImage，它将存放想要在 QImageViewer 类中绘制的图像。

现在，我们需要添加 setImage 的实现和 paint 函数，并根据在头文件中更改的内容来更新构造函数。因此，请确保 qimageviewer.cpp 文件与下面的代码相似：

```
#include "qimageviewer.h"

QImageViewer::QImageViewer(QQuickItem *parent)
  : QQuickPaintedItem(parent)
{
}

void QImageViewer::setImage(const QImage &img)
{
  currentImage = img.copy(); // perform a copy
  update();
}

void QImageViewer::paint(QPainter *painter)
{
  QSizeF scaled = QSizeF(currentImage.width(),
                    currentImage.height())
       .scaled(boundingRect().size(), Qt::KeepAspectRatio);
  QRect centerRect(qAbs(scaled.width() - width()) / 2.0f,
                qAbs(scaled.height() - height()) / 2.0f,
                scaled.width(),
                scaled.height());
  painter->drawImage(centerRect, currentImage);
}
```

上面的代码中，setImage 函数十分简单，它制作并存放图像的副本，然后调用 QImage-Viwer 类的 update 函数。当在 QQuickPaintedItem（类似于 QWidget）内调用 update 时，将产生重新绘制，因此将调用 paint 函数。如果想要在 QImageViewer 的整个可显示区域内拉伸图像的话，那么该函数只需要最后一行代码（用 boundingRect 替换 centerRect)，但是，我们希望生成的图像适合屏幕，同时也保持纵横比。因此，我们做一个比例转换，然后保证图像总是在可显示区域的中心。

我们几乎差不多已经完成了，新的 C++ 类（QImageProcessor 和 QImageViewer）都已经准备好在 QML 代码中使用了。剩下要做的事情就是确保它们对于我们的 QML 代码是可见的。出于这个原因，需要确保通过 qmlRegisterType 函数注册它们。因此在 main.cpp 文件中必须调用该函数，如下所示：

```
qmlRegisterType<QImageProcessor>("com.amin.classes",
  1, 0, "ImageProcessor");
qmlRegisterType<QImageViewer>("com.amin.classes",
  1, 0, "ImageViewer");
```

上述代码应放置在 main.cpp 文件中定义 QQmlApplicationEngine 位置的前面。显然，还必须使用下面的 #include 指令在 main.cpp 文件中包含这两个新类：

```
#include "qimageprocessor.h"
#include "qimageviewer.h"
```

请注意，qmlRegisterType 函数中的 com.amin.classes 可以替换为你自己的类似域的标识符，而且它是我们已经给出的包含 QimageProcessor 和 QimageViewer 类的库的名称。后面的 1 和 0 指的是库的 1.0 版本，最后一个文字字符串是可以在 QML 类型中用来访问和使用这些新类的类型标识符。

最后，我们可以开始在 main.qml 文件中使用 C++ 类。首先，确保导入语句与下面相似：

```
import QtQuick 2.7
import QtQuick.Controls 2.0
import QtQuick.Layouts 1.3
import QtMultimedia 5.8
import com.amin.classes 1.0
```

最后一行包括刚刚创建的 ImageProcessor 和 ImageViewer QML 类型。我们将要用 QML Camera 类型来访问相机并用它捕获图像。因此，在 main.qml 文件中添加下列代码作为 ApplicationWindow 对象元素的直接子类：

```
Camera
{
  id: camera
  imageCapture
  {
    onImageSaved:
    {
      imgProcessor.processImage(path)
    }
  }
}
```

在上述代码中，imgProcessor 是 ImageProcessor 类型的 id，还需要将其定义为 Application-Window 的子类，如下所示：

```
ImageProcessor
{
  id: imgProcessor
  onImageProcessed:
  {
    imgViewer.setImage(image);
    imageDrawer.open()
  }
}
```

请注意，上述代码中的 onImageProcessed 槽是自动生成的，因为我们在 QImage-Processor 类中创建了 imageProcessed 信号。可以猜到，imgViewer 是我们之前创建的 QImage-Viewer 类，而且在 onImageProcessed 槽内设置了它的图像。在本例中，还使用 QML Drawer，当调用它的 open 函数时，它会滑过另一个窗口，而且已经嵌入 imgViewer 作为这个 Drawer 的子对象元素。下面是 Drawer 和 ImageViewer 的定义：

```
Drawer
  {
    id: imageDrawer
    width: parent.width
    height: parent.height
    ImageViewer
    {
      id: imgViewer
      anchors.fill: parent
      Label
      {
        text: "Swipe from right to left<br>to return to capture mode!"
        color: "red"
      }
    }
  }
```

好了，剩下要做的事情就是添加一个允许预览摄像头的 QML VideoOutput。我们将使用该 VideoOutput 来捕获图像，从而调用 QML Camera 类型的 imageCapture.onImageSaved 槽，如下所示：

```
VideoOutput
{
  source: camera
  anchors.fill: parent
  MouseArea
  {
    anchors.fill: parent
    onClicked:
    {
      camera.imageCapture.capture()
    }
  }
  Label
  {
    text: "Touch the screen to take a photo<br>and process it using
OpenCV!"
    color: "red"
  }
}
```

如果现在启动应用程序，将立即看到计算机默认摄像头的输出。如果单击视频输出，将会捕捉并处理图像，然后在 Drawer 上显示，即从左到右滑过当前页面。图 12-11 展示了在执行该应用程序时的两个外观截图。

12.6 Android 和 iOS 上的 Qt 和 OpenCV 应用程序

理想情况下，可以同样地在桌面和移动平台上建立并运行用 Qt 和 OpenCV 框架创建的应用程序，而不需要编写任何特定于平台的代码。但是，在实践中，这并不像看起来那么简单，因为（某些情况下）用于将像 Qt 和 OpenCV 这样的框架充当操作系统自身功能的封装器的这项技术仍处在广泛开发的过程中，所以在特定操作系统（例如，Android 或 iOS）中，可能还有一些没有完全实现的功能。令人欣慰的是，随着新版本 Qt 和 OpenCV 框架的发布，这种情况越来越少见了，甚至现在（Qt 5.9 和 OpenCV 3.3）在 Windows、Linux、macOS、Android 和 iOS 操作系统中都可以很容易地使用这两个框架中的大多数类和函数。

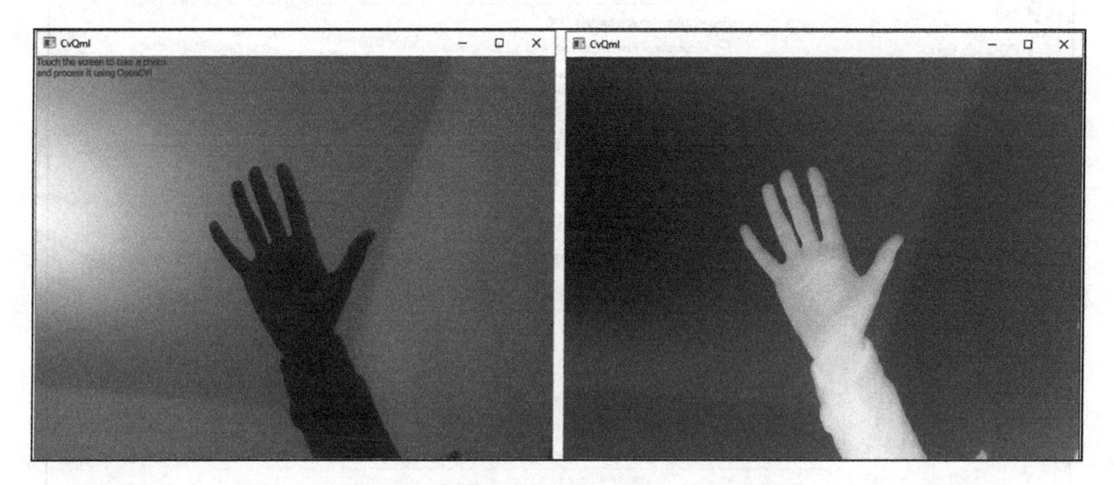

图 12-11　应用程序执行结果的外观截图

因此，首先要记住刚才介绍的内容，然后可以说，实际上（与理想情况相反）为了能够在 Android 和 iOS 上建立并运行用 Qt 和 OpenCV 编写的应用程序，需要确保以下条件：

- 必须安装相应的 Android 和 iOS 的 Qt 工具包。这是在 Qt 框架的初始安装过程中完成的（有关该内容的更多详细信息，请参阅第 1 章）。

> 值得注意的是，Android 工具包在 Windows、Linux 和 macOS 上可用，而 iOS 工具包只适用于 macOS，因为（目前）使用 Qt 的 iOS 应用程序的开发仅限于 macOS。

- 必须从 OpenCV 网站下载 Android 和 iOS 的预构建 OpenCV 库（目前，由 opencv.org 提供），并解压到你的计算机上。必须将它们添加到 Qt 工程项目文件中，其方式与添加到 Windows 或任何其他桌面平台时一样。
- 对于 iOS，在 macOS 操作系统上有最新版本的 Xcode 就足够了。
- 对于 Android，必须确保在计算机上安装了 JDK、Android SDK、Android NDK 以及 Apache Ant。Qt Creator 简化了 Android 开发环境的配置，通过使用 Qt Creator“Options”内“Devices”页面上的“Android”选项卡，可以将所需的程序下载并安装到计算机上（见图 12-12）。

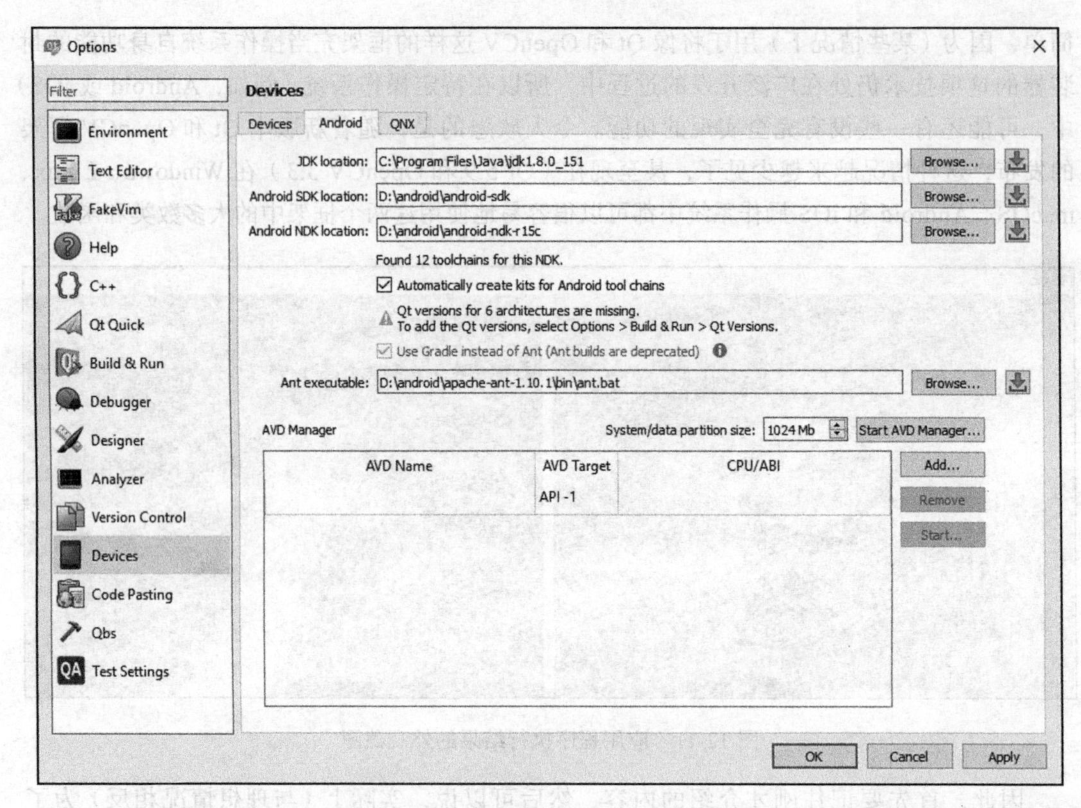

图 12-12　Qt Creator 选项中“Devices”页面上的“Android”选项卡的截图

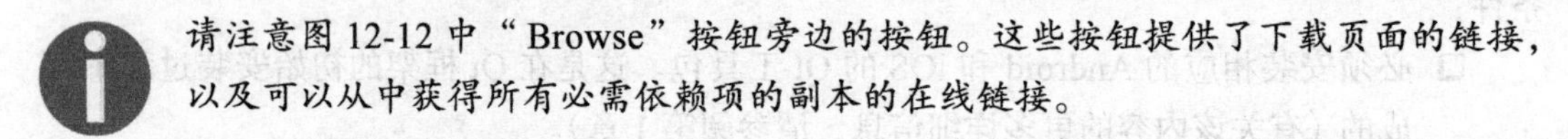

请注意图 12-12 中“Browse”按钮旁边的按钮。这些按钮提供了下载页面的链接，以及可以从中获得所有必需依赖项的副本的在线链接。

如果想为 Android 和 iOS 操作系统建立应用程序，那么这就是需要处理的所有内容。使用 Qt 和 OpenCV 构建的应用程序还可以在 Windows、macOS、Android 和 iOS 的应用程序商店中发布。这个过程包括作为开发人员向这些操作系统的提供者注册。可以在上述应用程序商店中找到在网上和全球发布 app 的指南和要求。

12.7　小结

在本章中，我们学习了 Qt Quick 应用程序开发和 QML 语言。我们从可读性极强以及易用的语言的基本语法开始，然后介绍如何开发包含组件的应用程序，这些组件可以彼此交互以实现一个共同的目标。我们学习了如何填补 QML 和 C++ 代码之间的空白，然后建立一个可视类和一个非可视类，以处理和显示用 OpenCV 进行处理的图像。我们还简要介绍了在 Android 和 iOS 平台上构建和运行同样的应用程序所需的工具。本书的最后一章专门介绍如何使用新的 Qt Quick Controls 2 模块从头开始开发快速而漂亮的应用程序，同时还介绍如何将 C++ 代码的强大功能与诸如 OpenCV 这样的第三方框架相结合，在开发移动和桌面应用程序时获得最大的功能和灵活性。

建立跨平台和外观漂亮的应用程序从来都不是那么容易的。通过使用 Qt 和 OpenCV 框架，特别是利用 QML 快速而简单地构建应用程序的能力，现在就可以开始实现所有计算机视觉的创意了。这一章只是对 Qt Quick 以及 QML 语言必须提供的所有功能的介绍，而你需要将这些片段组合起来，以便构建能够解决该领域中现有问题的应用程序。

推荐阅读

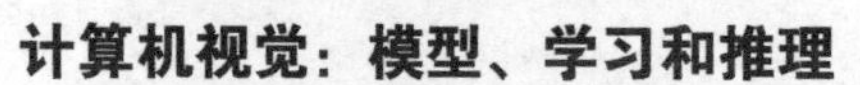

计算机视觉：模型、学习和推理

作者：Simon J. D. Prince 译者：苗启广 等ISBN：978-7-111-51682-8 定价：119.00元

计算机与机器视觉：理论、算法与实践（英文版·第4版）

作者：E. R. Davies ISBN：978-7-111-41232-8 定价：128.00元

AR与VR开发实战

作者：张克发 等 ISBN：978-7-111-55330-4 定价：69.00元

VR/AR/MR开发实战——基于Unity与UE4引擎

作者：刘向群 等 ISBN：978-7-111-56326-6 定价：129.00元